U0142914

INTEGRATED
MARKETING
COMMUNICATIONS:
THEORY AND PRACTICAL

整合行銷傳播
企劃行銷人完全營養補給

第5版

葉鳳強 博士 著

五南圖書出版公司 印行

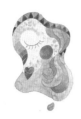# 前　言

　　比起其他專業領域，整合行銷傳播是一門年輕的顯學，不只是投入此行業的人年輕，更指的是其發展歷史簡短，對歐美先進國家來講，這也不過是本世紀的事。近十年來，國內商管學院、大眾傳播學院紛紛增設行銷系、傳播系、廣告系等，開始培養國內的專業人才，對於整合行銷與傳播的書籍就更求之若渴。

　　目前坊間整合行銷傳播書籍大致可分為三類： (1) 原文書籍翻譯； (2) 以美式教科書為藍本的整合行銷原理； (3) 行銷業界人士撰寫的實務經驗精華。本書企圖提供對行銷、傳播、廣告以及公關有興趣的讀者一個不一樣的選擇，內容包括以下三個特色：

一、結合了行銷與傳播兩個領域的內容和彼此的關係。

　　「整合」、「行銷」、「傳播」絕對是一門「應用學」，它的理論基礎來自「社會學」、「心理學」、「管理學」、「公關學」、「大眾傳播學」，最終還是希望透過整合能夠於行銷體系中發揮功能。

二、兼顧理論與實務。

　　本書企圖在闡述理論的同時也兼顧實務。讓讀者不但要知其然、也要知其所以然，希望對讀者日後工作時，能將理論、概念轉化為技巧而有所實際幫助。因為只有理論、概念而不能應用是知識的浪費；只有實務經驗而不解其原理，則有時會「事倍功半」。

三、以口語化撰寫並穿插臺灣企劃個案實例。

　　目前一般教學用書大多以理論部分為主，如無課堂指導，實在很難了解其中涵義，為了修正此種缺點，本書以較口語方式撰寫，期望讓讀者在閱讀時能提高興趣，而無文字生澀之苦。另外，加入許多國內公關公司之企劃案例與政府公標案例做說明與舉證，就是因為體會到一般讀者看國外原文或翻譯書籍

時，對國外廣告範例，有文化及文字理解之差異，有時不免有隔靴搔癢之憾；相信書中所附的廣告範例，不但能幫助理解，還能增加閱讀時之輕鬆感，由淺而深，按部就班。

本書適用於傳播學院廣告系與公傳系、商管學院企管系與行銷系，對行銷、傳播、廣告有興趣之對象。同樣地，也適合供廣告、公關與整合行銷業界之年輕從業人員，作為充實觀念、釐清認知的參考書籍。

廣告的未來會如何改變？誰也無法準確預測。但是鑑往知今，我們可以確信在消費行為的過程中，消費者的主導能力會變強，選擇也會更廣泛，這自然就引導著廣告未來的方向。在媒體、廣告氾濫的今日，我們看到各式各樣的新興媒體不斷湧出，並且藉由衛星電視、網際網路以及智慧型手機等資訊網路，如跨境電商、人工智慧、互聯網+、新零售、手機 APP、QR-code、社交媒體共享經濟等，使以往不可能發生的事，都在無線與網路時代裡誕生，「虛實整合」的時代來臨，買方與賣方的交易過程就有了無限可能。

未來，可以預期廣告將利用更多不同的媒體來傳播訊息，並且有更多的多向溝通方式；同樣地，我們可以預料行銷策略、戰略的運用將更複雜、更精密，廣告被賦予的任務或與現在不同，然而追求廣告效果的目的還是一樣，它永遠會與我們的生活息息相關，隨著自媒體的興起，世界正在巨變！

「沒有創新，就等著被淘汰」，面對快速變遷的時代，廣告、傳播、行銷的領域，不斷更新，作者雖從事公關、行銷、企劃十餘年，仍深刻感到市場的快速變化及新趨勢的到來。本書謹以作者自己所學及職場所經歷之個案實例和實務經驗與讀者分享，難免有不完整之處，並期待廣告、行銷界先進及讀者不吝賜教，讓我們都能以「分享是最大的喜悅」的心情，為產、官、學術界盡一份棉薄之力，過去的中國是山寨林立，今日的世界都在模仿中國，阿里巴巴強調的新零售時代，也難敵亞馬遜的生態學，雲端上的整合行銷戰，一觸即發！

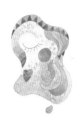

郭智輝董事長　推薦序

　　古有名訓：「聞道有先後，術業有專攻。」用這一句話來形容鳳強兄在行銷界多年來的經驗，實在再恰當不過。這幾年常常南北奔波走訪大學院校進行授課與講座，每每遇到和鳳強兄一同參與的研討會或是演講場次，總會聽到滿堂的笑聲，其創意故事與豐富經驗，透過幽默的口語表達，實為莘莘學子的福氣。

　　整合行銷，一向是創意的金鑰匙，涵蓋許多不同行業的專業在內。行銷人員，除了解客戶端的專業知識與技能之外，對於產業現況、資訊整合、市場調查，甚至公關企劃等領域，也必須多所涉獵及學習。長期以來鳳強在工作繁忙之餘，一直在國內多所大學院校兼課，培育無數行銷界菁英，這種春風化雨的精神令人十分感佩。現以其教學精髓與多年實務經驗，從整合行銷傳播的定義、六大工具，一直到事件行銷、人員行銷、直效行銷等，鉅細靡遺地彙整一套行銷界的金科玉律，甚至連時下最夯的文化行銷、運動行銷等，也都一一羅列在本書章節之中，無論是想踏入整合行銷業的新血或是公關行銷的同業，都能從此書中找到實用與寶貴的資訊。

　　勤信為本、專業為用及成果共享是我們的經營理念，正好與《整合行銷傳播理論與實務》這本著作不謀而合。

中華民國第十九屆國家十大傑出經理人總經理獎

崇越科技股份有限公司董事長

郭智輝

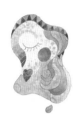

曾瑞銘董事長　推薦序

現今企業遭遇的競爭加劇，就代表消費者相對擁有更多的選擇、更優勢的談判力，以及不知不覺中培養出更快速改變的需求與偏好。因此，如何使消費者在面對爭奇鬥妍的眾多選擇中，唯獨鍾情於一項產品，就成為行銷人員最想要完成的目標。事實上，席捲全球的大媒體潮正以方興未艾之勢，在臺灣地區醞釀下一波的爆發力。從無線到有線到衛星直播，電視媒體的全球影響力，以及網路通訊科技無遠弗屆的種種突破性發展，都將使得行銷人員面對空前的複雜局面。

在這個過度傳播的社會中，消費者養成了抗拒心理，他們不看平面廣告，看電視碰到廣告就轉臺，寧可去看電影或球賽，甚至散步、跑步或煮飯。行銷人員發現，要接近消費者的心愈來愈難。可以推斷，當消費者擁有更多的產品選擇與更廣泛的資訊接觸，他們將愈加挑剔，也愈難被說服。所以有必要整合行銷傳播工具、創造產品對消費者的價值認知，也要創造所有訊息的可信度。在這樣的共同背景之下，這本《整合行銷傳播理論與實務》替業界下了最好的註腳。

本書涵蓋了作者彙集近20年經驗所累積出的精華，在思考分析、創意展現以及實務操作上，都有可觀之處，讓「好東西和好朋友分享」，這本「必讀」的好書，有助於從事行銷公關及媒體傳播的人員，對行銷傳播及企劃工作有更深入的了解，進而從行銷組合中辨識出整合行銷界「從優秀到卓越」的機會及奧祕。

當此臺灣社會各層都面臨改變的關鍵時刻，我深信整合行銷傳播的專業知識，將在各種改變過程中，發揮其無形卻是巨大的力量。

全台晶像股份有限公司董事長

曾瑞銘

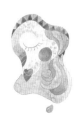

邱淑華副校長　推薦序

　　「整合行銷」是當今社會一門顯學，許多學校的企管、公關、行銷與管理學門，都在研究什麼是「整合行銷」。然而，面對如此繁複的學問，並非在學術殿堂裡鑽研其定義、論述做法模式或探究其策略運用，就可以讓人全盤掌握。事實上，「整合行銷」是晚近市場大趨勢，所涉及層面，無論是資源運用、社會情境與人脈利用、創意及公關、廣告、行銷應用等等均屬之；但要靈活善用卻未必見得容易，其中既需要操作者相當經驗累積，以降低錯誤所致的成本浪費，更得對目標公眾有充分了解，才能為企業主設計出得宜訊息，進而為彼此搭起互動橋梁。特別是當今閱聽眾暴露在資訊爆炸的情境，業者即使投入龐大宣傳預算，都不見得能引發其注意，因此，如何以最小的成本獲致最大的品牌效益，就更是種操作的藝術。

　　葉鳳強先生畢業於世新大學口語傳播學系，出身傳播領域，使其擅長人際溝通的能力有所發揮，同時十餘年的公關與行銷經驗，則是執行「整合行銷」的最佳範例。通過他敏銳觀察所撰述的《整合行銷傳播理論與實務》一書，深入淺出的文筆與豐富操作實例，除利益有心於此的莘莘學子，也可使業界人士有多項可供參考的教戰守則，特別是書中「宗教行銷」、「廟宇行銷」等章節，不僅貼近臺灣特有文化情境，由此亦可見其豐富的創意展現。

　　因此讀者若欲認識何謂「整合行銷傳播」，本書分成二大部分：入門篇與進階篇，共十六章，由淺入深，涵蓋面向廣泛，案例呈現多元，閱讀起來非常清楚明晰。其中入門篇可給予讀者適切觀念，而要了解實務操作精義，則可從進階篇得到印證；更重要的是，當讀者能串聯起學理與實務兩端，便能對「整合行銷傳播」有較全觀性的掌握。

世新大學副校長

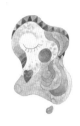

黃勝雄學務長　推薦序

　　師者，傳道、授業、解惑也。好像自古以來，當一個老師的責任與工作即已被清楚而簡單地界定出來了。但，當一個「師者」或「教育者」，真正的問題和難題不在於傳什麼道、授什麼業和解什麼惑？而在於「如何」傳道、授業和解惑。所以，教學的技巧和工具其實很重要。以前常說「書到用時方恨少」，但個人多年來的教育經驗與觀察發現的是，現代學生最大而根本的麻煩，不是書唸多唸少的問題，而是書就算是唸了也不會用！臺灣教育的一大盲點是：老師教很多，學生學很多，但真正吸收和理解的卻很少。絕大多數的學生，唸書修學分和實際行為是兩碼子事，考完試若還能記得一些片段，沒有全部「還老師」就算不錯了，若真的可以在碰到問題時，會聯想到課堂和書本上曾經學過的理論與概念，那還真屬難能可貴了。

　　有一次我開了一門跟創意有關的課，因為第一堂課就發現來修課的學生超過原本設定的人數預期，又不方便事後隨便強制學生退修。靈機一動，就叫修課的學生每人馬上寫一段「有創意的自我行銷」的理由，來「說服我同意你來修這門課！」（其實只是當做第一個創意訓練，沒有要退修任何一位學生的意思）。結果發現大部分學生所寫的差不多都是「我對創意有興趣」、「我覺得可以從這門課學到很多東西」、「老師很好」、「創意很重要」……。我想，如果真有錄取門檻，這些刻板的「自我行銷」者大概都不算合格吧。因為都沒「講到重點」、「打中要害」，而且也沒令人驚喜、眼睛為之一亮的創意表現。其實其中不乏一些已經修過行銷學等相關課程的學生，但幾乎少有學生會去聯想到曾經學過的行銷技巧、行銷手法等知識。對大多數學過行銷的學生而言，「學與用」真的是脫節的。

　　葉兄是我認識朋友中的鬼才，實務歷練豐富又深具創造力，處事精確、富主見卻又常有源源不絕的好點子。很高興看到他能將自我豐富的行銷傳播實務經驗與專業知識濃縮整理成這本「教科書」。這真的是一本教科書，一本從學生學習成效角度思考而編寫的教科書，書中有深度的論理描述，有良好的行銷

實例證述，少了許多傳統刻板理論的陳述方式，多了許多鮮活易懂的實例與故事性描述，可以增加教師授課時的活潑性，也是最容易被現代學子接受與吸收的導讀方式。我想，如果學生們看過這本書，修課的理由大概可以提出更多，例如「媽祖論」（廟宇行銷）、「信師得永生」（宗教行銷）、「塑身美容」（紫牛行銷）、「本是同根生」（文化行銷）等更多、更有意思、更有創意，且能令我眼睛為之一亮的「自我行銷」術。

國立屏東大學休閒事業經營系主任
（休閒與創意產業管理研究所）所長

學務長　黃勝雄

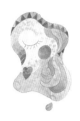

陳信宏副研發長　推薦序

　　「整合行銷傳播」是這幾年企業界與學術界熱烈討論的行銷策略。本書提供了公務機關如何運用整合行銷的模式，大幅提升媒體知名度，成為公部門行銷活動的標竿；同時也揭櫫民營企業決策者，如何擬定成功的整合行銷策略，引領市場先驅。鳳強兄豐富的理論與實務經驗，架構出清晰而嚴謹的論點，不僅從實際的消費市場面出發，指出政府或是企業在進行整合行銷時該如何布局，同時也提出整合行銷的六大工具，來幫助公民營機構實現整合行銷無與倫比的傳播效果與力量。

　　本書作者葉鳳強先生先後畢業於本校土木與空間資訊學系及經營管理研究所，是系所的傑出校友，其碩士論文主題是「生物科技園區整合行銷溝通之探討」，從事行銷顧問業20年，也在國立屏東大學的休閒事業經營系與世新大學的口語傳播學系，教授創意產業企劃與商業溝通談判的相關課程。《整合行銷傳播理論與實務》一書是作者認真教學與實戰經驗的完美結合，更是其在公民營企業擔任創意行銷規劃的心血結品。葉鳳強先生以淺顯易懂的文筆，加上生動豐富的案例，清楚交代了整合行銷個案的來龍去脈，對於市面上大多以學理為主的整合行銷書籍來說，這是第一本同時兼具理論與實務的工具書。故熱烈推薦從事整合行銷教學的老師、學習整合行銷技巧的學子，與相關業界先進惠於購置此書，期望經由行銷大師的啟發，讓國內的整合行銷界能夠欣欣向榮，呈現一片大好光景。

正修科技大學副研發長

陳信宏博士

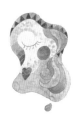

羅智強理事長　推薦序

　　我與鳳強在辯論圈結識，算一算有十多年了。其實，真正的思辯、論道者，像先哲蘇格拉底，非以強辭言辯爲樂，而是透過辯論的邏輯訓練，形成一套體系架構思維方法。在本書中，可以看到鳳強十多年歷練的成果展現。

　　說到行銷，有千百面向，如果只是狹義的認爲賣賣東西，就是天大的誤解、偏見。即便抽離金錢元素，什麼東西也都能行銷，概念、善意、忠言、政策，只要「基點」正當、立意良好，行銷技巧是達成好事的方法。

　　回溯本次人類文明，歷史上，個人腦海最鮮明的兩次行銷大潮，一是兩千年前春秋戰國時代——諸子百家手鳴，二是人才輩出、崇尚義德的漢末三國。諸侯、思想家、改革家、智者、武將，行銷著大浪淘沙的霸主夢想、歷久彌新的濟世理想。

　　今天，我們面臨另一波行銷大潮，網際網路與手機數位匯流，改變了人類的習慣，乃至思維與生活方式。在這個產品、資訊、通路極度爆炸的時代，消費者顯得主動又被動。相對往昔，選擇的主動權交到了消費者手上，但消費者又被動地難以逃脫被行銷充斥的生活，有些人因此對行銷產生負面反抗情緒。

　　無論如何，行銷眞的離我們不遠，每個人都有過成功的「行銷經驗」，或許也有讓人後悔、不愉快的「被行銷經驗」。小自個人生活來說，好東西與好朋友分享，要理解他人需求、幫助他人接受逆耳忠言，有時還眞得施點小技巧才能達成你的善願。大到民主社會的多元意見市場，推動政策爲眾謀福，必須獲得普遍民意的理解與支持。時下最令人厭惡的詐騙集團，不得不說是行銷好手，可惜用錯了地方。

　　說沉重些，既然逃脫不了「被行銷的對象」宿命，如何在千奇百怪、虛實交錯的今日多元世界，做出您一生數十萬個選擇？關鍵時刻，眞得愼思明辨，火眼金睛。想「識讀行銷」，這本書也許可作爲輔助您的起點。

　　言歸正傳，從一位熟悉鳳強的旁觀者角度，我想與讀者分享個人發現的兩點書籍特色：

一、「一以貫之，舉一反三」

鳳強以其辯論學的厚底子、豐富的專業實務及學養，提供讀者一套行銷操作的思考架構，結合臺灣常見的各種行銷手法實例，深入淺出，快速掌握行銷概貌，在概念與實務之間交錯穿梭，讀者捻來可用，猶如為讀者建立了「一以貫之，舉一反三」的教學情境，鳳強用心至深。

二、深化臺灣讀者生命經驗的參與度，瞭然於心

坊間有大量行銷入門書籍，令人目不暇給，佳作確實不少，但相當比例是美日譯著，行銷案例畢竟與在地民眾有那麼點距離感，美中不足。很高興鳳強引用大量臺灣本土案例，讀者或許會因為從看廣告、街訪等數不清「被行銷的生活經驗」中產生共鳴、會心一笑，再透過鳳強文字解說為介質，體會、比對行銷關係鏈中「行銷者、被行銷者、旁觀者」的多重感受。

簡言之，期待讀者可收「理性＋感性＋經驗」的綜效，有那麼點「體驗式教學」的味道。個人以為，對臺灣在地讀者、或有心探索臺灣市場的業界朋友，這是本書特別價值所在。

最後，請鳳強容我文末囈語：天有天理，商有商道，行銷始終來源於人性。不難發現，歷久彌堅、獲得尊敬的行銷者，都具備正面、道德性的人格特質，個人高度推崇「以人為本的良心行銷」。祝福每位有緣的讀者，都能從本書獲得行銷自己正念善舉的好方法，練就「識讀行銷」的火眼金睛，將老天爺賦予我們的一切匯入社會善循環，永不止息。

中華演說與辯論協會理事長
前總統府副祕書長
前中央社副社長

羅智強

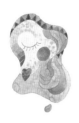

作者序

莫聽穿林打葉聲　　何妨吟嘯且徐行

作者葉鳳強從事行銷企劃及公關工作已逾20年，除了自己成立的公關顧問公司與房地產廣告公司之外，閒暇之餘，並於各大學院校講授創意行銷及商業溝通談判等課程，有鑑於學校學生有心從事行銷或企劃寫作工作，卻因理論不能與實務配合，導致畢業後連「企劃書」都寫不好，更遑論行銷技巧；基於這種使命與責任，作者覺得有必要將各種行銷工具做一整合，寫出符合市場導向的一本教科書。兼具理論與實務導向，並附企劃寫作技巧與範本，加上淺顯易懂的文字與圖表，讓初學者能有一個完整的企劃架構，將來在職場上，都能順利完成上級交辦的各種報告及企劃案。

本書將提供你許多實用的建議，創造出成功的行銷傳播，並將推銷藝術運用在廣告、公關及促銷技巧上。這些都是經過驗證的傳播技巧；你可以依據市場現況和目標階層，在廣告宣傳中選擇不同的技巧組合。至於何種組合有助於現階段的行銷企劃，端賴你的判斷。

隨著網際網路與通訊技術的進一步發展，消費者掌握資訊科技也愈來愈多元化，透過互聯網+、APP等工具，消費者可以更有效率地蒐集市場資訊，甚至可以全球比價、洽談，進而採購所需的商品和服務，而使得市場導向權力再次由經銷商轉移給消費者。在這樣的情況下，傳統以 4P 為基礎按部就班的行銷計畫可能必須修正，為了尋找、滿足顧客的需求，並整合消費者、生產者、通路商與資訊科技的互動體系，整合行銷生態系統即應運而生。

傳統行銷太過於重視產品的功能性，使得市場上競爭產品間的同質性過高。整合行銷則認為與消費者或顧客建立關係的是品牌，不是產品、服務、價格或是折扣。顧客與品牌的情感連繫，才是資訊時代中一個企業成功的關鍵因素。

本書能順利完成，除感謝諸多朋友的意見交流，特別感謝國立屏東大學學務長黃勝雄、國立高雄應用科技大學企管系楊敏里主任及私立世新大學口語傳

播學系秦俐俐主任等教授的支持與協助，讓我能夠從教學中了解到學生的學習困難與實務技巧之不足，因而決定將本身近十年來從事創意思考與行銷企劃的經驗彙集出書，這是一本很實用的工具書，讓有志從事於行銷工作的學子們，不再對行銷企劃感到陌生；萬事起頭難，面對日益紛雜、浩瀚無涯的商業領域，身處慢人一步、滿盤皆輸的競爭環境，唯有不斷學習，才能在這環境中生存。智慧是人類最重要的資本，我們要提升競爭力，《整合行銷傳播理論與實務》是絕對值得投資的一本工具實用書。編印匆促，遺漏難免，希望先進前輩能不吝指教，下一波新版有四大組成顛覆孵化器＋雲端創業學院，加速器革命＋亞馬遜創新模式，來信請寄至 diaconia1314@gmail.com，作者謹在此致謝。

謹識於高雄

107.3.3

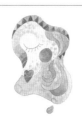

目 錄

CONTENTS

前　言	iii
郭智輝董事長　推薦序	v
曾瑞銘董事長　推薦序	vii
邱淑華副校長　推薦序	ix
黃勝雄學務長　推薦序	xi
陳信宏副研發長　推薦序	xiii
羅智強理事長　推薦序	xv
作者序	xvii

PART 1　入門篇　1

CHAPTER 1　整合行銷概論　3

1.1　整合行銷的定義	5
1.2　整合行銷的模式	10
1.3　整合行銷概念及策略性架構	11
1.4　整合行銷溝通工具的探討	18
實例個案：第 3 屆創意設計博覽會	24

CHAPTER 2　廣告篇　41

2.1　廣告的定義	42
2.2　廣告工具分析	47
2.3　傳統媒體與戶外廣告媒體	88
文章閱讀：傳統行銷傳播的演進 —— 從 4P 到 4C、4V	96

CHAPTER **3**   **銷售促進篇**   **99**

3.1 銷售促進基本觀念   100

3.2 銷售促進的分析   105

3.3 銷售促進的重要性與優缺點   107

3.4 常見的促銷理論   108

3.5 消費者層面的銷售促進   110

3.6 消費者促銷工具的分類   117

3.7 中間商層面的銷售促進   121

3.8 銷售促進規劃要點   123

3.9 國際市場銷售促進 (案例)   124

實例個案：鹽山淘鑽   127

CHAPTER **4**   **事件行銷篇**   **133**

4.1 事件行銷的起源   134

4.2 何謂事件行銷？   135

4.3 事件行銷的定義   138

4.4 事件或活動涵義   138

4.5 事件行銷活動   140

4.6 公關事件行銷   141

4.7 新聞情境的事件行銷   143

4.8 事件行銷的類型   146

4.9 傳統行銷與事件行銷的差異   147

4.10 事件行銷實例   149

實例個案一：國內第一家長生「純」有機蔬菜汁上市記者發
　　　　　　表會   151

實例個案二：由媒介議題成功地提升為公共議題的典型事件
　　　　　　行銷   156

實例個案三：迎戰春節滿房　飯店 PK 鋪床   157

實例個案四：鋪床達人快手 3 分 6 秒鋪完   158

CHAPTER 5　　公共關係篇　　　　　　　　　　　　　　　　159

　　5.1　公共關係概述　　　　　　　　　　　　　　　160

　　5.2　公共關係的定義　　　　　　　　　　　　　　161

　　5.3　公共關係與企業公共關係的對象　　　　　　　165

　　5.4　公共關係的執掌　　　　　　　　　　　　　　172

　　5.5　公共關係的活動類型　　　　　　　　　　　　176

　　5.6　公共關係的工具與媒介　　　　　　　　　　　179

　　5.7　公共關係與大眾傳播　　　　　　　　　　　　181

　　5.8　企業公關的方法與目的　　　　　　　　　　　184

　　5.9　公共關係組織　　　　　　　　　　　　　　　192

　　5.10　危機管理　　　　　　　　　　　　　　　　194

　　實例個案一：高雄縣長就職五週年慶祝活動企劃　　196

　　實例個案二：民進黨2018高雄市長辯論　　　　　　199

CHAPTER 6　　直效行銷篇　　　　　　　　　　　　　　　　201

　　6.1　直效行銷的定義　　　　　　　　　　　　　　202

　　6.2　直效行銷的主要通路　　　　　　　　　　　　204

　　6.3　網路直效行銷　　　　　　　　　　　　　　　205

　　6.4　網路直效行銷的方式　　　　　　　　　　　　207

　　實例個案：屏東農業生物技術園區　　　　　　　　213

CHAPTER 7　　人員銷售篇　　　　　　　　　　　　　　　　219

　　7.1　人員銷售的定義　　　　　　　　　　　　　　220

　　7.2　人員銷售的重要性與分類　　　　　　　　　　220

　　7.3　銷售活動流程　　　　　　　　　　　　　　　222

　　7.4　銷售技能及其應用　　　　　　　　　　　　　228

　　7.5　銷售管理規劃　　　　　　　　　　　　　　　229

　　7.6　銷售程序　　　　　　　　　　　　　　　　　230

　　7.7　一對一行銷的基本概念　　　　　　　　　　　235

　　實例個案：網站的一對一行銷　　　　　　　　　　239

PART 2　進階篇　245

CHAPTER 8　**宗教行銷篇**　**247**

8.1　何謂宗教行銷？　248

8.2　宗教行銷高手　248

8.3　宗教行銷利器──科技　250

8.4　永續發展　251

實例個案一：宗教結合生活與音樂的案例　254

實例個案二：2011宗教藝文博覽會──英文正名活動　257

實例個案三：台一天賞村Heavenly Grace Village　258

CHAPTER 9　**廟宇行銷實例**　**295**

9.1　廟宇行銷的定義　296

9.2　日本廟宇行銷案例　296

9.3　臺灣廟宇行銷案例　301

實例個案一：中華卡通／產品商機　302

實例個案二：黑貓宅急便／廣告商機　304

實例個案三：中華電信／形象商機　305

實例個案四：屏東市代天宮　306

實例個案五：高雄市立公塔BOT　326

CHAPTER 10　**紫牛行銷篇**　**343**

10.1　紫牛行銷的起源　344

10.2　紫牛行銷的定義　345

10.3　紫牛理論　345

10.4　紫牛行銷的重要性　347

10.5　紫牛行銷管理實例　349

實例個案一：慢呆餐廳的定位　354

實例個案二：EZ ZAP 軟體自動販賣機的創意行銷　355

實例個案三：個人書摘網站，寫出 15 萬人氣   356

實例個案四：在 EI 網上叫陣賣軟體   357

實例個案五：鎖定輕熟男　飯店搶同志商機   358

實例個案六：陽朔香草森林一處心靈回歸的山水花海   359

CHAPTER 11　熱迷行銷篇　371

11.1　熱迷行銷的定義   372

11.2　產品感動　體驗分享   373

11.3　理念相同　口碑相傳   375

11.4　創意激賞　熱情推薦   377

11.5　聰明生活　智慧選擇   379

實例個案一：曼尼移師總裁套房　一晚值五萬   381

實例個案二：來塊辮子頭蛋糕　抓住曼尼熱   382

實例個案三：甜點運動風　哇！棒球馬卡龍   383

實例個案四：義大悉心照料　曼尼傾向續留   384

CHAPTER 12　豪宅行銷篇　385

12.1　豪宅的起源 (Luxurious House)   386

12.2　豪宅「地段」＋「私密」＋「景觀」突顯尊貴   386

12.3　豪宅2個定義 3 項特性   387

12.4　豪宅質感——比軟體也比硬體   388

實例個案一：國硯   394

實例個案二：天賞建設投資計畫   407

CHAPTER 13　運動行銷篇　421

13.1　運動行銷的起源   422

13.2　運動行銷的定義   422

13.3　運動行銷的種類   423

13.4　運動行銷的四個步驟   424

13.5　運動行銷的影響力   426

13.6 運動行銷的效益 428

13.7 運動行銷的遠景 430

實例個案一：2008 年第一屆國際拳擊總會主席盃
奧運拳王爭霸戰 432

實例個案二：2009 年臺北聽障奧運會 449

實例個案三：犀牛加油　陌生人讓林義守好感動 466

實例個案四：2013 泳渡大鵬灣活動 467

CHAPTER 14　代言行銷篇 479

14.1 代言行銷的定義 480

14.2 閱聽人心理歷程 481

14.3 理念代言人 484

14.4 代言人與閱聽人事前態度 486

14.5 代言人的影響方式 489

實例個案一：中國海南省三亞城市 490

實例個案二：高雄縣觀光福利卡 491

實例個案三：2010 中彰投觀光親善大使選拔賽 492

實例個案四：最想搭訕的性感名校～正修 497

CHAPTER 15　企劃案撰寫篇 499

15.1 導論 500

15.2 企劃、計畫與決策的關係 505

15.3 企劃案撰寫的重要原則與基本格式 507

15.4 活動企劃案架構：範例參考 519

15.5 經費預算表 524

15.6 企劃案的架構及種類 528

實例個案：臺灣月世界兩岸現代農業暨休閒文創示範基地 530

參考文獻 591

網站 595

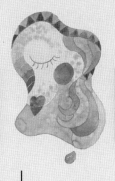

PART 1

入門篇

CHAPTER 1

整合行銷概論

1.1 整合行銷的定義
1.2 整合行銷的模式
1.3 整合行銷概念及策略性架構
1.4 整合行銷溝通工具的探討
實例個案：第 3 屆創意設計博覽會

臺灣很困難推廣「顛覆式創新」

落實「漸進式」而非「革命式」創新

沒有計畫，缺乏創意，就等著失敗

～行銷老手的真心話

要 了解整合行銷，就必須知道什麼是整合行銷 (IMC)。首先，要建立整合行銷正確的觀念，學習如何善加利用整合行銷理論與工具。市場上整合行銷的創意想法不斷地推陳出新，但其根本不變，故本書除提供理論之外，並於各章節提供實例個案作為參考範例。透過整合行銷理論與實務的結合，以期達到一加一大於二的相乘學習效果，打造出更多擁有整合行銷創意想法的行銷高手。

「整合行銷傳播」(Integrated Marketing Communication, IMC)，係由美國西北大學教授丹‧舒茲 (Don E. Schultz)、史丹利‧譚納鮑姆 (Stanley I. Tannenbaum) 以及北卡羅萊納大學教授羅伯‧勞特伯恩 (Robert F. Lauterborn) 於 1990 年代初所共同主張的一個概念。其主要是將「廣告」由單一的觀點擴大成「行銷溝通」(Marketing Communication) 來討論。

行銷者必須了解，唯有將各項行銷傳播功能加以整合，並做整體的規劃和執行，才能產生綜效 (synergy)，使各項傳播工具發揮更大的功效。亦有學者將其簡稱為「整合行銷」(Integrated Marketing, IM)或「整合傳播」(Integrated Communications, IC)，為方便閱讀，本書統稱「整合行銷」。

國內企管大師戴國良認為，隨著整體消費市場需求已逐漸飽和的今天，應該將所有能與「行銷」做更直接連接的「大眾媒體廣告」(Mass Media)、「公關」(PR)、 「活動」(SP)、「事件」(Event)、 「包裝」(Package)、「直效行銷」(Direct Mareketing)、資料庫行銷、品牌塑造、網路行銷、通路配合、定價策略、產品差異化改革及情報系統等全體統合起來，並以「整合行銷傳播」的概念來運作才對。事實上，「整合行銷傳播」的基本概念，就是將各種與消費者溝通的手段發揮整合效應。所謂「整合效應」，是指所有品牌及企業訊息經過策略性規劃協調後，其效果將大於廣告、公共關係、活動、事件、包裝等個別企劃及執行的成果，且可避免各部門因預算或權利競爭而導致的衝突。

本書為方便分類，將整合行銷工具分為廣告 (advertising)、銷售促進 (sales promotion)、事件行銷 (events marketing)、公共關係行銷 (public relations, PR marketing)、直效行銷 (direct marketing) 以及人員銷售 (personal marketing) 等六大行銷工具，此即「行銷溝通組合」(marketing communication mix) 或「推廣

組合」(promotion mix)。上述的每樣工具，面對不同環境、不同狀況，皆有其意想不到的功能與效果，本書即針對這六大項工具，畫分為入門、廣告、銷售促進、事件行銷、公共關係、直效行銷以及人員銷售等篇章。首先，由入門篇了解整合行銷理論，以建立正確的整合行銷觀念與每大項工具的功能及成效，再逐項了解整合行銷六大工具架構，包含廣告、銷售促進、事件行銷、公共關係、直效行銷以及人員銷售，加上企劃案撰寫流程並附上實例個案，循序漸進，進而藉由相關實例個案的分析讓讀者更可身歷其境，現學現用，不致因為理論過多而無從下筆，讓你快速成為整合行銷界中的佼佼者。

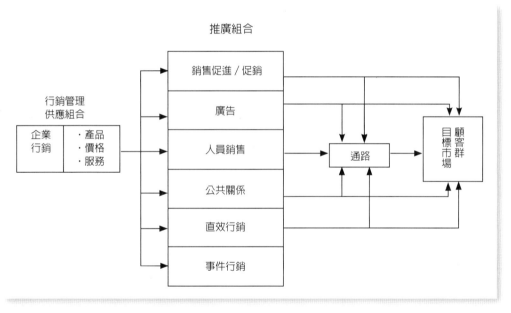

圖 1.1 行銷推廣組合策略架構圖

1.1 整合行銷的定義

↳ 緣起

　　企業的促銷，過去係由傳播媒體負責，行銷人員將各種行銷與促銷功能獨立運作，並未協調各項活動做更有效的溝通，而使得目標市場呈現一致的形象。如今面對市場急速變化的環境，廣告訊息已不再吸引消費者的注意，企業

主因此有需要尋求其他溝通工具，以消費者為導向作為整合行銷溝通的契機。

美國學者托森 (Thorson) 表示，企業採取整合行銷的主因，是受到廣告訊息可信度與影響力的下降、資料庫的使用成本降低、客戶的行銷專業程度提高、行銷傳播代理業彼此併購、大眾媒體的使用成本提高、閱聽大眾走向分眾化、市場產品跟隨者 (me-too product) 增多、特色突顯不易、大賣場權力高漲、全球行銷成為趨勢，以及對成本底線壓力提高等趨勢變化的影響所致。

為發揮組織的整體行銷戰鬥力，有效滿足顧客的需要與慾望，行銷人員必須凝聚共識，整合所有的行銷力量；亦即以整合性的行銷來爭取市場上的勝利。整合性行銷有兩方面的意涵，一是要結合所有的行銷功能，以顧客的觀點彼此協調配合；二是要結合組織內的所有部門和所有員工，讓大家都具備「顧客至上、顧客第一」的心態，隨時隨地以「心中有顧客」的理念，為顧客滿意貢獻心力。為落實行銷觀念，行銷人員必須執行許多行銷功能，包括銷售、廣告、行銷研究、新產品發展、顧客服務、產品管理等，故整合行銷不會依賴單一的媒體，而是要透過有系統且階段性的行銷與媒體組合的操作推出，才能發揮更大的行銷綜效 (synergy)，使公司的產品或服務，迅速有效地提高知名度、忠誠度及購買度。有許多大型企業甚至分設部門，由專職行銷人員負責執行不同的行銷功能。

所以，整合行銷不能單獨存在，它再也不是行銷企劃、廣告或業務等單一部門的事情而已。我們必須把整合行銷擴大及提升至公司的整體能力架構上來考量，然後透過各部門的共同合作，配合資訊科技情報的數據化支援，整合行銷才能發揮它預期的功能。

整合行銷之父舒茲 (Don E. Schultz) 說過：「整合行銷傳播是一面大藍圖，記載所有的行銷及推廣活動，同時協調各個傳播工具之應用。」即在一個行銷概念下，溝通不同族群，使用不同的行銷工具。

✎ 何謂整合行銷？

整合行銷工具有六大項：廣告、銷售促進、事件行銷、公共關係、直效行銷與人員銷售。這些行銷工具受到行銷組合策略、產品市場類型與產品生命週

期等因素的影響，而完整地呈現出行銷組合模式的觀念性架構 (如圖 1.2)。

目前廣被使用的整合行銷傳播定義是由美國廣告代理商協會 (American Association of Advertising Agencies, AAAA；即 4A) 於 1989 年提出的，他對整合行銷發表初步定義為：

> 整合行銷傳播是一種從事行銷傳播規劃的概念。若要確認一份完整透澈的傳播計畫是否有其附加價值存在，這份計畫應評估不同的傳播工具在策略思考中所扮演的角色，如一般廣告、直接反映、促銷廣告及公共關係，並將之結合，透過協調整合，提供清晰、一致訊息，並發揮正面綜效，獲得最大利益。

美國廣告代理商協會的定義，通常著重於結合各種形式的傳播工具，以獲致最大的溝通效果。它說明了整合行銷是由內而外有計畫性及策略性的規劃，同時使用比廣告更多的媒體工具，以達到最大行銷效益的過程。

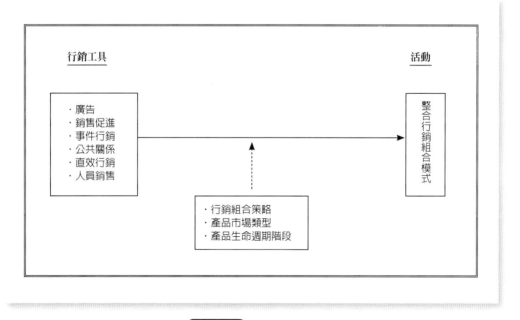

圖 1.2　觀念性架構

表 1.1 行銷工具之操作方式

工具	廣告	銷售促進／促銷	公共關係	人員銷售	事件行銷	直效行銷
操作方式	·廣播廣告 ·電視廣告 ·平面廣告 ·戶外廣告	·試用品 ·折價券 (折扣) ·贈品 ·抽獎 ·紅利積點 ·競賽遊戲	·發表新聞稿 ·記者招待會 ·特殊事件 ·贊助他人 ·表揚獎勵方案 ·社區參與 ·募款 ·公眾人物背書 ·公共報導 ·演講	·銷售簡報 ·銷售會議 ·激勵方案 ·商展 ·旗艦店行銷 ·銷售員拜訪	·銷售導向 ·新聞或消息報導 ·特別事件創意 ·慈善公益導向 ·話題行銷顛覆 傳統	·網路媒體 ·直接信函 DM ·電話行銷 ·電波媒體 ·手機行銷 ·電視購物

✎ 行銷工具的操作方式

依據國內外學者、專家對行銷工具所提出的操作方式,可彙整於表 1.1。

1. 廣告 (Advertising):由一個身分確定的贊助者,以付費方式對觀念、商品或服務經由各種傳播媒介,而非人員的陳述,傳達和推廣給社會大眾。如印刷廣告、電視廣告、網路廣告、雜誌廣告等,都是常見的廣告型式。通常在消費品市場中,廣告是較佳的促銷方式。

2. 促銷 (Sales promotion):為鼓勵消費者或中間商購買產品或服務而提供的各種短期購買誘因廣告。常見的促銷廣告如:百貨公司週年慶、換季大拍賣、抽獎、競賽、商展等活動。促銷的目標可能是吸引消費者試用新的產品或放棄採用競爭者產品、使消費者購買更多公司產品或維持原有的購買力,以及回饋忠誠顧客等。

3. 公共關係 (Public relation):為促進及保護行銷者及其產品或服務的形象所設計的活動,藉由新聞媒體廣泛的傳播力量以及新聞具有較高的可信度,來傳達行銷訊息。如召開記者會、出版公報、贊助公益活動等都屬公關活動。

   公共關係與廣告最大的不同點是,後者為付費以換取時段或版面,前者則是不付費,以新聞資訊的採訪與供應為基礎。廣告雖能提供可控

制的訊息曝光，但是，消費者已對廣告形成了某種程度的過濾能力，此時公共關係的新聞報導，讓社會大眾認為這些訊息多來自公眾媒體而非企業本身，較能取信於消費者，而扮演著重要的輿論支持角色。

4. 人員銷售 (Personal selling)：為了陳述、回答問題和獲取訂單的目的，而與一個或以上的潛在消費者做面對面的互動，銷售員可視消費者不同的狀況做適當的回應，以解決消費者個別的問題，所以如何善用「關係行銷」與消費者發展長期的合作關係，對銷售人員是一項重要的課題。如銷售發表會、銷售會議、銷售拜訪等都是常見的形式。今日，單獨只使用人員推銷作為唯一的推廣工具之情形較少，即使是直銷業，以人員推銷為主，但也會以企業廣告、公共關係等來輔助人員推銷。如房地產業、保險業、汽車業、化妝品業等。

5. 直效行銷 (Direct marketing)：使用直接信函、郵件、電話、傳真、網路和其他非人員的接觸工具，來和特定顧客或潛在顧客溝通或引發他們的直接反映。如郵購、電話行銷、線上行銷、網路行銷等，都是常見的形式。

　　直效行銷雖然不是面對面的行銷，但是與每一個目標對象做個人化的接觸是其主要特色。由此可見，潛在消費者的名單蒐集，資料庫的累積、整理，長期顧客關係的建立等，都是直效行銷中的重要課題。資料庫的建立有助於與消費者培養長期的關係。

6. 事件行銷 (Event marketing)：是指利用企業整合本身的資源，透過企劃力與創意性的活動或事件，設定大眾關心的話題、議題，因而吸引媒體的報導與消費者的參與，以達成銷售的目的。如公益性、體育性、娛樂性、慈善性等事件活動。

　　許多企業常常贊助文化、體育或濟弱扶貧之公益活動，如 7-Eleven 贊助世界展望會的「飢餓三十」活動，以及 ING 安泰人壽所舉辦的「臺北國際馬拉松賽」等活動，均有助於公司形象之提升。

　　以往，各項傳播工具均分別由不同的部門或專責人員去負責，各有所司、各自為政。1980 年代，許多企業開始體認到要運用這些溝通工具整合，以發揮綜效的必要性和迫切性，整合行銷傳播的概念逐漸成形。到了 1990 年代，此一概念已有相當的發展。

1.2 整合行銷的模式

整合行銷的發展

　　新一代的行銷溝通係直接將焦點放在消費者身上，由外部的消費者需求及動態，回視內部的企業行銷目標及產品。西北大學教授 Schultz (1993) 認為：「整合行銷是一種長期間對顧客及潛在消費者，發展與執行不同形式的說服溝通計畫，目標是要直接影響所選定的傳播閱聽眾行為，並運用所有與消費者相關並可使他們接受的溝通形式。」整合行銷由顧客及潛在消費者出發，以決定並定義一個可以說服傳播計畫所應發展的形式與方法。此論述乃是透過外在客戶觀點而至內部企業行銷目標與產品之由外而內的方法。

　　總之，整合行銷係由顧客及潛在消費者出發，以決定一個說服溝通計畫所應發展的形式及方法，並將其核心聚焦於與消費者所建立的關係，以及改變消費者的行為上。

　　整合行銷也是一種對現有及潛在顧客長期發展，並執行各種不同形式，具說服性的溝通活動過程，其目的是影響或直接牽動目標群的行為。整合行銷應該考量公司或品牌所有可以接觸到目標群的資源，進而採行所有與目標群相關的溝通工具，將商品或服務的訊息得以傳送給目標群。總之，此觀點強調影響行為、使用所有影響工具、從現有及潛在顧客出發、關係行銷及達成綜效等重要概念，十分接近目前產學界對行銷溝通意涵的共識。

企業組織、消費者與利害關係人的關係

　　Duncan 及 Moriarty (1998) 表示，整合行銷要改變消費者的認知價值更勝於行為，除消費者外，應該再加上利害關係人 (stakeholders)，並在其定義中加入回饋效果以及組織的概念。其主張為：「組織策略性運用所有的訊息，促使企業組織與消費者、利害關係人進行雙向對話，藉以創造互惠關係。」將企業利害關係人加入整合行銷，並進一步地提升此概念至交易層面，使溝通的目標群在消費者之外，還加上員工、上下游關係人、法律、政策等直接或間接影響

組織運作的單位，進而顯現「公關」在整合行銷溝通中的重要角色。

由上述歸結出整合行銷的定義：企業組織透過所有可能接觸到溝通目標對象 (消費者、利害關係人) 的管道，將產品或相關的訊息，以策略性、一致性地運用比廣告更多元性溝通工具，傳遞給溝通目標對象；溝通目標對象再回饋給企業組織，以作為產品修正的參考，並且與溝通目標對象建立長期關係，影響溝通目標對象的行為。

1.3 整合行銷概念及策略性架構

↳ 傳統行銷溝通模式

傳統行銷溝通模式，主要借助溝通的直線模式 (如圖 1.3)，由發訊者的企業或產品驅動，透過媒體傳達給消費者，接著由消費者自行評估購買與否，爾後回饋回流至企業主。

1970 年代以前，這個傳統消費市場的特徵是因為製造商擁有廠房、資金及技術，所以主宰整個市場行銷活動的進行，企業大量生產標準化單一產品，以合理價格，透過大眾媒體以單一廣告方式來接觸社會大眾，此時的供應廠商也不多，消費者的教育及所得水準皆處在相對偏低的狀況下。傳播媒介的種類也較單純有限。

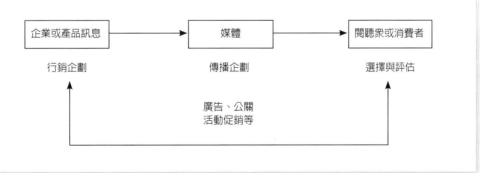

資料來源：《整合行銷傳播引論》，許安琪 (2001)。

圖 1.3 傳統行銷溝通直線模式

　　這種線性模式，只要行銷者透過媒體發送更多的訊息，則消費者會依循此路徑趨向終點，即採取購買行動。在這個模式下，消費者是沒有差異的，企業透過單向媒體管道及工具說服，就能輕易地建立全國性品牌，此時的市場並無整合行銷的需求。此一階段的消費者與企業主只是直線單向互動，而非多元交叉互動。

↳ 新興整合行銷模式

　　新興整合行銷的模式係消費者、媒體、企業呈現三角互動機制，相互回饋，得以借力使力 (如圖 1.4)。

　　因為在 21 世紀的市場中，行銷與資訊流皆朝向互動的方式進行，資訊流完全掌握在消費者手中。消費者既是訊息的接收者也是傳播者，消費者可以透過電子化資料傳輸的新形式，隨時從廠商及其他消費者取得所需要的新資訊。總之，整個市場掌握在消費者手中，這意味消費者一旦有需求時，產品或服務的生產廠商、廣告傳播、通路銷售人員及售後服務，必須能快速有效地回應，以滿足消費者，並贏得顧客的忠誠及滿意度。

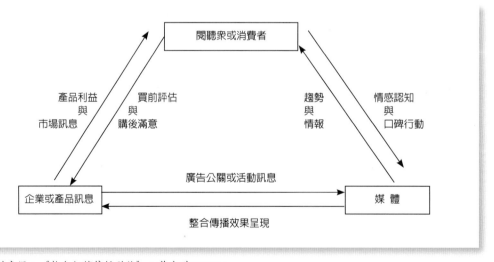

資料來源：《整合行銷傳播引論》，許安琪(2001)。

圖 1.4　新興整合行銷循環互動模式

↳ 整合行銷的企劃模式與策略架構

❖ Schultz 模式

有關整合行銷的企劃模式及策略架構，各界學者所強調的重點不一：美國西北大學麥迪爾學院三位教授舒茲 (Schultz)、譚納鮑姆 (Tannenbaum) 及勞特伯恩 (Lauterborn) (1993) 為整合行銷提出一個完整的企劃模式，如圖 1.5 所示，可知整合行銷與傳統大眾傳播模式的差別在於從顧客需求出發。他們強調以消費者和潛在消費者資料庫為起點 (如圖 1.5)，這個資料庫的內容至少包括人口統計資料、心理統計、以往購買的紀錄、價值體系等。

其次是分析上述資料庫以了解不同的消費族群，如忠誠購買者、潛在客戶、游離客戶等。簡言之，先了解消費者需求、疑慮，然後決定應該對消費者提供何種產品及服務，才能進一步了解顧客的需求。

接觸管理 (contact management) 係指在某一個時間、地點，或某種狀況下，廠商可以與消費者溝通。現今市場資訊超載、媒體眾多，使得干擾大增，因此「何時」及「如何」與消費者接觸即成為重要課題，接觸的方式則決定於與消費者溝通的訴求主題。爾後又發展了傳播溝通策略。根據傳播目標，為整合行銷傳播計畫訂定明確的行銷目標。

對於大多數的情況來說，行銷目標必須相當明確，以方便傳播策略達成目標後的量化評估。例如，針對品牌的忠誠消費者，行銷目標必須盡可能地維持或增加使用量；如果我們決定維持原來的使用量，就要有一個可以量化的目標；即使我們的行銷目標因更改而需要增加使用量，它也同樣必須量化。

在確定行銷目標後，就要決定執行此目標的行銷溝通工具，並決定如何組合產品、通路、價格等要素，與廣告、公關、直效行銷、銷售促進和事件行銷等行銷溝通戰術，完成之前所擬定的行銷目標，所以如何善用此行銷工具以達成行銷目標也成了重要關鍵。

最後選擇有助於達成傳播目標的戰術；使用傳播手段的行銷戰術，如廣告、促銷活動、直效行銷、公關、事件行銷等，以及其他有助於達成行銷及傳播目標，都是傳播利器。

整合行銷模式和傳統行銷溝通模式的最大差異，在於整合行銷的焦點置於

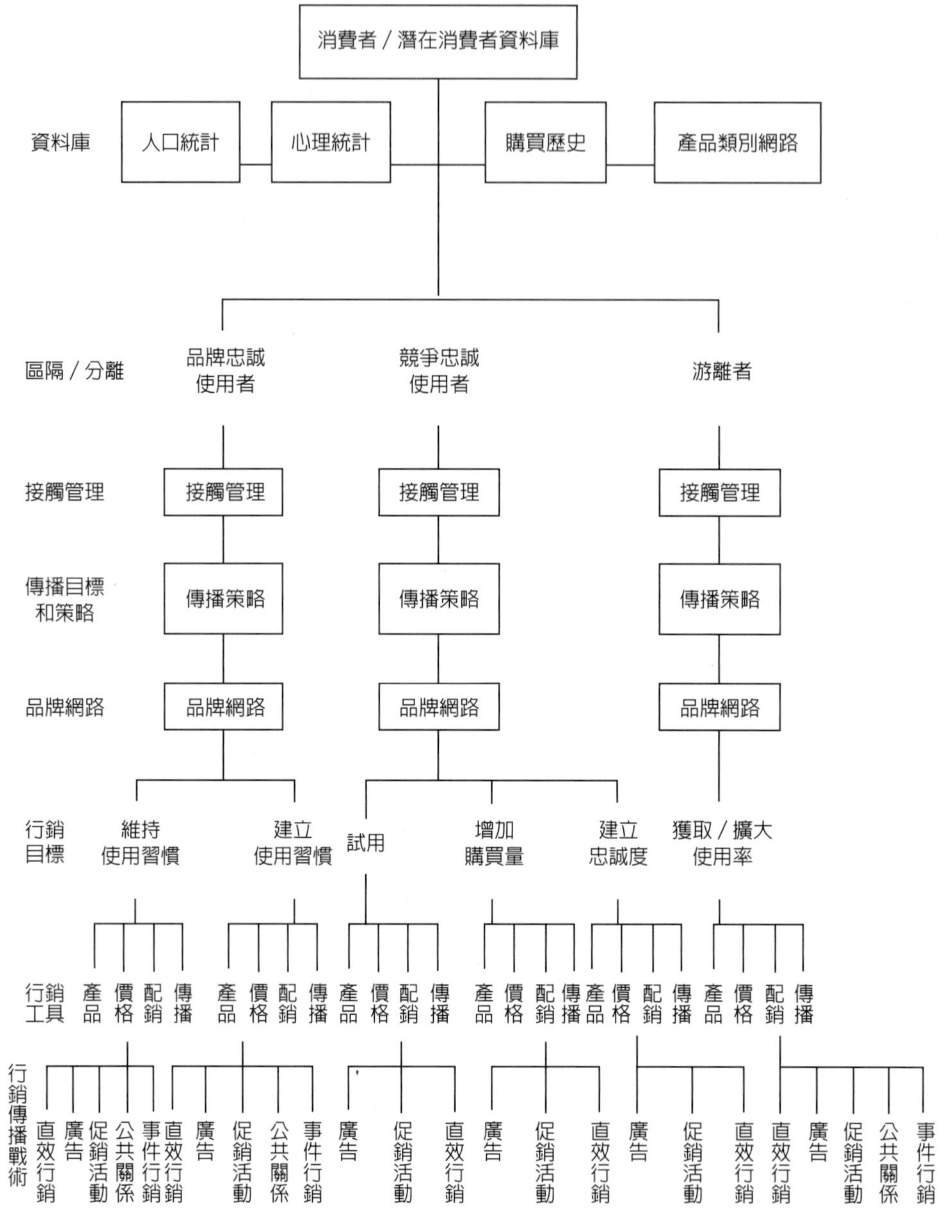
消費者／潛在消費者資料庫
資料庫
人口統計
心理統計
購買歷史
產品類別網路
區隔／分離
品牌忠誠使用者
競爭忠誠使用者
游離者
接觸管理
接觸管理
接觸管理
接觸管理
傳播目標和策略
傳播策略
傳播策略
傳播策略
品牌網路
品牌網路
品牌網路
品牌網路
行銷目標
維持使用習慣
建立使用習慣
試用
增加購買量
建立忠誠度
獲取／擴大使用率
行銷工具
產品 價格 配銷 傳播
產品 價格 配銷 傳播
產品 價格 配銷 傳播
產品 價格 配銷 傳播
產品 價格 配銷 傳播
產品 價格 配銷 傳播
行銷傳播戰術
直效行銷 廣告 促銷活動 公共關係 事件行銷
直效行銷 廣告 促銷活動 公共關係 事件行銷
廣告 促銷活動 直效行銷
廣告 促銷活動 直效行銷
廣告 促銷活動 直效行銷
直效行銷 廣告 促銷活動 公共關係 事件行銷

資料來源：Schultz, Tannenbaum and Lauterborn(1993)，《整合行銷——21世紀企業決勝關鍵》。

圖 1.5 整合行銷企劃架構

消費者與潛在消費者身上，而非放在公司的目標營業額或目標利潤上；其次根據消費者及潛在消費者的行為資訊，作為市場區隔的工具。

整合行銷最重要的中心思想，就是各種形式的傳播手段都可以用來完成我們所設定的傳播目標，並且傳播目標是由我們所欲改變、修正、強化的消費者行為所主導，因此依循此目標所運用的各種傳播手段才不會誤入歧途，也不會影響傳播目標的達成。

❖Glen J. Nowak 和 Joseph Phelps 的整合行銷傳播模式

Glen J. Nowak 及 Phelps (1994) 認為協調一致性的整合行銷，主要可分為形象與行為兩個面向來進行，但是，最重要的是建立行銷資料庫，這個資料庫可以運用在市場、訊息以及媒體等三個領域的行銷溝通策略 (如圖 1.6)。整合行銷最主要的目的為促使媒體運用與訊息傳送，因此需著重與目標族群的生活型態與習性相互配合。

在圖 1.6 中，溝通工具的整合可能發生在「活動層次」、「廣告層次」，或兩者皆有。所謂「活動層次」，是指在一個行銷溝通活動中，結合多種行銷溝通工具形成「整合行銷活動」，這個活動可能只傳遞一個訊息，也可能根據

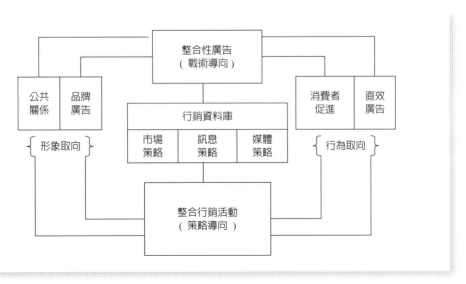

資料來源：Nowak and Phelps(1994).

圖 1.6　整合行銷傳播架構

不同的閱聽眾而使用多種訊息；「廣告層次」則是結合兩種以上溝通要素，在單一廣告或其他創意執行，因此稱為「整合性廣告」。「整合性廣告」通常視為戰術的運用；而「整合行銷活動」通常為行銷策略的使用。

❖Larry Percy 模式

Larry Percy (1997) 強調整合行銷傳播策略性規劃流程 (如圖 1.7)，首要之務就是考慮目標市場，而非以消費者資料庫為出發。對於任何行銷溝通企劃，消費者都是關鍵的核心重點，但整合行銷則否。

確定目標市場之後，必須儘量了解目標市場中，所有可能對產品及服務形成正面反應的影響因素。其次就是訂定傳播策略。因此，所有的使用者與購買者，以及對他們的決定具影響力的人，都是行銷溝通的潛在目標。將傳播對象與行銷策略緊密結合，再逐漸探討特殊的傳播議題。

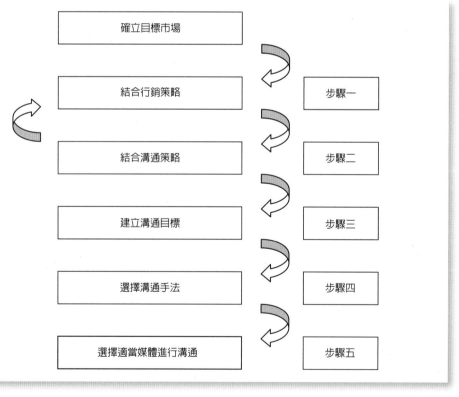

資料來源：Larry Percy(2000).

圖 1.7 整合行銷傳播之策略性規劃流程

　　第三步驟建立明確的傳播目標。Percy 強調，有些人會在購買過程中扮演決定性的角色，因此在企劃傳播的目標時，便須針對這群人建立起品牌的知名度，讓這些目標對象傾向購買產品。

　　最後就是要考量如何執行行銷傳播計畫。在這個階段，必須正確地勾勒出消費者的決策模式及過程。然後選擇一種廣告或促銷媒體，來向消費者傳遞行銷傳播訊息。

🦢 目標市場的界定

　　整合行銷的出現，使得行銷者從過去「由內而外」的媒體決策，改為「由外而內」的取向。「由內而外」的取向，主要偏重在選擇能夠傳送訊息給大量群眾的媒體通路及工具等大眾媒體。相對地，「由外而內」是以消費者作為導向，從消費者觀點、消費者情境，及消費者潛在需求等來進行行銷傳播規劃，針對目標族群的生活型態及習性做深入的了解。今將上述各學者對於目標市場界定所提出的策略架構，彙整於表 1.2 比較之。

　　針對整合行銷策略性架構的目標市場界定，早期學者的研究重心在消費者與潛在消費者資料庫的建立，後來再轉至行銷資料庫與媒體溝通策略上發展，最後則強調在所有的使用者與購買者，以及對其決定具有影響力的人。

表 1.2 整合行銷策略性架構的比較

學 者	年 代	目標市場的界定
Schultz, Tannenbaum and Lauterborn	1993	提出以消費者或潛在消費者資料庫為起點，將企劃重心放在消費者，取代以往企業將目標營業額利潤優先考量之做法。
Nowak and Phelps	1994	強調建立行銷資料庫，運用於市場、訊息以及媒體的溝通策略。
Larry Percy	1997	首要之務是考慮目標市場，而非僅以消費者資料庫為出發。所有的使用者與購買者，以及對他們的決定具影響力的人，都是潛在市場。

1.4 整合行銷溝通工具的探討

　　選擇正確的行銷溝通工具，為達成有效整合行銷溝通的重要關鍵。隨著科技和通路的發展，各種溝通工具的角色定位愈來愈模糊，但基本上仍各有獨特的功用及特質。以下將說明不同的溝通工具，如廣告、銷售促進、公共關係、事件行銷、直效行銷、人員銷售等在整合行銷趨勢中所扮演的角色及功能。

　　行銷人員在決定溝通工具組合時，應考慮本身的行銷溝通組合策略、產品市場類型與產品生命週期階段等因素，以下分別探討之。

✎ 行銷溝通組合策略

　　行銷溝通策略中，有一種屬於推動策略 (push strategy)；另一種則是拉回策略 (pull strategy)。前者指廠商應以各種方式激勵中間商，盡快將銷售產品「推」給顧客；反之，後者指廠商應積極促銷，引發顧客的偏好，透過中間商將產品「拉」向廠商 (如圖 1.8)。

❖ 推動策略 (Push strategy)：當配銷通路存在中間商時，他們對於產品銷售的成功具有關鍵性的影響；此時，公司所進行的行銷溝通活動，通常是利

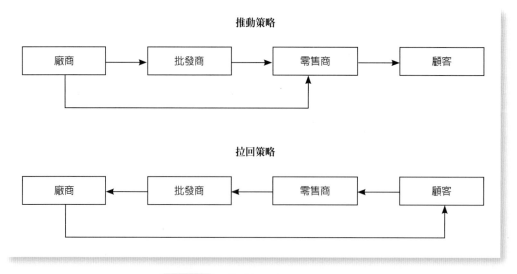

圖 1.8 推動策略與拉回策略

用人員銷售、銷售促進等促銷方法，來向中間商積極促銷 (如進貨折扣、銷售獎金)，並鼓勵中間商多訂貨、多向顧客主動推薦產品或品牌。換言之，其重心置於人員實戰推銷的策略，經由推銷人將產品「推」銷到最終消費者 (end consumer) 手中，以便最終消費者接受產品的一種戰略。這一種策略通常適用於需要較多人員銷售的產品；有時會用較多的促銷活動來達成短期效果，電腦、家電、成藥、汽車等常用此法。

❖ 拉回策略 (Pull strategy)：此係行銷者透過廣告、消費者促銷和組織購買者促銷等活動，對最終目標顧客進行推廣活動，且鼓勵顧客向中間商要求訂購行銷者的產品或品牌，使中間商不得不向廠商訂貨。如此自然會讓通路形成向上「拉」的效果。此種策略具有較高的風險，若促銷成功，消費者將會主動向零售商購買，進而迫使中間商接受此種產品，以滿足顧客的需求；若促銷沒有成效，行銷者就必須承擔巨額成本，甚至血本無歸。一般「包裝商品」(package goods) 經由自助式的通路銷售多半採用此策略，其廣告投注大，同時品牌形象也很重要，因此企業常混合用這兩種策略來調配他們的行銷組合；最終目的都是希望能將產品有效地、順利地，從廠商到通路再轉移到消費者手中，並成功地完成交易目標。

➴ 產品市場類型

溝通工具依消費者市場與組織市場的差異，而有不同的重要性。通常消費品的行銷策略慣用拉回策略，主要是因為促銷的預算最多，其次依序是廣告、人員銷售及公共關係等。組織市場則傾向採用推動策略，支出最多者為人員銷售，其他依次是促銷、廣告和公共關係。通常銷售價格昂貴、複雜且具風險的商品，或是寡占市場，以人員銷售最廣為採用。

➴ 產品生命週期 (Product Life Cycle, PLC) 階段

產品生命週期 (Product Life Cycle) 是美國經濟學家雷蒙‧弗農 (Raymond

Vernon) 所提出，意指一樣商品從上市到淘汰出場的整個過程，大致可分為上市、成長、成熟、衰退四個階段。

所以產品生命週期指一個商品隨著商品市場及競爭不同所呈現的時間帶變化，呈現一條鐘型的曲線（如圖 1.9），分別為導入期 (introduction)、成長期 (growth)、成熟期 (maturity) 與衰退期 (decline)。由於社會技術進步、變遷等因素，商品在不同銷售階段會面臨不同的挑戰、機會與問題，企業若想維持商品的市場競爭力，就必須定期調整行銷定位與策略，讓行銷主軸能夠隨產品市場和競爭對手的改變而及時做出反應，以達成不同的行銷目標。

PLC 具有四種特性：

1. 產品生命有限，但有可塑性。
2. 在不同的商品生命階段，商品面臨不同的市場機會與挑戰。
3. 在不同的商品生命階段，成本和利潤的結構均不相同。
4. 在不同的商品生命階段，必須採用不同的行銷、財務、製造、採購及人事策略，以提升其競爭能力。

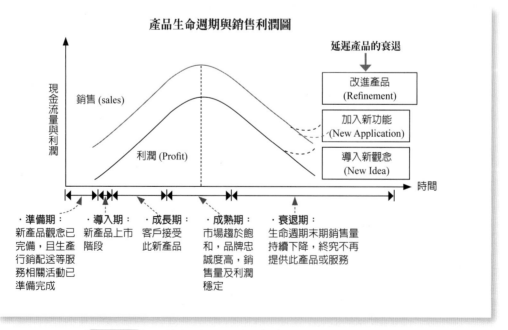

圖 1.9 行銷溝通策略於產品生命週期各階段的強調重點

在導入期階段，產品銷售的增加速度相當地緩慢，直至其產品漸為人知，流通性暢通之後，則銷售進入快速成長之階段，隨後有一段較長的穩定而緩慢增加之成熟期，最後變成遲緩或迅速的衰退局面。

❖ 導入期：新產品剛進入市場的測試階段，消費者並不知有此一新產品的存在，故此時銷售成長非常緩慢，幾乎沒有利潤。這個階段的重點是如何讓消費者知道有此項新產品，且有機會讓他們接觸新產品，故此一時期的行銷溝通策略，應採全方位密集廣告、公共關係方式，促使試用者購買，且在試用者的推動之下，爭取更多的早期使用者，在創新者與經銷商間建立知名度；或大力促銷鼓勵試用，增加衝動性購買，往往必須投入大量行銷費用，這個階段通常不會有立即的效果。因為此一階段的高額廣告投入與研發費用分攤，不易產生利潤，甚至可能發生虧損。

❖ 成長期：當產品迅速獲得市場所接受，銷售大幅成長，利潤也明顯提升。此時，行銷目標應著重於品牌理解，引導消費者形成品牌認同，行銷任務，就是密集地以各種策略「促使產品銷售快速成長」，以市場占有率極大化為主。這個時期的行銷溝通策略，採取適當的優惠酬賓、有獎銷售等銷售宣傳或個人銷售方式，並展開差異化策略，強調產品的特色、優越性與同類商品的差異性，得以滿足強烈的消費者需求。由於受導引期廣告的影響延續，廣告費用較導引期為低。導引期的廣告效果逐步顯現，商品認知度提高，銷售通路漸趨完備，銷售數量急速上升，競爭對手相繼投入，此時的行銷活動主要為增強競爭力而進行的消費者促銷活動。

❖ 成熟期：產品進入大量生產的階段，產品變得普遍化，市場趨於飽和，此時市場競爭最為激烈。各家廠商為爭取顧客，紛紛在產品樣式包裝服務或廣告宣傳上下工夫，導致企業行銷成本增加；行銷目標除了維持或獲得新的市場占有率外，儘量讓利潤極大化。當價格競爭變得更劇烈時，邊緣產品很可能被逐出市場。此一時期的行銷溝通策略在於保持企業產銷平衡以及達成較理想的經濟效益，企業應保持一定的廣告發布，繼續採行差異化策略，強調其產品比同類商品帶給顧客更多的額外利益，以保衛市場占有

率。此時，產品銷售宣傳與企業宣傳合而為一，根植產品與企業的形象在消費者心中，為下一個新產品上市先行鋪路。

❖ 衰退期：產品在進入這個階段後即呈現老化，銷售量會急速下降，企業利潤也隨之減少。公司的因應之道，就是捨棄舊產品、研發新的產品。此時的行銷目標在於延緩銷售的下降幅度。有時行銷人員會將面臨淘汰的產品起死回生，利用再設計或改良產品的方式，以增加其特色、品質或價值，重新進入市場，以延長產品的壽命。這個時期的行銷溝通策略，企業可能大幅度削減廣告費用，且減少至保持品牌忠誠者需求的水準，僅讓使用舊產品的消費者獲得優惠的消費享受。

產品生命週期與行銷組合的關係，見表 1.3。

設計整合行銷活動時，應考慮行銷溝通組合策略、產品市場類型與產品生命週期階段等情境因素，加以選擇合適的行銷溝通工具組合。行銷人員除了應就產品屬性 (如消費性或組織產品等) 分別設計拉回或推動的策略，還必須考量產品生命週期不同的階段，甚至根據特定的市場特點、行銷目標，選擇與其相輔相成的行銷溝通工具組合。如此一來，才能達到既定的經營目標。

表 1.3 產品生命週期與行銷組合

4P 組合	導入期	成長期	成熟期	衰退期
Product	提供新產品	延伸產品 / 服務	產品差異化	剔除無利潤之產品
Price	採用吸脂定價法*	採用市場滲透定價法**	參考市價	降價
Place	選擇性通路	加強通路廣度	加強通路廣度	縮短通路階層
Promotion	以試用吸引消費者興趣	強化促銷	強化促銷	降價促銷

註：* 吸脂定價法 (Skimming Price Strategy)：新產品上市初期，先針對市場中的上層需求者以高價來銷售其產品，然後逐次調降價格，逐批從不同的區隔市場中擷取收益，此法可使廠商的利潤極大。

** 滲透定價法 (Penetrating Price Strategy)：新產品上市初期，以低價策略來迅速打入市場，吸引大量購買者，以擴大市場占有率，等市場占有率增加後，再逐漸提高售價，則利潤亦會隨之增加。

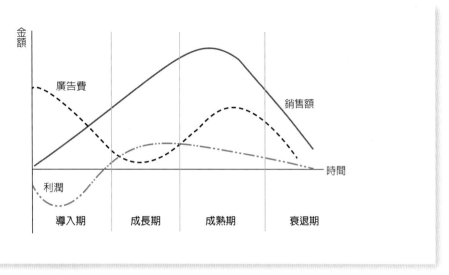

圖 1.10　產品生命週期與廣告銷售利潤圖

整合行銷六大智慧模式

智慧零售	智慧農業	智慧家居
智慧生產	智慧醫療	智慧生態

實例個案：第 3 屆創意設計博覽會

◄◄◄ NOT ONLY
Let's go dressing

簡報大綱

壹、活動背景
貳、活動主題
參、預期目標及成果
肆、展期規劃
伍、活動地點說明
陸、展覽規劃
柒、媒體規劃
捌、活動時程表
玖、經費概估
拾、結語

◄◄◄ NOT ONLY
　　Let's go dressing

2005
Taiwan Design Expo

壹、活動背景

　　創意為人類求變的自然天性，設計為人類追求完美的專業智慧。而行政院更以「創意臺灣」作為未來施政的目標與願景之一，並將「創意產業」的相關發展計畫於二〇〇二年納入「挑戰二〇〇八國家發展重點計畫」之中，希望結合人文與經濟的發展，提高創意在各項產業之中的發展比重，以提高臺灣在 21 世紀國際經濟發展的優勢與競爭力。而為激發全民創意運動，推動全民設計教育，中央從 2003 年起，分別於臺北與宜蘭舉辦臺灣創意設計博覽會。'04 年以「食尚美學」為主題的第二屆臺灣設計博覽會，共計吸引 16 萬人次前往宜蘭縣參觀，兩年來的經營，成功為臺灣塑造了一個以創意設計為主題的年度盛會。

　　高高屏三縣市在近年來各首長的努力之下，以創意導入傳統產業中，無論是墾丁風鈴季、東港鮪魚季、橋頭藝術村、三山創意園區、城市光廊、愛河景觀營造等等，都成功的將原本平淡無奇的產業及都市形象轉化為大眾注意的新寵，這代表創意已經深入三縣市政府施政的基本要素，且效益明顯為大眾所認同。而各學校相關設計學系在高高屏的成立與經營，包含樹德科技大學、東方技術學院、實踐大學等，已經為高高屏培育為數眾多的設計人才，顯見創意產業的種子已散播在高高屏三縣市各地，正在茁壯與等待收割。

　　因此，高高屏三縣市爭取「第三屆創意設計博覽會」的舉辦，除了有將臺灣設計的年度盛會導入南臺灣發展的指標意義之外，更希望透過博覽會的舉行，將高高屏三縣市所蘊藏的創意能量爆發出來，使創意設計的基礎深入南臺灣各企業之中，為高高屏三縣市的創意產業發展營造更良好的發展空間。

‹‹‹ NOT ONLY
Let's go dressing

衣領 2005 風采
Taiwan Design Expo

貳、活動主題

「衣領風采」

自人類懂得衣著開始，服飾除了在功能性的強化之外，美學的應用也被人類所重視；不只要穿得舒服，更要穿得好看，所蘊含的創意、視覺、功能、品牌價值以及文化內涵，在設計者的巧思之下轉化為可觀的經濟能量。當創意設計這個名詞開始時，服飾就是最強而有力的表達工具。

過去，臺灣以代工方式，為國際的知名品牌生產代工，曾經為經濟外匯創造高點；在廉價勞力資源不再的今天，臺灣「衣」工業的發展與其他產業一樣，都必須透過創意來提高產品價值，才能維繫整個產業不墜；並因應全球整合的競爭。而服飾在創意的展現上更具有挑戰性，其中牽涉了市場流行的敏銳度、引領風騷的知名度、創意理念與消費意願的契合度以及不同文化族群的接受度等等不同因素，使得服飾所展現出來的創意面面觀，是其他產業所不能相比擬的。

因此，第三屆創意設計博覽會將貫穿一系列「衣、時尚、紡織」為主題展覽內容，以「衣領風采」，為臺灣的紡織、成衣、服飾設計等產業與人才，帶來一場與智慧、文化、創意激盪的年度盛會。本活動更希望能透過精彩豐富的內容，吸引民眾熱情加入創意運動，培育更多設計專業人才，為臺灣的服飾創意產業奠下深厚的發展基礎。

444 NOT ONLY
Let's go dressing

參、預期目標及成果 —————

一、提高產業注重創意設計人才的培訓

二、提高企業對於創意運用的投入比重

三、提供創意設計人才交流互動的平臺

四、提供國際服飾創新理念導入的管道

五、強化我國在服飾產業發展的基礎

六、提升我國創意設計人才的實力

七、強化我國民眾與產業界對於設計專業的尊重

八、提高創意設計人才的社會地位

444 NOT ONLY
Let's go dressing

肆、展期規劃 —————

■活動日期

　　2005 年 11 月 12 (六) ～ 11 月 27 (日)。

■展覽時間

　　星期一～星期五，每日13：00～21：30

　　星期六～日，10：00～21：30

以上時間安排，係配合都會區的生活步調，以提高展
覽活動的參觀人次。

◀◀◀ NOT ONLY
Let's go dressing

伍、活動地點說明 ────────

一、預定地點

綠蔭自然、人文潛力─「衛武營都會公園預定地」

經過各方人士的溝通與努力，國防部終於在今年 (93) 6 月底完成衛武營搬遷，營區總面積廣達67公頃，其中10.097 公頃劃設為休閒商業區，未來將可成為高雄縣市最有發展潛力的都會中心。92 年 7 月行政院更宣布，將在衛武營興建國家級兩廳院，目前籌備工作已積極在推動，未來對於南部文化藝術生活的提升，將有相當大的幫助。

以衛武營的空間量來看，足以同時舉辦 10 場以上的創意設計博覽會，在高高屏發展史上，尤其在休閒商業區準備公開標售，若能在此舉辦創意設計博覽會，將可提高其發展價值，並帶動周邊商業發展的氣勢，對於高高屏發展將有絕對的正面影響。

二、備案地點

星光、湖畔、展覽場─「澄清湖棒球場」

2001 世界杯，中華隊在此奪下榮譽的第一勝，並啟發臺灣沉默已久的棒球熱情，將臺灣棒球發展帶入另一個新里程碑。但其場地使用不應侷限於球賽，若能妥善的規劃及運用，將可成為大高雄地區最大的活動展覽地點。若能在此舉辦創意設計博覽會，相信也能夠為臺灣創意設計的發展榮景，創造出媲美世界盃光榮的重要時刻。

NOT ONLY
Let's go dressing

陸、展覽規劃

一、主題館規劃

本次活動將規劃三大主題展覽：

1.頂尖衣秀館

本主題主要以服飾創意相關企業及工作者為主要展示內容，依照下列兩大區塊介紹臺灣與國際服飾工業上的頂尖創意，使參觀者深入了解服飾創意背後的奧祕。

a.臺灣頂尖區——本土服飾相關企業及設計師創意展示為主

介紹臺灣知名設計師蔣文慈、范怡文、溫慶珠等人的作品，以及尚諾耐 Sonora、佳舫 NET 等知名企業在創意運用上的展現，配合實踐、樹德、輔仁、文化等學府織品相關科系學生創意服飾展示，將臺灣服飾設計的實力展現在國人面前。使民眾對於本土服飾創意有不同的認識，強化國人對本土服飾設計的支持與鼓勵。

b.國際頂尖區——展示跨國服飾企業的創意結晶

包含LV、GUCCI、PRADA、CHANEL、NIKE等知名品牌；透過設計師介紹、品牌價值、創意理念、素材應用、流行文化等方面的深入分析與介紹，使參觀民眾能夠充分了解創意發揮與專業設計在產品價值與商譽效益所帶來的影響力。透過本區的規劃，讓民眾對於品牌之後創意設計所扮演的角色有更深一層的認識。

2.產業文化館

本區將規劃下列展示區，介紹「衣」的歷史、科技等相關內容。

a.歷史區

創意的展現也來自於設計者人文素養的培育，而歷史文化占了相當大的比例。面對國外強勢品牌的壓力，臺灣要在國際設計上嶄露頭角，就必須強化我們文化根源的構面。

在本區，參觀者將可了解中國服飾的演進與改變，以及

陸、展覽規劃

服飾表面上所述說的文化語言；另外臺灣原住民的服飾也是本區所要展現的一個重點；透過展現我們服飾文化的內涵與其他文化的差異，將可促進臺灣的服飾設計在國際服飾產業上占有一席之地。

b. 科技區

素材上的創新與應用也是服飾創意的一個重要因素。在本區將邀請遠東紡織等織品相關企業，展現最新發展的服飾材料、布料編織技術等產業科技。

c. 世界文化區

設計工作者除展現本身的文化根源外，也經常採用不同文化特色作為創意素材。本區將展示世界各國的民族服飾，使參觀者了解創意設計在文化差異上的影響力。

3. 創意達人館

a. 高高屏創意產業展示區

展出高高屏近年來在產業（現為大樹區）、觀光發展上，創意成分的加入所帶來的成果。包含大樹鄉荔枝產業推廣、東港鮪魚季成果、城市光廊所帶來的生活改變等等，以多方面的素材展現出高高屏創意的特色與成果。

b. 臺灣設計達人區

網羅臺灣 2005 年各項設計比賽之傑出作品，讓參觀者感受臺灣設計工作者腦力激盪下的新鮮巧思。

c. 國際設計得獎區

展出臺灣榮獲2005美國、德國、日本等國際設計大賽之得獎作品。

d. 臺灣國際創意設計大賽作品區

邀請世界各國好手參與，展出 2005 年臺灣國際創意設計大賽的入選作品。

二、系列活動規劃

1. 開幕式

以創意紡織視覺舞蹈爲開幕式掀起另類的活潑熱情。特殊的舞臺設計及燈光表演、符合創意設計博覽會的舉辦意義。在眾人的驚豔中，邀請高高屏三縣市首長穿著學生設計作品主持開幕儀式，配合各校服裝設計科系學生的創意走秀，帶領臺灣「衣領風采」走向未來。

2. 2005臺灣國際設計論壇─迎接「衣」未來

邀請國際服裝設計大師來臺，與國內設計大師對談，針對品牌價值、設計理念、文化生活等構面，討論服飾設計未來 10 年發展的看法。經過流行趨勢的研判，爲臺灣服裝設計產業在國際競爭上找出有利的機會點。

3. 設計趨勢研討會

透過臺灣創意設計中心的協助，邀請國內外學者專家以不同角度切入，協助臺灣創意工作者及相關產業，找出未來的創新機會。

4. 第二屆國際設計人才培訓成果發表會

延續 2004 年第一屆發表會的執行，邀請遠赴國外的臺灣設計人才，說明國外設計環境及經營態度的情況，使臺灣創意產業相關業者及有志人員有更遼闊的產業視野。

5. 創意設計衣起走網路大賽

邀請臺灣各大院校學生提供創意服飾作品，於活動期間內公布於博覽會網站上，供民眾票選最佳作品。最高票者將於博覽會閉幕式時，頒發2005創意設計博覽會大獎，並將邀請時尚名模走秀。

6. 素人創意衣敢秀

活動期間假日，將提供一般民眾一個展現創意服飾的機會，所有參賽者必須穿著創意服飾於主舞臺上接受現場觀眾

評分，最高分者將可獲得獎品。只要民眾敢秀、敢創意，臺灣創意產業將會更有希望與活力。

7. 霓尙風華名模選拔

　　安排臺灣服飾業者及大型企業參與，展現臺灣服飾創意的最新作品，提供一個公開的表演平臺，並培養從事模特兒工作者的潛力、拔擢國際新星。

8. 表演活動

　　活動期間內將安排不同表演節目，包含樂隊演奏、流行歌曲演唱、短劇表演等等，民眾在欣賞主要展示區之餘也能夠滿足不同的娛樂享受。

三、場地規劃

1. 三大主題館
　　配合三大展示主題規劃三個展館。
2. 主舞臺活動區
　　配合開幕式、日常表演活動、系列活動以及走秀節目使用。
3. 國際演講廳
　　配合研討會及國際論壇使用。
4. 大會服務處
　　提供參觀民眾展示內容、交通規劃、外籍來賓翻譯等諮詢服務。
5. 紀念品展售處
　　販售本次博覽會相關紀念品。
6. 飲食服務區
　　提供參觀民眾及大會工作者餐飲服務之用。
7. 緊急醫療區
　　提供必要之緊急醫療措施。
8. 流動廁所
9. 停車場
10. 休息區

四、服務人力配置及管道

依照本活動規模及時程，需編列足夠之人力以維持博覽會的運作。其大部分應徵求學校支援，配合政府機關人員的協助使活動進行順暢。

1. 活動組

由執行單位或廠商主責，配合必要之支援人力，協調其他組別負責博覽會參展單位邀請（含國外）、節目安排、系列活動執行等等。

2. 新聞中心

由高雄縣政府新聞室統一向媒體發布博覽會各項新聞。

3. 大會服務組

徵求高高屏地區大專院校的學生支援，提供參觀民眾諮詢及引導之服務。

4. 國際服務組

由高高屏地區外文科系學生支援，負責會場外籍貴賓及參觀民眾之接待及翻譯服務。

5. 秩序維護組

博覽會內聘請保全人員維護秩序及展出設備的監控，場外則由高雄縣警察局負責交通指揮及夜間巡邏。

6. 緊急醫療組

由高雄縣政府（現為高雄市政府）衛生局負責大會緊急醫療區之設置及運作，提供必要之意外事故之處理。

7. 展示單位

各展示單位需指派專門解說人員，提供現場解說之服務。

柒、媒體規劃

一、主題網站

透過網際網路的傳送，可使全世界無時差的了解臺灣創意博覽會的精彩內容。其網站架構如下（中、英、法文版）：

博覽會主題網站，將於高高屏縣市政府以及相關協辦單位網站連結之外，另與PCHome、YAHOO、MSN合作或購買廣告連結，務使本次活動網站之點閱率提高，達到網站應有的傳播效益。

二、新聞媒體運用

博覽會活動新聞訊息，將透過高高屏縣市政府以及執行單位之新聞媒體資源發布。新聞發布時機將由承辦單位確定開始，逐步累積民眾期待心理，至活動開幕前一星期舉辦記者會，將媒體傳播能量發揮到最大值。

三、媒體廣告

除入口網站廣告連結之外，尚可採購三大報系、無線有線電視、廣播以及設計專業雜誌等廣告版面，配合新聞刊登、專訪、採訪，使民眾持續接觸博覽會訊息，增加其參觀意願。

柒、媒體規劃

媒體新聞發布、廣告採購建議名單		備註
入口網站	PCHome、YAHOO、MSN	MSN 可配用 MSN Messenger 即時通訊軟體廣告，將活動訊息快速流通於網路上。
設計網站	設計共和、設計魔力、i-show、heyshow 台灣設計師入口網站、dpi 創意戶聯網	
三大報系	中國時報、聯合報、自由時報	三大報系有專屬新聞網站，聯合報及中均與入口網站合作，可強化新聞傳播力量。
電視媒體	臺視、中視、華視、民視、東森、三立、八大、TVBS、年代、中天、ESPN、非凡	東森尚有電子報配合入口網站。
廣播電臺	高雄廣播電台、港都電台、KISS99.9 電台、中廣流行網及新聞網、NEWS98、ICRT	中廣新聞網與入口網站有合作。

四、廣告文宣規劃

1. 廣告折頁

透過高高屏地區各家便利商店，將本次活動DM折頁傳達至一般民眾。

2. 活動手冊

將展覽內容、系列活動詳加介紹，結合參展或贊助廠商折價券、紀念品兌換券等功能，於高高屏大專院校、政府機關、活動會場分贈設計從業人員、學生、媒體等特定屬性人士。

3. 宣傳燈旗

於活動前10日，在大高雄地區主要路段、活動地點四周懸掛，營造博覽會氣勢與氣氛。

4. 宣傳海報

於高高屏各機關、學校、交通樞紐張貼活動訊息。

5. 公車站燈箱廣告

使用高雄市公車站廣告宣傳博覽會。

6. 政府機構

於高高屏三縣市政府懸掛大型活動廣告噴畫。

7. 公車廣告

使用大高雄地區公車、客運車體及車內廣告。

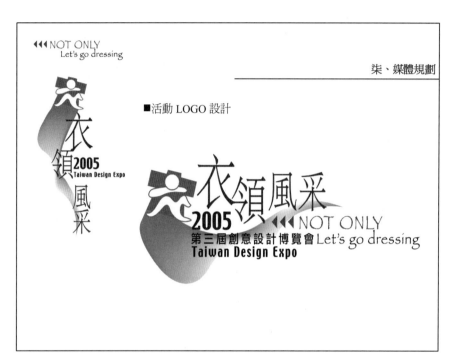

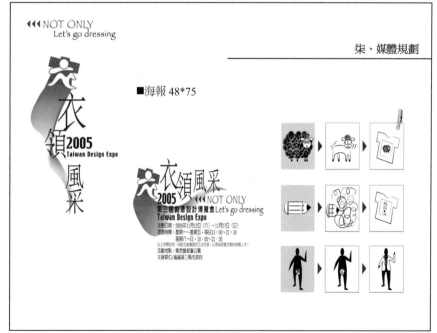

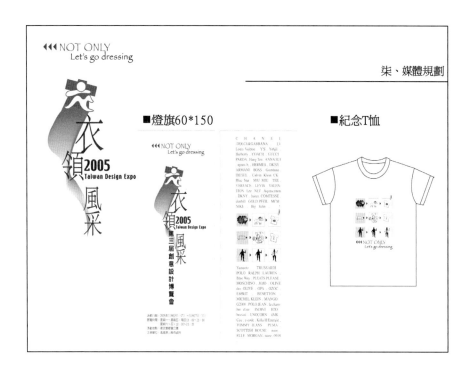

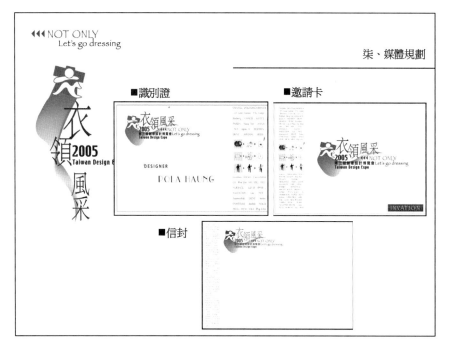

◀◀◀ NOT ONLY
Let's go dressing

衣領2005 Taiwan Design Expo 風采

捌、活動時程表

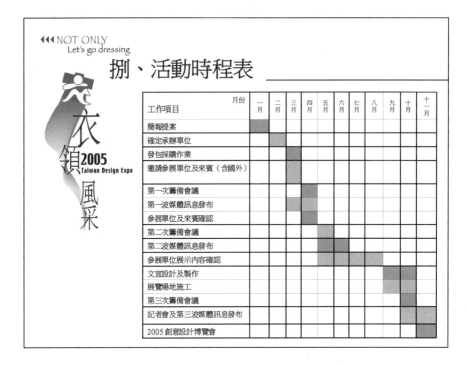

工作項目 ＼ 月份	一月	二月	三月	四月	五月	六月	七月	八月	九月	十月	十一月
簡報提案											
確定承辦單位											
發包採購作業											
邀請參展單位及來賓（含國外）											
第一次籌備會議											
第一波媒體訊息發布											
參展單位及來賓確認											
第二次籌備會議											
第二波媒體訊息發布											
參展單位展示內容確認											
文宣設計及製作											
展覽場地施工											
第三次籌備會議											
記者會及第三波媒體訊息發布											
2005創意設計博覽會											

◀◀◀ NOT ONLY
Let's go dressing

衣領2005 Taiwan Design Expo 風采

玖、經費概算

內容	數量	單價	小計	備註
一、展場布置				
1.主題館：展覽場布環境裝璜	3	2,000,000	6,000,000	含燈光、音響、空調
2.舞臺活動區	1	1,200,000	1,200,000	含燈光、音響、舞台架設
3.國際演講廳	1	500,000	500,000	含座椅、視訊設備
4.服務區、紀念品展售區、餐廳區、20"貨櫃區	4只	500,000	2,000,000	含水電、空調
5.公共廁所	10只	3,000	30,000	含維護管理
6.指標系統				
會場主題精神標的	1式	800,000	800,000	
展場環境圍籬(含夜間告示)	1式	1,000,000	1,000,000	
動線指標等	1式	850,000	850,000	
入口意象(含出口)	2座	450,000	900,000	
活動告示	4座	150,000	600,000	
合　　計			13,850,000	

玖、經費概算

內容	數量	單價	小計	備註
二、媒體採購				
1.電視媒體	2檔			
A.有線電視節目專訪	1檔	100,000	200,000	
B.非凡電視節目特輯	2檔	300,000	300,000	
C.新聞單元報導		100,000	200,000	
2.廣播媒體				
A.30秒廣告	100 檔	4,000	400,000	
B.15 m in 廣播單元專訪			150,000	
3.報紙媒體				
A.全十版面(全國版)	1	200,000	200,000	
B.全十版面(南部版)	2	150,000	300,000	
4.雜誌媒體				
形象廣告	2	100,000	200,000	
5.網路			200,000	
合　　　計			2,150,000	

玖、經費概算

內容	數量	單價	小計	備註
三、文宣				
海報	3000張		75,000	
邀請卡	5000份		50,000	
DM	100000份		150,000	
識別證件	1000份		20,000	
旗幟	500組		175,000	
大會信封	20000個		160,000	
紀念書卡	10000套		200,000	
郵資、運費	1式	90,000	90,000	
入場券	200000張		80,000	
合　　　計			1,000,000	

◀◀◀ NOT ONLY
Let's go dressing

玖、經費概算

■自籌項目

內容	數量	單價	小計	備註
四、收入(募款能力說明)				
A.展示看板出租				
公益區	10塊	0	0	180×300CM
企業區	20塊	30,000	600,000	
品牌區	30塊	30,000	900,000	
相關區	30塊	30,000	900,000	
B.廣告招租(媒體報紙費用)			100,000	支出
人力、行政、郵資電信費			100,000	支出
入場券印製			100,000	支出
廣告看板水電、維護費			100,000	支出
合　　計			2,000,000	

■總計活動經費(一、二、三、四)：新台幣壹仟玖佰萬元整

◀◀◀ NOT ONLY
Let's go dressing

拾、結語

　　臺灣長久以來擅長為世界各大企業，創造低成本、高品質之代工服務，甚少如宏碁、BANQ等企業，敢於追求創意所帶來的品牌價值。高高屏地區向來為臺灣工業發展的重鎮，而傳統的加工出口區卻早已不再車水馬龍，顯現產業代工的瓶頸早已呈現已久。在世界各大企業逐步將生產線移往更低廉勞力地區時，臺灣各產業應開始著手發展屬於自身特色的產品，方能在國際市場上創造出更有利的發展空間。

　　高高屏地區長久以來被視為第二順位的發展都市，但在現任首長的注重及爭取中及相關學府科系的成立，創意設計早已在此播種；期盼2005年台灣創意設計的盛事能在高雄衛武營舉辦，這將是高高屏地區蘊藏的創意能量，一個爆發起飛的最佳觸媒。

　　我們深信「衣領風采」2005第三屆創意設計博覽會，將成為高高屏創意產業開花結果的關鍵指標，也是將臺灣文化內涵展現在設計構面上的一個重要里程碑。

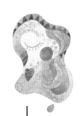

CHAPTER 2

廣告篇

2.1 廣告的定義
2.2 廣告工具分析
2.3 傳統媒體與戶外廣告媒體
文章閱讀：傳統行銷傳播的演進——從 4P 到 4C、4V

廣告如衣著，是你最引以爲樂之事

～傑瑞・法密納 (Jerry Della Femina)

2.1 廣告的定義

何謂廣告？

談到廣告，就必須回溯到 1968 年的英國，一位名叫 William Caxton 的印刷業者，為了促銷他的新書上市，因此製作了一份單張廣告紙 (Flyer)，而成為歷史上第一份的廣告。隨著各式不同媒體的歷史衍流變遷，廣告的發展也歷經了一連串的變革，從單張廣告、車箱廣告、戶外看板、報紙廣告、雜誌廣告、電視廣告、電臺廣告，乃至於無法細分的另類廣告，都不一而足地展現廣告蓬勃生動的活力。

所以，廣告 (Advertising) 就是「企業利用電視、報紙、雜誌、廣播、網路等付費媒體，針對消費者傳達商品相關訊息、促進購買的一連串活動」，或「廣告者，是將商品與使用者以最短距離所結合的情報工具」，這裡的距離是針對媒體而言；廣告所包含的範圍很大，它可以說是一種溝通訊息的橋梁，由你身邊所能運用的各種媒體去說服，或影響目標閱聽人；廣告是多數行銷人員賴以接觸潛在顧客的第一個接觸點，目的在建立知名度及短期大量促銷。

廣告其實就是「廣而告知」，是一種「說服」。它利用傳播媒體來傳播其商品服務或觀念，進而達到促銷的效果。在傳播上會進一步闡揚消費者得到的利益與困難的解決，以滿足消費者生理上或心理上的需要，並具有商業上的目的。露華濃 (Relvon) 創辦人雷福森 (Charles Revson) 曾說：「在工廠裡我們製造口紅。在廣告裡我們銷售希望。」

廣告是由廣告主來支付費用，付費的目的當然是希望與消費者互相溝通，更希望消費者能花錢購買其產品，不斷地滿足市場消費者的需要，也持續地製造或創造消費者的需要。廣告主將商品、概念或服務，經由公眾傳播給非特定對象，意圖刺激消費者的購買慾望，這是一種商業上的訊息，藉由媒體的傳遞來告知消費者前往購買產品，增加廠商的利潤，因此廣告是一種持續擴張市場的手段。

廣告在商品營銷過程中，通常會藉著傳播媒體向社會大眾傳播訊息，以期招徠主顧，達成商業上銷售的目標。它在生產者與消費者之間扮演著媒介的角

色，對產品促銷、市場開拓、企業發展有極大的意義。由於將顧客視爲整體來訴求，訊息內容不可能太過個別化或特殊化，這是廣告的主要限制。

其實，廣告最主要的功能是建立知名度，通常可具體呈現產品功能，少數會引起產品偏好，極少數會刺激購買，這就是爲什麼只有廣告是成不了事的。有時除了廣告的推波助瀾，還會需要促銷活動去刺激購買；或是透過售貨員詳述產品的利益，才能販賣成功。

廣告的定義又可分爲廣義的廣告與狹義的廣告兩種。廣義的廣告主要爲廣告的內容和對象，包括營利性廣告和非營利性廣告。狹義的廣告，則單指營利性廣告。營利性廣告主要在藉由廣告推銷商品、觀念和勞務的過程，獲取利益；非營利性廣告則爲達到某種宣傳的目的。以行動目標角度而言，前者以激發購買行爲和行動的商業效果爲目標；後者則爲激發大眾情感，使其採取行動和態度。圖 2.1 列出 2010 年臺灣總廣告量，除了金額高達 1,000 多億的支出之外，也可看見各種廣告媒體類別分配的比例與消長。

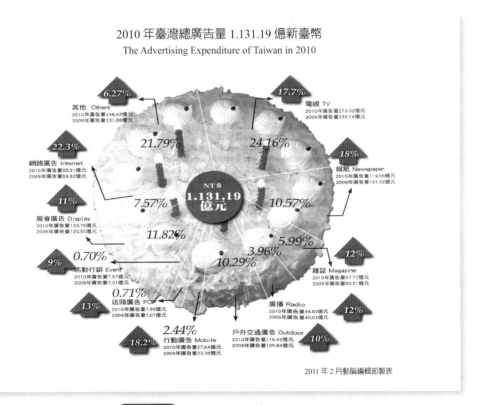

圖 **2.1** 2010 年臺灣總廣告量圖

❧ 廣告的特性

廣告，顧名思義，即是廣而告之、廣泛的告知。廣告的影響無遠弗屆，它以各種方式呈現在我們的生活中，如海報、傳單、報紙到廣播和電視。如何能讓大眾留下深刻的印象，即成為廣告的重點所在。

廣告研究源自於心理學，「廣告」(Advertising) 一詞，原本是從拉丁語的「Advertere」而來，意味使人注意或左右大眾心意。之後廣告又融入行銷面及傳播面的考量，而成為一種付費的大眾傳播，其最終目的為傳遞資訊，也改變了人們對廣告產品的態度，進而誘發其購買行為，且使廣告主得到利益。所以，廣告是由團體或個人付費，經由各種媒體的非親身傳播，能以某種方法在廣告訊息中識別出廣告主的產品或服務，而廣告主利用廣告來告知或說服特定的對象。

美國行銷協會 (American Marketing Association) 則提供較周延的廣告定義：「所謂廣告是由確認的廣告主，在付費的原則下，藉由非人際傳播的方式，展示及推廣其觀念、商品或服務之活動。」

(Advertising is any paid form of non-personal presentation and promotion of ideas, goods and services by an identified sponsor.)

廣告的本質是推銷，主要推銷商品、勞務及觀念三種項目，它們在行銷學上統稱為商品。廣告本身就是一種消費的行為，廣告主以支付費用的方式，透過大眾媒體，短時間內對大量的消費者進行商業資訊傳遞，以期達成大量行銷的目的。從上述的定義中，可以歸納出廣告所涵蓋的四項重要因素與特性：

❖廣告是由身分明確的廣告主來主導的

廣告有一個確定的贊助者，我們把這個贊助者稱為「廣告主」(advertiser)。因為是廣告主付費或贊助的，所以，廣告主對於廣告的訴求、內容、刊登的媒體以及出現的時間或版面等，均有充分的自主權。換言之，廣告是廣告主可以控制的傳播工具。廣告中也必須能明確讓消費者知道出資拍廣告片的廣告主是誰，以明確廣告主之刊播責任，保護消費者之權益。

❖廣告是一種付費傳播

廣告傳遞觀念、商品或勞務的訊息必須透過媒體，因此廣告主必須向媒體

支付刊登或刊播的費用。其付費流程為：廣告主提撥廣告預算給廣告代理商，而代理商則依廣告企劃所使用之媒體，支付媒體佣金。

❖ 廣告是一種非人員的展示和推廣

廣告是一種高度公開的溝通工具，和人員銷售是有明顯區分，只能做獨白，不能與閱聽者對話或互動。因此很難快速知道閱聽者是否收到廣告的訊息以及他們對訊息的反應。但是，網路廣告 (web advertising) 的興起與發展，將可克服一般廣告無法立即獲知閱聽者反應以及雙方無法互動的缺點。簡言之，廣告並非只針對個人，而是透過大眾媒體，向非特定之大眾推廣其商品、服務或觀念。

❖ 廣告是以商品、服務或觀念為內容

以教育、告知或說服和消費者溝通的角度，廣告不但傳遞有形商品的銷售訊息，也販賣無形的觀念和服務，以吸引消費者產生購買的行動。

總括來說，廣告定義為：「廣告是指在傳播訊息中明示廣告主，根據廣告主所擬定的特定對象，向大眾傳播媒體付費傳播，將訊息傳遞給所擬定的目標群並加以說服或影響其購買行為，以滿足消費者或利用者的需求，進而增加企業的利益或擴展社會及經濟福祉。」

🖎 如何區分廣告

廣告依目的可區分為產品廣告 (product advertisement) 與機構廣告 (institutional advertisement)。產品廣告的目的是具體陳述產品的特徵及功能，以引導消費者注意並去購買廣告主的產品或服務而從事的廣告，廣告的對象可能是消費者，也可能是通路成員。常見的產品廣告又可分為告知性 (informative)、競爭性 (competitive)、提醒性 (reminder) 廣告；至於機構廣告主要在推廣機構的形象或理念，因此以支持性 (advocacy) 廣告最常見。

目前有多種付費的廣告媒體可供選擇，如有線電視廣告、平面廣告、廣播廣告、戶外廣告與網路廣告等，但是媒體所注重的目標顧客不一定相同，有些鎖定具有共同興趣的觀眾、有些在特定地區具有影響力。

廣告除了有助於知名度建立與短期促銷外，在提供服務資訊與教育顧客上，也扮演重要的角色。日常生活中充斥許多廣告資訊，但如何讓訊息快速引人注目，已成為行銷人員的一大挑戰。

☞ 廣告的功能

1. 廣告具有「告知性」的功能，目標是要告訴顧客有關產品的資訊。它傳達產品功能、產品特色、售價、販賣場所等資訊給消費者，也告知消費者新的產品。例如黑人牙膏推出新產品時的廣告詞為「黑人牙膏系列產品擁有優良的品質保證」，即屬告知性廣告。
   - 告知新商品訊息
   - 告知價格變動
   - 告知產品的銷售地點
   - 推薦新的商品及服務
   - 建立及提升企業形象
   - 建議商品的新用途

2. 廣告具有「競爭性、說服性」的功能，目標是要說服顧客去購買某一特定的品牌。例如洗碗精或廚房清潔劑用品，最常以使用前及使用後的方式比較結果，說服消費者相信其品牌。
   - 鼓勵指名購買
   - 建立品牌偏好
   - 改變顧客對產品特性認知
   - 說服立即購買

3. 廣告具有「提醒性」的功能，有些產品在市場上行銷多年，雖已有相當知名度，但廠商仍需要推出廣告來提醒客戶，千萬不要忘了他們的產品或品牌；如此消費者才會購買有廣告的產品而取代其競爭對手的產品。例如廣告非常密集的可口可樂廣告、麥當勞廣告，其目的主要是要提醒人們不要忘了可口可樂、麥當勞。
   - 提醒購買產品及地點

・提醒該商品使用時機

・維持公司高知名度

2.2 廣告工具分析

　　廣告和媒體是互相依存的，沒有媒體，廣告就無用武之地；反之，沒有廣告，媒體也不易生存。通常，在媒體的運用上，以電視、報紙、雜誌、廣播影響範圍較廣，合稱為四大媒體，因為是對大多數人所使用的傳播媒體，又稱為大眾傳播媒體 (Mass Communication Media)；然而與大眾傳播媒體相對的，常稱為小眾傳播媒體 (Mini Communication Media)，小眾傳播媒體通常利用特殊的傳播媒體，傳播訊息給特定的目標顧客。如 DM (直接信函)、戶外廣告、夾報、傳單、POP (購買時點廣告)、電影廣告、交通工具廣告以及當地有線電視臺、廣播電臺等地方性媒體均屬之。

　　媒體在商業用途中，最常用於廣告用途。廣告有不同的功能，是吸引媒體讀者或觀眾注意力的最佳工具。它的主要目的除了藉由傳播特惠活動的資訊、標榜系列產品的品質、單純地吸引人注意到廣告主的存在之外，亦能創造或強調產品、產品線、品牌及公司形象。

　　然而，廣告在選擇媒體策略上，通常會在適當的時機、適當的成本下，將所選擇的廣告訊息，透過適當的媒體運作，傳遞出廣告訊息，並與目標群體進行接觸與溝通，以期充分發揮廣告表現的魅力。媒體選擇的目的即在尋求最符合成本效益的媒體，以傳達所期望的展示次數給目標閱聽人。

　　媒體的種類歸納為報紙、電視、直接郵寄信函、收音機、雜誌、戶外廣告、電話簿、通訊函、小冊子、電話、網際網路等 (如表 2.1)。

表 2.1　主要廣告媒體類別

媒體類型	優　點	限　制
報紙	彈性大、及時性、廣泛涵蓋地區性市場、被接觸度大、可信度高	時效較短、再生品質差、轉閱讀者少
電視	結合視聽與動作的效果感性訴求、引人注意、接觸率高	絕對成本高、易受干擾、展示時間短暫、對觀眾的選擇性低
直接郵寄信函	可對聽眾加以篩選、具個人化	成本高且有不必要的成本浪費
收音機	可大量使用、有高的地區性與人口變數選擇性、低成本	只傳達聲音效果，注意力不如電視
雜誌	有較高的地區性與人口變數選擇性、可靠性且具信譽、時效長、轉閱讀者多	購買的前置時間長、刊登的版面未受保障
戶外廣告	彈性、展示的重複性高、低成本、競爭性低	對聽眾不具選擇性、創造力受限制
電話簿	地區涵蓋佳、可信度高、成本低	競爭、購買廣告的前置時間很長、創造力受限制
通訊函	有非常高的選擇性、完全的控制、有互動的機會	成本可能逐漸增加
小冊子	彈性、完全的控制、訊息其具戲劇性效果	過量製作可能提升成本
電話	許多用戶、有個人接觸機會	除非用戶親自撥號，否則成本相當高
網際網路	高度選擇性、有互動的機會成本相當低	在某些國家中，屬較新的媒體，使用者會較少

資料來源：Kotler, P. (2003). *Marketing Management: Analysis, Planning, Implementation, and Control*. Englewood Cliffs, NJ: Prentice-Hall.

⤷ 廣播廣告

1. 廣播電臺廣告

　　廣播是僅次於電視的重要電子媒體，除了擁有大量的收聽率，更具備了即時新聞、特定收聽族群及強大地緣性等優點。藉由廣播可大幅提升知名度，故在廣播電臺廣告的規劃上，可挑選有全國性聯播的廣播電臺，以便達成最高之廣告效果，如中廣聯播網、飛碟聯播網、好事聯播網，及其他系統的各大聯播

網。透過全國性的聯播可以容易提高知名度，且快速地融入社會大眾的生活。

　　1933 年正值美國大蕭條時期，羅斯福總統首次利用廣播媒體，對著美國民眾信心喊話，當時美國民眾形容「白宮與他們的距離，就像臥室內的收音機一樣近」，這就是著名的「爐邊談話」，在當時電視機不普遍的環境，充分發揮了廣播的特性，羅斯福的加持，讓新興的廣播在美國的影響力與報紙並駕齊驅。

　2. 廣播電臺節目專訪

　　為塑造專業導向的形象，可安排全國性或地方性的廣播電臺進行節目專訪，依電臺特性選擇以契合廠商，規劃一連串有關產業以及廠商的內容。

　　邀請廠商負責人或是公司內部高階管理主管上節目宣傳，藉由內部人員的親自推薦，吸引國內民眾的注意力。同時安排全國性或地方性的廣播電臺進行節目專訪，建立廠商的品牌形象。

　3. 廣播電臺專題單元設計

　　可以特別邀請該產業領域之國內知名學者，以專業形象、輕鬆對談方式，製作人物特寫、廠商專訪，敘述產業概況，介紹產品特色及願景。

　　單元設計可以建議運用下列幾種模式表現：

(1) 生活新聞：邀請企業高層管理主管，錄製電臺資訊內容，剪輯成生活新聞播送。
(2) DJ播報：以節目DJ播報方式，介紹該廠商產品資訊及其活動訊息。
(3) 地方大小事：安排地方性廣播電臺報導活動訊息與議題設定。
(4) 名人道早安：安排企業負責人或是高層管理主管於節目中和聽眾道早安，提升廠商知名度。
(5) 時事分析：將廠商的未來性遠景，製作電臺專題單元播送。

　廣播媒體之優點：

(1) 廣播節目的聽眾明確，對象容易掌握。
(2) 廣告作業只講究錄音，製作過程較簡易，花費較少。

(3) 沒有電視節目或收視較弱的時段，廣播收聽率提高，廣告效果較佳。

(4) 廣告播出收費以月計，廣告投資較低。

(5) 手機APP流行，收聽廣播不受地點限制，廣告到達率增高。

廣播媒體之缺點：

(1) 只有聲音，缺乏影像，無法認知產品包裝或外觀。

(2) 廣告以秒計，難以盡述產品特性。

(3) 受電臺收聽範圍的限制，廣告涵蓋區域較窄。

(4) 廣告時間短，收聽對象區隔過細，到達率降低，較難達到全面效果。

(5) 受網路發達的影響，收聽廣播的比率降低，廣告效果相對減弱。

廣播有使用門檻低的特性，因此在普遍消費者信心低迷時，免費聽廣播對消費者來說是相對便宜的娛樂，此外廣播節目的目標收聽對象穩定，是不少人通勤時間的媒體選擇，並不受網路普及化的影響，因此，當廣告客戶因為不景

表 2.2 2008 年臺灣廣播媒體廣告營收推估（除佣） 　　　　單位：新臺幣億元

地區 Area	頻道名稱 Company Name	2008 年廣告營收 Advertising Income	2007 年廣告營收 Advertising Income	成長率 (%) Growth Rate
全區	中國廣播公司 BBC	5.50	5.00	10.00
	好事聯播網 Best Radio	1.80	1.80	0.00
	飛碟聯播網 UFO	1.58	1.50	5.32
	HitFM 聯播網	1.32	1.30	1.54
北區	臺灣全民廣播 NEWS98	1.38	1.30	6.25
	亞洲廣播 Asia FM	1.00	1.00	0.00
	環宇廣播 Uni Radio	0.33	0.40	−16.00
	IC 之音	0.39	0.40	−1.20
中區	全國廣播 M Radio	0.87	0.98	11.22
	城市廣播 Gold FM	0.56	0.50	−5.08
南區	大眾聯播網 Kiss Radio	1.63	1.73	5.78
	總計	16.36	16.00	2.25

資料來源：2008 年 8 月《動腦》編輯部製表。

氣而大刀闊斧刪減電視、報紙，以及雜誌廣告預算時，廣播反而成為節省預算又能持續曝光的好管道。

電視廣告

電視在 1940 年代開始流行。美國家庭的生活重心已逐漸轉移到那個有影像與聲音的箱子裡。

電視廣告是運用電視媒介，廣泛告知閱聽人的一種訊息。但為何要影像與聲音結合呢？在雙碼理論 (Dual-coding theory) 的觀點中，學習者對於來自外界事物的刺激可以分別建立「視覺」與「語文」的心理表徵，且視覺和語文間也會建立起連結的通道，兩者的表徵均分別儲存在記憶體中，且會彼此連結而一併儲存。也就是說，人在進行學習 (或攝取知識) 時，如果接觸到二種以上的媒體 (如動畫、語音與文字) 等互相配合使用時，會使內容的學習、回想與檢索有正面的幫助。電視廣告在某種程度上，就是要建構這種能使閱聽人更加了解商品、形象與認知的符碼；亦即，為了加強閱聽人對商品的強烈印象與理解，電視廣告採取了雙碼理論的觀點，在語文與視覺並進下，以達到閱聽人記憶該商品特質的目的，例如當你感覺到身體不適或有輕微感冒的現象時，腦海中可能就會出現感冒熱飲的廣告印象。

在電視廣告的宣傳做法有下列幾種主要方式：

1. 新聞報導

在電視新聞規劃上，以屏東農業生物科技園區的電視報導為例，他們挑選無線電視臺新聞收視率最高的新聞臺〔例如中國電視公司(如圖 2.2)〕、或新聞頻道收視率較佳之新聞臺〔如東森新聞臺 (如圖 2.3)、三立新聞臺 (如圖 2.4)〕，製作該園區的新聞置入性報導，大幅增加該園區的知名度與建立專業形象，以吸引更多的注意，達成最高的宣傳效果。

2. 電視專題報導

舉例來說，屏東園區廠商針對目標顧客，從中挑選出以財經專業為主的電視臺，如非凡電視臺規劃電視專訪單元，並針對固定收看財經節目之視聽眾，

圖 2.2　中國電視公司：電視新聞報導

圖 2.3　東森新聞臺：電視新聞報導

圖 2.4　三立新聞臺：電視新聞報導

圖 2.5　非凡電視臺專題報導

以宣傳廠商相關訊息 (如圖 2.5)。或者，安排爭議性高且收視率高的新聞深度報導節目，如東森新聞臺的社會追緝令，藉由節目的高知名度來提升該廠商的整體能見度 (如圖 2.6)。

　　此外，該園區又與東森電視臺製作三個 10 分鐘新聞專輯，並特別企劃由

圖 2.6 東森新聞臺社會追緝令

知名新聞主播與議員共同主持。例如，屏東農業生物科技園區的電視專題報導即是透過資深媒體記者個人的專業度，闡述我國自 2002 年 1 月正式加入 WTO 之後，為因應來自世界各國農產品的挑戰，特別規劃屏東農業生物科技園區，以提升我國農業技術的競爭力；並突顯園區所創設的農業新願景。在提高生技廠商間的能見度之時，更進一步宣示「屏東農業生物科技園區」將創造臺灣另一次經濟奇蹟的最終目標。

3. 有線電視專題報導

該廠商在全國性電視新聞及專題報導之後，引起各界廣泛注意與興趣，更進一步鎖定地方型的有線電視臺，例如：在高雄市的港都、慶聯有線電視臺，規劃了屏東農業生物科技園區的有線電視專題報導，製作 15 分鐘高峰座談專訪專輯 (如圖 2.7)，每月 1～2 次，預計 3 日，向居住高雄地區的民眾宣傳廠商最新訊息，擴大高屏的傳播區域，以豐富地緣的深度。

4. 新聞時段廣告

晚間新聞時段是各家電視臺收視率最高的時間，特別是晚上七點到九點的時段，也是廣告價格最高的黃金檔。例如，屏東農業生物科技園區的電視廣告

圖 2.7　港都、慶聯有線電視專題報導（名主播：施孟甫ViVi）

託播即是針對此一媒體特性，選擇收視率前兩名的新聞臺，如中天新聞臺及民視新聞臺，安排新聞時段播放 20 秒的屏東農業生物科技園區形象廣告 (見　表 2.3)；另外，特別針對民衆安排以財經專業爲主的新聞臺，如非凡新聞臺播放相同的廣告。希望透過這兩種媒體策略，讓國內所有的民衆，都能夠在熱門的新聞時段收看到廠商形象廣告，知悉廠商最新訊息及聯絡窗口。

　　同時屏東農業生物科技園區特別規劃廣告播出的時間，安排在國慶時期，時間從 2005 年 10 月 1 日 ～ 2005 年 10 月 13 日 (共計 13 天)。在溝通策略上，廠商認爲可以搭上國慶煙火的順風車，讓這則廣告的效果加倍。

表 2.3　電視 20 秒廣告上檔表 (實例個案)

工作項目	時段	10/1	10/2	10/3	10/4	10/5	10/6
中天新聞臺	19:00～21:00	2次	2次	2次	2次	2次	2次
民視新聞臺	19:00～21:00	2次	2次	2次	2次	2次	2次
非凡電視臺	19:00～21:00	2次	2次	2次	2次	2次	2次
工作項目	**時段**	**10/7**	**10/8**	**10/9**	**10/10**	**10/11**	**10/12**
中天新聞臺	19:00～21:00	2次	2次	2次	2次	2次	2次
民視新聞臺	19:00～21:00	2次	2次	2次	2次	2次	2次
非凡電視臺	19:00～21:00	2次	2次	2次	2次	2次	2次
工作項目	**時段**	**10/13**		**總　計**			
中天新聞臺	19:00～21:00	2次		26 次			
民視新聞臺	19:00～21:00	2次		26 次			
非凡電視臺	19:00～21:00	2次		26 次			

表 2.4 中分別列出電視宣傳專輯播出與廣告上檔時間。

表 2.4　屏東農業生物科技園區電視專輯播出表 (實例個案)

電視臺	內容呈現	日　期	首播時間
東森新聞臺	電視新聞報導	2004/05/05	Am 11:00
中天新聞臺	電視新聞報導	2004/05/08	Am 08:00
中視午間新聞	電視新聞報導	2004/05/08	Am 12:00
三立新聞臺	電視新聞報導	2004/05/08	Am 08:00
東森 S 臺	社會追緝令	2004/04/01	Pm 09:00
非凡電視臺	專題報導	2004/06/20	Pm 08:00
港都、慶聯有線電視	專題報導	2004/06/23	Pm 07:30

　　各類型節目因播出時段、內容的不同，收視對象也明顯有異，必須考慮廣告插播的適宜與否。

電視廣告的優點：

(1) 電視聲音、畫面兼具，廣告的可看性、可聽度最高。

(2) 電視普及率高，廣告可深入各地區，擴及各階層。

(3) 隨節目收視率的高低及對象，靈活選擇，廣告播出的彈性運用大。

(4) 被迫性收視，廣告安排密集，可快速收效。

(5) 動態畫面，藉由製作技術，最能強化商品特色。

(6) 電視開機，全家收視，單次買廣告的收看人數最多。

電視廣告的缺點：

(1) 電視廣告製作耗時，成本費用極高。

(2) 時效性短，讀秒播出，稍縱即逝，較難掌握。

(3) 廣告受片長限制，較難詳述商品特性。

(4) 因電視開機率、收視率較低，造成部分廣告費用的浪費。

(5) 廣告費高，預算的投資較龐大。

表 2.5 2008 年臺灣無線電視媒體廣告營收推估（除佣）　　　　單位：新臺幣億元

頻道名稱 Company Name	2008 廣告總營收 Advertising Income	2007 廣告總營收 Advertising Income	成長率 (%) Growth Rate	平均 收視率	誤差值 (±)
民視 FTV	15.5	20	−23	0.94	0.30
中視 CTV	14.2	13	9	0.70	0.26
台視 TTV	12.1	12.28	−1	0.63	0.24
華視 CTS	9	10.1	−11	0.44	0.20
小計	50.8	55.38	−8	−	−

表 2.6 2008 年臺灣有線電視媒體廣告營收推估（除佣）　　　　單位：新臺幣億元

頻道名稱 Company Name	2008 廣告總營收 Advertising Income	2007 廣告總營收 Advertising Income	成長率 (%) Growth Rate	平均 收視率	誤差值 (±)
三立家族 Sanlih E-Television	27.50	26.70	3.00	1.34	0.36
東森家族 Eastern Broadcasting	20.00	17.00	17.65	1.05	0.32
緯來家族 Copyright Videoland Inc.	19.00	20.00	−5.00	0.91	0.29
TVBS 家族 TVBS TV NETWORK	19.00	17.00	11.76	0.86	0.29
中天家族 CTITV. Inc.	18.00	16.50	9.09	0.66	0.25
八大家族 GALA TELEVISION	16.50	19.00	−13.16	0.80	0.28
年代家族 ERA Communications	15.30	15.00	2.00	0.63	0.24
星空家族 STAR GROUP	15.00	18.00	−16.67	0.66	0.25
超視家族 Super Television	7.00	12.00	−41.67	0.29	0.17
非凡家族 UNIQUE BROADCASTING	4.80	4.86	−1.23	0.24	0.14
ESPN 家族 ESPNSTAR Sports	3.10	3.30	−6.06	0.16	−
小計	165.20	169.36	−2.46	−	−

資料來源：2009 年 6 月《動腦雜誌》。

⤷ 平面廣告

　　平面廣告簡單地說，就是視覺傳達資訊的表現方式。藉由平面的視覺感官傳達意念，眼睛所看到的平面廣告，如書報、雜誌、文字、圖像等，都是平面廣告的設計範圍。

　　平面廣告的設計概念，就是如何傳達心裡想要告知別人的訊息或目的。藉由視覺的感官、文字的宣導或圖像的表現，來達到傳達訊息的目的。平面廣告正是一個可以使用較多的文字敘述商品的廣告之一。

　　平面媒體 (如報紙、週刊、雜誌等) 通常隱藏著潛在閱聽眾，這些族群的閱讀習慣與偏好常成為廣告主心中的目標消費者，而目標消費者的閱讀習慣與偏好也會受媒體的特性所牽引。換言之，廣告主會針對商品與媒體特性而提供不同的廣告訴求，以激發目標消費者的購買慾望，進而產生購買行為。

　　舉例來說，平面廣告有報紙廣告與雜誌廣告，利用這兩者來分析其運作策略：

1. 報紙廣告

　　針對廠商平面媒體廣告，通常安排全國性及地方性的溝通策略，在報紙特性的選擇上即兼顧了這兩種不同的需求。

　　屏東農業生物科技園區在地方性報紙的安排，選擇發行以屏東地區為主力的報紙，如《民眾日報》上所刊登的全十版面招商形象廣告 (如圖 2.8)，它除了強調廠商座落在屏東地區，更進一步地反映選擇地方性媒體也能滿足節省採購成本的需求。

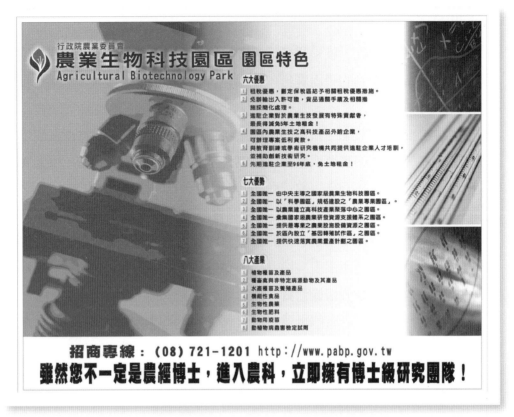

圖 2.8　《民眾日報》：全十版面廣告

　　在全國性報紙的安排，則選擇《聯合報》(如圖 2.9)，刊登相同的招商形象廣告，可讓該園區迅速地建立起知名度。

圖 2.9 《聯合報》：全十版面廣告

　　平面廣告的設計也需要兼顧創意需求及民眾需求。例如，屏東農業生物科技園區為達到創意需求，在策略上，選擇在全國銷售量第一的《蘋果日報》上，刊登半二十版面的招商創意廣告，一方面透過報紙版面的對半切隔，突顯廠商直立式創新廣告的安排，另一方面在廣告的設計上，也能強調廠商設立遊戲網站的創意性與獨特性，如圖 2.10 所示。

圖 2.10　《蘋果日報》：半二十版面廣告

　　在需求的安排上，屏東農業生物科技園區利用父親節前夕，將製作完成的遊戲網站，提供民眾作為父親節送禮的參考，並在以商業為導向的《工商時報》上刊登頭版全十形象廣告，來迎合廠商的目標對象 (如圖 2.11)。

圖 2.11 《工商時報》：頭版全十版面廣告

以下為屏東農業生物科技園區報紙宣傳廣告的媒體選擇與刊登日期表
(如表 2.7)：

表 2.7 報紙廣告刊登表

報紙名稱	廣告版面	日期
民眾日報	全十版面招商廣告	2004/04/20
聯 合 報	全十版面招商廣告	2004/05/19
蘋果日報	半二十版面招商廣告	2004/06/07
工商時報	頭版全十版面招商廣告	2004/08/07

報紙廣告的優點：

(1) 報紙普及性廣，閱讀率高，廣告的接觸度相對亦高。

(2) 廣告時效性長達一日，到達率相對提升。

(3) 平面廣告，可以較長的文案描述產品特性。

(4) 廣告製作簡單，費用亦較經濟。

(5) 機動性大，可以隨時變化廣告內容、設計。

報紙廣告的缺點：

(1) 平面廣告，缺乏動感音效，吸引力較電視弱。

(2) 報紙印刷較差，較難展現商品的質感。

(3) 廣告版面有限，尤其是全國性報紙，版面不易取得。

(4) 全國性報紙張數多，廣告又常分版，廣告極易被忽視。

(5) 報紙發行量不高，閱讀對象不易區分，較難掌控。

(6) 報紙廣告版面及其計價不菲。

　　所有報紙的經營者都知道，報紙雖然有發行及廣告兩大收入，可是從賣一份賠一份的印刷成本來看，其實廣告才是報紙的主要收入。《動腦雜誌》根據每年臺灣報紙的廣告營收來檢視各報的經營實力時，發現他們的營收成長力一年不如一年 (如表 2.8 所示)。總之，造成臺灣報紙廣告量的快速下降，除景氣急凍帶來的衝突之外，網路時代年輕一輩讀者不再看報紙，也是這幾年報紙廣告每年負成長的主因。至於報紙媒體本身彼此的殺價競爭，則又是另一個原因。

表 2.8 2008 年臺灣報紙廣告營收推估（除佣）　　　　　　　　　　　　　　單位：新臺幣億元

報紙名稱 Company Name	2008 年廣告營收 Advertising Income	2007 年廣告總營收 Advertising Income	成長率 (%) Growth Rate
蘋果日報 Apple Daily News	30.53	33.25	− 8.2
自由時報 The Liberty Times	29.00	34.00	− 14.7
聯合報 United Daily News	14.20	15.35	− 7.5
中國時報 China Times	8.00	12.00	− 33.3
財經專業報紙			
經濟日報 Economic Daily News	5.51	5.80	− 5.0
工商時報 Commercial Times	3.00	4.00	− 25.0
臺灣新生報 TSSDNEWS	0.40	0.50	− 20.0
晚報			
聯合晚報 United Evening News	1.72	1.80	− 4.4
地方報			
中華日報 China Daily News	0.90	1.20	− 25.0
臺灣時報 Taiwan Times	0.65	0.55	18.2
英文報			
Taiwan News	1.10	0.90	22.2
The China Post	0.60	0.80	− 25.0
Taipei Times	0.20	0.20	0.0
小計	95.81	110.35	− 13.2

資料來源：2009 年 6 月《動腦雜誌》。

2. 雜誌廣告

　　雜誌的保存性久，傳閱率高，且印刷精美，在廣告的持續效果上發揮了其他媒體無法取代的特質，因而雜誌媒體廣告成為一股不可忽視的勢力。

　　廠商在雜誌媒體的行銷規劃上，以雜誌發行的時點作為招商訊息區隔與分段溝通的策略。月刊雜誌保留期限較長，策略上選擇專業性為主的生技時代雜誌；半月刊與週刊雜誌閱讀期限較短，因此選擇閱讀率最高的半月刊及週刊，如《天下雜誌》與《商業周刊》，以便達成最佳招商宣傳成效。

(1) 月刊雜誌

廠商刊登報導式廣告，以吸引國內民眾注意力 (如圖 2-12) (實例個案)。

圖 2.12 《生技時代》月刊內頁廣告

(2) 半月刊雜誌

廠商規劃品牌形象佳與訂閱量第一的半月刊雜誌，如《天下雜誌》，
刊登報導式廣告 (如圖 2.13)。

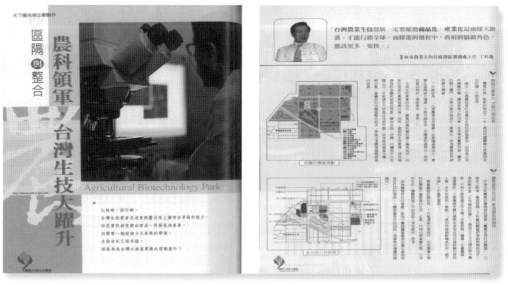

圖 2.13 《天下雜誌》半月刊內頁廣告

(3) 週刊雜誌

廠商安排品牌形象佳與訂閱量第一的週刊雜誌，如《商業周刊》，刊
登報導式廣告 (如圖 2.14)。

圖 2.14 《商業周刊》內頁廣告

雜誌廣告的優點：

(1) 雜誌保存期限久，傳閱率高，廣告的延續效果最久。

(2) 印刷精美，最能表現商品的質感。

(3) 平面廣告可以較多的文字敘述商品的特性。

(4) 可採用連續頁廣告，效果更震撼。

(5) 廣告費用較少，廣告製作較簡單。

(6) 讀者明確，可有效掌握目標對象。

雜誌廣告的缺點：

(1) 平面廣告只有畫面，缺乏動感、聲音，吸引力較弱。

(2) 發行量有限，直接訂戶不高，與廣告花費不成比例。

(3) 消費者對雜誌的閱讀率仍偏低，廣告接觸度遠遜於電視、報紙。

(4) 截稿時間長，雜誌期限久，上下廣告彈性低。

(5) 除了封面、封底及特殊頁，廣告夾雜於內文中，常不易翻閱。

(6) 雜誌太多，性質相近，廣告委刊極難取捨，常形成浪費。

即便臺灣地狹人稠，但在臺灣發行的雜誌，卻超過了 5,000 本，足見臺灣雜誌產業競爭激烈。可惜 2008 年開始，受金融海嘯波及，讓許多雜誌紛紛在廣告營收銳減的壓力下停刊，根據臺北市雜誌商業同業公會統計，臺灣在 2008 年有 11 本雜誌停刊。在不景氣下，廣告客戶不但大砍預算，要求也愈來愈多。因為單純的廣告曝光，已不足以滿足客戶需求，他們希望能進一步接觸到雜誌讀者，於是各雜誌的廣告部紛紛舉辦各種活動提振業績。除了為廣告客戶辦活動，替各政府單位策劃的專案，竟也成了不景氣下的重要收入。如《商業周刊》與臺中市政府、臺中建商公會合作的「臺中城市美學」專案，主要透過整合傳播達到《商業周刊》在臺中進行行銷目的，再以專案為合作平臺，讓贊助廠商不僅可以對消費者進行品牌宣傳，還能與出資的建商公會創造商務合作的機會。

表 2.9 2008 年大智通年度銷售排行榜

週刊			
排行／雜誌名稱			
1	壹週刊	6	電玩通（周刊）
2	商業周刊	7	萬寶周刊
3	時報周刊	8	今周刊
4	古代文明周刊	9	非凡新聞 E 周刊
5	TVBS 周刊	10	明報周刊
雙週刊			
排行／雜誌名稱			
1	第一手報導		
2	翡翠		
3	GAME-Q		
月刊			
排行／雜誌名稱			
1	7-WATCH	6	COOL 流行酷報
2	MINA 時尚中文版	7	CO CO 哈衣族
3	CHOC 恰女生	8	超越車訊
4	ViVi 唯妳時尚國際中文版	9	MY LOHAS 生活誌
5	PPAPER	10	TAIPEI WALKER

資料來源：《動腦雜誌》399 期。

表 2.10　2008 年臺灣雜誌媒體廣告營收推估（除佣）　　　　　單位：新臺幣千萬元

雜誌名稱 Magazine Name	刊期	2008 年廣告廣收 Advertising Income	2007 年廣告營收 Advertising Income	成長率 (%) Growth Rate
政治經濟類				
商業周刊 Business Weekly	週刊	53.00	51.46	3.00
天下 Common Wealth	雙週刊	28.80	26.00	10.77
今周刊 Business Today	週刊	15.90	17.80	−10.67
遠見 Global View	月刊	12.00	11.30	6.21
財訊雜誌 Wealth Magazine	月刊	11.00	12.70	−13.39
數位時代 Business Next	月刊	5.76	5.56	3.60
30 雜誌	月刊	4.90	4.86	0.82
快樂工作人 Cheers	月刊	3.70	3.83	−3.32
經理人月刊 Manager Today	月刊	1.93	1.88	2.66
哈佛商業評論 Harvard Business Review	月刊	1.00	1.00	0.00
投資理財類				
Smart 智富	月刊	4.80	4.30	11.63
Money 錢	月刊	3.60	1.50	140.00
綜合娛樂類				
壹週刊 Next Magazine	週刊	70.00	68.00	2.94
時報周刊 China Times Weekly	週刊	20.80	30.00	−30.67
TVBS 周刊 TVBS Weekly	週刊	12.95	18.50	−30.00
非凡新聞 e 周刊 UBN WEEKLY	週刊	3.25	5.00	−35.00
休閒娛樂類				
Taipei Walker	月刊	6.20	7.80	−20.51
行遍天下 TravelCOM	月刊	3.00	2.00	50.00
高爾夫文摘 Golf Digest	月刊	2.94	2.88	2.08
世界電影雜誌 World SCREEN	月刊	2.20	1.90	16.03
AZ 時尚旅遊 TRAVEL LIFESTYLE	月刊	2.12	2.65	−20.00
XXL 美國職籃聯盟雜誌	月刊	0.41	0.45	−8.89
女性流行時尚類				
時尚 VOUGE	月刊	12.00	12.5	−4.00
ELLE 她	月刊	11.00	11.54	−4.68
美麗佳人 Marie Claire	月刊	9.00	9.47	−5.00
儂儂 Cita Bella	月刊	7.00	6.60	6.00
大美人 Beauty	月刊	6.20	5.59	11.01
美人誌 Beauty	月刊	6.00	5.71	5.01
米娜 Mina	月刊	5.40	5.19	4.05
唯妳 ViVi	月刊	4.32	3.06	41.18
瑞 Ray	月刊	3.50	3.50	0.00
CHOC 恰女生	月刊	2.58	2.14	20.56
with	月刊	2.40	2.35	2.13
男性流行時尚類				
瀟灑 GO	月刊	6.30	5.25	20.00
COOL 流行酷報	月刊	5.98	5.47	9.32
男人誌 Men's uno	月刊	5.40	6.35	−14.96
FHM 男人幫	月刊	2.10	1.20	75.00
健康育嬰類				
康健 Common Health	月刊	7.00	7.80	−10.26
電腦電玩類				
電腦家庭 PChome	月刊	4.20	6.50	−35.38
PC home Advance 電腦王	月刊	2.10	1.70	23.53
密技吱吱叫	月刊	1.50	1.70	−11.76
電玩通	週刊	1.38	1.66	−16.87
電玩通 ps 2	月刊	0.96	0.91	5.49
電擊 hobby	月刊	0.38	0.38	0.00
小計 Total		376.96	387.94	−2.83

資料來源：2009 年《動腦雜誌》。

🖱 戶外廣告

相對於室內的廣告，戶外廣告就是室外的廣告；在室外的任何廣告媒介就通稱為戶外廣告。它可以善用周遭環境發揮出極大的創意。

基本上，戶外廣告大致分為下列幾種：

❖ 大型樓頂霓虹廣告塔：一些大型企業大多採用霓虹燈或是 LED 跑馬燈方式，以展示其企業形象或產品品牌，其主要效益是提升企業形象。此種廣告通常設在一般大型路面旁的建築物樓頂，逐漸成為一種地標物。目前價格較高，也是一種可以長期擺放的廣告物，設立前需要向相關單位申請以及跟大樓管委會洽租 (見圖 2.15)。

圖 2.15 戶外大型霓虹塔媒體

❖ 公路 T 霸 (T 字型看板)：公路 T 霸最常見於高速公路或大型公路旁，主要接受一般企業的委託而施作，通常一面 T 霸的承租及表面施作大概需要數十萬元，其效益的對象主要是針對開車族的駕駛，讓他們在遠處即可以看得一清二楚，是一種明顯的廣告體，因此，這種廣告物大多是在租賃土地自行架設，或是以承租面板方式來進行 (見圖 2.16)。

圖 2.16 高速公路T字型看板

❖LED電視廣告牆：現在有許多媒體公司會在一些路口的較明顯處，或是牆面架設 LED 螢幕廣告牆，廠商以租用播放的時間進行廣告，主要的特點是可以擁有多變的動畫形式，及以較生動的方式呈現廣告，來吸引路人的注意。一般會設在人潮較聚集的地方，最大的優勢就是可以讓廣告畫面繽紛多變且定時的呈現 (見圖 2.17)。

圖 2.17 LED 電視廣告牆

❖路邊廣告座：這是比較普通的做法，一般會使用燈箱廣告或是帆布外打燈的方式，是一種較為便宜的廣告模式，效果則視環境而異 (見圖 2.18)。

❖一般牆面招牌：一般店面或是小型公司大多選擇此種廣告的施作方式，通

圖 2.18　路邊廣告座

常會在自家的門口放置橫式或直式招牌，施作的種類大致有燈箱、在帆布廣告外打燈、「千那論立體字＋LED 燈」或是霓虹燈，主要展示該商店販售的商品或是公司名稱 (見圖 2.19)。

燈箱模式依其外觀通常分為三種：(1) 壓克力；(2) 中空板；以及 (3) 俗稱抗颱招牌的無接縫招牌。它可以讓往來行人接收到廣告訊息，達到宣傳廣告目的，亦可增加公司的知名度及企業形象。

圖 2.19　一般牆面廣告

❖公車廣告(計程車車體廣告)：係指向公車公司承租廣告版面，並在公車車

圖 2.20 公車廣告

身上張貼一些產品或活動宣傳告知的廣告，主要效益在於將訊息傳達給一般行人知道 (見圖 2.20)。

❖ 路燈旗海廣告：此種廣告方式必須經過申請才可以使用，一般要向當地政府申請，大多適用於展覽、選舉或是活動。此廣告的製作費用不高，有助於提升形象，但前提是必須要有一定數量才會產生效益 (見圖 2.21)。

圖 2.21 路燈旗海廣告

❖造型形象廣告物：此種廣告物品以形象廣告居多。例如，全國加油站的水滴寶寶、高雄巨蛋體育場旁迎接 2009 年世運大會的廣告物。其主要目的在於提升企業形象或活動形象。除了很注重企業形象的公司，一般的公司行號較少使用 (見圖 2.22)。

圖 2.22 造型形象廣告物

❖公車站牌廣告：目前公車站牌廣告屬於政府單位負責，一般多採燈片、燈箱或是海報夾的方式來施作，其效益主要是提供給等候公車的乘客瀏覽 (見圖 2.23)。

圖 2.23 公車站牌廣告

圖 2.24　路面地上形象廣告

❖ 路面地上形象廣告：將活動或是企業的識別，以輸出的方式放在徒步區的地面上，讓行人經過時會注意到，此廣告效果主要在於吸引路人的注意 (見圖 2.24)。

❖ 大樓牆面廣告：此種廣告就是利用建築物的方正性，得以在建築物的外觀鋪上大幅的商品圖案，其效益係為融合市容的一種置入性行銷廣告方式。就以臺北市南京東路與敦化南路上的建築物為例，它們之前將荷蘭銀行的梵谷圖案或是福特車子的巨幅廣告放在大樓樓身，不但引人注目，也成為強而有力的傳播利器 (見圖 2.25)。

圖 2.25　戶外大樓外牆廣告

　　廠商在戶外廣告的使用上，還有高雄市中山路公車站牌燈箱廣告、高雄市區公車候車亭燈箱廣告、桃園國際機場燈箱廣告及小港國際機場燈箱廣告。

　1.高雄市中山路公車站牌燈箱廣告

　　由於廠商座落在南部地區，所以特別針對高雄市的主要道路進行招商宣傳，園區選定高雄火車站到小港國際機場之中山一路到中山四路，安排 150 面公車站牌燈箱廣告 (如圖 2.26)，鎖定南部地區宣傳的視覺行銷。

圖 2.26　高雄市公車站牌燈箱廣告

　2.高雄市區公車候車亭燈箱廣告

　　廠商在高雄市立文化中心前的公車候車亭設置廣告。例如，曾將「實現阿爸的願望」作為招商廣告的主題，以呼應父親節的氣氛，不僅符合事件行銷之策略，也同時建立廠商良好的形象，(如圖 2.27)。

圖 2.27　高雄市區公車候車亭燈箱廣告

3. 國際機場燈箱

　　廠商為建立國際性與專業性的品牌形象，及提供國際生技廠商招商訊息，特別在桃園國際機場入境 (Arrival) A、C 區間長廊 (如圖 2.28)，以及高雄小港國際機場到站 B 區間出口處設立廣告燈箱 (如圖 2.29)，以吸引往來國際人士

圖 2.28　桃園國際機場出口燈箱廣告 (上刊實景)

圖 2.29　高雄小港國際機場出口燈箱廣告 (上刊實景)

的注意，並增加廠商總體形象的能見度。機場燈箱廣告通常是提醒出境旅客並加深印象的最佳管道。

戶外廣告的特色：

(1) 面積大，廣告醒目，注意度高。
(2) 重要路口看廣告的人潮多。
(3) 廣告期限長，易造成印象累積效果。
(4) 以簡單文字、特殊構圖取勝。

網路廣告

1984 年，物理學家 Tim Berers-Lee 發明了網際網路 WWW，世界正式邁向「地球村」時代，頓時所有資訊都可以在網路上流通，這包括以往所有媒體的內容。當網路開始提供電子報、網路廣播、網路雜誌，甚至是網路電視時，又有人預言電視、報紙、雜誌與廣播，這些傳統媒體將會消失。網路廣告最大的優勢，就是結合影音娛樂的功能，引起網友的注意力，藉此創造行銷效益。

未來網路更無所不在，手機電視甚至電子紙都有可能出現網路廣告，屆時 360 度的傳播效果更容易達成。

❖ 網路廣告的定義與分類

網路廣告的定義：指的是在全球資訊網上，以網站為媒體，使用文字、圖片、聲音、動畫或是影像等方式，來宣傳廣告所欲傳達的訊息。

1. 企業網站在各大新聞討論區 (News Group 或 BBS) 裡張貼相關訊息。
2. 企業網站在新聞電子郵件刊登訊息廣告。
3. 企業網站直接在各大媒體網站刊登網路廣告，是全球資訊網 (WWW) 的廣告。

這是一種透過網際網路的雙向互動溝通的方向，將產品、服務或廣告等訊息，放置在企業所架設的網站上，透過網路，提供給消費者使用；消費者也可以根據企業所建置的網站獲取所需資訊，或直接在網站上訂購商品或留下訊息，除了可以進行銷售行為外，網路還可以出售廣告空間、傳播廣告訊息。

網路廣告基本上可有效達到四個廣告行銷的目標：

1. 建立品牌：許多廣告主開始考慮品牌行銷的工作，網路廣告能在品牌的建立上得到十分良好的效果。
2. 蒐集名單：在網路上舉行填問卷抽大獎等活動，相較於傳統寄回函的方式，可節省不少人力，且透過網路較能成功蒐集到顧客的個人資料。
3. 執行銷售：透過網路上簡單的安全機制，可以進行線上付款購物，或者採線下付款制度，完成線上銷售的動作，網路廣告可以展現互動性的特色，吸引顧客在網路上進行購買的動作，有利於廠商的銷售。
4. 吸引人潮：網路廣告一方面運用超連結的特性，吸引顧客瀏覽廣告主的網路廣告主頁，或到廣告主的零售據點進行選購。

根據劉一賜的分類方法，目前網路上的廣告主要有上述三種形式，研究焦點置於全球資訊網 (WWW) 的網路廣告型態。

　　網路廣告可包括：廣告主自設網站、E-mail 電子郵件、網路媒體廣告等。目前在 WWW 上的網路媒體廣告，常見的有橫旗標題式廣告 (banners ad)、按鈕式廣告 (buttons ad)、贊助式內文廣告 (sponsored content ad)、插播式廣告 (interstitial ad) 及關鍵字廣告 (Pay Per Click, PPC) 等五種呈現方式，簡單介紹如下：

1. 橫旗標題式廣告 (banners ad)：是 WWW 中最早出現的收費廣告類型，這類廣告型態比較缺乏主動性，在網頁上有固定的位置，多以長方形、水平型態含動畫設計型態，以吸引好奇的消費者上網點選。橫旗標題式廣告應用了傳統平面與廣播媒體所採用的廣告運作方式，依照曝光率計算費用，是目前在 WWW 中最常見的網路廣告型態。

2. 按鈕式廣告 (buttons ad)：通常是可免費下載軟體的連結。軟體廠商於網站上設置按鈕供使用者點選，點選後便帶領使用者進入廠商的網頁，使用者可在廠商首頁下載需要的軟體。最常見的如網路廣播電臺網站，常設置按鈕廣告提供使用者連結下載收聽網路廣播的軟體。

3. 贊助式內文廣告 (sponsored content ad)：與橫旗標題式廣告相較，它帶給使用者的干擾較小，通常這種贊助式內文廣告多出現於主題網站。例如，一個專門經營外科醫生社群的網站，往往擁有藥商的內文贊助式廣告，藥商提供該網站有用的資訊，並製成主題網頁與連結，外科醫生社群可以在瀏覽網站、搜尋資訊的同時，也看到藥商的贊助廣告。這種贊助式內文廣告較不具侵略性，且能夠鎖定特定族群，精確行銷。

4. 插播式廣告 (interstitial ad)：則是一種較新型態的網路廣告，使用者在網頁與網頁之間更換閱讀時，會看到廣告的插播，此類網路廣告類似電視動畫片，具備多媒體及影音聲光效果，且強制將廣告訊息傳送給上網者，讓使用者在不經意間接受廣告的訊息。

5. 關鍵字廣告 (Pay Per Click, PPC)：就是為網站設定關鍵字成為廣告贊助網站，但必須付費給關鍵字廣告服務商。其運作方式如下：當搜尋引擎收到網路使用者所輸入的搜尋字串是符合您設定的搜尋引擎關鍵字或有關聯時，此搜尋引擎會將您的關鍵字廣告帶出，並顯示在搜尋引擎結果

圖 2.30 　網路廣告類型

頁的上方或右邊。

關鍵字廣告 (Pay Per Click, PPC) 有下列特性：

(1) 由您決定願意最高出價的金額是多少。

(2) 有客戶點擊關鍵字廣告 (Pay Per Click, PPC)，您才需要支付這筆費用。

(3) 您願意支付的關鍵字廣告費用愈高，網站的搜尋引擎排名位置也會愈高。當然，這也包括了關鍵字廣告的點擊率高低在內。

目前網路上最大的關鍵字廣告搜尋引擎就是 YAHOO Search Marketing 和 Google Adword。其他的關鍵字廣告搜尋引擎，雖然規模較小，但它們卻值得注意。最主要的原因是，這些關鍵字廣告搜尋引擎提供較低的關鍵字廣告費用。

網際網路在扮演媒體的角色上，其廣告呈現方式與上站人次流量的統計，就和一般傳統電子媒體 (如電視或電臺廣播) 一樣，都受到經營者與廣告者的

重視，因為這是網站經營存活的主要資金來源，也是廣告主願意支付多少錢買廣告版面的依據，尤其是在網路仍無付費訂閱的市場運作機制情況下，上網站瀏覽的統計，更是網站經營的焦點所在。

❖ 網路廣告的發展與優缺點

根據資策會在「1999～2003 年臺灣電子商務產業專業報告──網路廣告篇」的調查發現，1998 年臺灣前三百大廣告主中，只有一成曾經使用過網路廣告，當年度的網路廣告總收入額大約 1.2 億元新臺幣。到了 1999 年，使用網路廣告的三百大廣告主，比例提高至三成，總體網路廣告收入總額達 2.1 億元。

又據 IAMA 所提供的研究數據顯示，2009 年臺灣整體網路廣告營收市場規模達到新臺幣 69.89 億元左右，較 2008 年成長 16.95%，其中網站廣告部分為 41.07 億元，成長 5.46%，占整體網路廣告市場總額的 58.77%；付費關鍵字廣告部分成長 15.22%，達到新臺幣 23.99 億元的規模，占整體網路廣告總額的 34.33%。社群媒體的蓬勃發展及社交網站的爆發式成長，帶來新的多元網路服務模式，有鑑於此，IAMA 於 2009 年新增對於網路社群行銷口碑廣告市場的廣告量統計，估計達到 4.82 億元，占整體網路廣告總額的 6.9%。

由這樣的發展速度看來，網路廣告的發展相當迅速，雖然遠不及傳統廣告媒體 (平面、電視) 的廣告市場量，但成長速度相當驚人。

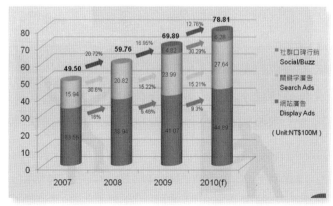

圖 2.31 2007～2010 臺灣網路廣告成長分析 (單位：新臺幣億元)

資料來源：IAMA. 2010.1

　　網路廣告的特色，除了能以多媒體的動態畫面呈現外，最重要的是提供進一步的互動能力，顧客可以藉由滑鼠點選，直接進入閱讀產品相關訊息，甚至能以虛擬實境的方式進行試用，體驗產品的功能。

　　廣告主最希望能夠與目標閱聽者互動，而網路廣告就是一種互動式廣告 (interactive advertising)。先進的網路技術可讓廣告主立即知道有多少人看到網路上廣告，有多少人點選廣告主的網頁 (web page)，甚至有多少人確實購買了；這些資訊有利於廣告主設計有效的廣告，或找出對廣告有回應的閱聽者。透過與閱聽者的互動，了解閱聽者的需求，提供閱聽者有用的資訊。

　　網路廣告的四項優點：

1. 精確區隔觀眾群：網路區隔消費族群的能力與其他媒體不同，其可依不同公司用戶、不同地理區域、使用時間、電腦平臺等區隔廣告觀眾，甚至可以藉由顧客所提供的背景資料，讓合適的廣告適時地出現。

2. 追蹤記錄用戶反應：廠商可以精確地評估廣告所獲得的反應。例如，消費者點選廣告的次數，以及消費者所填寫的個人資料。

3. 網路廣告的傳送與替換頗具彈性：廣告有全天候的播出、即時傳送等特點，因此網路廣告也可以隨時替換或取消一項廣告活動。且網路業者也可以隨時觀察消費者對廣告的反應，視反應程度而調整廣告的播出。

4. 互動性：消費者可以直接點選廣告，進入訂購單進行購買的動作，或者直接在線上填下個人資料，廠商甚至可以提供線上專人諮詢，讓使用者在冷冰冰的電腦介面上，得到人性化的個人服務。

5. 即時性資訊的傳遞：網路最大的特色就是打破了空間與時間的藩籬，所以當行銷活動應用於網路上，可以有效提高行銷範圍與加速資訊的流通。

6. 豐富的視訊資訊：因為網路的資訊傳播方式可以不同的形式呈現，對於行銷活動的推廣更富彈性，更能以不同的方式滿足消費者的視覺。

7. 消費者主導：傳統的媒體都是由廣告主主導行銷的活動，消費者只能是接受的一方，而網路因為有互動的效果，所以消費者有了主導權，

消費者可依個人的喜好選擇各項網路行銷活動，而廣告主也可針對不同的消費者，提供個人化的廣告服務，進而提升行銷效果。

8. 全球化：因爲網路無遠弗屆，所以範圍不再只是特定的地區或社團，而遍及全球，對於企業主而言，建置一個多國語言的網站，就能很快速地做全球化的網路行銷，因爲有了網路的全球化管道。

隨時網路使用人口增加，愈來愈多企業行銷活動必須做到跨媒體，除了電視、報紙、雜誌、廣播外，還要加上網路以及實體活動。能了解並整合不同媒體特性，又熟悉新科技應用的數位行銷規劃人才，將是未來市場的寵兒。傳統平面廣告只要一句話就能傳達的概念，電視廣告只須 30 秒，但是網路廣告有連續性，從網友第一眼看到的印象，一直到點選進入網頁、互動做出反應等等，是一連串流程；而且在入口網站與部落格的呈現方式又有很大差異，一個行銷活動案包含這麼多複雜的溝通，如何傳達同樣的訊息，就是行銷人員最大的挑戰。

網路廣告也有其限制：

1. 頻寬限制了形式：網路媒體不像電波媒體會有強迫收看或收聽的廣告時間；它有點像平面媒體，將廣告置於報導中的某些特定版面，但又沒有全版或全頁廣告醒目般地映入讀者眼中。因此，網路廣告爲了吸引讀者的注意，不論是文案的創意，或是動畫的跳動畫面，都須經過特殊的設計才行，但頻寬卻是網路廣告的設計限制。

2. 程式語言限制了表現：行銷人員天馬行空地想出各種廣告花招，其呈現效果，還需要有程式人員的配合。在專業分工的工作方式之下，行銷人員與網路技術人員有一些共通的語言。

3. 新媒體術語影響評估：爲了進行廣告銷售，網路媒體必須統計出各種參考數字，廣告主和媒體人員也應該了解這些計算名詞與公式，才能將各家媒體做客觀的比較。然而，目前用來計算廣告效益的數字並不統一，廣告主在無所適從之下，導致許多廣告主仍躊躇不前。

另外，網路廣告還有一項缺點，即消費者在網際網路知識普遍低落及缺乏

表 2.11　2008 年臺灣網路媒體廣告營收推估（除佣）　　　　　　　　單位：新臺幣億元

網站名稱 Web Portal	2008 年廣告營收 Advertising Income	2007 年廣告營收 Advertising Income	成長率 (%) Growth Rate
YAHOO! 奇摩	33.84	33.50	1.01
MSN	4.98	4.22	18.01
Yam 天空（天空傳媒）	1.98	2.64	−25.00
Udn.com 聯合線上	1.80	1.79	0.56
PChome Onilne 網路家庭	1.65	1.98	−16.67
China Times.com 中時網科	1.28	1.60	−20.00
HiNet	1.25	1.10	13.64
小計	46.78	46.83	−0.11

註：YAHOO! 奇摩、中時網科 2007 年廣告營收包含關鍵字業務，聯合新聞網包含電子報、互動雜誌，
　　HiNet 則包含影音廣告。2009 年 6 月《動腦》編輯部製表。

表 2.12　2008 年臺灣十五大網站

排名 Ronking	網站 Company Name	網域 Websute	內容類別	到達率
1	YAHOO! 奇摩	yahoo.com.tw	入口網站	97.73%
2	無名小站	wretch.co	社群	79.91%
3	PChome	pchome.com.tw	入口網站	60.55%
4	HiNet	hinet.net	ISP	59.41%
5	露天拍賣	ruten.com.tw	拍賣	41.55%
6	MSN 臺灣（繁中）	msn.com.tw	入口網站	52.23%
7	yam 天空	yam.com	線上影音	56.10%
8	Google（繁中）	google.com.tw	搜尋引擎	55.71%
9	聯合新聞網	adn.com	新聞	40.23%
10	痞客邦	pixnet.net	社群	50.40%
11	巴哈姆特	gamer.com.tw	遊戲內容	21.70%
12	104 人力銀行	104.com.tw	就業	31.16%
13	Xuite.net	xuite.net	個人網路服務	41.66%
14	Foxy	myfoxy.net	檔案交換	25.67%
15	今日新聞	nownews.com	新聞	28.61%

資料來源：InsightXplacer 創世紀「ARO 網路測量研究」。
註：因 MSN 臺灣之網路服務除 msn.com.tw 外，許多服務尚分布於 MSN.com、Live.com 及 Hotmail.com
　　等，在此之平均到達率已將旗下繁體中文服務合併計算。2009 年 6 月《動腦》編輯部製表。

使用經驗的情況下，太過複雜的網路廣告設計反而不易產生良好的廣告效果。

　　網路技術的發展日新月異，製作技術突飛猛進，在不斷地摸索下，其仍有成長與進步的空間。目前基於使用者的瀏覽器介面與頻寬並無法真正配合的情況下，未來待軟硬體設備與整體網路環境頻寬提升之後，相信網路廣告的發展空間會更寬廣。

⇨ N 世代行銷

　　根據臺灣網路資訊中心在 2009 年「臺灣寬頻網路使用調查」的報告顯示，主要網友的年齡層大約在 12 至 34 歲，占臺灣人口 1.580 萬上網人口的 9 成，他們不僅最常接觸網路訊息，也是品牌在進行網路行銷活動時，具有舉足輕重地位的族群。他們長時間在 Facebook 上種菜、看 YouTube 的影片、分享部落格的生活體驗、透過 Google 搜尋美食名店餐廳。這些隱藏在電腦背後的廣大網友，看起來特徵似乎不明顯，但如果仔細檢視，你會發現這些網友透露出許多行銷玄機。儘管網路行銷的廣告量每年都逆勢成長，但許多傳統產業對網路族群仍是一知半解；很多品牌與代理商在透過網路與消費者溝通時，都忽略網路族群的特性，也不清楚自己要傳遞什麼訊息，往往讓行銷策略事倍功半。

　　美國的科技市調機構 Forrester Research，透過詢問像是「造訪社群網站」、「閱讀部落格」、「在網路上發表文章」等問題，做了一個有趣的分類，他們依照主動與被動程度，將網友分成六種群體，如果再以行銷角度來定義這群人，可以歸納出四個有趣的族群，以及相對應的行銷手法。

1. 群體：創作型領袖
   網路生活型態：創作型領袖常常在部落格影響平臺分享自己的作品。只要產品力夠強，他們的言論足以形成強而有力的口碑。
   行銷工具：部落格行銷
2. 群體：網路鄉民
   網路生活型態：他們出沒在各大社群，喜愛回應文章但不主動發文，是

品牌形象與產品力的傳遞者，也是促進議題發酵的尖
兵。

　　行銷工具：社群行銷、口碑行銷

3. 群體：活動參與者

　　網路生活型態：這種群體懶得寫文章，但喜愛參與各種網路行銷活動，
　　　　　　　　　透過小遊戲拿取獎品。

　　行銷工具：遊戲行銷

4. 群體：潛水員

　　網路生活型態：絕大多數人屬於此分類，他們只看不分享，單純接收資
　　　　　　　　　訊。針對這些人，用愈簡單的字句做行銷，效果愈好。

　　行銷工具：EDM、微格行銷

　　N 世代因為生活型態，與接收資訊的習慣都跟網路息息相關，其消費行為
與對品牌的認知，和前一世代比起來也有很大的差異。因此，用傳統行銷學
4P 對這群 N 世代來銷售商品，可能發揮不了太大作用，取代的是更多的互動
與體驗。例如：他們寧願相信網友推薦的小吃，也不會輕易被電視上精美的廣
告所迷惑。（資料來源：《動腦》404 期）

 ## 2.3　傳統媒體與戶外廣告媒體

↳ 傳統媒體廣告

　　廣告是透過媒體傳遞訊息的，一般用來傳遞廣告給潛在消費者的傳播媒
介，則稱之為廣告媒體。廣告媒體形形色色，其分類的方式也有很多。通常
為大多數人們所使用的傳播媒介物稱為大眾傳播媒體 (Mass Communication
Media)，如常見的傳統媒體有報紙、雜誌、廣播、電視等四種。其中，前兩者
為印刷媒體 (Print Media)，後兩者則為電子媒體 (Electronic Media)。傳統媒體
通常具有下列的特質：

❖ 單向溝通：因為傳統媒體都是利用單向來傳遞資訊，所以廣告訊息在傳遞的過程中是屬於單向的溝通，排除閱聽群眾對廣告本身產生回饋，因而無法產生兩者之間的互動。

❖ 標準化的資訊：傳統媒體所傳遞的資訊都是標準化的，不會因閱聽眾的不同而產生改變。

❖ 曝光時間較短：由於在傳統媒體刊登廣告費用較高，所以其刊登的時間自然也受到限制。以雜誌印刷媒體為例，由於讀者可自行決定花多少時間吸收廣告的資訊，根據調查結果顯示，讀者花在每一則廣告上的時間不超過兩秒鐘。

❖ 資訊簡單：由於傳統廣告曝光時間較短，所以在傳遞資訊的過程中傾向使用較簡單及簡短的內容。

❖ 強迫接受：在傳統廣告媒體中，觀眾沒有選擇接受哪一種產品訊息的權利，除非他們採取某些的行動，如切換電視頻道或將報紙翻頁。

　　傳統的行銷溝通方式，是指企業透過電視、報紙、雜誌，以及廣播等大眾傳播媒體與消費者進行溝通，事實上，傳統的大眾傳播媒體中是一對多的傳播過程 (如圖 2.32)。

　　對於消費者而言，傳統媒體上的廣告價值較低，其缺點如下：

❖ 每天出現的廣告量太多，並且還在不停地增加，使得廣告無法得到注目。就算廣告真的有用，人們卻沒有時間，也沒有精力在廣告中尋找其價值。

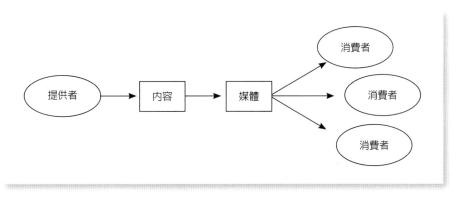

圖 2.32　傳統媒體傳播過程

❖絕大多數的廣告都不是出現在人們想購買該類物品或服務時，因此大部分的訊息都不是消費者真正需要的。

❖許多廣告都是消費者所熟悉的平價商品，其廣告策略只能單純地強化其訊息內容、儘量放大訊息量，但無法做質的提升。

❖消費者認為大部分的廣告都不值得去注意，而大眾對於廣告的印象也持續地趨於負面。

↳ 戶外廣告媒體

戶外廣告媒體是指任何住屋外面的廣告媒體，提供了最低廉的每一單位訊息傳遞的成本。此外，這種媒體還具有吸引力的特質，其中包括立即的品牌到達度、非常高的頻度、極大的適應性，以及衝擊力。

在傳統媒體過多、整體廣告市場低迷，以及報紙、廣播等傳統媒體廣告成長乏力的廣告大環境中，以守株待兔方式等候消費者經過的戶外廣告，正快速崛起，並引起民眾的注意和話題。由於戶外廣告滲透性強、成本低，有愈來愈多的廣告主，因為對傳統媒體廣告投放的效果失望，而改選擇用低成本的戶外廣告，來圍堵消費者。

雖然廣告主對於戶外廣告的投放量，還仍落後在電視廣告和平面廣告媒體之後，但是戶外廣告具有成本低、彈性大及干擾性低的特性，在未來媒體選擇上及預算分配上，它的影響力會大幅增加，在創意上更有充分揮灑的空間。

比較戶外廣告媒體與傳統廣告媒體的特性，如表 2.13 所示：

表 2.13 戶外廣告媒體與傳統廣告媒體比較

媒體類別	訊息傳播優勢	訊息傳播缺點	目標族群
報 紙	資料量較多	圖像表現不豐富	提供地方性的市場及消費者
電 視	時效性高、影像呈現豐富、傳播範圍廣、影響力大	訊息傳播受時間上限制	大眾
廣 播	較生動即時	只能以聲音表現、限制較大	地區性區隔市場
雜 誌	圖像表現可比報紙豐富、內容較深入	時效性較弱	較小較集中的區隔市場
戶外廣告	可累積深刻的印象、訊息接收影響力大	受限於傳達簡短的內容	大眾

　　就類別來看，戶外廣告媒體可分為非電子類、電子類及交通廣告，分別討論如下：

❖ 非電子類與電子類

　　非電子類的廣告看板有音樂海報機、資訊驛站、熱氣球、飛行船；較傳統的有張貼於頂樓或大樓側面的大型印刷壁面廣告，或大型搭架式的廣告。電子類的戶外廣告媒體則有電視牆、電子快播板、LED 電腦顯示板、電腦彩訊動畫看板等。

圖 2.33 LED 電腦顯示板

圖 2.34 電腦彩訊動畫看板

❖交通廣告

係指依賴交通設施的廣告，如公車、捷運、電梯、火車、飛機，是乘客在搭乘大眾運輸交通工具的同時，所接觸到的廣告媒體。

由於交通廣告對戶外媒體而言，是屬於新興廣告媒體的應用，利用消費大眾在等候或搭乘大眾交通工具的時間，廣泛傳遞廣告訊息。其中，捷運站內多媒體數位看板，幾乎就是最具代表性的交通廣告媒體。

圖 2.35　車門貼

圖 2.36　月臺燈箱

☟ 多媒體數位看板

過去由於技術上的限制，數位看板大多只用來當作店頭廣告的單一用途。隨著科技發展，傳統的路牌、燈箱、霓虹燈等表現形式的單一戶外媒體，已經無法滿足閱聽眾的需求。如今數位化時代的到來，廣告市場上也不斷地出現各種新的媒介形式，多媒體數位看板就是一種新形式的戶外廣告。

多媒體數位看板，又名窄播媒體或液晶電子看板，藉由擁有高品質的影片、動畫、圖像與文字，呈現豐富的多媒體的視聽效果，分秒必爭地向目標顧客主動行銷。

圖 2.37 月臺電視

以功能與用途來區分，可分為以下幾類：

❖ 數位廣告展示：提供動態廣告內容、櫥窗海報與促銷方案、特賣產品資訊
等，目前已經廣泛地運用在大賣場、超市、速食店餐廳、藥局等地。

❖ 公共資訊看板：主要應用在公共領域的資訊發布與即時訊息更新、遊客導
覽或新聞、廣告，遍布在機場、捷運站、電梯等。

❖ 企業溝通平臺：傳遞企業對外溝通的最好橋梁，如銀行的即時匯率或商品
廣告、股市交易站的股市與產業即時訊息等；許多企業也用於內部訊息公
告、教育訓練或生產看板管理。

❖ 互動式數位看板：提供消費者選擇想看或想了解的訊息，另外更提供店家
和使用者之間的溝通平臺。

數位看板可提供多元的產品相關訊息，有助於排除消費者的疑慮及吸引消
費者目光，以增加消費者購買的慾望。然而，部分企業主為充分利用資源，會
與其他組織達成互惠協議，一同在數位看板平臺上分享資源。有的組織甚至將
數位看板視為一種資產，販售播放時間以賺取利潤，建議數位看板有下列重要
考量因素：

❖ 看板傳遞內容為其關鍵：傳統的看板所呈現的內容必須善用其空間的限
制，以製作簡單易懂及吸引消費者的看板內容。同理，多媒體看板亦面臨

此項的考驗，其內容資訊可隨時更新，且不斷給予消費者新的刺激，增加產品印象。

❖ 看板建置能見度及整體美感：由於數位看板會受到光源、室內亮度不足及可視角度等外在因素的影響，設置看板時應考量擺設位置，避免受到干擾而影響收視效果。

❖ 適時地傳遞資訊：數位看板本身可以依時段來更換傳播內容，以迎合不同消費者的需求。所以，在考量內容時段的安排上，應做好客群調查的事前工作，以適切傳達資訊。

❖ 設備的穩定度：數位看板能夠得到消費者的青睞，是由於其內容的多樣化及即時性。若看板設備穩定度不佳，造成看板在展示時發生故障或是斷訊等情形，將使消費者產生負面的影響，產生拒絕收視看板內容。

❖ 購置及管理成本考量：購置數位看板所需總成本包含事前的購置成本及事後的維護成本，購置成本包括硬體設施及軟體系統的相互配合，加上事後的人員訓練及維護工作等。店家或是企業均得考量是否能負擔其成本的支出。

表 2.14 2010 年臺灣總廣告量統計

媒體別	2010年廣告量 Advertising Expenditure in 2010	2009年廣告量 Advertising Expenditure in 2009	成長率（%） Growth/Decline Rate	市場佔有率（%） Market Share
五大媒體Mainstream Media				
無線電視 Terrestrial TV	54.83	48.31	13.50%	4.85%
有線電視 Cable TV	206.13	172.49	19.50%	18.22%
廣告影片製作 Production	12.36	11.34	8.99%	1.09%
報紙 Newspaper	119.56	101.32	18%	10.57%
雜誌 Magazine	67.77	60.51	11.99%	5.99%
廣播 Radio	44.83	40.03	12%	3.96%
網路 Internet	85.51	69.92	22.3%	7.57%
五大媒體小計	590.99	503.92	17.28%	52.25%
線下行銷Below the Line				
戶外交通 Outdoor	116.42	105.84	10%	10.29%
行動廣告 Mobile	27.64	23.38	18.22%	2.44%
店頭 POP	7.99	7.07	13.01%	0.71%
活動行銷 Event	7.97	7.31	9.03%	0.70%
展會廣告 Display	133.76	120.5	11%	11.82%
派夾報 Flier	123.85	123.85	0%	10.95%
黃頁 Yellow Page	7.61	7.05	7.94%	0.67%
直效行銷 DM	56.75	47.29	20%	5.02%
外銷 Export	29.13	24.9	16.99%	2.58%
雜項 Others	29.08	28.79	1.01%	2.57%
線下媒體小計	540.2	495.98	8.92%	47.75%
總計	1,131.19	999.9	13.13%	100.00%

單位：新台幣億元（NTD＄100million） 2011年2月動腦編輯部製表

■ 以上廣告量為各媒體的廣告收入，含廣告專案，電視廣告只統計來自業務部的廣告及專案收入，不包括新聞及節目的廣告置入。

■ 2010年的電視、報紙、雜誌、廣播、戶外交通、行動廣告、店頭、活動行銷、展會廣告、網路、派夾報、黃頁、直效行銷、外銷廣告的廣告量，以各媒體產業公協會及代表人所做的統計為根據，再經由各媒體專家所提供的成長率推估而來，並以小數點後二位四捨五入方式製表。

■ 報紙廣告量含營業、分類廣告及其他。

■ 廣播廣告不含未領用執照之非法電台及租用合法電台時段之賣藥節目廣告。

■ 戶外交通廣告包含機場、捷運、台鐵、加油站燈箱、公車內外、T霸、寬虹塔，及全省大型連鎖店壓克力招牌，不包括小型店的壓克力招牌及店招。

■ 派夾報廣告包含夾在報紙、投入信箱、沿街遞送的廣告物，含印刷、人員遞送費用。

■ 店頭廣告包含店內部分及店面廣告。

■ 展場廣告量，以展覽、會議本身所產出的廣告量為主，包含會場設計、裝演布置、美工圖表、場地租金、會場表演活動等。而會展舉辦城市帶來的餐旅、觀光等周邊經濟效益等，都不包括在內。

■ 網路廣告量統計，包含關鍵字廣告、橫幅與巨幅廣告、影音多媒體廣告、內容整合式廣告、電子郵件廣告、社群贊助式廣告。

■ 直效行銷廣告包含全台灣各行業廣告信函的設計、印刷、郵寄、名條、包裝、電話行銷與網路一對一行銷。

■ 外銷廣告量含在國外媒體刊登的廣告、外銷平面及電子廣告（中經社、全球資源、文筆、貿易風、貿協）。

■ 行動廣告包含簡訊、語音廣告、多媒體互動等。

■ 活動行銷包含活動行銷、公關活動、促銷活動所需的陳列、POP設計及製作、現場試吃、活動推廣人員、活動贈品等。

■ 雜項包含型錄、贈品、月曆及非上述的廣告媒體。

**文章閱讀：傳統行銷傳播的演進——
從 4P 到 4C、4V**

4P（產品、訂價、通路、推廣）已成昔日黃花，新的世界已轉入向 4C、
4V。

——B. Lauterboum, 1993

1964 年行銷學者 John McCarthy 提出行銷組合的觀念，傳統企業以 4P 角度來思考，然而在 90 年代學者 B. Lauterboum 顛覆此一架構，試圖以消費者的角度將 4P 的概念轉而關注在 4C 的部分，甚至擴充到廣告創意著重的焦點 4V 部分。這種 4P 轉變成 4C 進而轉為對 4V 的關注。

4P	4C	4V
產品 (Product)	消費者需求 (Consumer's needs and wants)	變通性 (Versatility)
價格 (Price)	付出成本代價 (Cost to satisfy)	價值 (Value)
通路 (Place)	便利性 (Convenience)	多元性 (Variation)
推廣 (Promotion)	溝通 (Communication)	共鳴 (Vibration)

新的觀念如下所示：

❖產品 (Product) → 消費者需求 (Consumer's Needs and Wants) → 變通性 (Versatility)。

如果以傳統 4P 的概念來看，企業考慮的是產品的設計、品牌、包裝和服務，等於是廣告人員試圖傳遞給消費者有形 (包裝) 及無形產品 (品牌) 的特徵。如果企業投入過多注意力及資源在這有形及無形的特徵，卻忽略了這些目的在於滿足消費者需求時，將會失去消費者的喜好，而被市場淘汰，所以產品的設計應以滿足消費者需求為主。

但是現今環境變化速度非常快，消費者需求的本質也會產生快速的改變及差異化；例如過去的筆電 notebook 強調功能及運算速度，廣告常以功能強大為特色，如今消費者卻喜歡超薄、時尚、省電、價廉，因此企業不僅要注意消

費者需求，更要注意來自環境所造成的各種差異，只有能夠預先了解環境的變通性的企業，才能提供滿足消費者的產品。

　　Tips：把產品先擱在一邊，先研究「消費者的需求」，不要在賣你所製造的產品，而要賣消費者確定想買的產品，並融合環境趨勢的變通性。

❖ 定價 (Price) → 物超所值 (Cost to Satisfy) → 價值 (Value)。

　　傳統的定價觀念只考慮自己所付出的成本、市場競爭及應有的利潤，若從消費者市場思考，消費者支付代價取得商品是希望能夠花小錢而得到較大的獲益，即消費者在乎是否物超所值。但同樣是低成本的產品，不一定能夠吸引消費者的眼光，因爲消費者追求的不一定是低成本而是心理的滿足。例如消費者購買一部汽車不僅會考量成本，更會考慮購買這部汽車所帶來的利益及心理滿足感──「安全感」或「尊貴感」。這就是企業提供消費者無形的價值感。

　　Tips：暫時忘掉定價策略，快去了解消費者要滿足其需要與欲求所需付出的成本，創造物超所值的價值。

❖ 通路 (Place) → 便利性 (Convenience) → 多元性 (Variation)。

　　企業能夠將產品轉移至消費者手上的通路有許多種，除了傳統的通路方式以外，隨著環境的變化，更開發了許多新的通路型態，像直接通路方式中網路、電視、型錄等方式，成爲現今消費者喜好的通路方式，所以一個企業不能只考慮便利性，更應考慮採用各種不同的通路，即多元通路，以滿足消費者不同的購買行爲。

　　Tips：忘掉通路策略，當思考如何給消費者便利，提供多元方式讓消費者購得商品。

❖ 推廣 (Promotion) → 溝通 (Communication) → 共鳴 (Vibration)。

　　傳統由企業角度思考的推廣活動，包括廣告、公共關係、個人銷售、銷售促進、直效行銷等，這些活動均被設計用來吸引目標消費者，增加購買公司的產品；如果從消費者角度來思考，則企業會考慮如何選擇適合的促銷方式和消費者溝通。整合行銷溝通即協調各種方式，以產生一致的訊息結構傳遞給消費者，然而在溝通的過程中是否能夠引起共鳴將更爲重要。中國信託長期投入公

益，廣告詞「We Are Family」深植人心，頗得消費者的共鳴。

Tips：最後請忘掉推廣，正確的新字彙是與消費者雙向溝通，進而與消費者產生共鳴。

從上述來看，企業要達成經營卓越與行銷成功，的確必須同時將 4P 與 4C 一起做好、做強，如此才會有整體行銷競爭力，也才能在高度激烈競爭、低成長及微利時代中，持續領導維持品牌的領先優勢，進而維持企業長期競爭優勢。

(資料來源：廣告學，呂冠瑩；廣告原理與實務，黃曼琴整理而成。)

CHAPTER 3

銷售促進篇

3.1 銷售促進基本觀念

3.2 銷售促進的分析

3.3 銷售促進的重要性與優缺點

3.4 常見的促銷理論

3.5 消費者層面的銷售促進

3.6 消費者促銷工具的分類

3.7 中間商層面的銷售促進

3.8 銷售促進規劃要點

3.9 國際市場銷售促進 (案例)

實例個案：鹽山淘鑽

只有腦袋才能維持口袋，而不被取代，
學習是競爭力的最重要基本態度

～華倫巴菲特

3.1 銷售促進基本觀念

臺灣加入世界貿易組織 (WTO) 之後，對於各產業廠商的影響，無論在深度、廣度與速度上都各有不同。市場開放後，行銷學之父 Kolter 表示，國內企業受到全球品牌 (Global Brand) 的直接衝擊，加上眾多商品想擠進有限的貨架空間下，導致原有的銷售通路與陳列空間自然受到擠壓；企業為爭取中間商及商店的支持，並維持一定的鋪貨率，就必須經常配合通路業者進行促銷。廠商除了提供產品外，更提供額外的誘因，以及針對產品採取促銷策略，俾使消費者採取立即的購買行動。銷售促進 (Sales Promotion, SP)，又稱為促銷，它和廣告一樣，是一種行銷溝通的方式。廣告設計主要是建立長期的品牌知名度，而促銷則屬短期的激勵措施，以刺激商品及服務的購買或銷售，主要在於創造出行動的效果。但多數廠商在配合促銷的同時，亦警覺品牌經營的重要性，深恐長久經營所獲致的顧客忠誠與品牌形象，將因一味追求短期銷售利益而造成損失。

在商品零售業中，連鎖便利商店的門市數量近年來增加非常快速，便利商店內的商品同質性高、價格差異又不大，使得市場競爭更加激烈。國內便利商店的店址幾乎設於交通便利、人潮較多且租金較高的地點。基於經營坪效的極大化，便利商店對商品及品牌的選擇，與商品在廣告及促銷的配合上亦更加積極。廠商為了建立成功的品牌，不僅要適時投資廣告以加強消費者對品牌的印象，還必須考慮眼前的銷售績效，進而配合便利商店執行具吸引力的促銷活動。

從時代的變遷以及市場環境發展的趨勢來看，80 年代的臺灣是個以製衣、製鞋等勞力密集而舉世聞名的「製造業」王國。當時的企業重視以「生產」為導向的訴求，對於行銷活動並不十分重視，更鮮少有品牌觀念及利用促銷工具來增進銷售的想法。時至今日，企業已發展出一種以「服務」為手段，在經營方面更轉趨重視品牌形象及行銷活動，並追求以高科技、高附加價值為目標的資本密集產業。

隨著同質化產品的出現、市場競爭愈趨激烈，以及媒體科技的快速進步，促使廠商積極採行各式各樣的促銷活動，期望能夠藉此創造出企業競爭優勢以

及吸引更多的消費者購買。而企業最常使用的促銷組合工具有：廣告、促銷、公共關係及人員推銷四種。

企業在進行銷售促進時，為了使消費者對公司及產品更感興趣，通常會採折扣優待、附贈贈品、折價券等促銷工具，刊登於雜誌、報紙等平面媒體廣告上，例如，「台灣大哥大」為吸引消費者申辦該公司門號，而推出200元月租費可抵通話費的超值折扣方案；中華電信推出三點 (月租費、設定費、通話費)全 LOW 方案的「折扣優待」。速食店業者麥當勞 (McDonald's) 採取凡購買麥當勞漢堡，即可加價69元購買 Hello Kitty 玩偶；以及福特汽車公司推出購買汽車贈送行動電話，或光陽機車公司以購買機車送遠傳行動電話預付卡來吸引消費者的「廣告贈品」。

因此，廣泛使用結合促銷工具與廣告活動的「促銷性廣告」，乃逐漸形成一種「促銷性廣告混亂」 (Sales Promotion Advertising Clutter) 的局面。

廠商為了求生存，無不費盡心思在行銷組合 (即產品、通路、價格、促銷)上努力，希望發展出符合顧客需求的產品、架設密集且有效率的通路網、訂定最具競爭力的價格，並藉由一連串的推廣組合 (廣告、人員銷售、公關、促銷)和消費者進行溝通、交流，增加消費者對產品的了解與興趣，以提升消費者購買產品的意願。促銷為推廣組合中的一員，其主要功能是在短期內針對特定目標提供額外誘因，刺激其提早購買或購買更多促銷的產品。在目前的市場中，消費者的選擇眾多，產品同質性卻很高，促銷往往成為消費者決定是否購買的因素，因此廠商對於促銷愈來愈重視。

根據美國學者Belch 的調查，1980 年美國公司花在促銷的費用為 490 億美元。到 1993 年，已成長到 1,770 億美元以上，成長幅度超過3.6 倍。日本市場的促銷活動也日益蓬勃，根據日本廣告公司業者蕭富峰 (1993) 的資料顯示，在 1970 年間，企業花在促銷的費用為 1,701 億日幣，到 1980 年，則成長至5,354 億日幣，成長幅度為 3.15 倍。到了 1997 年，企業花在促銷的費用高達13,531 億日幣，占其總營業額的 34.3%。

國內銷售促進媒體費用占整體廣告費用的比例，由民國 77 年的 16%，成長到民國 81 年的 18%。由以上數據可以看出，不管在國內或國外，促銷所扮演的角色日漸重要。

　　市面上充斥各式各樣消費者導向的促銷活動。例如，「化妝品九折加贈品」、「訂報紙送機車」、「買電腦送免費上網一個月」、「鮮奶買大送小」、「衛生紙買六送二」、「名牌服飾五折起」。通常，促銷方式包含降價、折扣、贈品券、加量不加價、買二送一 (或買大送小)、贈品、免費試用包、多量包、抽獎、競賽、現金回饋、寄回憑證可得現金或贈品、折價券等。面對琳琅滿目的促銷活動，究竟哪些促銷方式能夠提高消費者的知覺優惠，甚至對於特定促銷方式產生偏好？此一議題不僅涉及促銷活動的成效，甚至可能直接影響企業是否能於短期內提升銷售數量，進而達成促銷目標。

　　廠商不斷推出促銷活動的主要積極性目的如下：

❖ 新產品上市或目標鎖定新使用者時，增加消費者對於產品的試用率。

❖ 縮短消費者對於產品之購買時間間隔。

❖ 提前導引季節性購買(如冷氣機於旺季來臨前的促銷)。

❖ 透過增強消費者的購買涉入而提升短期銷售業績。

❖ 強化消費者的購買習慣。

❖ 誘發中間商的進貨等。

　　為達銷售目的，廠商往往投入大量的行銷成本與人力，冀望促銷活動能夠得到消費者的青睞，進而刺激消費者購買產品。然而，如此多樣的促銷方式，在哪些情況下能達到較好的效果，恐怕是廠商最想得到的答案！

　　當廠商不了解消費者對於各類促銷活動的接受度時，通常只能憑藉著行銷人員的主觀想法，來揣測消費者偏好的促銷方式，或是參照模仿競爭者使用過的促銷方式來進行促銷構想(例如，服飾用折扣、贈品；日常用品則採多量包或買二送一)，至於促銷效益如何，通常無法事先準確掌握，直到促銷活動完畢，方能檢視實際成效，因此對於各類促銷活動的成敗關鍵缺乏先見性與控制性。

　　觀察各實務現象，以服飾商品而言，為提升營業績效，折扣的名目日益增多，由週年慶、各項節慶活動到換季大拍賣，折扣數如競賽性地持續降低，但營業績效卻未見提升，究其原因，有可能是消費者對商品的折扣早已習以為常，所以在面對每家廠商的折扣戰且產品差異性趨小的特性，以及促銷知覺未

有顯著差異性變動的情形下,消費者會因無促銷優惠的額外感受,而終究產生促銷疲態,讓促銷效果無法符合廠商的預期。

整體而言,促銷能帶給消費者購買產品時的額外效用,但此種額外效用可能因為產品的特性不同而有所差異。在所有的產品中,消費品為消費者日常生活最易面臨的購買決策,且接觸頻率高。

消費品依消費者購買行為的特性,大致分成三大類:便利品、選購品及特殊品。

1. 便利品 (convenient goods),例如牙膏、洗髮精、原子筆等。為消費者日常生活中的消耗品,且產品之平均單價為三類產品中最低者。消費者在購買便利品時,考慮的重點多著眼於方便性,較少花費時間與精神去搜尋及比較產品。以民生日用品 (如衛生紙、牙膏) 為例,消費者很少貨比三家,或是特意地到各家商店搜尋相關產品。便利品則因為常為衝動型購買 (impulse buying),消費者常依賴印象購買,廣告對產品印象的塑造較重要。因此,廣告對便利產業的利潤影響較為顯著。

便利品可依購買頻率分為:急購品如醬油、米、鹽等日常用品。順購品:如洗髮精、肥皂等順手購買商品。常購品:如咖啡、酒、香菸等個人商品。

2. 選購品 (shopping goods) 的平均單位價格遠高於便利品,例如汽車、電視,消費者在購買選購品時,在意的是價格及品質之間的對稱性。針對此類商品,消費者在購買前往往會花費時間與精神去搜尋相關資訊,且到不同商店進行比較。以購買電視機為例,消費者通常會在購買前先蒐集產品資訊,經初步篩選後,再至家電賣場比較價格及實際功能等,最後選擇價格、品質較適合的品牌,廣告對選購品的影響較少。

3. 特殊品 (special goods) 係指在消費者心中占有特殊地位的產品。消費者購買的目的可能是為了收藏,或是產品所表現的象徵意義,甚或為了炫耀,以達到心理層面的滿足。相對於便利品與選購品,消費者較不在乎特殊品的價格,且會花費許多時間與精神去搜尋特殊品,如消費者對SWATCH 手錶或 NIKE 球鞋等具特殊象徵性品牌形象產品的蒐集購買。

　　消費者對於便利品、選購品、特殊品等的購買行為不盡相同，考量的因素也各有差異。衡諸促銷給予消費者的額外效用與優惠知覺，可能因此三類產品特性與消費者選購行為迥異，使得提供消費者的誘因程度與屬性便有所差別。

　　商品可依交易方式分類為「工業品」及「消費品」如下圖所示。

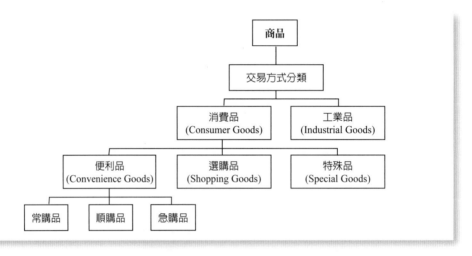

圖 3.1　商品交易分類

　　影響消費者促銷方式偏好的因素很多，除了消費品類別，其他可能的影響來源 (如產品涉入、消費價值、產品本身帶來的效用等)，均可能影響消費者對於各類促銷方式的價值知覺與吸引程度。其實，消費品的分類也隱含了產品涉入與消費價值的觀念。

　　就產品涉入而言，便利品應是涉入最低，選購品次之，特殊品最高；以消費價值看，消費者購買便利品與選購品常是功能價值的追求，購買特殊品則往往是為了社會價值及新奇價值；其中，消費品的內涵已涵蓋了產品涉入與消費價值的意義。除產品涉入與消費價值之外，消費者既有的個人傾向，也可能影響其對促銷方式的價值感受與偏好程度。換言之，消費者對於消費品的既存品牌態度，可能與促銷方式共同影響促銷效果。消費者一貫的價值意識與敏感度反應，如高度重視產品的價格及品質，連帶影響其對促銷方式的知覺與偏好，進而消弭了各類促銷效果的差異性。此外，具有促銷傾向 (deal proneness) 的消費者，對於各類促銷活動皆較其他消費者具有較高的促銷知覺價值與促銷偏好。

3.2 銷售促進的分析

定義

　　銷售促進 (Sales Promotion, SP) 又稱作「促銷」，其定義是：「一種直接的動機，以創造立即銷售額為主要目標，提供最終消費者額外的價值或誘因，此工具為短期內利用商品以外的刺激物，激發商品銷售的一種活動。」美國直效行銷協會 (Direct Marketing Association, DMA) 定義為「在行銷活動中，不同於人員推銷、廣告以及公開報導，而有助於刺激消費者購買及增進中間商效能的行銷活動，諸如產品陳列、產品展示與展覽、產品示範等不定期、非例行的推銷活動。」銷售促進扮演的角色主要在於試探市場反應、創造銷售衝擊、消費者掌握及維繫。

　　相對於廣告的長期操作，以期建立市場對某一品牌的認知；促銷活動則是一種促使消費者立即行動的短期行銷工具，也難怪品牌經理人愈來愈依賴促銷活動。尤其在銷售量不如預期的時候，促銷是有效的，促銷的效果不僅顯而易見，而且比廣告更容易評估。廣告可以解釋顧客為什麼應該買這項產品，促銷活動則提供了購買誘因，當兩者配合使用時，威力無窮。

　　促銷其實有許多不同的定義，各個定義分別說明了一部分促銷的性質與特性，以下將國內外各學者所下的定義整理如表 3.1：

表 3.1 促銷定義的相關定義彙整

學者	促銷定義
美國行銷協會 (American Marketing Association, 1960)	一種有別於人員推銷、廣告以及公開報導，但有助於刺激消費者購買與增進中間商效能的行銷活動，如產品陳列、產品展示與展覽、產品示範等不定期、非例行的推銷活動。
美國廣告代理商協會 (American Association of Advertising Agencies, 1978)	藉著提供超出某項產品原有利益的額外誘因，來誘使他人購買該項產品的任何活動。
Kolter (1994)	由各種不同的誘因工具所組成，大多是短期性質，主要用來刺激消費者或經銷商，對於某一產品產生提前購買或較大量的購買行為。依對象之不同分為三類：消費者促銷工具、交易促銷工具、銷售人員促銷工具。

由上述之定義，可歸納出幾個重點：

1. 促銷乃推廣組合 (promotion mix) 中，無法歸屬於廣告、人員推銷 (含直銷) 或公共關係的其他所有活動均屬之。
2. 促銷所提供的誘因特性具有所謂的經濟性，即提供超出產品原有利益的額外價值。
3. 大部分的促銷活動均屬於短期、暫時性的活動。
4. 目的在於刺激最終顧客或通路中其他成員的興趣、試用與迅速性購買行動的意願。

促銷最常用於鼓勵購買、吸引新的試用者以及提高初試者之再購率等三種情形。促銷提供短期誘因以鼓勵產品或服務的購買或銷售。促銷的目標可能是吸引消費者試用新的產品、吸引消費者放棄採用競爭者產品、使消費者購買更多成熟期產品、維持以及回饋忠誠顧客。促銷工具包括樣品、贈品、特價品、現金退款、折價券、拍賣會、試用 (或試乘) 等。

➪ 型態

銷售促進的型態，包括：(1) 依消費者導向 (Consumer-oriented），又稱外部促銷 (External SP)，主要是鼓勵消費者持續使用某產品或光臨某家特定的零售商店，以刺激消費者採取購買行動的短期誘因；其常用的促銷手法有提供試用品、折價券 (折扣)、贈品與抽獎等。(2) 交易導向 (Trade-oriented)，又稱內部促銷 (Internal SP)，製造商為了鼓勵中間商多進貨，以及支持製造商的產品並有效地訂貨，所採刺激中間商訂貨的短期誘因，常用促銷手法如：購貨折讓、廣告折讓、位置折讓、免費商品及購買展示點等。

➪ 觀點

在美國行銷學會 (American Marketing Association; AMA) 的觀點中，銷售促進是在預定的短期間內，藉由媒體與非媒體的行銷力量，鼓勵消費者、零售

商、或批發商來試用、增加需求，或改善產品的可及性。這個定義明顯的指出四個事實，即：(1) SP 是短期性的行銷活動；(2) SP 必須同時動用媒體或非媒體的行銷力量；(3) 可能針對最終顧客，也可能是為了鼓勵中間商改善其鋪貨。

另外，由於每位銷售人員在某種程度上都可以視為獨立的老闆，廣義而言，對銷售人員的激勵手段中，有一部分可以視為 SP，銷售人員的業績競賽就是一例。再從 SP 的工具看，折扣是常見的方法之一，但應視為價格的短期調整，「超值包」是改變產品而非調整價格，應歸類於產品的部分。所以，SP 可能著眼於產品、價格、通路，與促銷等四者。有學者認為將 SP 納入促銷組合，無法反映其多元性與重要性的主要理由。

3.3 銷售促進的重要性與優缺點

以支出金額而言，SP 的重要性或許比不上銷售人員，且一般估計應該遠高於廣告。以美國而言，1984 年的 PIMS 資料庫顯示 SP 與廣告支出約為 2：1；一家行銷研究業者在 1987 年的調查中也得到相當近似的結果，1993 年的調查甚至為 3：1。但是，SP 通常有廣告配合，如果將這些廣告也列入 SP 支出，則其差距可能進一步提高。

廠商在 SP 活動下投入鉅額資金，最重要的是因為 SP 可以迅速地有效刺激銷售，並反映在財務報表上。對於必須每季公布財務數字的美國上市上櫃廠商而言，這點尤其重要，因為其股利每季發放一次，促銷組合中只有 SP 能夠「臨陣磨槍」，迅速改善帳面數字，避免在股東會上挨刮。

然而，SP 卻有降低顧客忠誠度的問題，使顧客具有優惠傾向 (Deal-Phone)，沒有優惠就不願意掏錢購物，這也正是國內百貨業者所面臨的困擾。再者，SP 所引發的提前購買或大量購買行為，也可能導致折扣結束後業績一落千丈。最後，由於 SP 極具彈性，同業隨時可以採取類似的報復行動，導致陷入長期持續 SP 戰火的可能。

✿ 3.4 常見的促銷理論

　　促銷活動的主要目的在於誘發消費者的購買動機，進而改變消費者的購買行為。學者一向習慣以促銷理論來解釋消費者的購買動機及行為形成的歷程，而常見的促銷理論有：刺激－反應理論、認知學習理論、消費者關係建立模式、無心的購買行為理論四種，茲分述如下：

✎ 刺激－反應理論

　　「刺激－反應理論」(Stimulus-Response Theory) 又稱為「行為學習理論」，此種學習理論較不重視個人內部心理的學習過程，而將其視為「黑箱」，只強調外在可以看見的部分，認為學習是單純透過刺激與反應的過程達成。Pavlov 的古典制約學習模式與 Skinner 的操作制約模式是「刺激－反應理論」的主要代表。古典制約學習模式主要在於強調「非制約刺激」(UCS) 會引起「非制約反應」(UCR)，以及「制約刺激」(CS) 會引起「制約反應」(CR)。若以Pavlov的實驗而言，狗看見食物，與生俱來的反應就會流口水，因此食物屬於古典制約中的「非制約刺激」(UCS)，流口水則是屬於「非制約反應」(UCR)。另外，狗聽見 Pavlov 的搖鈴聲，與生俱來的反應是不會流口水，而是因為搖鈴聲出現在餵食之前，狗才會流口水，因此搖鈴是屬於 Pavlov 對狗的「制約刺激」(CS)，此時流口水則屬於「制約反應」(CR)。然而，在促銷上以 Skinner 的操作制約模式應用較廣，其原因主要在於 Skinner 的操作制約模式認為，經由強化作用可以導致受測者主動學習一些行為；因此，操作制約乃是一種有意義的學習過程，較古典制約更能解釋人類行為。另外，就促銷上的意義而言，操作制約是著重於行為的結果，探討如何影響往後相同行為出現的可能性及頻率，而行為結果影響行為本身的途徑有四種，分別為：正強化、負強化、處罰、停止。

　　學者 Nord 及 Peter (1980) 曾將操作制約原則應用在促銷活動的實證分類，並認為漸次形成 (Shaping) 是一種連續性的強化，可以在潛移默化中，逐漸將消費者引導到某種的特定行為上。諸如，廠商可以採用「來就送 (Door

Prizes)、買再送」的方式強化消費者購買行為。其次，商店名稱、商標對消費者而言，雖無強化功能，卻可以提供消費者回憶先前學習過程及結果，而達到強化效果，此即屬於區別性的刺激 (Discriminative Stimuli)。至於延緩強化的促銷方法，其效果會比立即強化來得小，故在附贈贈品的促銷方法中，以隨貨附贈的促銷方法效果較免費郵寄附贈的方式來得好。

認知學習理論

行銷學之父 Kolter (1925) 由猴子利用長竿子取香蕉的實驗發現，在學習過程中應該包含內心的思考。因此認知學習理論 (Self-Perception Theory) 非常強調個人內心學習過程的重要性，將人視為問題的解決者，認為人會利用所得到的資訊來控制環境。同時，此一派學者亦主張學習是相當複雜的過程，不如行為學習理論所述的那麼單純，學習的過程應該包括解決問題、內心思考、反覆的刺激與反應等多個步驟。

消費者關係建立模式

學者 Prentice (1975) 藉由產業實證研究，將促銷工具分為兩類：一類是能促進消費者關係的建立，稱為消費者關係建立 (Consumer Franchise Building, CFB) 促銷，主要在於強調產品本身價值的提升，屬於主要強化 (Primary Reinforcers)，而此類的促銷工具包括了樣品試用、折價券等。另一類則是不能促進消費者關係的建立，稱為非消費者關係建立 (Non-Consumer Franchise Building, Non-CFB) 促銷，主要強調誘因的形成，而不強調產品本身，屬於次級強化 (Secondary Reinforcers)，此類的促銷工具包括了競賽、遊戲、抽獎、折扣等，屬於 Non-CFB 的促銷方法，對往後的銷售不會有所幫助。雖然消費者關係建立模式並未經過嚴謹的驗證，其與行為學習理論的推論卻是相當一致。

↪ 無心的購買行為理論

所謂「無心的購買行為理論」(Unplanned Purchase Behavior Theory)，係指消費者的有些購買行為是無意間形成的，並無任何意義可言，透過一些可用的資訊就可以使其行為改變。因此，在低涉入的情況下，消費者可能只是因為廠商舉辦促銷活動購買商品，而不在乎促銷誘因有多強。若無心的購買行為是基於好奇心而喜歡新的品牌，則廠商可藉由促銷活動來引起消費者的好奇心及興趣，並逐漸降低其無心程度，以建立其品牌忠誠度並增加銷售量。

學者 Assael (1998) 認為，消費者的非計畫 (無心) 購買行為是基於兩種理由，其一為消費者基於慣性 (Initial) 基礎，而有購買行為；其二為消費者基於追求多樣化及新奇的事物，藉由有限決策，引發衝動購買行為。並且提出五種非計畫 (無心) 購買行為的類型，分別為：

1. 純粹衝動購買(Pure Impulse Purchases)：消費者的購買行為，純粹是基於追求多樣化及新鮮感的刺激。
2. 建議性效果購買(Suggestion Effect Purchases)：消費者接受商店店員的建議刺激，而引發其購買行為。
3. 計畫性衝動購買(Planned Impulse Purchases)：消費者傾向到特殊折扣商店或使用折價券購物，但是對於購買什麼樣的產品，則無事先計畫。
4. 提醒性效果購買(Reminder Effect Purchases)：消費者需要某項商品，但並非事先計畫好要購買，而是經過商店，看到架上的陳列提醒，因而引發其購買行為。
5. 計畫商品類別購買(Planned Product Category Purchases)：消費者事先計畫好要去購買某項商品，但並沒有決定要購買何種品牌；通常，消費者最後還是選擇最便宜的品牌。

 ## 3.5　消費者層面的銷售促進

銷售促進是廠商利用產品以外的附加價值或刺激物，刺激中間商或消費者

採取訂貨或購買行動的短期誘因。促銷依銷售對象的不同可分為：中間商促銷 (Trade-Oriented SP，亦即交易促銷) 與消費者促銷 (Consumer-Oriented SP) 二種類型。我們將在後面介紹「推」的策略，就是利用中間商促銷取得中間商合作的最好例子；而利用消費者促銷，則是指鼓勵消費者主動向中間商要求購買，如果中間商無此商品，即可向製造商訂貨，是屬「拉」的策略。

在 SP 工具方面，實務上可說是千奇百怪，唯一的限制是行銷人員的創意。這裡先討論「拉式策略」的部分，也就是針對消費者的促銷 SP。圖 3.2 列示了幾種常見的 SP 工具，並以關係行銷哲學中的提高產品利益與降低購買成本這兩者來區分。

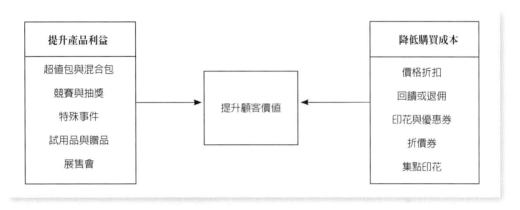

圖 3.2 常見的 SP 工具，拉式策略

↳ 降低購買成本

1.價格折扣、回饋或退佣、折價券

價格折扣 (Price Discount) 已在討論促銷定價時有所說明。讀者必須知道的是，這種 SP 工具最具彈性，卻也同時具有 SP 全部的缺點，例如回饋 (Refunds) 或退佣 (Rebates) 等皆是。其他幾種價格優惠則須提供某種「證件」，如美國最常見的折價券 (Coupon)，就是藉由 DM、夾報、傳單、或平面大眾媒體來發送，有時甚至可以在零售現場免費取得，或者在購物金額達到某一標準後贈送。因為折價券上已直接列示金額，持有者購物時即可扣除這筆金額，所以又稱抵用券。

小家電等耐久財廠商也有類似於折價券的另一種做法，稱為舊機換新機。消費者不必持有折價券，只要持有舊型機種 (不一定要限制廠牌)，就可以將之折算成特定的金額。實務上，常見廠商或個人買來當作禮品的禮券或提貨券，雖然在其上也列示金額，但通常係以折扣價出售，其性質與折價券略有不同。

Kolter (1991) 認為，折價券是提供持有的消費者在購買特定產品時，享有折價券上所列示的折扣優待，主要是針對價格敏感的消費者。派送方式有郵寄、附在產品包裝內、夾在雜誌或報紙內頁中、在購買地點發送。但折價券必須在促銷期間內 (或促銷開始之前) 送交至消費者手中，才能達到刺激消費者購買的目的。

2.印花與優惠券

印花與優惠券的發送方式與折價券類似，但其性質略有差異。印花是據以獲得某種優惠價格的憑證，印有印花的特價商品稱為「印花商品」，即必須持有業者快訊上的印花方可享受優惠價。優惠券的功能與印花完全相同，但有時在上面列印折扣成數，因此也泛稱為折扣優惠券。不論是印花或優惠券，通常都會列出優惠品項，折扣優惠券則比較偏向於沒有限制。

3.集點印花

集點印花 (Trading Stamps) 通常是依照購買金額來換算的贈品，功能與折價券類似，但其上列示的不是金額，而是紅利點數 (Bouns Points)，實務上也可能稱為點券或積分券。例如，惠康超市經常使用這種 SP 工具，通常是每滿 50 元折算成一點。消費者累積的點數可以直接於下次購物時換算成現金，或是兌換贈品，實際狀況則須視 SP 方案的內容而定。

以上都是價格層面的 SP，另有一種常用的工具則是在價格不變之下，「增加享受」超值包 (Bouns Packs 或 Value Packs)，也稱為加值包，基本觀念是「加量不加價」，飲料、包裝食品等業者都經常採用，例如豐力富奶粉曾經在兩公斤裝的鐵罐外，另行附加 500 公克紙盒裝，以伸縮膜包裝成一體，並按照原價出售。如果將兩種或以上的品項包裝成一個銷售單位，並以低於個別價總和的優惠價出售，則稱為混合包 (Bandcd Pack) 或特惠包 (Premium Pack)。當然，實務上所用的名詞相當分歧，對這兩者並沒有嚴格的區分。家電、汽車

等業者多以加值服務和超值配備等手法來執行這種 SP 活動，也就是「加服務不加價」，以及「加配備或提升配備但不加價」。

4.降價(price-off)

降價為廠商提供比產品原來售價更低的價格給消費者。其目的有：

(1) 獎酬現在的產品使用者。

(2) 鼓勵消費者對促銷品牌增加購買數量。

(3) 促使消費者轉換品牌，進而培養消費者再購買促銷品牌的消費行為。

(4) 確定促銷經費完全投注於消費者身上。

5.價格促銷(Price Promotion)

價格促銷是指廠商舉辦銷售活動時，針對某項產品或服務給予較低的價格，或是在相同價格時提供較多的產品或是服務。價格促銷可以短期增加產品的銷售額。因此，銷售人員常利用價格促銷來刺激消費者，吸引消費者購買，以增加產品的銷售量。

↳ 提升產品利益

1.競賽與抽獎

競賽 (Contest) 與抽獎 (Sweetstake) 都是讓消費者有機會獲得某些獎品，但競賽是靠「實力」，抽獎卻是靠「運氣」。這兩種方式均是給予消費者獲得現金、獎品或商品的機會。競賽的方式是消費者參與製造商或廣告商舉辦的活動，回答或解決競賽中所提出的問題 (如提出一些創意、概念為新產品命名或發現產品新的使用方法等)，勝利者即可獲得現金、獎品或商品。

摸彩則是消費者購買商品之後，就可參加抽獎活動，由主辦單位提供獎品或現金，消費者以機率贏得現金或獎品。

消費者必須以某種行動來取得參加資格，通常是購買商品，在「鼓勵試用」的目標下，可能只需報名、填寫問卷、或回答簡單的問題即可。例如，第四家無線電視臺「全民」在開播前，連續在報紙上刊登有獎問答，消費者只要填寫正確的開播日期並寄回該公司，即可參加抽獎，最大獎項是一部進口轎車。

2.試用品

試用品 (Sampling)，顧名思義，就是為了鼓勵試用，通常以「小包裝」的形式出現，消費者可在零售現場取得，有時候也採用「來函即寄」的直接回應廣告，或逐戶分送。例如，寶僑家品旗下的潘婷洗髮精，就曾經發送數十萬個「試用包」，幾乎涵蓋整個大臺北地區，每戶人家都收到一個兩小包潘婷洗髮精的摺疊式紙盒。

此種方法的好處是可以讓消費者最快獲得實際的產品經驗，加強消費者對品牌名稱的印象，進而促進消費者的購買。樣品派送的方式包括郵寄、挨家挨戶贈送、在購買地點發送、附在其他產品的包裝中、平裝樣品 (flat sample) 附在印刷媒體上、在街上發送、在店內發送等。試用樣品是推新產品最有效的方法，但付出的成本也是最昂貴的。

3.贈品

贈品 (Premium) 是消費者以某種行動來換取的有價物品，通常是在購買後發送，但也有其他贈送形式。贈品是給予消費者以免費或較低的價格獲得商品，作為其購買產品的回饋。贈品可以是產品或服務 (如旅遊)，作為消費者購買特定產品的誘因。贈送的方式有四種：

(1) 隨貨附贈 (with-pack premium)：將贈品置於包裝內或附在包裝上。
(2) 免費郵寄 (free in-the-mail premium)：以郵遞的方式，將獎品送給寄回購買憑證的消費者。
(3) 自償贈品 (self-liquidating premium)：消費者將購買憑證寄回給主辦促銷活動的單位，並附上廠商購買贈品、包裝及郵寄的成本，主辦單位再將贈品寄給消費者。
(4) 包裝本身屬於可重複使用的容器：例如，國內汽車業就在和泰汽車的帶領下，推出一連串的「三重贈禮」活動，包括到展示現場看車的「來店禮」、實際訂購時的「訂車禮」，以及最後的「交車禮」。

進口化妝品業者則在於強調贈品，例如在婦女節、母親節等重要促銷檔期，經常同時推出多種贈品，只要購買金額達到某一水準，就可以獲得一套五

件到一套十餘件不等的各種贈品，這些通常是業者把國外無條件免費供應的小包裝試用品，拿來當作必須先行購買方可取得的贈品。實際經驗顯示效果非凡，許多消費者對贈品的興趣遠高於產品本身。

實務上，對於贈品有兩種分送方式，在消費時立即取得，或事後以某種購買憑證交付給廠商，以郵寄方式取得，前者稱為直接贈品 (Direct Premium)，後者則為郵寄贈品 (Mail Premium)。另外，有些只收取象徵性費用的商品，也可以視為贈品，例如，遠東百貨 30 週年慶時，購買男用西服滿一萬元，即可以用 99 元另行購買一件 John Henry 襯衫。

贈品、試用品、混合包這三者經常混淆不清。舉例而言，雀巢公司為了促銷其穀類速食早餐，曾長期將 10 包裝的小盒以伸縮膜來和其他價值數百元的商品包裝在一起，其定價仍比照主要商品原有的價位。該穀類早餐必須購物方可取得，因此屬於贈品；其將兩樣商品以優惠價出售，又符合混合包的觀念，它的促銷目標以消費者試用為主，如果要稱為試用品，並不十分恰當。值得慶幸的是，其重點在於怎麼做，名稱為何根本無關緊要。

4. 加量不加價包裝(bonus packs)

加量不加價包裝是指產品容量或數目增多，且維持原來的價格(例如買一送一或 400cc 的鋁箔包飲料只付 375cc 的價格)，當降價被過度使用時，加量不加價的包裝也可以作為一種替代方式。

加量不加價包裝可能採減價包 (reduced-price pack)，即以一個價格，可以買到比平常更多分量的產品。

5.折現退錢(refund and rebates)

折現退錢是指當消費者購買商品後，將特定的購買憑證寄回公司或在下次購買時出示，即可退回一部分的現金。在行銷活動上，兩者的差別在於折現 (refund)，通常用在產品包裝上，退錢 (rebates) 則是用在耐久性產品上。

6. 商展或展售會

商展 (Trade Show) 或展售會 (Exhibition) 泛指將個別廠商或多家同業的商品集中在特定地點，以便對顧客展示其銷售的行銷活動。學術界對於是否應該

將其視爲通路或促銷，持有不同看法，即使是將其納入促銷組合的 SP 中，也同時面臨了究竟屬於對中間商促銷或對消費者促銷，以及是否可以視爲特殊事件的爭議。

國內最大的展售場館是臺北的世界貿易中心，最大的商展主辦機構是外貿協會。翻開這兩家機構的行事曆，可發現幾乎是「天天都有商展」。目前國內名氣最大的商展，是由外貿協會主辦的「臺北國際電腦展」，與美國的 Comdex Fall、德國的 CeBit 電腦展，並列爲「全球三大電腦展」。

個別廠商也經常辦理展售會，鐘錶業中名列頂級三 P 之一的百達翡麗 (Patek Philippe)，每年都會在國內舉辦「頂級珍品巡迴展」，通常是安排在氣派十足的經銷商門市，偶爾也會選擇高級飯店的會議廳。例如民國八十六年的巡迴展中，臺北站是位於民生東路的寶鴻堂鐘錶公司，臺中站則選定長榮桂冠酒店。當然，媒體最感興趣的是流行服裝秀 (Fashion Show)，這些都是百貨公司最重要的 SP 之一，一場大型服裝秀的直接支出可能高達數百萬元。

以上說明了針對消費者的各種 SP 工具，其內容必定不完整，例如屬於促銷定價的分期付款就未有列示。

如前文所述，實務上所重視的是如何執行，而不是如何分類。圖 3.3 所示的是房屋仲介服務人員對國內預售屋常見「SP 秀」的分類，其中大部分屬於特殊事件，也包括有贈品和摸彩 (抽獎) 等 SP 工具，實際與產品有關的「秀」極少。讀者可以發現，SP 確實可以說是「創意大賽」。

上述消費者促銷方式的種類繁多，若依「促銷誘因與商品的關聯程度」

1. 高知名度港星秀	8. 比賽性活動	15. 放煙火
2. 高知名度人士秀	9. 趣味性活動	16. 廣告車隊逛街
3. 臺灣知名影視歌星秀	10. 展覽性活動	17. 空中撒紅包
4. 一般小歌星秀	11. 表演性活動	18. 房地產說明會
5. 康樂隊清涼秀	12. 演講性活動	19. 開工動土典禮
6. 社區性聚餐活動	13. 日用品特賣	20. 贈品與摸彩活動
7. 親子性活動	14. 影片放映	

圖 3.3　預售屋常見的SP活動

作畫分，可以把上述消費者促銷工具分成兩類：(1) 強調的重點在產品 (如折價券)，(2) 強調的重點與產品無關的促銷誘因 (如贈品，見表 3.2)。若以誘因呈現形式來區分，可將上述消費者促銷工具再分成：(1) 以貨幣方式出現 (如降價) 及以 (2) 非貨幣方式出現 (如加量不加價) 二類 (見表 3.3)。若以促銷誘因形式的不同來看，可將上述消費者促銷工具分為：(1) 提供與產品本身相同的誘因 (如試用樣品)，(2) 提供與產品售價有關的誘因 (如降價)，(3) 及提供與產品本身及售價無關的誘因 (如贈品) 三類 (見表 3.4)。

表 3.2 消費者促銷工具分類 (一)

分類	促銷工具
強調的重點在產品	試用樣品、折價券、加量不加價
強調的重點與產品無關	降價、贈品、競賽與摸彩、折現退錢

表 3.3 消費者促銷工具分類 (二)

分類	促銷工具
誘因以貨幣方式出現	折價券、降價、折現退錢
誘因以非貨幣方式出現	試用樣品、加量不加價、贈品、競賽與摸彩

表 3.4 消費者促銷工具分類 (三)

分類	促銷工具
提供與產品本身相同的誘因	試用樣品、加量不加價
提供與產品售價有關的誘因	折價券、降價、折現退錢
提供與產品本身及售價無關的誘因	贈品、競賽與摸彩

 ## 3.6 消費者促銷工具的分類

促銷工具依誘因提供的時間長短分為短期 (如折價券、贈品及特價優待) 及長期 (如兌換點券) 的購買誘因。

以「促銷誘因形式」的不同將促銷工具分成三大類：

第一類：提供與產品本身相同的誘因，如試用樣品或買一送一。

第二類：提供與產品售價有關的誘因，如折價券或折扣。

第三類：提供與產品本身及售價無關的誘因，如贈品、競賽及摸彩。

除了誘因取得的時機之外，再加上行銷目標，由此兩大構念抽離出試用性的影響、顧客的吸引與維持及形象的強化等三項行銷目標，並與立即性、延緩性兩項誘因取得特性，將促銷工具區分成五大類：

1. 試用樣品、立即可用折價券及陳列式折價券，皆為立即誘發消費者試用新產品的工具。
2. 郵寄折價券與免費郵寄贈品為延緩性誘發消費者試用新產品。
3. 降價、加量不加價、隨貨贈品是立即鼓勵消費者繼續使用產品。
4. 隨貨折價券、折現退錢是延緩性鼓勵消費者繼續使用產品。
5. 自償贈品、競賽與獎金則是延緩性增強產品形象的做法 (見表 3.5)。

表 3.5　行銷目標

		行銷目標		
		試用性的影響	顧客的吸引及維持	形象的強化
誘因取得 時機	立即性	試用樣品 立即可用折價券 　(instant coupons) 陳列式折價券 　(shelf-delivered coupons)	降價 加量不加價 隨貨贈品	
	延緩性	郵寄折價券 免費郵寄贈品	隨貨折價券 折現退錢	自償贈品 競賽與獎金

資料來源：Shimp (1997), *Advertising, Promotion and Supplemental Aspects of Integrated Marketing Communications.*

消費者購買意願

購買行為在心理上是一種決策過程，消費者有了需求，在滿足需求的動機驅使下，他們會依其自身的經驗與外在的環境去搜尋有關的資訊。當資訊到達相當的累積後，消費者便會去評估與考慮，經過了比較和判斷，終於決定購買

某項商品，這就是消費者的「購買決策過程」。在購買決策過程中，消費者會經過認知、情感、行為等三個階段，所以在購買之前會對產品產生偏好、信念、知覺品質等，這些都可以預測消費者最後的決策。

消費品類別

行銷學之父 Kotler (1998) 以耐久性及有形性將產品分成三類：非耐久財、耐久財及服務；再以消費者購買不同產品的購物習慣來分類，將產品分成便利品、選購品、特殊品及非搜尋品等四類。

早在 1923 年，學者 Copeland 就根據消費者在購買一項新產品時，所需耗費的心力、是否進行品牌間的比較，及對品牌偏好的程度，將消費品分成便利品、選購品和特殊品三大類。之後，陸續有許多國外學者利用不同的分類構面，對消費品做了許多不同的分類，以下將各種分類方式的文獻做一彙整 (見表 3.6)。

由表 3.6 可知，眾多學者針對消費性商品所做的分類，其中最廣被接受的是由學者 Copeland (1923) 所提出，經過學者 Holbrook 及 Howard (1977) 修改的分類方式，將消費性商品分成便利品、偏好品、選購品及特殊品等四類。

❖ 便利品(Convenience Goods)

便利品是顧客需要的東西，且又不用花費太多的心思與時間購買，在購買產品時不需要什麼服務，銷售的成本也不高，通常都是依習慣購買。基於顧客如何看待產品，又可將便利品區分為三種：

1. 日用品 (Staples)：平常不需花腦筋且時常購買的商品。品牌對日用品而言是非常重要的，其有助於消費者的購買，以及鼓勵消費者對滿意的產品能重複使用。

2. 衝動性產品 (Impulse Goods)：快速購買的產品，而且通常不在計畫購買當中，只是突然地強烈感覺需要。如果購買者未在適當時機看見衝動性產品，將損失一個銷售機會，因此零售業喜歡將衝動性產品放在容易看到與方便購買的地方。

表 3.6 消費性產品分類方式彙整

作者及年代	消費品分類	構面
Copeland (1923)	便利品、選購品、特殊品	努力程度、品牌比較、品牌忠誠度
Bourne (1956)	私下使用之必需品、私下使用之奢侈品、公開使用之必需品、公開使用之奢侈品	公開或私下使用、產品是必需品或奢侈品
Holton (1958)	便利品、選購品、特殊品	便利品或選購品的區別是消費者對於價格和品質利益與投入成本的比較；特殊品是市場需求限制程度
Bucklin (1963)	便利品、選購品、特殊品 (選購、非選購)	購買時的涉入程度、購買前偏好程度
Miracle (1965)	群 Ⅰ：糖果、軟性飲料 群 Ⅱ：雜貨、五金工具 群 Ⅲ：電視、收音機 群 Ⅳ：汽車、高級相機 群 Ⅴ：電子辦公設備	產品特徵：如單位價值、購物時間與投入程度、技術改變率、技術複雜度、購買頻率、使用範圍
Mayer, Mason, and Gee (1971)	便利商店便利品、便利商店選購品、便利商店特殊品、選購商店選購品、特殊商店特殊品	地點便利性、商品適合度、價格之價值、服務、商店同質性、購後滿意度
Holbrook and Howard (1977)	便利品、偏好品、選購品、特殊品	產品特徵、消費者特徵、消費者反應

資料來源：Murphy and Enis (1986), "Classifying Products Strategically," *Journal of Marketing*, Chicago, Vol.50, Iss.3.

3. 緊急產品 (Emergency Goods)：在需求非常強烈時才購買，顧客並不在意這些產品的價格過高，因為他們認為這是緊急需要的。

❖ 選購品(Shopping Goods)

選購品是指顧客對於要購買的產品願意花心思與時間做比較，依據顧客的比較，可以分為兩類：

1. 同質選購品 (Homogeneous Shopping Goods)：消費者基本上認為相同的產品，通常會選擇價格最低的。

2. 異質選購品 (Heterogeneous Shopping Goods)：消費者基本上認為不同的產品，往往會想要仔細比較品質與試用性。

❖ 特殊品(Specialty Goods)

顧客眞正需要會盡特別努力以獲取的產品,在風險和努力的尺度方面最高,與選購品之間的主要區別在於努力方面,而不是風險的大小。特殊品在價格方面通常較高,因爲買方不會接受替代品。

❖ 偏好品(Preference Goods)

偏好品與便利品之間的區別主要是買方感知的風險程度不同。偏好品在購買的風險方面要花費更多的成本來降低,風險的提高主要是來自於市場行銷人員、特定品牌和廣告等因素。

圖 3.4 消費性商品類別

 3.7 中間商層面的銷售促進

除了拉式促銷,廠商也可以採取推式促銷,針對中間商或銷售人員舉辦 SP 活動。對中間商的 SP 工具中,有許多都和消費者的 SP 相同。就價格面而言,同樣有短期性的價格折扣 (含數量折扣),價格折扣指的是在某期間內中間商向製造商訂購一定數量的產品時,所給予中間商暫時性的減價優惠。期限較長且通常以累計金額計算的回饋 (回扣) 或退佣,比較特殊的是進貨量達到某一水準即可取得的責任額獎金 (Quota Incentives),以及直接按照實際銷售量結算給零售商銷售人員的推銷獎金。後者必須先行獲得零售商的同意 (如圖 3.5 所示)。

廣告折讓 (advertising allowances) 或稱廣告津貼是指製造商支付中間商一筆廣告費用,用來貼補中間商爲製造商產品所做的廣告支出。所謂展示折讓

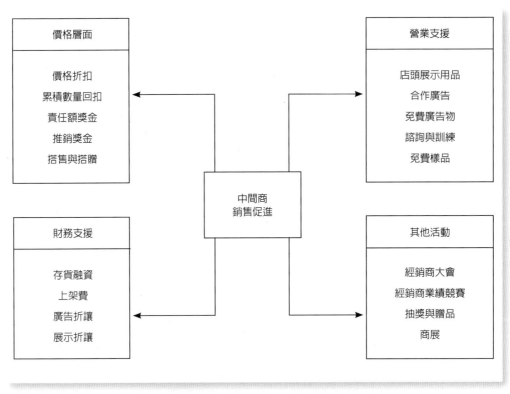

圖 3.5 中間商 SP 的常用工具

(display allowances) 是指中間商提供製造商特別陳列空間做展示所要求的酬佣。上架費 (slotting allowances) 由於新產品過度供應，中間商要求製造商支付一筆權利金，以獲得店內貨架的使用權，或較好的貨架位置。

強制性搭售明顯違反公平交易法，但如果是類似於消費者 SP「混合包」的促銷性搭售就不算違法，「進貨五十箱送一打」之類的搭贈即屬合理的促銷活動。臺灣菸酒股份有限公司在「不打折」的時代，就經常運用這兩者來達到實質打折的目的。另外如統一、愛之味等包裝食品業者，為了各產品線銷售的均衡，也經常推出類似的措施。

使用美國教科書最令人困擾的名詞之一就是存貨融資 (Iventory Financing)，因為在美國實務上是指地板規劃 (Floor Planning)，讓人完全無法理解其內涵，其實它就是提供中間商一個信用期限，可以在進貨後若干日才付款。

在其他活動方面，中間商的 SP 工具就和消費者 SP 一樣，有贈品、抽獎、商展等；競賽方面則強調業績，不像消費者競賽的多元。比較特殊的是經

銷商大會 (Dealer Meeting)，通常是一年舉辦一次，邀請各經銷商／代理商列席，在其中表揚傑出經銷商，說明公司的長程計畫、展示新產品等。宏碁和長榮集團每年的全球經銷商／代理大會，與會人數經常突破千人，各色人種皆有，熱鬧程度不亞於聯合國大會。

 ## 3.8 銷售促進規劃要點

最後，讀者應該對 SP 的規劃略有了解，雖然學術界還缺乏普遍認同的 SP 規劃模式，但在 3W1H 加上基本前提，應該可以讓讀者了解其大部分內容，而且也符合從設定目標到績效評估的一般流程，如圖 3.6 所示。

行銷策略與預算的重要性無需說明，但以密集配銷策略取勝的拋棄型打火機業者而言，根本不會考慮對消費者的 SP，也不會注意促銷的知覺目標，因為對消費者而言，這類產品是屬於「到處買得到」的便利品，沒有品牌形象的考慮。行銷研究資料庫的重要性則在於有利做出最佳抉擇，例如許多次級資料都顯示，消費者最喜歡的獎品或贈品包括現金、海外旅遊等，若將其納入獎品、贈品組合中，理應可以獲得較好的效果。

各種 SP 工具的特性是決策上的考慮重點。例如，在一項研究中發現，對包裝食品而言，競賽與抽獎可以有效地創造品牌知覺，但是在吸引新顧客及增

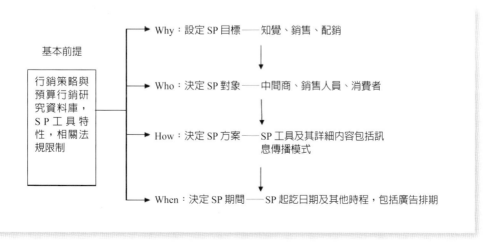

圖 3.6 銷售促進規劃流程

加現有顧客使用量等方面則不盡理想。相同的促銷工具在不同行業及不同時期，都可能表現出不同的特性。餐廳秀曾為國內餐飲業者創造出輝煌的業績，如今卻全部「收攤」，咬牙苦撐多年的餐廳也終告放棄。這也是行銷人員面臨的最大挑戰之一。

在相關法規限制方面，讀者至少必須知道兩點，其一是公平交易委員會對 SP 有所規範。目前的規定包括贈品價值不得超過商品價值的二分之一，最大獎項不得超過每月最低基本工資的 120 倍，全年贈獎總額按照上年度營業額訂定上限，不得超過營業額的五分之一或 2 億元。

另一項法規是稅捐。按照所得稅法規，「機會中獎」達四千元者必須代扣 15% 的所得稅，這點必須在活動訊息中傳達給消費者，否則有可能引起衝突。另外，部分 SP 活動必須先向稅捐機關報備，否則各項贈獎支出都可能無法列帳，足以讓會計部門和老闆跳腳。

其他促銷活動也一樣，SP 的目標也包括知覺目標與銷售目標這兩者。但針對中間商的 SP，則可能還直接包括提高鋪貨率、擴充貨架空間、改善展示位置等配銷目標，這是廣告和公共報導比較「無能為力」的領域。SP 目標決定以後，接下來要考慮的是針對中間商、銷售人員，或消費者來進行 SP。如果著重於知覺目標，顯然必須針對消費者；如果著重於配銷目標時，則必定針對中間商；若強調業績目標時，就必須在其中加以權衡取捨。

決定 SP 對象之後，接下來是要研擬「活動辦法」，以抽獎為例，在這個階段必須決定總共有多少獎項、個別獎項有多少名額、參加資格與方法、抽獎或通知方式等等，其中當然也少不了要決定如何傳播 SP 訊息。

3.9　國際市場銷售促進 (案例)

銷售促進 (促銷，sales promotion) 活動是一種用來刺激消費者購買，及增加零售商與中間商銷售績效與合作的行銷活動。如尾數 99、店內展示、試用品、折價券、贈品、產品搭配銷售、競賽、賭金、贊助特殊活動 (如音樂會及展售會，甚至甜甜圈的遊行)、銷售點 (POS) 展示等，都是促銷組合中，用來

支援廣告及個人銷售的促銷設計類型；《長髮芭比》的電影首映即為一例。

　　銷售促進是直接對消費者或零售商進行短期的促銷活動，以達成特別的目標，它包括了消費者產品的試用或立即的購買、對商店的消費者介紹、取得零售的銷售點展示、鼓勵商店進貨，及支援或加強廣告與人員的銷售等。例如，寶僑產品在埃及引進碧浪牌 (Ariel) 洗衣粉時，舉辦了「碧浪產品巡迴說明會」(Ariel Road Show) 的活動，在超過一半埃及人口居住的各個村莊市場上，表演木偶戲。這些表演吸引了許多的觀眾，它娛樂村民，也介紹了碧浪未使用添加物的優點，同時配銷的小貨車也提供折扣來促銷產品。除了為碧浪創造品牌的知名度外，產品巡迴說明會也協助克服鄉村零售商不願意販售高價碧浪洗衣粉的問題。我們最喜歡的範例，就是在好萊塢由福斯贊助的辛普森國際藝術節：來自西班牙的參賽者與全球其他 11 位競賽者角逐「霸子盃全球決賽」後，並由最後優勝者獲得辛普森益智猜謎遊戲的冠軍。

　　在媒體有限且不易接觸到消費者的市場中，促銷預算中分配給銷售促進的百分比可能還需要增加。在一些低度開發的國家中，銷售促進是鄉村及較無法打入市場的地區最重要的促銷努力目標。例如，在拉丁美洲的某些地方，百事可樂及可口可樂有一部分的廣告銷售預算，就是花在嘉年華的卡車上，因為他們經常要深入鄉村附近促銷其產品。當嘉年華卡車停在村莊時，可能會放映電影或提供其他的娛樂節目，而入場券的價格便是一瓶購自當地零售商，且尚未開瓶的產品，這個未開瓶的產品可用來兌換一瓶冰涼的可樂及一張優待券。這樣的促銷方式不僅刺激銷售，也鼓勵了當地的零售商，可以在下一次的嘉年華卡車到達前事先準備存貨。另外，他們還可能提供免費的試用品，或免費為零售商店的外牆漆上廣告，並贈送給這些村莊的商店一些促銷用的贈品等。如此一來，他們在鄉村幾乎達成對零售商近百分之百的涵蓋面。

　　當產品的觀念是新的，或產品只有非常小的市場占有率時，一個特別有效的促銷工具就是提供試用品。雀巢嬰兒食品企圖搶下嘉寶公司在法國的市場占有率時，就面臨了這樣的一個問題。該公司結合了試用品與新穎的促銷活動，以取得品牌的認知及建立商譽。大部分的法國人每到夏天時，就會把整個家當堆在汽車裡，然後停留在設備良好的露營區中休長假，因此雀巢就沿著公路所設立的休息站分派試用品，讓父母能夠餵食小孩及更換衣物。這些沿著主要旅

遊道路設置的「嬰兒旅店」(Le Relais Bebes)，共配有 64 位女主人，以便歡迎 12 萬名兒童的拜訪。雀巢公司每年分發 60 萬份嬰兒食品試用品，還有免費的拋棄式尿布、更換尿布的平臺，以及供嬰幼兒吃飯時所坐的高腳椅，這樣的促銷方式的確提高了雀巢公司的市場占有率。

和廣告一樣，促銷的成功需要依賴一些適當的修正；此外，研究顯示，對於促銷的反應，在跨越促銷的種類與文化時各有不同，主要的限制是來自當地的法律，它可能不允許減價或免費品的贈送；某些國家的法律控制了零售商所能給予的折扣數額，其他地區則要求所有的促銷都必須經過允許，甚至有些國家並不容許競爭者在促銷活動上的支出比另外一家銷售同樣產品的公司還多。然而，有效的促銷還是可以加強廣告及個人銷售的努力，並且在某些情況下，當環境的限制禁止完全使用廣告時，可以有效地替代它們。

實例個案：鹽山淘鑽

臺鹽超市七賢店週年慶 (新聞稿)
現代愚公臺鹽將七股鹽山移到七賢路上！！！

雪白亮眼鹽山埋藏近百顆鑽石！等您來淘鑽

　　由臺鹽實業所舉辦的白色東洋情人節系列活動，於 90 年 3 月 11 日 (日) 上午 10 點在臺鹽超市七賢店 (高雄市七賢二路 202 號) 熱鬧登場。內容豐富多樣，現場人氣沸騰！

　　臺鹽超市成立一年以來，因為民眾的支持而不斷茁壯。為回饋鄉親，特舉辦「買鹽品送鑽石」活動；將鹽山由七股的鹽灘上移到市區，並在雪白亮眼，臺鹽特有的「鹽晶」之中，埋藏由「金玉珍珠寶銀樓」熱情贊助，燦爛奪目的南非天然鑽石 2 克拉 (價值 30 萬)、比利時水晶鑽共 50 克拉 (價值 20 萬元)！民眾在活動期間內只要消費滿三百元，即可使用鑷子鑷鹽並當場淘鑽；就在鹽晶逐漸散開，晶瑩剔透、閃爍耀眼白光的鑽石乍然出現時，這份難得的驚喜與感動，將是最與眾不同的回饋大禮，更是價值非凡，永久保存的白色東洋情人節紀念！

　　中華飾金協會理事薛賢彰指出，鑽石的辨認法主要可分為目視觀察及儀器鑑定兩種。目視觀察以火光(色散)、體色、透視效果、光澤為判斷依據；此外，將鑽石置於白紙上距離 1/4 吋，以手電筒距離鑽石 1/4 吋聚光照射，真鑽不會有明顯的色散圖，也就是所謂的「投影色散髮」；可作為民眾在選購鑽石時，避免上當的小妙方。

　　現場除了此起彼落的驚呼，主辦單位更別出心裁地安排了 HOOTERS 貓頭鷹餐廳精采的呼拉圈表演。久享盛名的 HOOTERS 呼拉圈秀與時下的辣妹歌舞秀有著大大的不同，爽朗的笑聲中，眼睛 HOOTERS GIRLS 一個、兩個直到同時搖起二、三十個呼拉圈！活力四射的美式熱情讓人捨不得移開眼光。現場同時邀請情侶、夫妻檔上臺挑戰職業級高手，氣氛熱烈！

　　以製鹽起家的臺鹽實業累積了雄厚實力，為因應民營化後日趨激烈的競爭，擷取了海洋帶來的豐富資源，開發出一系列的相關產品，「臺鹽三乳」便

是市面上炙手可熱的熱賣新星。其中臺鹽洗面乳並榮獲 89 年網友評鑑爲年度風雲美容產品調查第一名，堪稱是最愛。時代新貴青睞的新「白色情人」！而「蓓舒美洗髮乳」則經醫學界證實，海鹽洗髮可有效刺激毛囊，改善禿髮；董事長余光華表示自己就是「塡平地中海」的最佳男主角。「蓓舒美沐浴乳」則是大肚皮的最佳剋星。「臺鹽三乳」的熱賣，澈底顛覆主流商品的刻板印象，爲國內產業界樹立了新的里程碑。

董事長余光華表示，除了秉持一貫的企業精神，不斷在現有產品上研究發展，使產品趨向多元，占有市場優勢；同時更規劃企業多角化的發展目標，這些發展目標計有：

❖ 土地開發：有效運用土地；開發鹽業文化遊憩園區，豐富土地運用面相。

❖ 海水化學：以鹽製技術爲中心，發展海水淡化事業及海水化學品提製技術。

❖ 生物科技：發展農業用微生物製劑及膠原蛋白生醫材料，並陸續引進食品、醫藥、養殖等技術，開發高附加價值之原料與產品。

❖ 資訊科技：於臺南科學園區設置有機光導體廠及其他電子通訊相關產業。

臺鹽實業董事長余光華表示，在企業永續發展的理念下，走入社區，實實在在成爲鄉親的好鄰居，一直是臺鹽努力的目標；唯有紮實地建立與民眾的濃厚情感，成爲民眾生活的一部分，才能持續長紅！受邀協辦活動的金玉珍，便是高雄在地三十餘年，口碑卓著的老字號；因此，臺鹽實業特邀高雄市議長及臺鹽超市所在的長城里里長，偕董事長余光華等共同主持活動開幕典禮暨拋鑽儀式。這個週日，除了淘鑽拿大獎，臺鹽更準備了紅包大放送的超值回饋禮，讓滿天紛飛五彩的雪花和著一聲聲的歡呼，陪伴著脣邊頭尾度過一個愉快的週末假期。

臺鹽促銷活動集錦

【電視臺出席名單】

1	臺灣電視公司
2	中國電視公司
3	中華電視公司
4	民間全民電視公司
5	TVBS 無線衛星電視臺
6	三立 SET 新聞臺
7	東森新聞臺
8	中天新聞臺

【廣播電臺出席名單】

1	中國廣播公司新聞臺
2	KISS 大眾廣播電臺
3	港都廣播電臺
4	TOUCH 廣播電臺

【平面報章媒體出席名單】

1	工商時報
2	聯合報
3	自由時報
4	民眾日報
5	臺灣時報
6	臺灣新聞報
7	臺灣新生報
8	民生報
9	臺灣日報
10	中華日報
11	中央通訊社

淘鹽尋鑽　百顆寶石大方送

台鹽促銷　消費滿三百元　即可鏟鹽山挖鑽

（記者謝宜臻／高雄報導）台鹽公司位於高雄市的門市昨日因應白色情人節的到來，推出別開生面的促銷活動，將近百顆的南非、比利時鑽石埋入雪白亮眼的鹽山間，供消費者淘鹽尋鑽，一時鑽石乍然出現，引起現場觀眾喝采。

台鹽公司將七股著名的鹽山搬到高雄港都街頭，更令人矚目的是將共二克拉的南非鑽石、共五十克拉的比利時水晶鑽，請高雄市議會議長黃啓川埋入鹽山中，民眾在活動期間內只要消費滿三百元，即可使用鏟子鏟鹽，當場淘鹽，就在鹽晶逐漸散開，晶瑩剔透、閃爍耀眼的鑽石乍然出現，引起現場觀眾喝采。

董事長余光華昨日南下高雄主持門市的促銷活動時說，台鹽雖然是老店，但為因應經營環境變遷與預訂於今年六月完成民營化，除積極致力鹽灘機械化與經營多角化，也規劃參與經營高科技產業。

目前，台鹽公司致力以現有製鹽技術為中心，向上發展海水淡化事業，向下發展海水化學品提煉與製造技術，計劃整合汽電共生、淡化海水資源，同時配合政府政策，發展生物科技與資訊科技，計劃於台南科學園區投資設置有機光導體廠和其他電子通訊等相關產業。

‧活動剪報（臺灣日報）

Note :

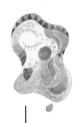

CHAPTER 4

事件行銷篇

4.1　事件行銷的起源

4.2　何謂事件行銷？

4.3　事件行銷的定義

4.4　事件或活動涵義

4.5　事件行銷活動

4.6　公關事件行銷

4.7　新聞情境的事件行銷

4.8　事件行銷的類型

4.9　傳統行銷與事件行銷的差異

4.10 事件行銷實例

實例個案一：國內第一家長生「純」有機蔬菜汁上市記者發表會

實例個案二：由媒介議題成功地提升為公共議題的典型事件行銷

實例個案三：迎戰春節滿房　飯店 PK 鋪床

實例個案四：鋪床達人快手 3 分 6 秒鋪完

4.1 事件行銷的起源

國外學者對於「事件行銷」的闡述，大多追溯到 1980 年代開始，如學者 Harris (2000) 指出，現代化的「事件行銷」是在 1980 年代早期發展出的概念。

學者 Keller (2001) 表示，「事件行銷」的起源可能要追溯到一世紀前的慈善活動。但是許多觀察者認為，1980 年代中期的大型事件，如 1984 年夏季奧運、自由女神像百年紀念以及現場援助演唱會，在在提升了美國行銷者對事件行銷的興趣。事件行銷的理論基礎是事件提供行銷者不同類型的溝通選擇。經由成為消費者生活中特殊時刻以及與本身相關時刻的一部分，事件的涉入能增廣並加深贊助商與其目標市場的關係，行銷人員說明他們為什麼參與或舉辦事件行銷的原因如下：

❖辨認特殊的目標市場或生活型態

行銷人員能藉由被選擇的或廣泛的消費者族群，將其品牌與流行事件連結。

❖增加公司或產品名稱的意識

事件行銷通常提供了品牌持續的曝光。藉由技巧性地選擇事件行銷活動、產品的辨識及其所產生的品牌回想就可以被強化。

❖創造或強化消費者對主要聯想的知覺

事件本身即具有能幫助創造或強化品牌聯想的功能。

在某些情況下，產品本身就能在事件中被使用，提供其能力的證明如下：

1. 加強公司的形象面：事件行銷通常被視為軟性銷售，且是改善公司好感、名聲等知覺的一種方法，公司大多希望消費者會信賴公司，且在後來的產品選擇時惠顧它。

2. 表達對社區或社會議題的承諾：通常稱為個案相關的行銷，這些贊助牽涉到公司與非營利機構和慈善機構的搭配行銷。

3. 招待主要客戶或獎酬主要員工：許多事件擁有豪華的招待中心與其他特別的服務或活動，這些方式使得顧客和事件發生關係，能夠產生商譽並

　　且建立可貴的商業接觸。對員工來說，事件能夠建立參與士氣，或被用來作為一種激勵。

4. 允許陳列或促銷的機會：行銷人員經常將事件與比賽或賽馬、店內陳列、直接回應的行銷或其他行銷活動相搭配。

　　事件行銷的重要性漸漸受到廠商重視。因為廠商花費大筆預算在廣告活動上，卻不知它的效果在哪裡，而事件行銷卻能為企業帶來一般商業活動所難以產生的附加價值，譬如塑造企業形象、提高知名度、拉近與消費者之間的關係等。種種因素使得事件行銷愈來愈流行，且對若干企業體貢獻卓著 (如統一、安泰人壽、捷安特等)。展望未來，各企業之間的競爭日益激烈，企業品牌形象也愈來愈重要，如何讓消費者根深柢固地記住企業形象，是企業努力的目標。因此，行銷人員不得不重視事件行銷的重要性。

 ## 4.2　何謂事件行銷？

　　隨著人類歷史邁入了第三個千禧年，科技不停地改變人們的生活，企業也不斷地重組、變革。在企業組織之外，還有傳播媒介日夜不歇地在生活中以各種形式，如報紙、電視、廣播、雜誌、電影、各式廣告、街道看板、網際網路等媒介，對人群及個人提供資訊，並成為娛樂休閒的來源。媒介不只是人們組織日常生活的重要依據，其本身也是主要的社會機制 (Social institutes)。傳統上的企業大多利用傳播媒介的訊息作為廣告訴求或公關訴求，但是更精明的企業會利用「議題的建構」創造一個行銷的訴求。以往「事件的發生」對於企業而言，都是「危機管理」的來源。如今對企業而言，「事件」是「危機」，也是「轉機」。很多事實證明，「事件」愈是被禁止，就愈會引人注意，這跟當初想要防範的用意背道而馳。

　　議題的使用，對企業的影響主要在於認知的層面。例如，從網路入口網站的廣告「標題」，就可以看到含有性的暗示、性的隱喻、緋聞與八卦。凡是能占到便宜的消費情報及新鮮有趣、合於當前時事及風潮的標題，都能吸引網路使用者點選。其他如「削」主播要的內衣、讓臺北 IN 起來 (李應元競選廣

告)、女人一定要有錢 (理財廣告)、當心健康被「抹黑」、來看別人每天睡覺的地方 (學生宿舍布置大賽廣告)、黎安的「第一次」告白，皆是聳動得想讓人一窺究竟。由以上看來，並非只有「政治人物或新聞媒體」擅長於操弄議題。現代企業活動中，也不乏許多操弄議題的行為，只是還沒有相關的研究。

樂透彩是最典型的事件行銷。經濟不景氣，不少人大嘆「做什麼投資都賠錢」，但彩券卻是魅力無法擋。一張 50 元的樂透彩，提供了「一夜致富」的可能。中華郵政也推廣「綠色情人節」活動，特別選定三月二十日「郵政節」，舉辦「情書」徵文活動，希望情侶們能夠多加利用最傳統的書信傳遞情意，徵文第一名將可以獲得新臺幣 10 萬元的獎金。

一直以來，企業對於解決「議題管理」的方式，就是成立「危機處理」、「公關部門」、「宣傳部門」、「發言人」等專門部門，其實這些公關部門或發言人並不了解評估績效如何，也說不出哪些發言對行銷有益，哪些發言會造成「負面思考」，尤其過去企業管理學界一直缺乏對「媒介行銷」進行研究，無法說清楚「吸引力」與「說服力」中間的關係。

對一位 CEO 來說，只有企業管理的專業還不能完全高枕無憂，因為企業的生存太容易受到外界環境的影響。但是傳統上，企業管理學界與業界對於外部環境的分析包括了政治環境、法律環境及經濟環境的研究。對傳播環境的力量卻無法使力，一是企業太難掌握傳播力量，另一是缺乏這方面的認識。但是請注意，消費者「衡量」企業的價值或是對產品的「渴望」，通常是受到傳播媒介的影響，企業界除了打廣告之外，並無其他方法來行銷企業的產品，尤其對「事件行銷」更是裹足不前，故對外既不能主動出擊「建構」消費者的認識，亦缺乏「危機處理」的能力。因此，在企業界對傳播行為模糊不清的狀態下，也喪失很多潛在的利益。

從前面所有的「衡量」可以發現，消費者最早可能是經由媒介傳播來認識產品，並沒有經過「試用」階段而「信任」某產品的功效，他們願意在「信任的預期下」首次消費該項產品，而非傳統所說的「消費者忠誠」。因為一般所謂的消費者「忠誠」是指經過「使用」與「滿足」的評價後，才會有「再購」的行動，在沒有「第一次購買」之前，如何能有「消費者忠誠」？因此，若該消費者從未選購過該產品；或對該產品的效用沒有認識，而決定「依照傳播媒

介的告知」；或「依照口語傳播的告知」，而決定採購該產品，很明顯地是屬於「消費者信任」而非「消費者忠誠」。「消費者信任」係因「媒介帶來的訊息」，促使消費者願意嘗試採用。

前面所說的資訊科技 (主要是媒介) 幫助消費者找到和分析相互競爭的產品，從中做出明智抉擇。相同地，消費者也能夠精挑細選，並且善用這種權利。他們積極地尋求各種可能、比較不同定價、堅持找到最佳選擇。所謂的「貨比三家」不一定是在「商店中比貨」，也會在消費者接受到「產品訊息」時即有定見，其實商店中的比較動作只是為了確認自己所想的沒錯。網路購物及電視購物正可以充分說明「貨比三家」，根本就是對產品「僅有概念性的認識」，卻還不了解實際商品或服務。由此看來，媒介使消費者的權利更加膨脹，消費者則依自身「認知」而有不同選擇。

再以買車為例。消費者只能從二十五家汽車業者中選出三家去比較，而消費者如何從二十五家汽車業者中選擇三家試車？這就需要「資訊與傳播的力量」！例如 YAHOO! 奇摩利用議題的標定，成功運用社群為平臺，聚集最精準的目標族群，並與他們深度溝通。從偉嘉貓食與西莎狗食的個案中不難發現，網路社群的目標精確與高凝聚力，使廣告主可以找到目標族群，以最有效益的方式行銷產品。網路在虛擬空間中創造的社群，不但聚集興趣相同的網友，交換意見，分享心得，同時也為行銷人員創造一個準確的目標族群。

最近 YAHOO! 奇摩為美商艾芬旗下的偉嘉與西莎兩項產品，在網路上創造出行銷效益，就是最好的例證。YAHOO! 奇摩專案經理曾淑貞指出，由於貓食不屬於大眾市場，在網路的行銷上，除了希望能精準找出養貓的網友，也期望達到累積偉嘉的品牌知名度和建立品牌偏好度的行銷效益。此外，「話題有趣的投票活動」，不但可以讓網友產生互動之外，還能蒐集到許多潛在的名單資料，有利日後的直效行銷。在 YAHOO! 奇摩首頁上的投票活動，以「哪位女明星最具有貓的優雅氣質與個性」為主題，列出蕭薔、王菲、妮可基嫚、濱崎步，與藤原紀香五位氣質美女，讓網友選出心目中的「貓樣美女」，並利用贈送貓食試吃包吸引目標群留下資料。由於女性占養貓人口的多數，所以我們希望經由這個網路票選活動，增加目標市場的注意力，吸引他們留下相關資料；同時也希望可以擴展養貓的潛在人口，建立相關資料庫。

4.3 事件行銷的定義

事件行銷 (Event marketing)，亦稱為活動行銷，係指企業為了整合本身的資源，透過具有企劃力和創意性的活動或事件，使成為大眾關心的話題或議題，藉此吸引媒體的報導與消費者的參與，進而達到提升企業形象，以及銷售商品的目的。事件行銷強調企業不僅要將整體資源做適當的規劃，還要能充分掌握社會變遷、了解市場的消費趨勢，並且與媒體建立良好關係，讓行銷活動規劃成為公眾生活的一部分 (張永誠，1991)。

學者 Jackson (1997) 提出事件行銷的定義：「事件行銷是一個特別的、非自發的，且經過周詳籌劃設計而帶給人們快樂與共用；也可以是產品、服務、思想、資訊、群體等特殊事物特色主張的活動。」由此可知，事件行銷是指企業透過具有創意的活動或事件，使之成為大眾關心的話題，吸引媒體報導及消費者參與，進而達到銷售商品、提升企業形象為目的。

簡單來說，事件行銷 (Event Marketing) 就是利用企業整合本身的資源，透過企劃力與創意性的活動或事件，使成為大眾關心的話題、議題，因而吸引媒體的報導與消費者的參與，以達成銷售的目的。

根據上述學者的說明得知，事件行銷是一個特別、非自發性，且經過周詳的籌劃設計所帶給人們的快樂與共享；它也可以是產品、服務、思想、資訊群體等特殊事物特色主張的活動。它蘊含豐富與多樣性，且需要志工的支援與服務，同時也需仰賴贊助者奧援。

4.4 事件或活動涵義

韋氏字典 (1913) 解釋事件是為一項在特定的地點或時間所發生的活動。常見有關事件或活動的名詞有 Festival、Fair、Event、Mega-Event 及 Allmark-Event，為更詳細了解各名詞涵義 (陳榮楷，2003)，說明如下：

1. Festival：節慶或慶典之義，含有慶祝的意思，常指一般具有公開主題的公開慶典活動，即有慶祝的主題。如哈爾濱冰雕、鹽水蜂炮節。

2. Fair：展售會、交易會、市集或廟會，較不似 Festival 隱含慶祝意思，是一種具有商業交易行為的傳統市集。如美國有許多州每年舉辦一次的州博覽會。

3. Event：指一個經過特殊安排的活動。如臺中大甲媽祖文化節、西班牙奔牛節。

4. Mega-event：指大型節慶，為一個具有必看價值的世界性大型活動，需要投入非常可觀的經費，同時也會帶動當地經濟收入。如奧林匹克運動會、世界盃足球賽。

5. Hallmark event：指一個只舉辦過一次，或每年一定期間內固定舉辦一次的活動，主要為長期或短期內提高一觀光地區的知名度、吸引力和增加地區收入，活動的成功端賴活動的特殊性及其對遊客的吸引力。例如，北海道雪祭、宜蘭綠色博覽會、宜蘭國際童玩節。

✎ 事件類型一

學者 Getz (1997) 將事件做以下的分類：

1. 文化慶典：節日、嘉年華會、宗教事件、大型展演、歷史紀念活動。

2. 藝文娛樂事件：音樂會、文藝展覽、授獎儀式、其他表演。

3. 商貿及會展：展覽會／展銷會、博覽會、會議、廣告促銷、募捐。

4. 體育賽事：職業比賽、業餘競賽。

5. 教育科學事件：研討班、專題學術會議、學術討論會、學術發表會。

6. 休閒事件：遊戲、趣味體育、娛樂事件。

7. 政治／政府事件：就職典禮、授職／授勳儀式、外賓參訪、群眾集會。

8. 私人事件：個人慶典 (週年紀念、家庭假日、宗教禮拜)、社交事件 (舞會、節慶、同學／親友聯歡會)。

⤷ 事件類型二

戴光全 (2004) 國際節慶協會 (International Festivals & Events Association, IFEA) 把事件分為：

1. 大型事件 (Large events)。
2. 小型事件 (Small events)。
3. 藝術節日 (Art festivals)。
4. 體育事件 (Sporting events)。
5. 展覽會 (Fairs)。
6. 公園和遊憩相關事件 (Parks & recreation event)。
7. 城市相關事件 (City offices)。
8. 會議與觀光局相關事件 (Convention & visitor bureaus, CVB)。

4.5 事件行銷活動

企業將事件行銷與行銷策略整合時，事件或活動將增強現存的廣告、促銷計畫。企業長期贊助活動將有助於建立品牌、開發新產品市場以及激勵員工，並將正面良好的企業形象傳遞給消費者。事件行銷更可作為建立新促銷觀念的催化劑，引導企業發展創新的促銷手法。

企業透過所提供的活動，如娛樂活動、社交活動、體育活動、文化活動以及慶典活動，參與活動的消費者未來將為企業帶來商機。

⤷ 事件行銷活動舉辦型式

Nucitora (1996) 事件行銷可採用下列型式舉辦：

1. 舉辦企業參訪活動 (Corporate Hospitality opportunities)。
2. 社區活動 (Community special events)。
3. 體育活動 (Sporting event packages)。

4. 奧林匹克運動贊助活動 (Olympics hospitality program)。

5. 研討會活動 (Conferences and meetings)。

6. 新產品上市發表會 (New product introductions)。

7. 樣品及賣場推廣活動 (sampling and mall programs)。

8. 員工認同活動 (employee recognition programs)。

9. 各式競賽活動 (Sweepstakes and contest-event fulfillment)。

事件行銷的分類

學者劉光雄將事件行銷分類如下：

1. 銷售性事件：新車發表會、房地產工地秀、農產品銷售會等。

2. 公關性事件：飆舞大會、慈善晚會、情人節活動等。

3. 贈品抽獎性事件：回函抽獎、訂報紙送手機、樂透等。

4. 大眾媒體事件：媒體主辦的活動、聯合廣告等。

5. 銷售通路事件：經銷商國外表揚、業績競賽、新產品說明會等。

6. 政治性事件：臺灣正名運動、選舉造勢、募款餐會等。

7. 文化性事件：美術展、文化藝術展、秦兵馬俑展等。

8. 體育性事件：奧運、各種球賽、太魯閣馬拉松大賽等。

9. 娛樂性事件：五月天演唱會、歌星簽唱會等。

10. 一般性事件：企業週年慶、迎神賽會、婚喪喜慶等。

 4.6 公關事件行銷

何謂公關事件行銷？

所謂「公關事件行銷」，是希望利用既有的事件或是自行創造的話題，藉由人們的口耳相傳或是媒體的報導，以獲得行銷的效果；有別於傳統行銷直接訴求產品本身的特點或價格，企業及廣告主將活動的焦點或產品，包裝於生活

中的事件或自行創造的話題上，以更具創意的做法來獲得更多的注意，同時將企業的品牌形象以及產品特色等訊息傳播出去，進而提升市場競爭力。如百貨公司舉辦的「週年慶」或是五星級飯店的「泰國週活動」，都是在市場行銷及溝通上的成功案例。

公關事件行銷的成功在於可以將目標設定清楚，應用單一活動或是事件來創造行銷話題，幫助公司經營者帶領整個銷售團隊，努力達到目標市場，進行市場溝通，讓潛在客戶與既有的客戶可以清楚接收到市場行銷訊息。公關事件行銷的好處是：能夠順利以口碑傳播及大眾傳播媒體造勢，進而降低宣傳成本，並且滿足大眾傳播媒體與目標客群「知」的慾望。

➷ 操作方式

公關事件行銷的方式大概分為兩類，各有其優缺點，操作方式亦不盡相同：

1. 利用既有的事件

運用「已發生」的重大政治、生活事件、娛樂新聞、社會動態等，或是預期中「將發生」的各類節日、慶典、活動等，只要是受到人們注意的各種事件，無一不可作為事件行銷的素材。以借力使力的方式來操作，其風險及成本較小，但是由於事件本身容易被他人所利用，可能分散閱聽者的注意力，且無掌控事件的能力，所以必須承擔事件發展與原先預期方向不一的風險。

2. 創造嶄新的話題

乃是由企業獨自企劃並投入資源所創造，例如若干年前，福特 Escape 汽車吊掛於敦化南路上的臺北金融中心大樓所引起的報導及熱烈討論，即是一個成功的案例。可見，企業對於這種事件會有較大的掌控能力，不致讓活動失控。但是，要創造一個新的話題或事件，困難度不僅倍增，所負擔的風險亦是相當高，能在數以萬計的活動、事件當中脫穎畢竟是極少數；若一旦成功，則企業將能獨占所有的目光，並創造極大的效益。

不論是以何種方式進行，事件行銷要能夠成功，就必須要對社會上的脈動

有敏銳的察覺，並掌握閱聽者微妙的心理觀感，才能塑造出受人注目並引起話題的活動。若操作的方向有所偏差，對於閱聽者觀感的判斷又出現錯誤，不僅無法達到預期的效果，甚至可能對企業的信譽造成無可彌補的傷害。

4.7 新聞情境的事件行銷

Percy (2000) 指出，訊息傳遞的方式改變，是由於閱聽人 (audience) 及媒體的分眾現象 (fragmentation)、商業訊息的大量成長，以及針對傳播對象 (target audience) 所進行的傳播真實性已愈來愈低所形成的。學者黃俊英表示，公關人員會去尋找或創造對行銷者或其產品與服務有利的新聞，有些新聞題材是自然發生的，有時公關人員也會利用一些事件或活動來創造新聞題材。公關人員為有效利用新聞這項工具，除了要了解新聞的處理作業之外，也要和大眾傳播媒體人員維持良好的關係，取得媒體的合作。

要如何才能促使媒體來報導事件行銷新聞，關鍵在於事件行銷的新聞價值。公共關係人員希望機構的消息能夠見報，但往往因為未具備足夠的新聞價值而無法通過編輯的篩檢。公共關係人員唯一可行的，就是使未具有新聞價值的消息變成具有新聞價值。也就是說，將本來不能引起興趣的新聞變成可以引起興趣的焦點，這就是「創造新聞事件」(creating news event)。

創造新聞事件並不是「創造新聞」(creating news)。新聞是自然產生的，是真實的。「創造新聞」是虛構事實，無中生有，或誇大其詞，造謠說謊，這是不道德的行為。「創造新聞事件」是有計畫的創造事件，使其具有新聞價值，足以引起讀者的興趣，自然也為媒體所注意。創造新聞事件是一種藝術，需要極高的智慧和組織能力。這種創造的事件最大的好處在於可以控制、為小為大、為久為暫，皆能隨心所欲。但這種事件的新聞是否能被媒體所採用，卻是無法控制的。

張在山 (2002) 指出，機構日常發生的事件很多，其較為重大足以引起外界興趣者有：

1. 機構高級主管發表演講。

2. 頒獎給機構員工。

3. 新建築的破土典禮。

4. 公司的改組合併。

5. 機構成立週年慶。

6. 發表重要人士。

7. 公司年度報告。

8. 新產品公開。

9. 產品的新用途。

10. 機構重大災難。

但是以上這些事件在臺灣，除了專業報紙如《經濟日報》或《工商時報》有可能刊出之外，其他媒體採用的機會可謂微乎其微。機構為了塑造自己的形象，以及爭取群眾的支持與愛護，不得不想盡辦法，提高自己在媒體的能見度。因此，要創造新聞事件必須具備三個條件：

1. 具有新聞價值。

2. 符合機構利益。

3. 符合群眾利益。

沒有新聞價值的事件，就不可能見報，即使該事件有極高價值，也屬徒勞無功，至於符合機構本身利益，更是必備條件，無論是營利事業或非營利事業，或是涉及大眾利益和大眾關心的議題，最後都需要符合群眾利益，凡不合群眾利益的事件，就不足以引起群眾的興趣，所以三者缺一不可。

另外，由於採訪的區域往往很廣闊，不可能面面俱到，因此，公共關係人員要提供記者們的新聞線索，甚至要爭取記者去了解事實真相。通常事件行銷活動動輒花費鉅額經費，若是無法達到媒體所認為的新聞價值而前來採訪、報導，以達到機構廣為周知的目標，就會失去舉辦事件行銷的意義了。

至於事件行銷新聞應涵蓋的內容為何，學者 Bird 與 Dardenne (1988) 即曾以「視覺化」、「符號化」、「授權」(authorizing)、「舞臺化」(staging) 以及「信服」等，來描述新聞如何再現社會真實。透過戲劇性的譬喻與照片，事

件中的視覺部分得以傳遞給讀者。即使有些部分受到隱藏而難以察覺，新聞報導仍會將事件中的人物、過程、或狀況一一符號化，以便達到框架的效果。事件的情節、內容、地點、人物，甚至道具，都有可能納入新聞報導，用以說服閱聽大眾新聞的內容具有眞實性。有關新聞「情境」部分，學者 Salzman 所著的《製造新聞》一書提到，營造一起事件新聞的情境內容，必須包括情節、內容、地點、人物、道具。茲將各項要素分述如下：

❖情節：想要舉辦一場媒體宣傳活動，或爲了宣揚某種信念而安排的情境，首先要有明確的訴求主題，然後藉著設計形象、標語，將訴求傳達給媒體，依據這個訴求主題安排在哪個地點、由什麼人、提供什麼樣的道具、營造出什麼樣的活動內容。

❖內容：安排的內容需要故事性、震撼性和衝突性；資訊新穎且簡明扼要；凡是關於兒童、社會事件或知名的公眾人物，或是幽默、動態、鮮明的人事物、先前報導的後續發展，以及在地方具影響力、帶領趨勢、假期慶典等活動，甚至是可靠的一手消息，配上具有時效性的題材，通常都是媒體的最愛。

❖地點：辦活動的地點必須能夠襯托出所要傳遞的訊息，同時要衡量地點的方便性，該地點是否經常舉辦活動，室外活動是否有無備用場地，是否需要申請許可證。

❖人物：善用社會著迷於明星的心理，因此爭取知名人士參與或爲活動背書。名人有助於造勢，通常是指那些具有爭議性的話題人物、特殊造型出現的人物，或者是示威人士，以及節慶的代表性人物。但有時社區裡的各種成員，如生意人、醫生、老人、婦女、青年、兒童等，也都能產生親和力的效果。

❖道具：選擇可以突顯具有代表性的象徵，或運用道具來達到新聞效果，甚至尋找與訴求相關的背景，並且把訴求的訊息呈現出來的物品、實體或複製品。

4.8 事件行銷的類型

　　事件行銷的類型包括銷售導向型、新聞或消息報導型、特別事件創意型、慈善公益導向型與話題行銷顛覆傳統型。

　　事件行銷在傳統公共關係及促銷過程一直扮演重要的角色。近年來因整合行銷溝通趨勢的影響，消費者及企業商之間的訊息交流，更顯其重要性，其中又以需自行籌款的非營利組織最爲特殊 (例如世界展望會)。

　　陳榮楷 (2003) 將事件行銷分類如下：

1. 銷售導向型：新產品發表會、展售會、樣品展示會和拍賣等，都是以銷售爲導向、招攬顧客爲主旨的事件行銷。例如，每年12 月所舉辦的資訊展爲資訊業發表及展售的重要場合。

2. 新聞或消息報導型：旨在創造新聞性，吸引記者報導。如挑戰禁忌和權威的敏感議題或廟會節慶行銷等，皆可創造新聞報導價值並製造消息。如大甲鎭瀾宮媽祖遶境儀式，就吸引許多善男信女，也爲大甲地區造成利基。

3. 特別事件創意型：當產品或市場生命週期成熟，且無任何新聞賣點可炒作時，行銷人員就必須創造出一些值得慶祝的特別事件，作爲引發消費者對商品或企業產生焦點或興趣的藉口。其中週年慶、連鎖分店新開張、得獎或認證成功等都是常用的方式，例如百貨公司舉辦週年慶、全家便利商店開一千家分店、通過 ISO9001、迪士尼米奇歡度 200 歲生日等活動，行銷人員刻意創造特別事件來紀念或慶祝，更重要的是促銷或推廣商品或企業。

4. 慈善公益導向型：藉由藝術、音樂、文化、體育，或社會責任知名度而從事的公益活動。由於其具有非商業的本質，和提升消費者生活的功能，較易受大衆媒體重視而成爲有價值的報導，有助於形塑企業形象。

5. 話題行銷顛覆傳統型：「北港香爐」事件，不僅促使作家李昂民國 86 年新書上市十二天達到銷售五萬本的盛況，也提升陳文茜聲勢，更塑造出施明德風流倜儻的政治風格。

4.9　傳統行銷與事件行銷的差異

　　管理學大師彼得・杜拉克 (Peter F. Drucker) 在《動盪時代的管理策略》曾說：「變，是今日社會中唯一不變的眞理。」在今日瞬息萬變的激烈競爭環境中，若仍以傳統的 6P 規劃行銷戰，恐怕無法應付「來得快、去得快」的市場風潮，故本書所討論的事件行銷，亦有人稱爲「活動行銷」。因此在字義上，我們可以感受到，「事件」或是「活動」充滿了千變萬化與無限寬廣的想像空間。

　　我們可以發現，傳統的行銷活動通常會編列大量的廣告預算，並使用媒介廣告訴求的方法「說服」或「告知」消費者來購買，是一種推銷商品的「推式策略」；但「事件行銷」(或稱「活動行銷」) 卻是一種「吸引消費者自己來關心」的「拉式策略」。因爲它是利用透過活動或事件，使成爲大眾關心的話題、議題，藉以吸引媒體的報導與消費者的參與。換句話說，事件行銷是由「媒體主動」來替企業或個人作行銷，它經常會在新聞節目中出現，而且並不需要編列大額廣告費。或者說 Event Marketing，事件行銷就是一種「搭便車」、「寓銷於樂」的行銷。

事件行銷的優缺點

　　行銷事件眞的好用嗎？爲什麼企業還要花費大筆金錢在廣告上？其實「廣告訴求」與「事件行銷」最大的差異就在於前者容易自我操控，而後者涉及許多不可控制的因素與變數，因此事件行銷比傳統的行銷活動更爲複雜且不易操弄，它不但要將企業整體資源作戰略性、前瞻性的規劃，也必須充分掌握社會變遷的脈動，以及市場的潮流和傾向。此外，它更需要懂得使用適當的媒介，與媒體保持和善的關係，於是「事件行銷」又稱爲「總體行銷」或「多元化行銷」。事實上，事件行銷是一種操弄方法，手段使得好，就可以「打敗對手」，如果使不好，也可能會「割傷了自己」。但還是有很多人能夠操弄民意來達到行銷的目的。現代行銷學者更發現，由於「科技享樂主義的風行」、「消費心理」會像潮流一樣產生「偶像經濟學效應」，以上兩種變化使企業無

法在「新聞事件」中得利,卻常在「新聞事件」受傷。

為了使事件行銷能在可控制範圍內,深入了解大眾傳播理論是非常必要的,如此才能知道如何透過企劃力與創意性的活動或事件,使成為大眾關心的話題,以吸引媒體的報導與消費者的參與,進而達成銷售的目的,例如廣告中的「小齊」(任賢齊) 應該選「琳達」還是「安琪」?這種經過「議題設計」過後的消息,就是假事件。

「假事件」(pseudo-event) 是指:「經過設計而刻意製造出來的新聞;如果不經過設計,則可能不會發生的事件。」因此,新聞學上所稱的「假事件」,在行銷學上稱為事件行銷。

使用與滿足理論

因此,現代企業必須對商品賦予價值,依「使用與滿足理論」的觀點來看,媒介提供資訊可以增加知識,告知機會和提供預警。人們是為了確認自己的信念、態度、理想和世界觀是正確的而尋求資訊。除非資訊有用,否則他們會極力避開那些資訊。另外,人類有自我實現與自我滿足的潛力,因此消費者會極力尋找以下的商品:

1. 符合個人喜好的商品或服務。
2. 同時滿足其對娛樂、休閒與資訊的需求。
3. 符合其社經地位或所屬團體的認同。
4. 提供與社會風尚接觸的橋梁。

我們可以發現,所謂「產品代言人」就是利用「名人」、「偶像」的力量來促銷,這種行銷的方法是事件行銷的一種。例如「虛擬主播」、「卡通人物」等,也都是一種「創造價值的行銷」,如同米老鼠及阿貴等虛擬人物,其演出舞臺已經從傳統媒體擴展到網路媒體。無界限的網路空間讓想像力充分發揮,這些虛擬的偶像也為網站及其相關商品帶來可觀的行銷效益,並且改變傳播與行銷的生態。

例如,由春水堂科技所創造出來的虛擬人物:阿貴家族,係以 Flash 技術

創作出許多令人會心一笑的網路動畫。阿貴的崛起頗富戲劇性，主要是因為網友們喜愛該動畫，而主動以電子郵件大量轉寄給親朋好友觀看，也就是這樣病毒式的傳播，使阿貴得以快速地在網路上竄紅。這股風潮也吸引了其他企業來委託他們製作行銷動畫，希望藉由阿貴的超人氣來增加消費者對其商品的注意。阿貴網站也不負廣告主的期盼，他們所創造出來各具特色的動畫人物們，讓網友在看廣告的時候，猶如在看一則有劇情的故事，並不只是廣告而已，進而認同及轉寄給親友，發揮其行銷及傳播目的。

4.10 事件行銷實例

　　某家廠商在事件行銷上，運用發行主題音樂專輯的策略，使其成為大眾媒體關心的話題，吸引媒體大幅報導，以便達成議題設定的效果，進而吸引民眾注意來提高知名度與形象。

✥ 音樂專輯

1. 宣傳工具的創新：某家廠商開啓國內風氣之先，除了一般廠商所熟知的大眾媒體之外，更利用主題歌曲音樂專輯來進行文化創意行銷。在舉辦記者會及各項相關招商活動中，將音樂專輯製作成精美公關禮品 (如圖 4.1a、b)，分送給在場參與廠商與產、官、學、研各界的代表。藉由禮品的贈送與現場主題歌曲的播放，使目標對象產生好感，得以幫助廠商進行軟性行銷。

2. 整合媒體的使用：針對廠商所使用的溝通工具，例如廣播節目專訪、電視節目專訪及遊戲網站，皆搭配廠商的主題歌曲——「美麗的所在」作為背景音樂 (如圖 4.2)。

圖 **4.1a**　廠商音樂專輯CD封面

圖 **4.1b**　廠商音樂專輯包裝封面

園區主題歌曲-
「美麗的所在」創作緣起

前言：這首歌以曲式搖滾的鄉村樂風編曲構成，
搭適合唱及莊嚴撼搖，為園區的一天，拉開序幕。

(1) 歌詞一開始以「老水牛 打扑泅」
來比喻在台灣這塊土地打拚的祖先，
以歡喜甘願的心情來展現生命力。

(2) 一田岸的白鷺鷥 飛來跟伊相作伴一
是指新世代的進步，以活潑創意，
投入農業生物科技發展的腳步，是傳承也是再出發。

(3) 掘何掘一
這句「天黑黑」歌詞中大家最熟悉的唱詞，
希望藉由這句我們早無能拚的集句
平果大依的情誼心隐，
平望大家一起協和，
一起打拚美好的明天及新世代。

(4) 一何無論收成是好是壞 咱來答謝天公的安排一

(5) 何一你牽路作頭前 我這後來相提
唱出開拓者，牽路的人，懷著感恩的心情。
一步一腳印勇往向前的氣度，
就像俗語所說「蕃薯不驚落土爛只求技萎平平拓」

(6) 美麗的所在 咱就企平在一美麗的所在 和平來對待一

美麗的所在

詞/曲：嚴詠能

溪邊的老水牛歸津相捾 值打扑泅
田岸的白鷺鷥 飛來跟伊相作伴

努力認真的蕃薯仔囝 置這落土生根來大叢
鋤頭掘著伊的命運 掘著子孫的美夢

掘啊掘～啊掘啊掘 為著較好的明天
掘啊掘～啊掘啊掘 掘出美麗的新世代
啊無論收成是好是壞 咱來答謝天公的安排

啊～你牽路作頭前 我這後來相提
美麗的所在 咱就企平在
美麗的所在 和平來對待

圖 **4.2**　廠商主題創作歌曲

實例個案一：國內第一家長生「純」有機蔬菜汁 上市記者發表會

您知道國小兒童最討厭吃哪些蔬菜嗎？
最不受學齡兒童歡迎的蔬菜排行榜民調報告

　　長生生物科技公司成立於民國 86 年，目前為東南亞最大有機蔬菜栽種區，也是國內第一家通過 ISO 9001 品保認證的生物科技公司；長生生物科技公司與中華民國優良廠商評鑑協會高雄分會，將於 2000 年 7 月 12 日 (星期三)下午 2 點 30 分，在高雄晶華酒店 42F 琥珀廳，舉辦一場清新健康的夏日純有機健康饗宴「最不受學齡兒童歡迎的蔬菜排行榜民調報告暨長生「純有機」蔬菜汁發表記者會」，讓與會朋友能度過一個豐富的健康之旅。

　　近年來由於國內經濟的飛升，物質生活條件大為提高；加以民眾生育觀念日漸趨向少胎化，對學齡兒童均投注大量扶植心力。但因兒童不喜食用蔬菜的天性和坊間高熱量食品、速食的充斥，長期食用的結果，已嚴重危害學齡兒童的健康。根據調查，目前國小學齡兒童肥胖程度已大大超越我們的想像；而農藥及化學肥料的高使用率，更令人為下一代的健康憂心不已。為此，本公司特委託正友公關顧問有限公司，針對國小 7～12 歲學齡兒童做「最不受學齡兒童歡迎的蔬菜排行榜抽樣調查」。結果顯示，最不受學齡兒童喜歡的蔬菜依序為：苦瓜、青椒、茄子、紅蘿蔔、芹菜。「為什麼學童不喜歡吃蔬菜」的原因以「味道不好」占 29.78%；其他依序為「有特殊氣味及口感」占 22.52%；「吃起來苦澀」占 17.72%；而「父母強迫」則占 10.99%；最後則是「外觀不好看」占 9.71%。我們都知道，名列榜上的蔬菜不但大多含有高單位的纖維素，甚至富含非常高的營養價值，若可以適度地補充，不但能維持腸胃消化系統的健康，更能保有體內其他器官機轉的正常及平衡。在本次報告之中，本公司除了正式公布調查結果，另外將延請蔬菜營養專家於會中解說上榜蔬菜的營養成分及對身體的正面助益。

　　有鑑於此，長生生物科技公司特別投注心力研發「純有機蔬菜汁」，目前已研發成功，是臺灣第一家標榜以純有機蔬菜為主的大眾飲品。值得一提的

是，其用來製造「純有機蔬菜汁」的蔬菜原料，都是經過非農藥及化學肥料栽培而成；獨特的口感，加上豐富的營養價值，不但成為清爽可口的夏日飲品，更為飲食失調的現代人提供一個補充蔬菜營養的最佳方式。預計在今夏上市後，此產品將會在飲料市場引起一股純有機旋風。

　　為了學齡兒童的健康及下一代生活空間的環保問題，本公司期望諸位先進能與會共襄盛舉，同時不吝給予指教為荷。

〈流程表〉

1. PM 2：30 記者會開始 (主持人開場)
2. PM 2：35～2：50 民調結果公布
3. PM 2：50～3：00 介紹榜上蔬菜的營養
4. PM 3：00～3：15 長生純有機蔬菜汁發表
5. PM 3：15～3：30 開放採訪
6. PM 3：30～4：30 下午茶 & 交換名片

【電視臺出席名單】

1	中國電視公司南部新聞中心
2	TVBS無線衛星電視臺
3	三立SET新聞臺
4	中天CTN傳訊電視
5	環球新聞臺
6	法界衛星電視臺

【廣播電臺出席名單】

1	中國廣播公司新聞臺
2	高雄廣播電臺
3	飛碟廣播電臺
4	港都廣播電臺
5	正聲廣播電臺

【平面報章媒體出席名單】

1	臺灣新生報
2	經濟日報
3	中央日報
4	工商時報
5	民眾日報
6	臺灣時報
7	聯合報
8	自由時報
9	大成報
10	中華日報
11	中國時報
12	中央通訊社

最不受學齡兒童歡迎的蔬菜排行榜

長生生物科技股份有限公司

委託**正友公關**針對國小7～12歲學齡兒童民意調查
『**最不受學齡兒童歡迎的蔬菜排行榜**』所做的抽樣問卷，
共發出1000份問卷，回收有效問卷937份的分析結果如下：

 最不喜歡的蔬菜排行榜

順 序	品　　名	票選總數	總數比例
1	苦　瓜	279	29.78%
2	青　椒	234	24.97%
3	茄　子	186	19.85%
4	紅蘿蔔	89	9.5%
5	芹　菜	68	7.25%
	其　他 （包含油菜、高麗菜、 小黃瓜、空心菜）	81	8.64%
	合　計	937份	100%

 為什麼不喜歡吃蔬菜

品　　名	票選總數	總數比例
吃起來苦澀	166	17.72%
味道不好	278	29.67%
父母強迫	103	10.99%
外觀不好看	91	9.71%
有特殊氣味及口感	211	22.52%
其　他	88	9.39%
合　計	937份	100%

 如果在您面前有兩盤食物，一盤是含豐富營養的蔬菜；另一盤也是營養的肉類，您會選擇那一樣？

品　　名	票選總數	總數比例
蔬　菜	247	26.36%
肉　類	445	47.49%
不知道	245	26.15%
合　計	937份	100%

 如果在市場上有一種蔬菜汁，是提倡讓您不吃蔬菜，也能喝到豐富營養，那你會不會去選擇？

品　　名	票選總數	總數比例
會	676	72.15%
不　會	261	27.85%
合　計	937份	100%

 如果蔬菜汁和運動飲料做比較，你會選擇那種？

品　　名	票選總數	總數比例
蔬菜汁	189	20.17%
運動飲料	748	79.83%
合　計	937份	100%

誤差值±3%

·記者會活動集錦

蔬菜排行榜

苦瓜青椒 小朋友最不愛

【記者徐如宜／高雄報導】國內生物科技業者昨天提出「最不受學齡兒童歡迎的蔬菜排行榜」，結果苦瓜名列第一，接下來是青椒、茄子、紅蘿蔔和芹菜。業者強調，榜上有名的蔬菜其實都有相當高的營養價值，不妨以相同內容的純有機蔬菜汁取代。

長生生物科技公司針對國小七至十二歲學童，發出一千份問卷，進行最不受學齡兒童歡迎的蔬菜排行榜抽樣調查。結果顯示，最不受小朋友喜歡的蔬菜前五名，依序是苦瓜、青椒、茄子、紅蘿蔔和芹菜。

不受歡迎的最大原因是「味道不好」，有特殊氣味及口感，「吃起來苦苦」，外觀不好看等等。

蔬菜營養專家指出，這些「榜上有名」的蔬菜大都含有高單位的纖維素，並含有相當的營養價值，如果孩子排斥吃這些蔬菜，家長又希望孩子能多補充這類營養，不妨考慮有機蔬菜汁提供了另一選擇。喝起來口感不錯。

業者說，全有機蔬菜原始的主要訴求是，保留蔬菜最原始的營養，而且完全無汙染，含豐富的纖維素、礦物質和維生素。

苦瓜位居「最不受學齡兒童歡迎的蔬菜排行榜」冠軍，其次是青椒、茄子、紅蘿蔔和芹菜。 記者徐如宜／攝影

·活動新聞剪報

實例個案二：由媒介議題成功地提升為公共議題的典型事件行銷

　　美國「超級大富翁」電視節目製作人戴維斯，和華納兄弟公司電視頻道與百事可樂公司協調，準備在 2003 年 9 月推出一集益智問答特別節目，參賽者只要答對所有題目，即可獨得電視史上最高額的十億美元 (約合新臺幣 348 億元) 獎金。「綜藝日報」報導上述企劃案後，兩位接近節目的主管已證實確有其事，但必須在 2003 年夏天幸運買到百事可樂極少數標有記號的產品，才能獲得參賽資格。這個直播節目預定進行兩小時，在Ｎ度「過五關斬六將」後，才會篩選到只剩一名優勝者，只有此人夠格挑戰 10 億美元獎金。儘管節目製作單位並不保證一定有人獲獎，百事可樂公司還是事先和保險公司商談，為一旦有人拿到 10 億美元巨獎預作準備。

　　而引領這類電視節目風騷的是美國廣播公司 (ABC) 播出的「超級大富翁」，參賽者只要連續答對十五道題目，即可抱走 100 萬美元 (約合新臺幣 3,480 萬元) 獎金。「超級大富翁」走紅後，電視節目跟進者眾，獎金更是一家比一家高。目前最高獎金紀錄保持人是美國一位名叫歐姆斯達的工程師。他在 2001 年 4 月的「美國百萬富翁」節目中拿到 208 萬美元獎金，相當於新臺幣 7,238 萬元。因此「超級大富翁」由媒介議題成功的提升為公共議題，並登上《紐約報紙》的頭版新聞，正是典型的事件行銷。

　　事件行銷係指利用企業整合本身的資源，透過企劃力與創意性的活動或事件，使其成為大眾關心的話題、議題，因而吸引媒體的報導與消費者的參與，以達成銷售的目的。和八卦相反的，有時候，政府機構與企業也會利用電視製播一些公益廣告，來提醒大人和教育小孩一些相當重要的觀念，如拒抽二手菸、遵守交通安全等。但是在政府投入相當的人力與物力時，其成效卻受到相當程度的質疑，因為並沒有相關文獻可以證明公益廣告的效果是否顯著，甚至有些學者認為公益廣告的效果是有限的。在這樣的背景之下，促使我們想要去了解說服力的黑箱，並找出新聞與觀眾及廣告與觀眾有關的研究，找出議題在觀眾生活中占有怎樣的地位，進而了解公益廣告與觀眾之間的關聯為何。

實例個案三：迎戰春節滿房　飯店 PK 鋪床

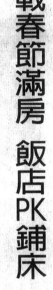

迎戰春節滿房　飯店PK鋪床

〔記者方志賢／高雄報導〕迎戰農曆春節九天連假滿房，高雄義大皇冠假日飯店昨舉辦「鋪床比賽」，房務部人員兩兩PK，比鋪床速度也要求平整及美觀，結果半工半讀男員工陳榮筌雖速度慢了七秒，但因平整度略勝一籌，而奪下鋪床冠軍。

義大皇冠假日飯店房務部，因應春節連假，展開為期一週的特訓，並於昨舉辦鋪床比賽，驗收特訓結果。比賽方式為兩兩PK，以五分鐘為限，必須完成枕頭、床單、被單等裝套與鋪設，奪下冠軍的陳榮筌，是義守大學觀光

系進修部學生，晚間上課，白天則到飯店工作，負責房務管理，他以三分零六秒完成鋪床，速度比第二名慢了七秒，但平整度較佳，拿下冠軍。

已經有兩個孩子的黃敬恩，鋪床速度驚人，她以二分五十九秒完成，但平整度略遜，屈居第二名。

義大房務主管表示，全單位約卅二人，依照經驗與分析，六百五十六間客房滿房情況下，五分鐘內完成整套鋪床工作是基本要求，在年節前舉辦鋪床比賽，主要還是為了驗收訓練成果與進行改善。

高雄義大皇冠假日飯店舉辦「鋪床比賽」，陳榮筌（前）因平整度略勝一籌，奪下鋪床冠軍。
（記者方志賢攝）

資料來源：見本書「參考文獻」。

實例個案四：鋪床達人快手 3 分 6 秒鋪完

鋪床達人快手 3分6秒鋪完

【記者王昭月／高雄報導】因應農曆春節9天假期帶來的客房爆滿「硬仗」，義大皇冠假日飯店別開生面舉辦鋪床大賽，檢視房務員專業能力，結果以前連被子都不會摺的陳榮荃，以3分6秒時間把床鋪得平整又完美，成為鋪床達人。

義大皇冠假日飯店共656間客房，農曆春節都已訂滿，因應龐大的來客量，房務部門為旗下32名房務員進行魔鬼特訓，要求5分鐘內完成整套鋪床工作，昨天舉行鋪床大賽驗收。

參賽者有多年房務經驗的阿姨選

因應農曆春節龐大來客量，義大皇冠假日飯店舉辦鋪床大賽，還在念大學的陳榮荃以3分6秒完成，拿下冠軍。
記者王昭月／攝影

手，也有學鋪床才幾個月的社會新鮮人，他們裝填枕頭、套被單、鋪床單時，速度飛快，輕鬆拉起被角，甩了幾下，被心就滑溜地套入被單中。

還在義守大學觀光系就讀的陳榮荃，沒接觸房務工作時，連被子都不摺，昨天竟以3分6秒時間完成整套鋪床！陳榮荃說，現在每天不均鋪床40床以上，由於需彎腰、屈膝，常累得腰痠背疼，不過看到房客滿意的笑容，覺得很有成就。

這場鋪床大賽，獎品豐厚，飯店給冠、亞軍入住價值6萬元的花園套房，做為犒賞。

飯店表示，初一到初五有紅包抽抽樂活動，每天10點前退房的客人，就可獲贈小禮物，下午6點以後入住的客人，有機會獲價值2萬元的景緻套房住宿券，共2000多個獎項。

資料來源：見本書「參考文獻」。

CHAPTER 5

公共關係篇

5.1 公共關係概述

5.2 公共關係的定義

5.3 公共關係與企業公共關係的對象

5.4 公共關係的執掌

5.5 公共關係的活動類型

5.6 公共關係的工具與媒介

5.7 公共關係與大眾傳播

5.8 企業公關的方法與目的

5.9 公共關係組織

5.10 危機管理

實例個案一：高雄縣長就職五週年慶祝活動企劃

實例個案二：民進黨2018高雄市長辯論

世界上沒有比創意更具威力的東西，而創意的時代已經到來

～維克多‧雨果

🔅 5.1 公共關係概述

　　公共關係最初是一些零星且無組織的活動，其後更發展成頻繁、有系統的活動。有些學者注意到這些事，便開始蒐集各種活動加以分析，並加以界定。而後根據分析的結果，找出這種功能有哪些活動是需要的、有哪些是不需要的，或應該朝什麼方向發展；所以，今天公共關係的定義既是客觀的，也是主觀的；是歸納的，也是演繹的。

　　公共關係是利用各種傳播工具，與客戶、股東、工會、政府、社區民眾、組織及媒體等各方面溝通互動，建立良好的企業形象和促進行銷活動。公關部門經常透過與新聞媒體的良好關係、組織內部和外部的溝通管道，以向政府官員與立法者遊說等途徑來取得有利的公共報導，處理不利的謠言和訊息，維持良好的社區關係，促成或阻止相關的立法和措施，以達成組織的公關目標。

　　大家逐漸認知到，長久以來在促銷組合中，被人所忽略的公共關係值得加以利用。以建立追隨者而言，公共關係是比較好的工具，高科技產品尤其如此，因為這種產品的買主選定品牌前，希望聽取專家超然的意見。高科技產品廠商尤其應該找出意見領袖，如重要的專家、專欄作家和其他人對新產品所做的評估與討論。例如，有些知名廠商會利用免費試用的方式，將其產品的特性透過網路部落格或意見領袖的評估專欄與推薦，來影響其族群的購買意願，進而再擴大影響至其他相關客群。

　　運用公關活動來建立品牌需要更多時間和創意，但最終會比大量的廣告活動更有效；愈來愈多的廣告預算被轉移到公關活動，因為廣告已漸漸失去某些過去的優勢。由於觀眾閱聽習慣愈來愈分歧，現在要接觸到閱聽大眾也就更加困難。最糟的是，廣告無法令人信賴，一般大眾都知道廣告有誇張的成分而且不客觀。廣告活動的確容易被掌控，媒體被買下讓廣告可以在特定時間刊出，廣告內容是客戶同意的，而且不會被更改，然而公關活動卻不是付費就可以的，你必須要有一整套引人注意及創造話題性的工具。如牛奶業者都希望以下這則推薦報導，已經某大醫學研究證明：常喝牛奶可補充鈣質及促進小孩成長發育並保持健康。

　　美國公共關係協會 (PRSA) 的官方建議：「公共關係幫助組織和它的大眾

彼此交流。」所以公共關係的焦點在於組織和大眾間的各種關係，大眾是指公司或組織團體、員工、媒體、工會、股東、政府等。

公共關係在其發展的過程當中，各階段皆有其不同的定義，時至今日，尚無共識的定義。以下介紹一些國內外學者所定義的公共關係。

5.2 公共關係的定義

學者 Berneys 表示，公共關係 (Public Relation) 一詞最早出現在 Ivy Lee 所創設的 Parker & Lee 公司通訊中；國內文獻最早出現在學者湯元吉於民國四十年所主編的《公共關係》一書中。

學者哈洛 (Harlow) 提出公共關係的定義：「公共關係是一種特殊的經營管理功能，有助於建立與維持組織與其公眾間的相互溝通、理解、接受與合作，並參與解決公共問題，協助管理階層促進群眾了解事實真相、對民意有所反應、強調機構對群眾利益所負的責任。並利用研究工具，隨時因應外界變化，加以應用，形成早期預警系統，有助於預測未來的發展趨勢。」由上述定義得知，公關的本質與管理、行銷及溝通的關係密不可分。

一般經常使用的公共關係技巧如發表新聞稿、記者招待會、特殊事件、贊助第三者、表揚與獎勵方案、社區參與、募款與得到公眾人物背書、危機處理等。另外，「公共報導」也屬於公關的一環，以較少的投資，獲得較大的公信力，但必須是具新聞性、容易獲得大眾關心的議題。公共關係可以分為事前危機處理，以及事後危機處理。

❖ 事前危機處理：平日可傳達管理階層的決策給內部員工、解釋組織政策給社會大眾。

❖ 事後危機處理：當危機發生時，公關人員化身為「危機處理小組」，擔任唯一對外發言人，協助管理階層迅速面對危機，尋求解決之道。

美國公共關係通訊 (Public Relations News) 為公共關係所做的定義如下：「公共關係是一種特殊的管理功能。它評估群眾的態度，使個人或機構的政策

及辦法合乎群眾利益，並規劃及執行活動計畫，以爭取群眾的了解與接納。」

公共關係權威雷克斯‧哈洛博士蒐集了公共關係的所有定義，將其中四百多種解釋加以分析後定義：「公共關係是一種特殊的管理功能，協助建立並維持組織與群眾間的雙向溝通、了解、接納及合作。主動參與解決公共問題，協助管理階層促進群眾了解事實真相，對民意有所反應、對管理階層說明，並強調機構對群眾利益所負之責任。協助管理階層隨時因應外界變化，並加以應用以預測將來發展趨勢，並利用研究和健康的傳播作為主要的工具。」

綜合國內外學者對公共關係之看法，公共關係涵義重點摘要如下：

1. 公共關係包含規劃、組織、領導、控制等一系列的管理功能。
2. 公共關係的對象包含組織內外的相關個人、群眾與組織。
3. 公共關係強調內外雙向溝通以增進彼此了解及信任。
4. 公共關係幫助組織或個人在瞬息萬變的環境中指引未來。
5. 公共關係是一門基於社會責任的管理哲學。

簡言之，公共關係是促進雙方雙向的了解，這也是終極的目的。

➲ 核心定義

在 1976 年，美國公共關係研究和教育基金會 (Foundation for Public Relations Research and Education) 集合 83 位公共關係專家進行專門研究，蒐集了從 20 世紀初期以來共 472 個定義，確定每個定義的主要要素並將其核心觀念進行分類，之後又提出了一個包括概念性及可操作性要素在內的定義：

「公共關係是一種獨特的管理功能，它能幫助建立和維護一個組織與其各類公眾之間傳播、理解、接受和合作的相互連繫。」

公共關係的功能如下：

1. 可參與問題或事件的管理；

2.能幫助管理層及時了解輿論，並且做出反應；

3.可界定和強調管理層服務對於公共利益的責任；

4.能幫助管理層及時了解和有效地利用變化，以便作爲一個可以預料發展趨勢的早期警報系統；

5.可利用研究和健全的、符合職業道德的傳播，作爲其主要手段。

從這個定義中，可以總結出關於公共關係的五個要點：

1.公共關係是一種具有管理意義的活動；

2.公共關係管理的對象是組織與公衆之間的關係；

3.公共關係要參與管理，協助決策，並強調組織的社會責任；

4.監督輿論和環境變化；

5.傳播溝通是公共關係發展工作的主要手段。

由美國公關權威期刊《公共關係新聞》的創始人 Denny Griswold 對公共關係所下的定義，是一個被引用最多的定義之一。他認爲：「公共關係是一種管理職能，用以評估公衆態度、從公衆興趣的角度出發來決定企業政策和程序，計畫並實施行動方案以獲取公衆的理解與認可。」當代最有影響力的公共關係學大師 James E. Gruinig 對公共關係的定義是：「公共關係是一個組織與其公衆之間的傳播管理」。根據公共關係學大師 Gruinig 的主張，公共關係是傳播的管理，即公共關係管理就是對組織的傳播溝通活動進行系統管理的過程。

✍ 何謂公共關係？

「公共關係」一詞，即英文的「Public Relations」。「Public」可譯作名詞「公衆」、「社會」、「大衆」、「民衆」；或形容詞「公用的」、「公衆的」、「公共的」、「公開的」。「Relations」譯爲「連繫」、「關係」。「關係」的定義，係指一個或一個以上的個人或團體，與一個或一個以上的個人或團體間的相互關係。

因此，中文表述稱爲「公共關係」，也可稱爲「公衆關係」。由於公

共關係在實務的應用上具有多樣性與廣泛性，因此又稱為公共事務 (Public Affairs)、企業溝通 (Corporate Communications)、企業公關 (Corporate Relations) 等。

　　從學科的角度來看，公共關係及其行為活動廣泛存在於社會生活各領域，由複雜的因素所構成，存在多種表現型態和類型，使得公共關係學成為一門具交叉性、邊緣性的典型學科。公共關係學除了與哲學、社會學、心理學、傳播學、思維科學、行為科學等理論基礎有關之外，也涉及了政治學、經濟學、管理學、倫理學的領域應用，此外，還包含了決策學、謀略學、語言學、寫作學、新聞學、輿論學、廣告學、美學、藝術學、行銷學等工具性應用。此外，因人類彼此間頻繁的互動關係，使得社會裡任何人或團體皆須置身於無形的公共關係中，故許多公關學者稱公共關係為人類學、人類關係學或人類工程學。

♧ 公共關係、行銷以及廣告三者之間的差異

　　學者 Wragg (1994)、Jefkins (1992) 及 Starr (1977) 提出公共關係、行銷以及廣告三者之間的差異點：

1. 公共關係與廣告是達成行銷目的之手法之一。
2. 廣告比公共關係更能夠自主操控所想要表達的內容，因為廣告必須償付高額廣告費；而公共關係較能以低成本的方式達到行銷目的，不過對於傳遞訊息的控制上則較為有限。
3. 公共關係相較於廣告擁有更高可信度。因為公共關係於傳播媒體、期刊與專業雜誌的報導上，其專業的形象與第三者的評論都較具可接受性。

　　行銷企劃並沒有非遵行不可的模式，而廣告雖有其不可忽視的力量，卻非現代社會的行銷主流。試想宏碁、鴻海、誠品書店、星巴克等企業並非憑藉廣告打出名號，而是因為媒體經常刊載有關他們的訊息，讓你三天兩頭聽得到、看得到，想不記住也很難。

　　從上述例子可以想見，現代行銷的手法已逐漸由廣告轉移到「公關活動」；用意當然是藉此讓媒體有理由「捕風捉影」，使自己的名聲隨著曝光率

而逐步攀升。

　　廣告氾濫如同生活中的噪音，無法闡釋且清楚地傳達新產品價值的資訊，使得消費者認為廣告愈來愈缺乏可信度，這也就是為什麼敏銳度高的企業或組織已嗅出行銷趨勢轉變的氣息，紛紛尋找有別於以往，可以讓品牌發光發熱的替代廣告與媒體形式，此非「公關」莫屬，「公關」從此躍上行銷活動的主流地位。

　　公關活動所塑造的知名度與好感度是成功商品廣告的基礎，廣告與公共關係兩者相輔相成，各有其功能與目的。

　　公關活動也是企業自我推銷的利器。微軟董事會對慈善團體鉅額捐款，就可以為公司及比爾‧蓋茲個人的形象加分；《反敗為勝》一書作者艾科卡，更是充分利用公關活動尋求政府及社會大眾對克萊斯勒汽車整頓計畫的支持。

表 5.1　廣告與公共關係的差異比較

項目	廣告 (AD)	公關活動 (PR)
對象	‧消費者 ‧潛在需求者	‧社會大眾
訴求重點	‧商品主體 ‧銷售通路	‧社會貢獻與成就 ‧企業正面形象 ‧公益活動
媒體運用	‧付費之大眾媒體	‧免付費的產業報導或新聞媒體報導
行銷目標	‧商品銷售的短期目的	‧企業形象的長遠目標

5.3　公共關係與企業公共關係的對象

公共關係的對象

　　企業經營的層面包括員工、產品組合、上游供應商、股東、經銷商、顧客等。有些企業所必須面對的層面可能更廣，例如政府機構、媒體、社區民眾

等。如果企業的最高決策者具有公關概念，便會將公關運用在每個層面，使公關成為企業面面俱到的媒介。

非營利企業的公共關係對象分別為：捐獻者／捐血人、顧客／消費者、義工人員、企業員工、會員、供應商、立法人員、對生產有貢獻的勞動者，以及印刷媒體／傳播媒體。

學者 David Walton 為了使大眾能更了解公共關係，特別製作英國石油公司 (British Petroleum, BP) 管理階層所解釋的公共關係人際網路圖 (如圖 5.1)，此圖也適用於其他企業，只是所標示出來的對象是對 BP 最為重要的團體。其中中央區域所標示的是該公司最重要的人際關係網路，包括顧客、股東、員工、供應商與合資夥伴；其周邊的人際關係，如聯合國等國際組織，則被視為較不具直接性的利害關係人。此網路中也同時揭示出對 BP 十分重要的團體，彼此互有牽連，如環保組織等壓力團體能夠直接將其觀點與政府或媒體溝通。

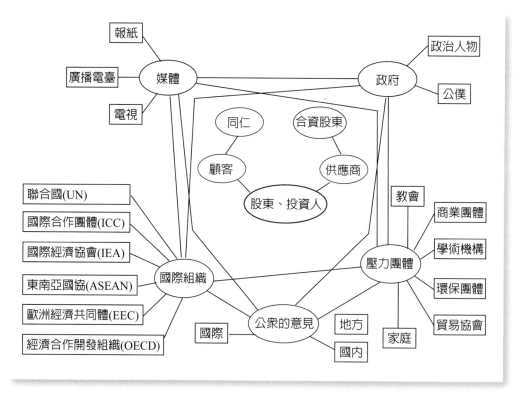

資料來源：如何建立良好的公關，改編自鄭淑芳 (民 81)。

圖 **5.1** 英國石油公司的人際關係網路圖

張在山 (1993) 認爲公共關係的大眾約可區分爲幾項重疊的類別：

❖ 內部大眾與外部大眾：內部大眾包括經理及監督人員、幹部級職工、股東級董事會。外部大眾包括新聞界、政府機構、社區及供應者等。

❖ 主要大眾、次要大眾及邊際大眾：主要大眾最能幫助或妨礙機構的營運努力。次要大眾次之，邊際大眾重要性最低。對一家商業銀行而言，中央銀行是管轄金融事業的機構，也是銀行的主要大眾。立法人員及一般大眾則爲次要大眾。

❖ 傳統大眾及未來大眾：員工及當前的顧客都屬於傳統大眾。學生及潛在顧客則屬於未來大眾。每個大眾對一個企業的未來成功都可能非常重要。

❖ 擁護者大眾、敵對者大眾及無意見大眾：一個機構必須以不同方式與擁護者大眾及敵對者交往。對擁護者傳播時，必須加強其信賴使其生效。但在改變敵對者大眾的意見時，則需要堅強且具有說服力的傳播技巧。特別是在政治方面，無意見大眾具有舉足輕重的影響力。

公共關係的範圍包含了以下幾種關係：

1. 對內的員工關係。
2. 對外的股東關係。
3. 對外的顧客關係。
4. 對社會團體的關係。
5. 對教育界的關係。
6. 對政府的關係。
7. 對新聞界的關係。

由上述七類關係可簡單歸納得知：公共關係的大眾主要可分爲對內與對外的相關大眾。

企業公共關係的對象

以往企業經營者認爲只要產品品質卓越、價格低廉就能創造利潤，但是今

天很多企業卻發現，企業所處的環境正在快速地變化，除了必須隨時面對各種壓力，還要隨時與社區、員工、供應商、經銷商、消費者、投資人、意見領袖等不同的利益關係人進行互動。

從企業管理的角度上來看，企業與非營利性組織在公共關係最大的差異，在於企業將組織內外部的公眾視為企業的利害關係人 (Stakeholders)。利害關係人是指對企業有利益、要求和利害影響關係的個人或團體。

企業公共關係的對象種類非常的多，數量少至個人 (如意見領袖)，多至無法計數的群體 (如潛在消費者)。通常公關對象係依組織界線、連結性、重要性等來畫分。

❖ 組織的界線

依組織的界線 (boundary)，將組織的利害關係人區分為內部關係人 (internal stakeholder) 與外部關係人 (external stakeholder)。

1. 內部關係人 (internal stakeholder) 是指股東、員工、高階主管、其他管理者、董事會成員等。

2. 外部關係人 (external stakeholder) 則包括所有對於公司有所要求者，包括顧客、供應商、政府、工會、當地社區、一般大眾等。

企業公關的對象可簡單地分為兩個層面：(1) 內部公共關係、(2) 外部公共關係。其定義大致上可分為：

1. 內部公共關係 (應然面)：簡稱職工關係，是指組織體系內，成員彼此互動往來的人際交往，不論是否正式溝通均屬之；只要在不逾越組織界限的範圍內，這些都是屬於行政學中關於人群關係的研究重點。

2. 外部公共關係 (實然面)：係指機關組織或其成員，與外在公眾、股東、媒體間的互動交往關係；其範圍很廣，因此外部公共關係特別重視面向與重點的掌握，方收實際的傳達效果與目的。

❖ 關係的連結性

學者 Grunig 和 Hunt (1984) 認為，在確認對象時，最重要的是了解哪些對

象與組織間的「連結」關係。二位學者指出組織與公共關係對象共有四種不同的連結關係：

1. 授權性連結 (Enabling Linkages)：這種連結通常指那些有授權身分對象，可影響組織的生殺大權者，如股東、議會、政府主管官員、董事會、社區領袖等。

2. 功能性連結 (Function Linkages)：與組織間具有輸出、入功能的對象。又分為：

   (1) 輸出連結 (Output Linkages)：如顧客、買主、使用者等，均與組織有輸出或使用組織產品之關係。

   (2) 輸入連結 (Input Linkages)：如員工、工會、供應商等，均與組織有輸入原始資料之關係。

3. 一般性連結 (Normative Linkages)：包括一些與組織有相同困難或類似價值觀的對象，如公會、政治團體、職業團體等。

4. 散漫性連結 (Diffused Linkages)： 這些對象通常較難掌握，並非有組織的團體，如選民、學生、女人等。

有些特殊團體實際上並沒有組織型態，如納稅人、農夫、白領階層等，但有可能因為某些原因聚集成為一臨時性組織，因而造成力量。

❖ 對象的重要性

學者 Nolte (1979) 依對象對組織的重要性，將溝通對象分成三個等級：

1. 首要對象：一般企業的首要對象包括員工、雇主 (如股東、投資合夥人等)、顧客以及社區居民。

2. 次要對象：這些對象通常並未包括在大多數公關活動中，其重要性次於前述四種對象。次要對象包括教育界人士、政府官員、供應商、經銷商以及競爭者。此處的教育界泛指各級教師，他們通常是受到各方尊重的地方意見領袖。政府官員則包括行政與立法部門；至於競爭者主要著眼於說服對手要公平競爭，或避免互搶地盤、互挖員工。

3. 特殊對象：意指一些特殊團體，如社交、娛樂、服務、同業、政治、社

會、文化等不同性質的團體。這些特殊團體的成立均有特定背景，公關人員的主要工作即在找尋脈絡，了解任何能需要溝通的特殊團體。

所有利害關係人都處於與公司交換互動的關係中，利害關係人團體提供組織重要資源或者貢獻，公司則以滿足他們的期待作為交換。從各種角度來看，可以發現其中的差異性。

1. 股東的立場：股東提供資本，同時也期望企業對於他們的投資予以適當的回報。
2. 員工的立場：員工提供勞力及技能以期能夠換取相稱的收入、工作滿足、工作安全與良好工作環境。
3. 顧客的立場：顧客供給公司收入，希望產品的可靠度能物超所值。
4. 廠商的立場：供應商提供投入，希望尋求收入與可靠的買者。
5. 政府的立場：政府提供企業界實際需要的法規與管制，以維持公平競爭，而堅持企業界要信守法律規章。
6. 工會的立場：工會提供企業界需要的員工，並要求公司給予其會員的利益能與其所做的貢獻成正比。
7. 地方社區的立場：地方社區提供公司公共建設，也希望公司成為一位盡責的公民。
8. 一般大眾的立場：一般大眾提供國家公共建設給予企業，亦希望企業的存在是增進生活品質的保障。

⤷ 組織機構的對象

公共關係活動的主要任務是，要確保適當的訊息能夠到達正確的公眾。不同的觀眾或聽眾尋求不同的訊息，強調的重點也不相同。

公共關係的對象，可以歸納為以下各類公眾：

1. 機構本身的雇員。
2. 顧客、客戶或消費者。

3. 社區團體。

4. 公司股東及投資者。

5. 分銷商。

6. 供應商。

7. 傳播媒體(大眾傳播)。

8. 銀行及財經界。

9. 有關政府部門。

10. 教育界。

11. 輿論領袖。

12. 壓力團體。

　　不同的機構有不同的群眾,因此有各種不同對象的關係。例如,顧客關係、消費者關係、政府關係、選民關係、員工關係與媒體關係等。有的機構將公共關係分為內部關係與外部關係。

　　1. 內部關係的對象包括員工、股東、義工等。
　　2. 外部關係的對象包括顧客、鄰居、政府官員、民意代表、新聞媒體等。

　　每一種公共關係都是為了使機構與群眾建立並維持良好互動的關係,以促使機構本身的生存與發展,進而確保群眾及社會的公共利益。

　　以醫院為例,為配合醫療產業的相關大眾,將醫院公共關係的對象分為兩大類:

❖ 醫院內部公眾

　　1. 醫護人員。

　　2. 行政人員。

　　3. 社工。

　　4. 董事會。

　　5. 其他部門。

　　6. 高階管理者。

❖醫院外部公眾

1. 病患與家屬。
2. 政府官員。
3. 意見領袖。
4. 其他同業。
5. 社區民眾。
6. 公益團體。
7. 傳播媒體。
8. 企業團體。

5.4 公共關係的執掌

在了解了公共關係的意義內涵與對象之後，我們必須對於公共關係活動執掌的各個層面加以檢視。

David W. Wragg (1992) 認為公共關係的主要元素包括：

1. 媒體關係 (media relations)。
2. 員工溝通 (employee communications)。
3. 投資者關係 (investors relations)。
4. 政治關係 (political relations)。
5. 企業識別 (corporate identity)。
6. 贊助活動 (sponsorship)。
7. 社區關係 (community relations)。
8. 顧客關係 (customer relations)。

實際上仍存在著許多不易區分的領域，這些領域通常是公共關係活動的一部分而不應該忽視。公共關係的從業人員應該要體認及了解這些差異的存在而有所作為，而非只是一味地與行銷人員做無謂之爭。

業務執掌功能

張在山 (1994) 認為公共關係的業務執掌包括以下幾種功能：

❖報導：機構為了自身的目的，將資訊提供給大眾傳播媒體，以獲取免費發表，稱為報導。媒體收到此類訊息後，根據自己的新聞價值標準來判斷以決定是否採用。

❖行銷：公共關係與行銷最易混淆，有些公共關係人員做的卻是行銷的工作。在小型企業裡，這兩種功能更難以畫分。因為組織的規模小，行銷和公共關係可能由同一人或同一部門負責，自然容易混為一談。事實上，在行銷學中，公共關係僅列為一個章節，是行銷的工具。在公共關係學，行銷也僅列為一章，行銷反而成為公共關係的手段。良性的公共關係無形中為行銷鋪路；同樣地，成功的行銷也為公共關係助一臂之力。

❖廣告：廣告是指企業、非營利事業及個人，為了公告或說服特定的對象，出資利用傳播媒體所進行的傳播。公共關係的廣告，目的在於影響特定群眾的觀感，而不是為了出售產品。當機構認為媒體對該機構的言論有欠公允或非事實時，或認為群眾對某個問題不夠了解或態度不夠積極時，或為某項議題提出請求支持的呼籲時，都可利用公共關係廣告。

❖新聞代理與新聞宣傳：新聞代理 (press agent) 是機構僱用代理人利用報紙從事宣傳，這種宣傳是免費的廣告 (亦即廣告以新聞報導方式發表，不需付廣告費)。廣告愈蓬勃，新聞代理愈活躍。它們將刊載在報紙上的內容偽裝成新聞，這種偽裝的新聞便是新聞宣傳 (press agentry)。新聞宣傳逐漸演變為事實的報導，而不再是誇大的宣傳。公共關係是由新聞宣傳演變而來，新聞報導 (事實的報導) 成為公共關係之一部分。

❖公共事務：公共事務是公共關係業務中特定的一部分，目的在建立並維持機構與社區及政府間的良好關係。

❖遊說與關說：遊說 (lobbying) 是公共事務的一個分支，機構用以影響政府的法律及規章辦法的制定。作為一個遊說者必須對於立法過程、各級政府機構的運作，以及對立法者及政府官員個人有澈底的了解。遊說者將機構或個人的意見，反映給立法者及政府官吏，其方式主要是陳述事實，進行

說服，而不是送紅包、請客及招待旅遊等變相賄賂。至於關說，就是傳播者與接受者的溝通管道，係由中間人居中通達，關說的本身是中性，並無所謂好與壞之分。

❖ 公共議題管理：公共議題管理 (public issue management) 是個新觀念，因為公共關係有預警功能，預防勝於治療，公共議題管理便是根據這樣的要求而產生。凡一個問題涉及多數群眾，影響深遠，引起政府立法機構及主管部門重視者，即稱為公共議題。

❖ 危機處理：所謂危機處理 (crisis management)，是來自同業或公司本身的問題或事件，經過傳播媒體報導之後，因而可能影響公司信譽、銷售或正常營運。公司針對此種發生的危機，預先訂定處理計畫，並舉行演習。屆時萬一不幸發生危機事件，公司即可按照預定的計畫實施，將公司的損失減至最低。

❖ 業務發展：公共關係為保健、教育、政治、學會、基金會、藝術、劇團等以及其他非營利事業募捐等工作，稱為業務發展部門 (development department)。美國很多醫院、博物館、動物園、交響樂隊，以及大學都設有業務發展部門，有些以會員繳費來維持的團體如職業協會、工會、商會及民眾服務團體，也都設有會員服務及發展部門。

公共關係執掌活動形式

目前國內公共關係執掌活動有下列形式：

❖ 意見或形象調查：一家機構在未調查清楚公眾對自己的意見之前，實在不應該草率從事公眾關係計畫的實施，否則就是閉門造車，即使成功也是僥倖。

❖ 形象宣傳：可分為兩大類，即機構的形象以及產品品牌或服務的形象。前者是建立、改善或提高機構聲譽的功夫，後者則為營造產品或品牌的風格而努力。

❖ 產品與服務的宣傳廣告：從事這類工作時，公關人員要利用各種方法及活

動，鼓勵消費者試用或購買貨品與服務，可以為直接促銷活動之一，因此與單純的形象宣傳有所不同。

❖ 內部公關：主要是針對改善員工關係的活動，有時也涉及改善部門之間的關係，或促進內部由上至下的溝通工作。

❖ 特別活動的策劃與推行：為了達到機構的公關目標，通常需要組織大型的公開活動，公關人員多是籌辦大型活動的專家，由策劃、推行以及統籌，都需要公關部門領導或協助。

❖ 處理詢問或通訊：處理詢問或通訊有時會耗費公關人員四分之一的工作時間。尤其是沒有詢問處、顧客服務部門或投訴部門的機構，公關人員更可能會為處理各種查詢而疲於奔命。

❖ 作為機構代表：有時候，由於主管或高級職員等其他原因，不肯接受訪問或演講，在這種情況下，公關人員便要代表公司機構發言或接受訪問、主持典禮儀式等等。

❖ 作為機構內部的資料中心：在很多大機構內，公關部門有時權充資料中心，因為該部門的人員已習慣處理大量資料，亦蒐集了不少其他部門的資料，因此成為其他部門的查詢對象。而資料的整理與存檔，也算是公關部門的日常主要活動執掌之一。

❖ 贊助、聯合贊助或聯合宣傳：由於單獨贊助或聯合宣傳，都是機構或產品形象宣傳的好機會，因此大多數機構都會交由公關人員專門處理，或協助其他部門的人員處理相關事宜，以達到最佳效果。

❖ 作為區域或國際間的橋梁：有些跨國性企業的公關部門，通常是該公司總部與分區辦事處的橋梁，協助推行各種國際性公關活動，並加強總部與分公司之間的溝通。

↳ 涵蓋的範圍

大體而言，公共關係涵蓋的範圍包括對內公關與對外公關兩方面。亦即：

1. 對外公關：是指企業體以外的環境而言，透過與政府機關和公共事務、

行銷輔助計畫、與社會大眾的溝通、危機管理等，來建立對外的關係。

2. 對內公關：是指企業內部向心力的凝聚，同時兼顧企業內部的溝通與協調。它的主要功能有企業文化的散播、公司政策方針的宣導、企業識別系統 (CIS)，以及關係企業、協力廠商與經銷商溝通的橋梁。

學者 Robert W. Miller 在其 *Corporate Policies and Public Attitudes* 的著作中，詳列了 250 家公司的董事長和總經理所從事的工作，有哪些是公司公共關係部門活動執掌的範圍。結果發現，有 87% 從事於新聞界關係活動，躍居各項活動的第一位，各項目的百分比請參見表 5.2。

表 5.2 公共關係部門活動執掌範圍

項目名稱	百分比	項目名稱	百分比
新聞界關係	87 %	產品報導	54 %
社區關係	76 %	內部傳播	54 %
準備股東年報	73 %	民意研究	51 %
撰寫講稿	73 %	政策建議	49 %
其他出版品	68 %	參加所有主要政策會議	31 %
在公共態度方面接受管理當局諮詢	63 %	顧客關係	27 %
公共事務	57 %	員工關係	26 %
美術設計與影片	57 %	供應者關係	9 %
股東關係	56 %		

資料來源：Robert W. Miller, *Corporate Policies and Public Attitudes*.

5.5 公共關係的活動類型

Joseph Straubhaar 及 Robert LaRose (1996) 列舉出公共關係活動的類型，請參見表 5.3。

綜觀國內外文獻大多採自學者 David W. Wragg 的文獻資料。他以醫院為例，將公共關係活動類型歸結為下列 27 個項目。

表 5.3 公共關係活動的類型

年度報告書	錄音帶與高密度硬碟
公司簡介、廣告傳單、宣傳傳單	商業性廣告
宣傳人員	公共服務廣告
記者招待會	立法方面的聲明
新聞稿	贊助各種體育活動
報章雜誌中的社論或評論	贊助各種慶典項目
演講會	開放公眾參觀工廠或辦公地點
專欄文章或專題報導	舉辦各種技術研討會
影像新聞稿	舉辦各種公眾說明會
衛星廣播媒體	舉辦各種幻燈片展示
舉辦各種獎勵旅遊	成立發言人室
影像會議	舉辦各種民意測驗及調查
電話會議	拜訪重要人物
展覽會與展示說明會	推出新型的產品
照片	舉辦各種會議與集會錄影帶及影片

資料來源：Joseph Straubhaar & Robert LaRose. *Communications Media in the Information Society.* 涂瑞華譯。

❖ 新聞發布 (press releases)：與醫院有關的消息均可以此方式爲之。

❖ 個案經歷或研究 (case histories or studies)：例如，就病患對其服務滿意之資訊傳遞給公眾。

❖ 特寫文章 (feature articles)：以一位專業人員或業界的觀點立論，特寫文章可以突顯醫院形象，尤其是在專業性的刊物，更是如此。

❖ 正文廣告 (advertorials)：法規限制內所刊登有關醫院之廣告 (如夾報)，這在臺灣並不如美國興盛。

❖ 專欄訪問 (editorial interviews)：新聞記者針對醫院有興趣的主題所寫的專欄。

❖ 招開記者會 (event press support)：邀請新聞記者參加特殊活動，並就有關醫院組織及活動的內容提供消息讓記者採訪。

❖ 分析師簡報 (analysts' briefings)：此乃對於與政府溝通方面而言的金融性溝通項目。

❖ 政治性遊說 (political lobbying)：這是醫院爲確使地方性、全國性的政治人物注意到組織問題及目標，所做的公共關係活動。

❖簡訊及刊物 (newsletters and publications)：包括各式各樣技巧，從簡單的簡訊到報紙及雜誌不等。

❖錄影帶及影片 (vedio and film)：這種方式較一般印刷物要來得進步。

❖會議及研討會 (conferences and seminars)：適合於內部或外部的公眾。

❖產品發表會 (product launches)：此包括新手術的開發成功及新專科的設置等。

❖特殊事件 (special events)：除了一般的贊助性活動外，尚包括政治人物的訪問等。

❖推廣項目 (promotional items)：係公共關係一部分。如一般牙醫診所贈送的牙刷、牙線等。

❖企業形象推廣 (corporate image)：如義診、贊助慈善活動及募捐等。主要是藉此提升內部及外部公眾對醫院的認同感。

❖圖書館推廣 (hospital library)(Walker ME.1995)：這在美國備受重視，可為醫院增加一個新的行銷機會，亦被視為公共關係的一部分。

其他項目尚包括：

❖義工招募。

❖員工聯誼。

❖醫病關係處理。

❖社區活動。

❖院內展覽。

❖發言人制度。

❖公益活動。

❖危機處理。

❖醫院識別系統。

❖同業關係處理。

❖市場調查。

5.6 公共關係的工具與媒介

✥ 工具

國內學者將公共關係的工具分為五大類：

❖ 可自行控制傳播媒體的利用：包括機構刊物、手冊、簡介、書籍、信件、通訊、會議紀錄、布告牌、海報、自由取用資料架、公共關係廣告、會議、演講、直接郵寄、電話、傳言、謠言、電影、幻燈、錄影帶、閉路電視、陳列展覽、事件、藝術設計。

❖ 無法自行控制傳播媒體的利用：包括印刷媒體的報紙、雜誌與書籍，以及語言媒體的廣播、電視。

❖ 公共關係文字工具的處理：例如新聞發布、簡訊、公司定期刊物、分送的宣傳印刷品、股東年報、公共關係廣告。

❖ 公共關係語言工具的處理：亦即面對面的溝通、演講、談判、新聞記者招待會、記者餐會及記者旅遊、記者採訪、會議與言談。

❖ 視聽設備的應用：包括電視、錄影帶的利用、廣播、電影、靜止畫面的視聽工具、室外標示、公司識別系統、臺灣最近興起的電子傳播。

✥ 工具的類別

依公共關係的對象與目的，公共關係工具可大致歸納為下列幾項：

❖ 公司刊物：主要針對員工關係，有時也可以運用到顧客、經銷商或股東關係。

❖ 手冊、書籍：
(1) 手冊：可以包括員工手冊或經銷商手冊。
(2) 書籍：是針對員工關係而編印的。

❖ 信函：可以用於員工關係、顧客關係、社區關係、股東關係及新聞界關係。

❖布告牌、海報：主要針對員工關係，海報也常針對顧客關係。

❖宣傳資料架：主要存放公司的宣傳資料，可提供給員工、社區民眾或公共場所的一般民眾自由取閱，以達到公共關係傳播的目的。

❖會議：主要為員工關係，有時可用於社區關係。

❖演講：適用於員工關係、社區關係或股東關係。

❖郵寄宣傳品：針對顧客、股東、社區民眾及新聞界等關係。

❖視聽器材：包括影片、幻燈片、錄音帶等，主要用在員工集會，或有關人員或團體前來訪問參觀時做簡報之用。影片及幻燈片亦可用於電視廣告。拍攝精短又有極好內容的影片，方便到各處去放映。

❖陳列展覽：多在社區、公共場所、慶祝會上或股東會上舉行。

❖發布新聞與記者招待會：主要為新聞界關係，並藉此促進廣大群眾的關係。

❖開放工廠參觀：對象廣泛，通常包括股東、顧客、政府機構、社區、經銷商、教育界及新聞人士等。

❖公共關係活動：如顧客活動、慶典、酒會等。

　　以醫院為例，醫院公共關係工具分為對內部員工、對社會大眾與對新聞界。

❖對內部員工的工具
　1.醫院訊息。包括病人手冊、醫院簡介、醫院月刊、員工手冊。
　2.社交活動。
　3.學習機會。
　4.新進人員訓練。
　5.意見溝通。
❖對社會大眾的工具
　1.院方主管演講。
　2.民眾急救訓練。
　3.社區活動。
　4.社團參與。

❖對新聞界工具

記者會與新聞稿。

由上述可知，一個組織機構由於性質 (營利與非營利)、產業別以及公共關
係對象的不同，所以採用的公共關係工具也不盡相同。公共關係專業人員非常
重視大眾傳播，因為公共關係一詞，顧名思義，就是要與公眾發生關係。以下
針對公共關係與大眾傳播媒介做一探討。

 ## 5.7　公共關係與大眾傳播

Edward Bernays (1961) 曾敘述過下列一段話：公共關係的三個構成要
素，與我們所處的社會有著相同久遠的歷史，就是通知 (informing)、說服
(persuading) 人們，以及將人與人相互整合 (integrating)。要完成這些目的時所
採行的途徑或方法，會隨著社會的變遷而發生改變。在一個先進的資訊化社會
中，如同我們今日所處的社會，各種觀念的傳播是藉由報紙、雜誌、電影、無
線電廣播、電視以及其他的方式來進行。

大眾傳播媒體的發展，是從書籍、報紙開始，然後是雜誌、電影、廣播與
電視等相繼出現的媒介。從媒介的性質而言，又分為「電子媒介」與「印刷媒
介」。

1. 電子媒介：是指運用電子訊號與電磁波傳遞的媒介，包括電視、廣播
   等。
2. 印刷媒介：是指運用印刷物傳遞訊息的媒介，包括有書籍、報紙、雜誌
   等。

對於許多在公共關係部門的工作者而言，媒體關係似乎是公共關係最重要
的活動。事實上，公共關係職務的重要性很少能夠超越媒體關係的。雖然公共
關係所提供的活動較為廣泛，然而媒體關係只是其中之一而已，但是如果說媒
體關係是公共關係中最重要的活動，也並不為過。

大眾傳播媒體乃是專門為個體 (包括個人、團體、政府機構、工商企業等)

與社會大眾相互接觸、傳達訊息而成立的企業。

大眾傳播媒體的特性

任何單位、組織均可利用大眾傳播媒體以傳達訊息，因此大眾傳播媒體最適合成為公共關係的工具，因其具有下列特性：

❖ 普遍

大眾傳播媒體不論報紙、雜誌、廣播、電視，皆已成為家家戶戶必備、人人必看的精神生活糧食。不論各行業、男女老幼，因其興趣、教育程度，以及對大眾傳播媒體的選擇或訴求重點不同，所以各項大眾傳播媒體的內容亦隨之有異，以求適應。因此，只要透過大眾傳播媒體，均能達到與其理想對象接觸的目的。

❖ 迅速

受工業、交通與通訊進步之賜，今日的大眾傳播媒體都能以最迅速的方式向大眾提供訊息。因此，具有時間性的訊息，必須利用大眾傳播媒體，始能不失時效。

❖ 真實

各種大眾傳播媒體為維持其信譽，對於訊息之處理皆力求真實，從而獲得閱聽大眾的信心，因此其影響力也特別地深遠。

❖ 評論

對於重要的訊息，大眾傳播媒體通常由資深記者、主筆或聘請專家做分析或評論，最常見於報章雜誌，或廣播、電視新聞報導，此項評論尤能發揮領導輿論的作用。

大眾傳播媒體差異特性

Rubin (1976) 對於大眾傳播媒體差異特性的研究見解，有助於如何選擇適

當的媒介：

❖ 速度：通常最快的是廣播，其次是電視、報紙與雜誌。

❖ 深度：深度和速度是成反比的。最慢的傳播媒介通常是最具深度者。

❖ 廣度：雜誌是四大媒介中較具廣度與趣味的。相較之下，報紙、廣播與電視的報導則過於狹窄。

❖ 普遍性：幾乎每個人皆可以接觸到廣播與電視；在美國，報紙可普及 90% 以上的家庭；有三分之二的美國家庭至少訂閱一份雜誌。

❖ 恆久性：雜誌最具恆久性，其次是報紙。幾乎沒有人會把廣播和電視節目保留起來。

❖ 地方性：在臺灣，報紙與廣播節目較具有地方色彩；相形之下，電視與雜誌則較具全國性質。

❖ 開放性：

(1) 雜誌是一個真正開放，並迅速傳播新觀念的大眾媒體。例如，你可以隨時出版你撰寫的書或雜誌，並且分送給你的讀者。

(2) 報紙是半開放性的。

(3) 廣播與電視則都是閉鎖性的。

❖ 感官參與性：

(1) 報紙有圖片，雜誌多附有圖片且為彩色印刷，但都只能滿足視覺的觀感。

(2) 廣播只能滿足聽覺。

(3) 電視可以同時滿足視覺與聽覺，它還具有動態且多彩的畫面與音效。

❖ 可靠性：傳統上，印刷媒介被認為比廣播或電視更有可信度。但最近的調查顯示，大多數人已相信電視的可靠性更勝於報紙或雜誌。

由於大眾傳播媒體具有上述各項特性，因此無論是政府機關、營利與非營利企業的公共關係工作，均重視這些特性，儘量產生正面、有利的作用，而避免負面、有害的影響。

大眾傳播媒體好像交通網路，各網路通達不同的群眾。公共關係人員所欲傳播的對象都在這網路之中，問題在於如何找出有效的傳播網路，把訊息送到

特定的群眾面前。於是我們必須對於有關的大眾傳播工具之性質加以了解。

傳播媒體的種類很多，而印刷媒體是最有效的媒體之一，讀者從中吸收得最多。在閱讀過程之中，可以中途停頓，用心思考；也可以重複翻閱，並且收藏。

❖ 在印刷媒體中：

(1) 報紙的發行最為迅速，數量最大，影響也最為深遠。

(2) 雜誌的發行較慢，但可以直接送達特定類別的群眾手中。

(3) 書籍的發行最慢，但其影響力最為持久。

❖ 在語言傳播媒體中：

(1) 電視的影響力最大。看電視如同身歷其境，其傳播效果非印刷媒體所能及。

(2) 其次是廣播。電臺的優點是彈性大，可在任何場合播出，且訊息的準備及播放均比電視簡單，而且成本低廉。

由於公共關係的手法很多，涵蓋範圍廣。知識的推廣除了藉由教育及政府宣導外，傳播媒體是最有影響力的一環。

 ## 5.8 企業公關的方法與目的

公共關係的目標與任務必須透過有系統的規劃與執行，方能達到其預期的成效。企業組織由於產業型態、發展階段以及面對的公眾對象不同，所以採行的公關運作模式亦不盡相同。以下將探討幾位國外學者所提出的公共關係模式。

學者 Grunig 和 Hunt (1984) 以溝通的互動程度以及資訊透露的程度，就公共關係活動的執行，將企業的公關活動模式歸納為下列四種基本模式，並彙整如表 5.4。

表 5.4 公共關係活動四種模式的特性

特性	模 式			
	新聞代理	公共資訊	雙向不對等	雙向對等
溝通目的	宣傳	傳遞訊息	有系統的說服	相互了解
溝通本質	單向，資訊不完全真實	單向，資訊重真實	雙向，不平衡效果	雙向，平衡效果
溝通模式	發訊者／收訊者	發訊者／收訊者	發訊者／收訊者回饋	團體／團體回饋
研究本質	甚少相關研究	甚少研究，但會做可讀性測試與讀者研究	態度的形成與評估研究	促進了解的形成與評估研究
代表人物	P. T. BARMUM	Ivy Lee	Edward L. Bernays	Bernays 教育工作
運作場合	運動、娛樂場所產品推廣	政府、非營利組織、企業	政府、非營利組織、企業	正規的企業、機構
運作比例	15%	50%	20%	15%

資料來源：Grunig & Hunt (1984).

❖ 新聞代理 (Press Agentry / Publicity) 模式：透過單向溝通傳遞不完整的訊息，以宣傳和媒體報導為最大目的，促銷企業形象或產品。

❖ 公共資訊 (Public Information) 模式：透過單向溝通方式告知公眾正確客觀的訊息，而非虛擬或誇大不實的報導，主要目的在於告知及說服大眾。

❖ 雙向不對等 (Two-way Asymmetric) 模式：透過雙向溝通達到說服社會大眾的目的，公關人員與公眾之間有相互交流，但其溝通結果僅利於企業組織。

❖ 雙向對等 (Two-way Symmetric) 模式：此種模式以雙向溝通為主，其目的係在於增進企業與公眾間的相互了解，溝通結果通常是雙方互蒙其利。

公共關係的策略

學者張映紅依企業公共關係的策略，分為宣傳型、交際型、行銷型、社會型、維繫型、進攻型、防禦型、矯正型等八大類型，分述如下：

❖ 宣傳型：宣傳型公共關係即運用各種傳播媒介和溝通的辦法，以宣傳企業、傳播信息爲中心的公共關係活動。其具體形式多樣，不拘一格，例如，記者招待會、新產品展示會、經驗或技術交流會、演講會、公共關係廣告、公共關係刊物、企業開放參觀、各種典禮和儀式等。

❖ 交際型：交際型公共關係主要是借助人際傳播，達到與公眾聯絡感情、增進友誼爲目的的公共關係活動。其具體形式很多。例如，懇談會、聯誼會、宴請、酒會、個人交流、拜訪、信件往來等。

❖ 行銷型：行銷型公共關係活動的主要目標是促銷，如果策劃巧妙，精心安排，往往能實現行銷目標，又可爲企業形象增添光彩。

❖ 社會型：社會型公共關係是指企業主動參與某些社會公益活動，以此擴大企業影響，獲取公眾的好感和信任。通常，選題得當、精心策劃的社會型公共關係活動，可以引起社會強烈的迴響，並且可能在較長時期內發生效應，進而極積地樹立及鞏固企業的形象。社會型公共關係活動的形式有各種贊助活動，例如，社會公益活動、參與社會文化、科技、教育、藝術、體育、環保活動等。

❖ 維繫型：由於公眾是複雜多變的，且對企業的注意力也往往不能持久，所以，企業必須不斷地向他們出示「證據」，或以某種方式「提醒」公眾，使他們對企業有更新、更深的認識與了解。維繫型公共關係就是基於這種想法來開展活動，以達到不斷鞏固企業形象的目的。維繫型公共關係活動的形式多樣，只要在企業力所能及的範圍內，所有有利於鞏固企業形象，維繫和加強與公眾雙向溝通的、富有新意的事件或想法，都可以成爲策劃維繫型公共關係活動的「源頭」。例如：許多企業組織的「顧客俱樂部」及各種 VIP 的溝通活動，其目的就是意圖維繫企業與顧客之間持續、良好的關係。

❖ 進攻型：進攻型公共關係通常是採取主動出擊的方式，以周密準備精心策劃的公共關係活動，來達到提升企業形象的目的。因此，從目的看，進攻型公共關係更具擴張性。從效果看，優秀的進攻型公共關係策劃方案，往往可以擴大企業影響，促使企業形象得以顯著提升。

❖ 防禦型：防禦型公共關係是企業爲針對或防禦經營和管理上可能出現的

「失調」或「危機」，所採取的一種公共關係對策。其出發點是掌握「潛在公眾」形成的時機，以及時尋找對策，將問題消弭於萌芽時期，並藉此作為宣傳企業形象的契機。因此，對於精心策劃的防禦型公共關係活動，如果構思精巧、實施嚴密，通常可以為宣傳企業形象發揮非常好的作用。

❖ 矯正型：矯正型公共關係是指企業在面臨重大問題和危機時，能開展科學性的公共關係活動，以達到解決問題、矯正形象、扭轉公眾態度、幫助企業走出危機的目的。

建立企業形象

　　企業形象是社會大眾對企業的總體認識與評價，而塑造良好的企業形象則是一切公共關係工作的核心。因此建立企業形象最重要的目標，是讓一般大眾對該企業產生正面形象，相信企業在生產過程與產品、服務品質等方面有卓越表現。為了要達成「正面形象」的目標，近年來企業公關採取了多元化的策略：

❖ 建立企業識別系統 (Corporation Identification System, CIS)：

　　所謂「企業識別」，是指將企業的經營理念、經營方式、管理特色、精神文化及行銷、公益活動，透過整體的規劃設計，以視覺溝通的方式使企業在市場競爭中成為個性鮮明、輪廓突出的企業體；也就是以視覺設計為手段，傳達企業的精神，使之有別於其他競爭同業，使消費者對於其企業形象產生共識，進而達成企業整體目標的系統。其目的在於全面整理、革新、提升企業形象。將企業理念與文化，運用統一的傳達識別系統，傳達給企業的內外公眾，並使其對企業產生一致的認同感和價值觀，在消費意識抬頭及市場激烈競爭下，如何善用企業的各項資源，創造企業良好形象、獲得社會大眾的認同與喜愛，已成為公司重要的課題。其組成要素有三：

1. 企業理念識別 (Mind Identity, MI)：包括企業的經營理念與經營策略、事業目標、社會扮演的角色等，是企業識別系統的中心架構。一種向企業內部集中，藉以強化共同體的凝聚力。

2. 企業行為識別 (Behaviour Identity, BI)：在企業理念指導下，對企業生產經營活動各方面行為所呈現出的總體態勢；如銷售態度、待客禮儀、員工形象及舉止、積極度等。亦即透過動態的活動或訓練形式，建立其企業形象，係企業實踐經營理念與創造企業文化的準則。

企業員工的個性、心態與喜好會很深刻地影響品牌內涵。視覺識別系統是可以用金錢造就，但行為識別系統卻是需要企業投注心力，從選才、育才、用才等多方面去培養。

一個品牌內涵的傳達，除了 VI 等硬體設備外，更需要 BI 等軟體與客戶接觸的員工，尤其對於品牌內涵的傳達產生決定性的作用。

3. 企業視覺識別 (Visual Identity, VI)：以視覺上的設計讓社會公眾能直接識別、聯想到企業。將企業理念、文化特質等經由視覺設計規劃出標準化、統一性的系統，以彰顯企業獨特個性，塑造企業形象。

透過商標、店面招牌、包裝、店面售點廣告 (POP)、廣告宣傳物或制服等可見性媒介，表達品牌的內涵。

例如：Timberland Logo (品牌符號) 以水及樹的圖形構成，突顯其野外休閒的品牌個性、使用者形象等品牌內涵。Timberland 的木質底色招牌，大量使用木料顏色的裝潢、包裝及銷售員休閒的穿著，更是強化戶外休閒的品牌內涵。

由上面我們了解到企業識別系統建立的工作，係指在企業競爭的市場，為區隔相同性質的競爭企業和為確立自己企業經營定位的特點和風貌，並明確地告知消費對象，企業本身經營的方針和服務點，經由企業內外上下員工的意念溝通、建立共識，並請專業設計師參與，將企業 CI 的本質加以視覺符號化，達成 CIS 整體系統的完成。

例如，宏碁企業標誌視覺識別體系：

圖 5.2　企業標誌與標準字組合

❖主動關懷公共議題，並採取明確立場

　　近幾年來，許多企業開始注意到藉由公共議題來建立形象的重要性，許多企業基於「永續經營」的原則，勾勒綠色經營的藍圖，其目的即在藉著管理與生產上的改革，注入更多公益理念，以達成企業重建經濟與科技秩序，並在政治與社會議題上達到平衡的效果。

❖建立發言人制度

　　企業設置發言人制度的好處是，當企業有經營上的問題，或是產品被發現有瑕疵導致消費者利益受損，或是外界 (特別是媒體) 詰問該企業可議的作為時，該企業統一發言口徑，授權由發言人根據公司的立場發言。一名盡責的發言人，應主動向外界解釋該企業政策與解決問題的對策，協助媒體與消費者澄清疑慮，以免外界對企業的誤會擴大，終至不可收拾。

資訊服務

　　提供企業的產品與服務資訊給公眾、提供參考新聞稿與相關資訊給媒體是公關重要的工作項目之一。媒體關係例如開記者會，為高級主管安排媒體訪問等。設置客服中心與熱線詢問電話，以回答消費者、零售商、政府主管單位、社區居民電話或信件的詢問。

行銷公關

「行銷公關」係指一個產品、一個構想,或是一項服務,透過各種與消費大眾接觸的手段,來幫助完成交易目的。為了配合新產品上市,企業的行銷部門會整合不同的溝通策略,雙管齊下,以結合新聞媒體與廣告媒體的方式,來幫助產品打開知名度。

對於無力耗費鉅額廣告預算的產品而言,適當地運用公關技巧,可以造成與廣告等值的效益。然而,並非所有的產品或服務行銷都可透過公關的協助來達成,端視其是否具有新聞性、符合社會脈動、或是可以借用的話題等利基。

公共關係在產品行銷上的運用技巧包括:

1. 對新聞媒體發布關於新產品的消息稿,並藉由建立新聞角度與新聞話題的方式拓展市場,開發潛在消費者。新聞稿的即時發布,可增強產品的廣告效益、提高產品知名度,並助長市場競爭能力。一旦產品的參考新聞稿獲得媒體採用,可被視為有利的宣傳資料,在產品銷售的過程中發給潛在消費者參考,有助於建立消費者的信心與信賴感。

2. 提供專家、學者或使用者的「第三證言」(third-party endorsement);亦即引用這些消息來源的發言內容,為產品的特性或優點背書,使其成為具新聞價值的話題,也可影響意見領袖的觀點。

3. 提供工商媒體關於產品或是服務的銷售數據,便於工商記者撰寫產業分析類的新聞,並將公司或客戶建立為特定產品或產業的領導者或權威消息來源。

例如,富豪推出新休旅車 XC90 時,先發動公關攻勢,而不是花費鉅額預算大做廣告。富豪的行銷人員首先找出重要的記者,在開發階段時就邀請他們參加。後來這些記者跟設計師、工程師與安全專家,針對完成的汽車進行上市前評估,他們親自駕駛這款汽車,並撰寫很多相關報導,讓一些具有影響力的關鍵人士留下深刻印象,以形成良好的口碑。此舉使富豪在預售時,就獲得七千五百輛的訂單,也為富豪贏得北美年度最佳貨車獎,以及《汽車趨勢》雜誌

的年度最佳休旅車獎。綜觀富豪在整個的銷售過程中，並沒有花掉任何廣告費。

投資人關係

包含了新上市的公司股票宣傳企業形象、編寫公司介紹、維持與現有投資人關係、籌辦年度的股東會議。當企業增資、與其他企業購併，或有任何轉變足以影響投資意願或是股市價格時，企業公關人員就會適時地對外發言，傳遞正確的資訊等。上述均屬企業公關部門在投資人關係上的工作項目。公關人員於此仍扮演一個提供資訊的角色，增進投資人或潛在投資人對於該企業的認知與了解。

社區關係

企業也是社區的成員，它與社區居民的互動關係，不僅影響企業形象，也牽動該企業的永續生存。近幾年來，臺灣許多大型企業的工廠與地方居民屢屢因為發生糾紛，例如環保問題的抗爭，這多少反映出臺灣的企業長期漠視社區關係的建立。

員工關係

此一公關工作項目通常與大企業的人事部門、員工福利部門或人力資源訓練部門等重疊。雖然這些部門屬性有所不同，但它們都是以處理員工事務為主。舉凡企業內部刊物的編輯、編寫員工手冊、解說員工福利、介紹公司概況、企業基本目標與政策、籌辦員工在職訓練、準備視聽資訊與教材、協調員工進行在職訓練、設立員工申訴管道、勞資糾紛發生時對外發言等，皆是屬於員工關係的範圍。

遊說與政治公關

　　許多企業會積極透過各式溝通管道遊說立法單位，影響攸關企業生存權的相關法令制定。這可將政治公關視爲「企業界的政治投資」。企業以公開的管道，或與立法委員合作召開公聽會，或委託民意調查單位了解民眾態度，或由高級主管親自撰稿表達對政府政策之立場，藉此影響政府與一般民眾對於這些法案與議題的看法，進而影響政策之制定。

5.9　公共關係組織

　　按地區別、功能別、群眾別以及綜合畫分，將公共關係部門的組織列舉如下 (圖 5.3、圖 5.4、圖 5.5、圖 5.6)：

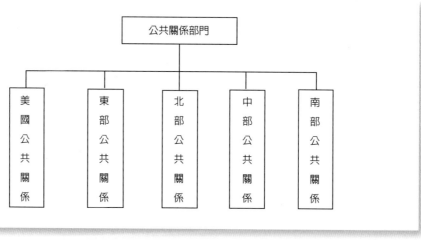

圖 5.3　公共關係部門組織圖：按地區畫分

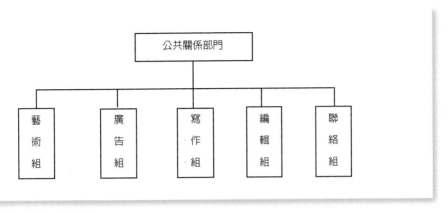

圖 5.4 公共關係部門組織圖：按功能畫分

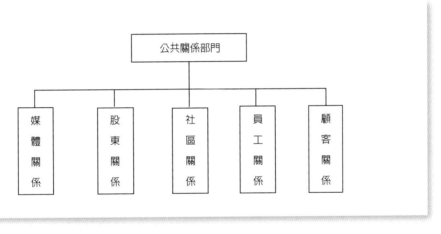

圖 5.5 公共關係部門組織圖：按群眾畫分

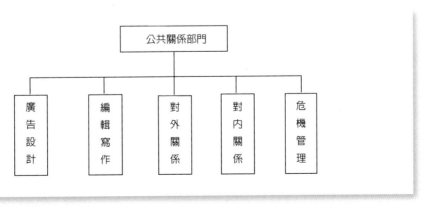

資料來源：張在山，《公共關係學》。

圖 5.6 公共關係部門組織圖：按綜合畫分

按地區別畫分通常應用在規模較大，且分支機構分布甚廣的組織。按功能別畫分可以享受到職業分工之利。按群眾別畫分為最正常合理的組織。原則上，公共關係人員為群眾問題專家，對群眾最為接近，也最為了解。綜合畫分兼有功能畫分與群眾畫分的優點，最為實用。

公共關係的功能日漸受到企業的重視，企業家已開始了解到，公共關係在企業的組織體中已逐漸占有重要的地位。因此由從早期的委任顧問公司形式，逐漸地在企業中自設公共關係部門，形成了公共關係組織的兩大主流。

5.10　危機管理

近年來，公關已經分支出另一門專門學問，即危機管理 (Crisis Management)。由於危機、緊急事件或天災人禍通常都是公眾關心的事件，因此每當企業陷入危機，其試圖挽救的舉措都會引來公眾的關心，或加以公開的批評。大眾對於企業處理危機的所有表現都會銘記在心，甚至有些不良的印象還會影響企業的運作及生存。

危機處理的公關運作是現今公關學中發展特別快速的一環，在許多企業的公關部門裡，危機公關的運作已成為其重要的項目之一。

公關人員對危機處理的貢獻，在於協助企業及高階管理人員找出問題。公共關係是針對一些可能阻斷企業關係的未來趨勢、事件及議題作出預防措施；而監測活動、正式及非正式的拜訪活動，都是有助於危機規劃的有用技巧。

危機管理是公關實務中的一個專業領域，它還涉及到未來管理，必須試著預測可能會干擾企業重要關係發展的事件。公關對危機規劃及危機餘波管理有極大的貢獻，在以往的經驗中，在很多影響層面極廣的災難中，都肇始於日常及人為的小災難，所以在面臨強大的競手壓力，會為企業帶來更具威脅性的處境，這些趨勢顯示公關在管理中的地位日漸重要，因為透過公關可以紓解一部分危機管理的壓力。

對組織而言，沒有比危機管理有更大的考驗與挑戰。危機管理主要是預期災難的可能性和計畫如何處理壞消息，並安撫所有受影響的大眾。

　　現代公關的危機管理是防範危機於事先，運作危機於事中，善後危機於事後，將危機所造成的損失減到最低，且化危機為轉機，再創契機。在管理危機的過程中，有三項原則：

1. 了解事實的真相，這樣才能依狀況尋找正確的解決方式。
2. 當機立斷，立即處理，才能使損失減至最低，甚至化危機為轉機。
3. 矯枉過正，提升形象。矯枉過正通常被認為是一種偏差的行為，但在危機發生時，企業形象必然受損，此時一定要採取矯枉過正，也就是必須做得更好，才能重新取得大眾的信心與肯定。

　　因此，學者張在山將危機處理定義為「來自同業或公司本身的問題或事件，經傳播媒體報導之後，因而可能影響公司信譽、銷售或正常營運。公司針對此種發生之危機，所預先訂定之處理計畫或舉行之演習謂之」。

　　公司危機可分為下列三類：

❖ 商品方面：商品遭受汙染、中毒事件、傷害、商品缺陷、仿冒、改裝、品質及價格爭議等。
❖ 員工方面：罷工、詐欺或盜用、工作傷亡、怠工、員工不平與動盪等。
❖ 意外事件：火災、地震、颱風、搶劫、盜竊、暴力、恐怖、重要人員死亡、廠房及機器毀損或停工等。

　　我國政府自解嚴後政治改革及社會型態改變，以及環保意識抬頭，公害問題等層出不窮。又由於勞資糾紛的發生，更促使企業界重視「危機管理」，進而考慮並刺激公共關係的高速成長，建立溝通管道、重視員工意見的表達。若干企業多採取明確誠懇的處理方式，學會危機事件的處理原則，化解企業危機，這正是公關教育修正企業處理危機的態度。企業由危機處理的經驗中，開始重視與社區居民的關係，儘量以溝通取代漠視、以行動展開誠意，爭取廣大民意支持，以利企業的穩定成長和促進社會和諧，共同為安定社會促進經濟發展而努力。

實例個案一：高雄縣長就職五週年慶祝活動企劃

企劃主旨：為慶祝余縣長就任高雄縣長五週年，特舉辦一系列慶祝活動，並藉活動之舉行，充分運用各項媒體功能及相關宣傳運作，將高雄縣的人文成就、自然景觀行銷全國，建立高雄縣為全方位發展的人間樂土。

主辦單位：高雄縣政府

承辦單位：高雄縣立文化中心

活動日期：87 年 12 月 24 日 (四)

活動時間：16：00～17：00 遊行
　　　　　19：30～21：30 晚會

活動內容：

A、打狗有情逗陣行

　　活動主旨：藉著遊行活動團結民心，拉近余縣長與民眾之距離。

　　活動方式：一、請余縣長扮成聖誕老公公，加上近百位聖誕天使，一起搭著雪車遊街、並沿途發送糖果、餅乾。在感恩歡樂的日子裡，與民同歡樂。

　　　　　　　二、邀請「搖滾列車──打狗亂歌團」一起參加遊行行列。

B、【南國搖滾平安夜】高雄縣余縣長就職五週年晚會

　　活動主旨：藉晚會的舉行，團結高雄縣民的心。

　　活動方式：一、平安連線──與桃源鄉原住民活動現場連線，突顯高雄縣境各族群相互融合歡樂無界線之意義。

　　　　　　　二、勁舞熱歌表演──邀請全國知名藝人現場與民同歡，共同祝賀余縣長就職五週年慶及慶賀聖誕佳節的來臨。

　　　　　　　三、全民大飆舞──邀請南部知名樂團現場演唱，讓全民一起在感恩、歡樂的日子裡同歡共樂。

　　結語：本次活動的目的在結合聖誕佳節歡樂氣氛，並藉聖誕感恩的特別意義慶祝余縣長就職五週年，一方面表示余縣長感恩民眾的支持；另一方面也讓民眾感恩余縣長對高雄縣的貢獻。

成果展示 ～民眾日報 87年12月17日（四）

南國搖滾平安夜 縣長報佳音

24日余政憲將率一百個聖誕老公公組雪車隊遊街

【記者張令瑜鳳山報導】耶誕節的腳步近了，為了與民眾一同慶祝，縣長余政憲將於二十四日下午帶領一百個聖誕老公公組成雪車隊遊街，晚上在縣府前庭還舉辦了一場別開生面的「南國搖滾平安夜」大型晚會，愛熱鬧的朋友們千萬不可錯過這場難得的耶誕音樂盛宴。聽到歡樂的音樂，大家已看的到佈滿火樹銀花的耶誕節的街景了。

為了讓民眾有個不一樣的聖誕節，同時慶祝縣長就職五週年，高雄縣政府特別在二十四日下午設計一個「打狗有情逗陣行」的活動，由余縣長帶領一百個聖誕老公公，一組成雪車隊遊街，從國父紀念館出發，繞行回縣府，沿途將發送小點心、禮物給民眾，並搭配晚上七時在縣府前庭舉辦「南國搖滾平安夜」大型晚會，勁爆樂團共襄盛舉，邀請知名藝人與民眾共度佳節，更特別的是晚會中將利用電視傳訊與距離百公里外的桃源鄉布農族連線，二地共賀佳節慶晚會歡同報佳音，這次的文化中心主任王長華表示，這次的活動對老少咸宜，歡迎大家一同來共襄盛舉，以帶著小朋友一同加入聖誕老公公的遊行車隊，晚上更可以拿到聖誕老公公的禮物，晚上可以在縣府廣場欣賞大卡司的晚會，絕對讓你不虛此行。林大道上飆舞，絕對讓你不虛此行。

▶由縣府舉辦的耶誕晚會中，將利用電傳視訊與距離百公里外的桃源鄉布農族歡慶聖誕晚會連線。（記者張令瑜鳳山拍攝）

實例個案二：民進黨2018高雄市長辯論

致　文教記者

誰最適合代表民進黨參選2018高雄市長
我沒權利投票但有話要說！
港都青年熱血推薦逐鹿高雄市府

〔本報訊〕由高雄市辯論學會主辦的「誰最適合擔任2018高雄市長──世紀大辯論」，將於明年度寒假後舉辦，預計邀請全國24所高中職與大專院校隊伍參加。

　　高雄市辯論學會總幹事葉鳳強老師表示，這次大會辯題「2018高雄市長應由誰擔任？」的設立，主要是為了提供未來國家棟樑意見表達的場合，更是為了透過辯論思考與比較的過程，讓處於臺灣最重要經濟位置的大高雄，可以吸納更多各地青年精英學子的意見，作為擘畫未來藍圖的思考方向。同時亦是針對高雄市民最關心的2018高雄市長議題進行探討，提升年輕學子對公共政策的關懷與建言能力，雖然高中職學生沒有權利投票，而大專院校同學也被當成「屁孩」不負責任發言，但能夠大聲推薦自己心目中支持的高雄市長候選人，仍是民主焦點。

　　參與本次世紀大辯論，分別有來自全國各地的24所高中職與大專院校辯論隊伍，為催生各方勁旅報名熱潮，本會將於11月24日(星期五)上午10點30分假臺灣藝術研究院2樓群賢廳(高雄市苓雅區中山二路483號)舉辦「誰最適合代表民主進步黨參選2018高雄市長辯論會」，預計邀請輔英科技大學、義守大學、中山大學與高雄醫學大學等5位大學生，分別推薦高雄市長心中最佳人選，在辯場上一決高下。

　　本次大會採用嶄新的臺灣辯論學會新式辯論制度(簡稱：臺新式辯論)。臺

新式的辯論制度與常見的奧瑞岡辯論制度之間，最為明顯的差異就在於，臺新式的辯論比賽中，一場比賽會有三支以上的隊伍同場較勁，以便因應明年度各政黨的市長候選人。對場上辯士而言臺新式的制度不但是一種新的體驗，更加是一場對思考層次、角度，臨場反應和技巧應用的新挑戰。臺新式的辯論制度勢必繼往開來，在本次龍虎際會的大會之上掀起更多的洶湧波濤。

發稿日期：106年11月20日

發稿單位：高雄市辯論學會總幹事

葉鳳強　老師

CHAPTER 6

直效行銷篇

6.1　直效行銷的定義
6.2　直效行銷的主要通路
6.3　網路直效行銷
6.4　網路直效行銷的方式
實例個案：屏東農業生物技術園區

任何一個傻瓜都會做成一筆生意，然而，創造一個品牌卻需
要天才、信譽和毅力

～戴維‧奧格爾維

6.1 直效行銷的定義

依據行銷學大師 Phillip Kotler，引述美國直效行銷協會 (Direct Marketing Association; DMA) 對直效行銷 (Direct Marketing) 之定義為：「直效行銷是一種互動的行銷系統，使用一種或一種以上的廣告媒介，在任何地點所產生可衡量的反應或交易，而這些活動都儲存於資料庫中。」美國直效行銷協會在其網站上定義，直效行銷為：「任何與消費者或企業直接進行溝通，意圖能直接產生回應的方式 (例如對企業所提供的產品或服務，能直接訂購、詢問更多資訊、或到特定地方去參觀等)」。

直效行銷 (Direct Marketing) 發生在賣方和消費者彼此直接進行交易時，而非透過中間媒介 (如零售商或批發商) 來進行。直效行銷是一種可與個別閱聽者雙向溝通的互動溝通工具。利用郵件、電話、電子郵件、傳真、網際網路等各種非人員的媒體和特定顧客和潛在顧客溝通，以取得他們的直接反應。因此，廣告、促銷和公關皆是單向的溝通工具，而人員銷售和直效行銷是一種可與個別閱聽者雙向溝通的互動式溝通工具。

直效行銷也可透過各種非人媒體的方式，如信件、網路等直接和消費者接觸，並且販賣商品給消費者。因此，直效行銷的本質包括任何媒體都可成為直效行銷的執行媒介，不須透過傳統的通路中間商，其廣告及銷售的效果同時發生、方便建立顧客快速回應系統，且沒有時間、地點及空間的限制。

直效行銷為近幾年來相當熱門的一種行銷方式。它崛起的背景導因於市場需求轉向成熟型消費後，消費者的需求變得更多樣化，對企業所提供的商品及服務的要求也變得更高，因此使得企業必須改變以往針對大眾市場的行銷模式，轉變為以個人市場的角度進行行銷活動。在一般的通路，我們無法與顧客進行第一類的接觸，所以也就無法直接了解他們對產品的感受，進而即時解決對產品的一些疑問；而「直效行銷」利用電視、報紙、廣播、電話、傳真、網路、DM 等媒介，和顧客進行直接的接觸與溝通，這與消費者透過一般通路接觸產品的情況有所差異，因此「不同的個人」可說是「直效行銷」運作的核心，最終目的乃在對顧客創造一個「一對一的關係」(One to One Relation)。

直效行銷亦可稱為直接反應行銷 (Direct-response Marketing)，係提供一些

技術讓消費者能在家中進行購買產品或接受服務，其所使用方式如網際網路 (Internet)、直接信函 (Direct Mail)、型錄與郵購、電話行銷 (Telemarketing)、電波媒體 (Broadcasting) 等。

核心定義

日本早稻田大學江尾弘教授將直效行銷定義為：「企業以消費者基本資料作為基礎加以活用，透過各式各樣的手段，直接提供消費者商品情報，從消費者獲得商品訂單，並提供給消費者商品的行銷組織。這種行銷的概念是結合過去製造業者的行銷和零售業行銷，昇華並垂直結合的企業行銷。」

國內學者黃俊英教授將直效行銷定義為：「不透過零售店，而將商品或服務直接銷售給消費者的消費方式。」

國內學者鄭世藩先生，將直效行銷定義為：「商品直接銷售給顧客，而不必經過中間商參與干涉的行銷方式。」

綜合上述國內外各學者的定義，我們可以明瞭「直效行銷」(亦稱直接行銷) 是透過不同的廣告媒體 (如直接信函、電話行銷、型錄與郵購、電子零售、有線電視、報紙、雜誌、廣播、電子型錄及其他媒體)，與消費者或企業進行溝通的一種互動行銷方式，其意圖能對企業所提供的產品或服務產生直接的回應 (例如直接訂購、詢問資訊或提供展覽商品等訊息)。透過此種方式，消費者與企業不需要直接到展示現場進行商品的選購或接受服務，只要在家中進行 (Home Shopping) 即可，不僅節省時間，更可享受直接送達到家的服務方式。

直效行銷一旦有了確定的目標對象，就可以採用較為個人化的銷售方式，且直效行銷可以進行效果的評估、以及建立長期的經營資料庫，這些特點都有利於顧客之間的關係管理與顧客資料庫的建立。

Lester Wunderman 認為，現代的直效行銷就是關係行銷。而施行關係行銷的關鍵就在於資料庫的建立，利用資料庫以記載及更新目標消費群的個別資料、訂貨紀錄與消費習慣；並隨時與顧客保持連繫，了解其真正需要，以期創造更高的顧客價值。

不少航空公司利用資料庫，為其旅客設計「累計里程卡」的貼心服務；以

及金控公司利用資料庫，爲 VIP 客戶提供專屬理財服務；這些都是直效行銷運用資料庫行銷的典型案例。

6.2 直效行銷的主要通路

消費者一直習慣在商店購買產品或接受服務，但是隨著經濟的繁榮與科技的進步，目前在家購物的情形較過去增加，在家中購物所使用的方式，包括直接信函、電話行銷、型錄與郵購、電子零售、有線電視、報紙、雜誌、廣播、電子型錄及其他媒體來進行。現今較常使用的方式有以下四種：

❖ 型錄與郵購(Catalog and Mail Order)

消費者能夠經由廠商的型錄去購買其所喜愛的產品。在美國，廠商每年寄出的型錄超過一百三十億份，平均每一個家庭，四到五天就會收到一份型錄。

❖ CD-ROM出版品(CD-ROM Publishing)

使用光碟片去儲存各式各樣的媒體，例如儲存書、百科全書、遊戲、產品型錄、教育、或娛樂等其他資訊產品等。

❖ 有線電視行銷(Cable TV Marketing)

業者透過有線電視的購物頻道，直接讓消費者們進行購物；消費者則可以從購物頻道所提供的完整內容，對其購買的產品有相當的了解。

❖ 電子型錄(Electronic Catalogs)

以全球資訊網 (www) 爲基礎，藉由此一開放的網路架構，例如網際網路(Internet)，可以提供給公司另一個銷售產品與服務的新市場通路。以顧客的角度來看，電子型錄可以提供現有市場的產品與服務，以及詳列產品與服務的供應商、產品與服務的購買地點與購買方式，還能隨時地更新產品資料庫以滿足消費者的諮詢。

能夠對顧客和潛在顧客直效行銷的公司，享有相當大的優勢，既不必支付佣金給中間商，也不會與實際買主失去聯絡，或勉強地塞入中間商的通路裡，

他們通常是直接根據來自訂單的訊息從事生產。

　　戴爾電腦 (Dell Computer) 憑藉直效行銷，成為世界最大的個人電腦生產商。起初戴爾公司用電話接單，但是今天則經由網路取得將近 90% 的訂單。顧客說明自己所需要的電腦性能，然後把信用卡資訊告訴戴爾，戴爾則立刻向供應商訂購所需要的零件，在幾天內組裝出新電腦，並運送給消費者。在這個通路中，戴爾很快地收到貨款，卻遲至六十天之後才付款給供應商，從流動現金和價格中兩頭賺取利潤，因而啓發了其他公司從「為庫存生產」，變成根據「訂單生產」。

6.3　網路直效行銷

 定義

　　從直效行銷的發展蓬勃到電子商務的盛行，我們可以說，網路直效行銷的時代來臨了，從激增的線上直效行銷廣告活動，一直到專為服務及建立網際網路市場直效行銷的貿易協會〔Internet Direct Marketing Bureau (www.idmb. org)〕的成立，可見一斑。為什麼網際網路上的直效行銷會有如此大的吸引力？原因就在於除了傳統直效行銷的範疇之外，網際網路還能行銷更廣泛多樣的商品及服務。

　　1988 年，Gruppo, Levey & Co. 所進行的一項研究發現，目前有 73% 的直效行銷是在線上完成交易，卻有將近 43% 收益來自其線上廣告活動。這份研究的對象包括了 Avon (雅芳) 及 L. L. Bean 這類重視網路直效行銷的公司。

　　根據 Grouppo, Levey & Co. 副總裁 Karen Burka 所說：「網際網路事實上開拓了另一種直效行銷市場，而那些直效行銷業者已經知道該怎麼做。」有效的線上直效行銷，為那些能夠在特定價格下販賣的商品與服務奠立了良好的基礎。網際網路讓業者能夠追蹤訂單，以便得知是由哪一個特定網站的某個特定廣告下單，使得直效行銷業者可以非常容易地使用網際網路。

　　如同傳統的直效行銷方式，線上的直效行銷評估廣告效益的基準在於營業額的大小。從廣告價格的觀點來看，直效行銷人員是有許多機會獲利的。由

於許多網站的收益都來自於廣告營收，所以他們會以每次動作 (cost-per-action) 的計費方式來販賣廣告空間。直接行銷業者也可在購買廣告時，知道他們每次銷售或蒐集資料時所需付出的廣告空間。

何謂網路行銷？

網路行銷 (Cyberspace Marketing)，係指藉由電腦網路來傳送廣告訊息，在網頁刊登定期或不定期之促銷活動或廣告以吸引消費者，乃至於完成交易、付款等事宜。但因整個行銷的過程包括產品發展、研究、溝通、定價、配銷及服務等，有些活動公司不願其暴露在大庭廣眾之下，有些則因其性質特殊而無法在網路上進行。譬如，商品實質的轉移，除部分資訊產品如軟體，可以透過網路轉移給購買者，其餘大部分的商品都無法在網路上進行轉移。因此，網路行銷的定義必須適當地加以放寬。所以不妨將網路行銷廣義地定義：「利用電腦網路進行部分的行銷活動。」換言之，只要行銷活動的某個任務透過網路達成，就可以算是網路行銷。

網路行銷無需當面拜訪，即可達到與客戶雙向溝通之目的，網路行銷可充分掌握客戶動態與反應，並利用電腦網路所整理的歷史資訊以了解客戶習性，進而提高成交率。更重要的是，網路行銷可將企業的銷售力完全量化，如果再配合語音訂購及網路訂購系統，這在競爭白熱化且講究服務品質的消費者導向社會中，將是企業贏得競爭的重要關鍵之一。

相較於動輒就要花費上千萬媒體預算的傳統大眾媒體，網路廣告可以使用較低的成本來完成。在資訊爆炸的時代，消費者每天從網路上搜尋各種不同的資訊，也在網路上消費。因此要如何吸引更多的潛在客戶，在執行網路行銷時，可視公司的預算與目的而定，一般網站的訪問量，有 85% 是從搜尋引擎進入。

特性

1. 即時性資訊的傳遞：網路最大的特色就是打破了空間與時間的藩籬，所

以當行銷活動應用於網路上，可以有效提高行銷範圍與加速資訊的流通。

2. 豐富的視訊資訊：因為網路的資訊傳播方式可以不同的形式呈現，對於行銷活動的推廣更富彈性，更能以不同的方式滿足消費者的視覺。

3. 消費者主導：傳統的媒體都是由廣告主主導行銷的活動，消費者只能是接受的一方。由於網路有互動的效果，消費者可依個人的喜好選擇各項網路行銷活動，廣告主也可針對不同的消費者，提供個人化的廣告服務，進而提升行銷效果。

4. 買賣雙方可以互動：所謂雙方互動，是指藉由線上留言板、討論區或電子郵件等方式，讓客戶留下訊息，企業可從中了解顧客的需求，消費者的疑問也因此獲得解答。這樣的立即回應，無形中拉近買賣雙方的距離，服務品質相對地提升。

5. 全球化：因為網路無遠弗屆，其範圍不再只是特定的地區或社團，而是遍及全球。對於企業主而言，建置一個多國語言的網站，因為有了網路的全球化管道，就能快速地做全球化的網路行銷。

6. 降低交易成本：由於全球化的結果，而降低了交易成本。只要上網，不僅可找到製造產品的公司，還因此省下仲介的費用。再者透過網路所獲取的資訊，把資料分類後，就能適時提供消費者想要的資料，更提高了行銷活動的效益。

6.4 網路直效行銷的方式

↪ 電子郵件直效行銷

市場研究機構 IDC 表示，即使在經濟不景氣的影響下，美國網路廣告仍會急速成長。從 2007 年的 255 億美元，成長到 2012 年的 511 億美元，屆時將會超越電視廣告，成為美國第二大廣告媒體。

另外，美國著名的研究公司 Forrester Research 估計，現在約五千五百萬個美國家庭有電子郵件，每天發送的電子郵件超過一億五千萬封。Forrester 更進

一步認為，到 2001 年時，至少有一億三千五百萬人藉由電子郵件做為連繫，最少會超過 2,400 億封的電子郵件被正常寄出。

更確切地說，網際網路非常吸引人，每天有愈來愈多人使用電子郵件，對於廣告商而言，更是一項利基。

電子郵件不僅只有文字 (text) 和 HTML 的格式，甚至還有多媒體的電子郵件選項。

❖ 租用電子郵件名單

租用電子郵件名單之前，必須確定名單上的人是否願意接受廣告；也就是說，要確定之前，可以先詢問持有這份名單的公司是如何蒐集這份名單，這樣可以避免租用到那些利用軟體在各網站上蒐集郵件地址的名單。廣告公司必須確認這份名單是經過當事人同意的，否則廣告廠商可能會收到數以萬計的抗議信件。為了避免廣告成為垃圾信件，廣告商必須尋找合格的名單仲介商。美國合格的電子郵件名單代理商 (如表 6.1 所示)、電子郵件名單服務提供者 (如表 6.2 所示)。

表 6.1　美國合格的電子郵件名單代理商

公　司	說　明
BulletMail (www.bulletmail.com)	BulletMail 提供有目標的 opt-in 電子郵件行銷服務。
Direct Marketing Online (www.directmarketing-online.com)	完整的線上和離線的直接行銷服務，如 opt-in 的電子郵件名單。
PostMaster Direct Delivery (www. postmasterdirect.com)	提供電子郵件名單出租，名單管理／經紀業務和電子郵件名單傳送。
Sift,Lnc (www.sift.com)	Sift 的 Net-Lists opt-in 電子郵件名單網路，讓客戶接觸超過在 B2B 或 B2C 成千上萬不同種類的人。

資料來源：廣告 anytime：網際網路廣告千禧版。

表 6.2 為電子郵件名單服務提供者

公　司	說　明
Acxiom Direct (www.directmedia.com)	美國最大的名單經紀商和管理公司之一。他們為直銷業者提供離線和線上的解決方法，包括 Catalog Link 和 E-mail Campaign Management。
CMG Direct (www.cmgdirect.com)	提供資料庫管理服務、分析服務，以及鎖定「opt-in」的電子郵件名單。
Digital Impact (www.digital-impact.com)	發展量身訂做的電子行銷活動。
PostMaster Direct Delivery (www.postmasterdirect.com)	提供電子郵件名單出租，名單管理／經紀業務，和電子郵件名單傳送。
MatchLogic (www.matchlogic.com)	MatchLogic 的 DeliverE 廣告活動管理服務，包括：找出 E-mail 的對象、調整電子郵件的內容和 URLs、管理廣告活動的推動，以及監控廣告活動的生命週期。
Revnet Express (www.revnetexpress.net)	提供完整的電子郵件管理和傳送功能，同時包括高階的功能，讓公司可以針對人口統計資料或興趣鎖定目標、將訊息個人化、追蹤按鍵點選的行為，或是傳送電子郵件廣告活動。
WebPromote (www.webpromote.com)	將顧客的電子郵件訊息傳送給那些要求收到且迎合他們興趣的網站所公布的目標名單。

資料來源：廣告 anytime：網際網路廣告千禧版。

❖ 內部電子郵件名單(In-house Lists)

　　除了租用的方法以外，廣告廠商也可以建立起內部的直接行銷電子郵件名單。建立自己的電子郵件名單是很有價值且容易的，廣告廠商只要開放或邀請網友參觀他們的網站，然後註冊，以便日後收到每日電子郵件新聞或網站內容更新。廠商可利用此機會將零售據點、現在顧客及潛在顧客等資料放入電子郵件名單中。通常將廣告郵件寄到現有顧客中，或是從網站廣告中發掘出潛在顧客，要比寄給那些租用電子郵件名單上的人來得有用。

❖ 選擇加入(Opt-in)

　　避免落入違規廣告陷阱的最佳方法是使用「opt-in」的名單，「opt-in」指的是用戶要求收到電子郵件。通常用戶可以隨時取消，並拒絕再收到任何電子郵件訊息。

最大的電子郵件直效行銷業者之一是 NetCreations (www.netcreations. com)，他們使用自己的 PostMaster 產品服務。Postmaster Direct Response (www.postmasterdirect.com) 的目標為客戶電子郵件服務，目前擁有八百個電子郵件地址 (超過一百八十萬個獨立的名字)，且涵蓋超過九千個主題目錄，從客戶目錄到 B2B (businesss-to-business)。他們的名單都是 opt-in，且不將使用者的名字與電子郵件地址提供給那些租用電子郵件名單的廣告商，以保護用戶的隱私。

☞ 標題廣告

標題廣告如同一封普通的郵件，其本身即代表信封，標題廣告的價值極為有限的，廣告商必須在有限的範圍內，說服消費者採取行動，一如在普通郵件中打開信封的動作。在標題廣告中，我們通常會在廣告上按下滑鼠鍵，然後與廣告進行互動，放置廣告的網站有如郵件名單。對於一般的郵件，廠商寄送郵件給名單中的人，但在標題廣告中，上網站的人就如郵寄名單上的一員，只要在標題廣告下按下滑鼠鍵就等於打開信封。而潛在客戶進入廣告產品的網站或迷你網站網頁 (一種專門為某個特定廣告活動設的獨立網頁)，就像傳統型直接行銷的潛在客戶回覆直接行銷郵件一樣。標題廣告主要設計用來吸引潛在客戶採取某些特定的動作 (購買商品，登記索取樣品等)。

❖ 標題廣告連結到網站或迷你網站

當消費者在網站上看到令其有興趣的標題廣告，就在標題廣告上按下按鍵，然後直接進入訂購單的程序，進行線上訂購。

❖ 會員計畫

網際網路上最早的會員計畫是 Cybergold(www.cybergold.com)，其創立者及執行長 Nat Goldberg 很早就發現線上最有價值的商品是人們的注意力。要確保這種注意力最有效的方法，就是直接給予報酬。Cybergold 的會員在觀看廣告、進行交易或是參觀其他聯盟網站時，都能獲得回饋點數。例如，航空公司採行的累積里程計畫，許多網站也都提出在網上直接消費便能累積點數來換取

圖 6.1 網路廣告的類型

獎品。

❖折價券(Coupons)

　　愈來愈多的公司運用網路作為促銷的媒介。廣告主可以運用許多方式，以網路作為促銷的計畫。例如，發送樣品、摸彩，以及競賽、價格拍賣，還有折價券。

　　大部分人在星期天購買報紙的原因是為了折價券。這些折價5～10元的折價券讓許多人走進零售店購買報紙。線上折價券具有地域、興趣及嗜好的特

性，會根據目標顧客的能力，以建立其名號。線上優待券到處都是，甚至有網站提供可列印的優待券，例如，進入百視達錄影帶出租店的網站，填寫一份調查表的報酬是租一送一的折價券。

❖ 免費的樣品及試用品

當廣告商要進行樣品及試用品的贈送時，一定會收到許多的線上申請書，但也將面臨很大的風險。因為勢必會有數千個不合格的人申請免費的樣品。有一些方法可以減少因不合格回函而產生的問題，例如，剛開始進行廣告活動時，不妨提供一個目標群以外的人絕無興趣的商品。因為如果贈送的噱頭是一個價值 5 萬元的獎品，絕大部分的人恐怕都會來登記。廣告商若希望以這個方式來建立電子郵件名單，一定得花費許多的時間和精神來區分真正的目標客戶。

由此可知，只有那些廠商的目標客戶群才有興趣收到特定的試用，為了收到這些試用品，參加者必須先填寫姓名、地址及其他能幫助該公司區分目標群的資料，然後消費者才能收到免費的試用品。

❖ 競賽與遊戲

比賽與遊戲在網路上十分受歡迎，因此有部分業者利用這種方式來增加網站的流量，且這些競賽都可以網站或電子郵件為基礎。有一些網站試著利用競賽來蒐集資料，但這可能會帶來很大的風險，因為許多消費者參加競賽的原因是想贏得競賽，但他們對於廣告贊助商一點興趣也沒有。基於這個原因，競賽不宜用來建立目標電子郵件名單。

實例個案：屏東農業生物技術園區

整合行銷溝通策略下的直效行銷，具有客製化、即時更新及互動式訊息傳遞的特點，以便和各分眾市場的消費者做接觸。廠商在直效行銷的做法上，通常採用網際網路的方式，對於網際網路的宣導也有許多創新的突破，例如官方網站、產業網站、遊戲網站，以及相關網站的連結。透過網路無遠弗屆的力量，讓廠商掌握園區訊息，了解廠商的脈動。網際網路操作方法如下：

遊戲網站行銷

由於官方網站的瀏覽量通常較低，所以廠商便將產品設計成為農業種植與養殖遊戲的主體，並將自己化身為一位現代農夫，圖 6.2 與圖 6.3 即為遊戲網站的兩大創意。透過遊戲的過程，一方面大量增加了遊戲網站的瀏覽量，讓網友在參與遊戲網站中，間接了解廠商的風貌；另一方面，在進行個人農漁產物的種植與養殖計畫時，可將相關的專業知識部分連結至相關廠商之公司網站。如此一來，讓參與遊戲網站的民眾了解專業知識，也讓他們與廠商產生良性的互動。這個遊戲網站的行銷策略，成為廠商籌備處對於客戶服務的額外驚喜。

圖 6.2 國王的祕密農場遊戲網站

圖 **6.3** 國王的祕密農場遊戲網站（2004 / 08 / 07 開站）

↪ 資料庫行銷

　　廠商透過網際網路的資料庫行銷，可以利用電子報與電子型錄的發行，告知產、官、學、研四大領域，有關廠商的相關招商資訊，可加速達成廠商的目標。

　　資料庫行銷 (database marketing) 的快速發展，使行銷者可以利用電腦和網路將顧客的姓名和人口、地理、行為、心理等變數，以及顧客的購置型態、媒體偏好等特性儲存在資料庫中。有了這些顧客資訊，行銷者可以利用各種行銷方法來爭取特定的顧客群。

　　資料庫的運作是取決於所建檔存放的資料。與消費者及消費型態相關的資料愈多，它所能提供的資訊價值就愈大。

電子型錄

電子型錄就是將型錄透過電子化行銷 (如圖 6.4)。

圖 6.4 廠商電子DM

◥ 電子報系統

　　電子報系統是將廠商的最新消息、建設進度與成果，透過電子化方式傳遞給廠商相關產、官、學、研界。廠商之電子報系統 (如圖 6.5)。

行政院農業委員會
屏東農業生物技術園區電子報　　　　2005年3月號

● 最新消息

- 2005/1/4　委託財團法人生物技術開發中心執行"國外農業生技資訊調查研究"報告出爐!!!
- 2004/12/30 轉載農委會公告農業生物科技園區海豐基地保稅範圍
- 2004/12/22 轉載農委會公告之農業科技園區設置管理條例施行細則

● 園區建設進度

計劃目標	進度及管制期程
整地工程工作	93.6.30細部設計審查通過 93.7.22細部設計審查完成 93.9.7完成發包工作
道路工程	93.8.31規劃設計審查完成

● 招商成果

工作進度	工作成果
舉辦南區招商說明會	93.7.9首場於高雄圓山大飯店五樓龍鳳廳進行，由行政院農業委員會屏東農業生物科技園區籌備處主任丁杉龍就台灣農業現況暨園區開發背景、開發期程作說明外，並邀請經濟部生醫推動小組陳啓祥主任、屏東科技大學育成中心王秀華主任作專題演講，並有生技廠商經驗分享。
訪談廠商與提供廠商申請進駐表	93.8月統計約100家
核准廠商進駐	93.9月統計共19家廠商核准進駐

● 工商服務活動

富達農業生技　最新稻米改革技術　創造富麗農業遠景

圖 6.5　廠商電子報

↳ 資料蒐集

　　廠商將建立相關產、官、學、研界 (如農業生技廠商、各級政府、各大專院校、各試驗單位及育成中心) 電子資料庫 5,000 筆名單 (如圖 6.6)，以作為網路行銷用途。

圖 6.6　廠商電子資料庫

Note :

CHAPTER 7

人員銷售篇

7.1　人員銷售的定義

7.2　人員銷售的重要性與分類

7.3　銷售活動流程

7.4　銷售技能及其應用

7.5　銷售管理規劃

7.6　銷售程序

7.7　一對一行銷的基本概念

實例個案：網站的一對一行銷

我要把創新，這種被人視爲不成功便成仁的東西，
化爲深植組織內部的能力

～蓋瑞、哈默爾

7.1 人員銷售的定義

人員銷售 (Personal Selling) 可說是雙向溝通的管道，一方面將有關產品與服務資訊傳遞給顧客，同時也將顧客的需求或對產品及服務的反映傳達回組織，讓企業能隨時調整行銷策略，以滿足顧客的需求。

在美國行銷學會 (American Marketing Association; AMA) 的定義中，人員銷售 (Personal Selling) 是指「涉及與顧客面對面互動的銷售」。我們知道人員銷售其實就是由廠商聘請人員擔任產品的代言人，負責直接與顧客進行行銷溝通，達成既定的知覺與銷售目標。因此，人員銷售必須考慮溝通訊息的內容、組成及表現手法等，所以稱為銷售學 (Salesmanship) 或推銷術。有關銷售人員的招募、甄選、訓練、督導、激勵等部分，則屬於銷售管理 (Sales Management) 的領域。

學者黃俊英提出，人員銷售依其工作角色的不同，可分為訂單爭取者 (order getters)、訂單接受者 (order takers) 與銷售支援人員等。人員銷售進行方式包括了銷售簡報、銷售會議、電話行銷、激勵方案及商展等。

7.2 人員銷售的重要性與分類

眾所周知，在促銷組合的四大工具中，人員銷售的重要性遠遠高於其他三者。以美國的資料來說，全體廣告從業人員不過 50 萬人，銷售人員卻高達 1,300 萬人，廣告費用通常占營業額 1～3% 之間，銷售人員的薪資及相關支出即占營業額的 8～15%。

國內對於此類統計資料相當缺乏，但仍然可以得到相似的結論。首先，工業市場的廠商甚少打廣告，其主要的促銷活動完全集中在人員銷售。例如，中信金控與廣告有關的支出每年只有幾百萬元，但光是銷售部門的薪資支出就達到每年 5 千萬元以上。其次，重視廣告的廠商，在人員銷售部分也投入很多的資源，以國內汽車業為例，平均每部廣告的費用約 1 萬元左右，與銷售人員售出一部車所獲得的收入相當，但可別忽略銷售費用中還有福利、訓練、租金與

折舊等事項，其總額理應遠高於廣告的部分。最後，有許多企業根本就是以銷售人員爲核心的「銷售組織」，包括和泰汽車等銷售代理業者、東森房屋等中古屋仲介業者，乃至於南山人壽等保險業者，大部分員工都屬於銷售人員，其薪資及相關支出也是最重要的營業費用項目。

雖然這些數字面的證據值得參考，但更重要的是，人員銷售的特性所衍生的貢獻。一般而言，人員銷售的主要缺點是人事成本偏高，其優點則包括：

1. 可以將溝通活動集中在潛在顧客身上，不至於浪費資源。
2. 可以針對個別潛在顧客，來彈性調整訊息內容與表現方式。
3. 可以實際創造交易，達成銷售目標。

上述第三點對於廠商特別重要，因爲其他促銷組合大致只能達成注意 (知曉)、認識 (了解)、興趣或慾望等知覺目標，但人員銷售卻可以促使顧客進入行動階段以完成交易，達成銷售目標。

從關係行銷哲學的觀點來說，人員銷售也是創造顧客價值的重要工具，藉由銷售前、銷售過程到銷售後所提供的各項服務，有效地提升顧客知覺中的產品利益，不僅協助達成個別交易，也創造後續的重複交易，甚至由顧客口碑而衍生出無數的交易機會。其他促銷工具可以達成部分類似的效果，但絕對沒有人員銷售來的直接有效。

那麼，所謂的銷售人員 (Salesman) 或業務人員，其實際工作內容可依銷售人員的分類來回答，如表 7.1 所示。

就銷售人員的工作地點而言，可以區分爲在既定營業地點接觸顧客的內部銷售人員 (Inside Sales Forces)，以及外出接觸顧客的外部銷售人員 (Outside

表 7.1　銷售人員的分類及其實例

		工作地點	
		內部銷售人員	外部銷售人員
主要任務	接單人員	零售業門市人員	印刷業務員
	獲單人員	電話行銷人員	保險業務員
	銷售支援	現場諮詢顧客	日用品送貨員

Sales Forces)。零售業者的門市人員 (如店員、銷售員、營業員等) 大多屬於內部銷售，而保險、房屋仲介業的銷售人員則比較偏重於外部銷售。

此外，我們也可以根據銷售人員的主要任務，將其區分為：(1) 被動接受及處理訂單的接單人員 (Order Taker)，主要工作是在顧客已經決定購買之後完成例行的交易，並維持和現有顧客關係。(2) 主動爭取訂單的獲單人員 (Order Getter)，主要工作是去爭取訂單，開發新的商業關係。以及 (3) 將銷售工作視為「次要任務」的銷售支援人員 (Sales Support Personnel) 這三大類。以包裝食品及飲料等日用品業為例，其業務人員兼負送貨、結帳、收款等職責，取得新訂單只是其諸多任務之一，因此理應屬於銷售支援人員，當然，將其視為接單人員，甚至獲單人員，也只是為了便於了解而略做分類，實務上的銷售工作分類通常沒有「標準答案」。

保險業的「收費展業員」 就是一個「混合」的例子，這些業務人員同時負責收取既有保險契約的保險費，並取得新的保險契約。就工作地點的分類而言，可以確定是屬於外部銷售人員，但是就主要任務的分類而言，卻還是無法確定究竟屬於獲單人員或銷售支援人員，因為保險公司對兩種任務都賦予相當的責任，彼此之間幾乎沒有主要或次要的區分。再以資訊業的現場服務工程師 (Field Application Engineer, FAE) 和投資顧問業者的證券分析師 (Securities Analyst; SA) 為例，他們的主要工作都是提供顧客購買決策過程中所需的諮詢服務，通常沒有直接的「業績壓力」，無論是主動或被動所創造的交易，都可以為其本身帶來額外的收入；也就是說，他們都同時擔負著實際達成銷售的任務。

學術界對銷售人員的分類，仍然習慣性地引用某位學者在六○年代初期提出的主張，但本書相信，表7.1的分類方式應該更完整而明確，可以兼顧各種不同型態的銷售工作。

✳ 7.3　銷售活動流程

雖然不同的銷售工作類型可能有不同的工作地點，但表 7.2 的模式還是可

表 7.2　銷售工作基本流程與內涵

銷售流程階段	主要方法或注意事項
1. 潛在顧客開發	緣故法；直衝法；名錄法；直接回應法
2. 銷售前準備	對顧客的了解；銷售話術與資料準備等等
3. 接近	自我介紹法；產品法；顧客利益法；好奇心法
4. 展示	展示組合與展示方法
5. 拒絕處理	遲延法；還原法；詢問法
6. 結束	恭維法；總結法；漸進法；假設法
7. 追蹤或售後服務	追蹤訂單流程代辦相關事項等等

以提供最完整的思考架構，只要配合實際工作類型調整刪減，就可以適用於各種銷售職位。舉例來說，零售業門市人員比較不需要開發與準備，汽車業務則必須特別強調追蹤 (售後服務)。

潛在顧客開發

潛在顧客開發 (Prospecting) 是指列出可能的潛在顧客名單，其基本方法有四：

❖ 緣故法 (Referral Method)：是一般認為效果最佳的，也就是要求現有顧客提供若干可能有興趣的潛在顧客名單。

❖ 直衝法 (Cold Canvas 或 Cold Calling Method)：極需「耐力」，也就是直接訪問陌生人士並設法完成銷售。

❖ 名錄法 (Directories Method)：先行運用某種名單來源進行初步篩選，再進行類似於直衝法的訪問銷售。

❖ 直接回應法 (Direct-Response Method)：配合直接回應廣告，針對來電查詢的潛在顧客進行訪問銷售。零售業的門市人員 (或其他部署於主動接觸顧客的銷售人員) 在這個部分比較不需要傷腦筋。

銷售前準備

銷售前準備 (Preapproaching) 是在取得潛在顧客名單之後，進一步蒐集有關顧客需要、偏好等資訊，並事先備妥銷售過程所要傳達的各項訊息，例如以口語說明的銷售話術 (Sales Talk)，以及書面展示的各種銷售資料。這個階段其實也就是為後續的接近、展示等步驟做好準備。

接近

接近 (Approaching) 是指實際接觸潛在顧客的最初幾分鐘。由於「第一印象」對銷售成敗有絕對性的影響，因此銷售人員必須注意自己的服裝儀容，以及言談舉止所應有的禮貌。在構成銷售話術最初的「開場白」階段，最常用但效果不彰的是自我介紹法，也就是先介紹自己的姓名及任職的公司，其他常見的方法如直接用實際產品吸引潛在顧客的產品法 (Product Approach)、直接用產品所產生的利益作為訴求的顧客利益法 (Customer Benefit Approach)，以及用問題來激發潛在顧客好奇心的好奇心法 (Curiosity Approach) 等。

如果用 AIDA〔注意 (Attention)、興趣 (Interest)、慾望 (Desire)、行動 (Action)〕模式來說明，接近的主要任務在於 A 和 I 的部分，也就是激發潛在顧客的注意與興趣，這說明了為何自我介紹法效果較不理想。

何謂 AIDA 模式？

1920 年代經濟學者霍爾 (Ronald Hall) 所提出的消費行為模式，主要用來呈現生活者被動接受消費刺激後所採取的系統行為反應，茲分述如下：

❖ 注意(Attention) —— 引起消費者注意：在此階段，廣告與公共關係扮演主要的角色，人員銷售和促銷的角色較不重要。

❖ 興趣 (Interest) —— 讓消費者產生興趣：在此階段，廣告和人員銷售扮演主要的角色。

❖慾望 (Desire) —— 激起消費者購買慾望：在此階段，主要受人員銷售的影響。

❖行動 (Action) —— 促使消費者發生購買行動：為完成階段，大多受人員銷售與促銷的影響。

顯然地，廣告和公關在購買決策過程的早期最具成本效益，人員銷售和促銷則在顧客購買過程的較後面階段最為有效。

由於 AIDA 是種邏輯性的進展，適用於所有的行銷傳播。所以你必須：

❖ 先抓住消費者的注意力。

❖ 談論能迎合消費者個人興趣的事物。

❖ 激發消費者的強烈慾望，要求試用、購買或檢視你的產品，並索取說明書或詢問銷售電話號碼。

❖ 激勵消費者採取你所想要的行動。

如果你真的想要激發潛在顧客的注意與興趣，就需要練習這個經過證明又可靠的基礎。

一個理想的訊息應該能夠引起消費者的注意 (attention)、感到興趣 (interest)、激起慾望 (desire) 以及誘發行動 (action)。事實上，極少有一個訊息能夠將消費者直接由注意一直推進至行動，但是 AIDA 模式似乎可作為衡量訊息品質的架構。

✎ 展示

接下來的展示 (Presentation) 階段，則是透過完整的說明，讓潛在顧客對產品性能、利益等事項獲得完整的認識，從而跨越興趣階段產生慾望。以實際的活動內容而言，展示階段中涉及兩個主要問題，其一是展示什麼，也就是展示組合 (Presentation Mix) 的內容；其二是如何展示，也就是選擇何種展示方法。

表 7.3 列示了展示組合的主要內容以及展示方法的三種抉擇。一般而言，

表 7.3 展示組合與展示方法的基本內容

展示組合	展示方法
銷售話術	標準化法 (罐頭式展示)
展示材料	公式法 (情境銷售法)
相關證據	需要滿足法 (顧問式銷售)

包括銷售話術、展示材料、及相關證據三者在內的展示組合，雖然是由銷售人員彈性運用，但通常都是由廠商負責準備。例如，銷售內容的訊息順序與表達方式，雖然是由銷售人員自行決定，但訊息內容卻必須由廠商提供，銷售人員不可能無中生有。

在展示方法上，最簡單的做法是假定所有的潛在顧客完全相同，可以運用相同的展示方法來達成銷售，這也就是所謂的標準化法 (Standardized Method) 或罐頭式展示 (Canned Presentation)。其次是同意潛在顧客互不相同，但只有若干種可能的組合，因此可以運用 AIDA (注意、興趣、慾望、行動) 等心理流程的「公式」，靈活穿插各種展示內容來達成銷售，這也就是所謂的公式法 (Formula Method)，實務上通常稱為情境銷售法 (Situational Selling)，也就是不同的「情境」下選擇不同的銷售方案。最後，則是經由銷售人員與潛在顧客的「互動」過程，詳細了解潛在顧客的需要，再設法予以滿足，這種做法稱為需要滿足法 (Need-Satisfaction Method)，其實務上最常用的名稱是顧問式銷售 (Consultative Selling)。一般看法是，需要滿足法 (顧問式銷售) 是最理想的展示方法，但其過程也最複雜、最具挑戰性。

⮑ 拒絕處理

在接近與展示的過程中，潛在顧客隨時可能提出異議，或拒絕進入展示階段，甚或對展示過程所涉及的資訊提出反駁，不論異議內容為何，銷售人員都必須判斷究竟屬於表面的藉口或真實的理由，並決定如何克服。這個部分也就是所謂的拒絕處理 (Objections Handling)。

大部分正規銷售課程中，都會提出一句名言：「拒絕是銷售的開始」。原因很簡單，只有在出現異議時，銷售人員才有機會了解潛在顧客真正的意向，如果整個銷售過程都只見到「銷售人員不停地說，潛在顧客一言不發」，則無論結果是成是敗，銷售人員都無法從中獲得任何「啟示」，而且在失敗後根本不知道應該如何「捲土重來」。

在拒絕處理的技巧上，常見的有：(1) 要求潛在顧客聽取後續說明，以證實其拒絕理由不存在的遲延法 (Postponing)；(2) 設法將拒絕理由轉化成產品利益或購買理由的還原法 (Boomerang)，以及 (3) 要求潛在顧客具體說明，以了解其真實理由的詢問法 (Questioning) 等。廠商在銷售訓練課程中，通常會列示常見的拒絕理由，並提出可能的克服方法，但一般而言，並不推薦「標準化」的拒絕處理話術，而是純粹讓銷售人員參考。

結束

結束 (Closing) 通常是指「成交」，在展示與拒絕處理的過程中，銷售人員隨時可以進入嘗試成交 (Trial Close) 的階段，主動催促潛在顧客簽下訂單。其做法包括：(1) 先對潛在顧客加以稱讚，再轉化為簽下訂單就是「明智的購買決策」的恭維法 (Compliment)；(2) 將潛在顧客重視的利益加以匯總，再指稱該項購買決策可以獲得這些利益的總結法 (Summary)；(3) 先針對細節部分達成共識，將重大事項留待最後的漸進法 (Minor Decision)；以及 (4)「假設」潛在顧客已經決定購買，因此直接詢問或提示交貨時間等後續事項的假設法 (Assumption) 等四種。

然而，廣義的結束應該包括銷售失敗時應有的處置，包括言辭應對上的禮貌，以及相關資訊的紀錄等，這些事項讓未來的銷售工作成為可能，甚至可以直接經由「緣故法」取得其他潛在顧客的名單。

追蹤或售後服務

最後，不論銷售成敗，都必須注意事後的追蹤 (Follow-Up) 及服務。在達

成交易時,追蹤與服務事項包括交貨／安裝日期的安排與確認,其他後續事項 (含檢修) 的處理等。不論是否達成交易,都可以考慮以賀卡或其他形式,來連繫或加深雙方情誼,並了解顧客或潛在顧客的最新狀況。

對於高價位商品而言,追蹤與服務的重要性絕對不是文字所能形容。汽車銷售紀錄保持人吉拉德 (Joe Girard) 坦承,其顧客中有 60% 都是過去曾經透過他購買汽車的「老顧客」。南陽實業首位千輛業績的張麗玉則指出,其業績有七成是「客戶牽線」,其他三成才是自行開發。這些傑出銷售人員的經驗,都一再證明,「售後服務是下次交易的開始」絕非空泛的口號。

 ## 7.4 銷售技能及其應用

以上所述的銷售工作流程,包括其中所提及的各種方法與注意事項,就是一般所說的銷售技能 (Selling Skill),廠商通常會將這方面的知識納入銷售訓練課程中。然而,銷售人員所需具備的能力,並不限於銷售流程所衍生的各種技巧,再者,許多實務界人士也並不怎麼重視這些技巧。

在一篇有關銷售管理的文章中,兩位學者根據其研究指出,優秀的銷售人員必須具備兩種人格特質,即能夠設身處地為顧客著想的同理心 (Empathy),以及使之強烈地想要達成銷售目標的自我驅力 (Ego Drive)。顯然,這兩者都不是銷售過程所衍生的技巧,甚至也無法在銷售訓練課程中學習。

另一方面,零售業門市人員欠缺銷售技巧是眾所公認的現象,許多研究都證實這一點。例如,根據一項研究發現,專業店和百貨公司的銷售員會主動「嘗試成交」者不到三分之一,大部分都是被動地接受顧客購買的意願。學術界的一般看法是,零售業者普遍不重視門市人員的訓練。

總之,銷售技能是影響銷售成敗的因素之一,但未必是最重要的關鍵,廠商也未必會針對這方面來提供充分的訓練。不幸的是,對許多行銷人員而言,卻必須先證實自己有能力創造銷售業績,才可能步入銷售管理或行銷管理的殿堂。如果想要創造銷售業績,就必須具備同理心與自我驅力等人格特質外,進一步熟悉銷售技巧,並吸收其他相關知識。因此,銷售技巧就成為實際工作上必備的「基本常識」甚或「直覺反應」。

7.5 銷售管理規劃

　　銷售管理 (Sales Management) 就是人員銷售活動的規劃、執行、與控制等工作。本節討論規劃部分，包括銷售部門的地位、功能與組織型態的決定、銷售區域的畫分，以及銷售目標的決定等。

銷售部門的地位、功能與組織型態

　　在銷售管理的規劃作業中，首先要確定的是採取產銷合一或產銷分工的經營型態，前者是指製造業者自行處理各項人員銷售活動，後者則是將人員銷售交給銷售代理商處理。當然，銷售代理商有可能是製造商的關係企業，例如：統一鮮奶委託統一超商代銷其產品，或者也可能完全沒有股權關係。

　　下表 7.4 列示了這個部分可能考慮的各項抉擇。即使是不涉及生產的零售業，也可能採取產銷合一或分工的做法。

表 7.4 銷售部門地位、功能與組織型態的決策

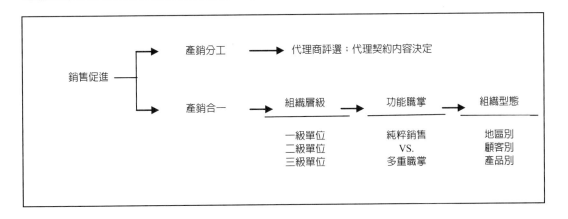

產銷合一

　　百貨公司的「專櫃制度」，通常是由製造商負責大部分的銷售管理活動，百貨公司只處理部分監督與激勵的工作；在「自營商品」方面，則是由百貨公

司自行處理全部的銷售管理活動。換言之，以製造商觀點而言，百貨公司的「出租專櫃」接近於產銷合一，「自營專櫃」則屬於產銷分工。

↳ 產銷分工

如果採取產銷分工制度，雙方的權利義務等事項必須妥善處理。如果採用產銷合一，則必須考慮銷售組織的層級地位、功能執掌與組織型態等事項。就層級而言，在傳統的銷售導向哲學下，銷售 (業務) 部門屬於一級單位，其主管直接向總經理負責，目前國內仍有許多企業採取這種做法。

另外，有些公司也可能將功能部門列為二級單位，直接對各事業部的主管負責，其職級與製造、工務等功能單位相同，都是各事業部中的一級單位。

相對地，廠商也可能將行銷部門視為一級單位，下轄部門有行銷研究、廣告等單位，銷售部門只是其中之一，此時後者屬於「二級單位」，其主管直接向行銷主管負責。如果組織層級增加，分工更形細密，則銷售部門也可能降為「三級單位」，但在實務上極為罕見。

※ 7.6 銷售程序

銷售程序，顧名思義就是業務人員在從事業務行為時的步驟，也就是銷售的步驟。這裡所指的銷售程序是針對特定具有店面或賣場的販售通路，因為一般的業務單位並無一個較確定的定義銷售程序，故藉由銷售程序，便可讓業務人員了解銷售的管理原則與技巧，協助改善業務的績效，以達成團隊合作的目標，並從工作中獲得最大的快樂與滿足。

銷售程序其步驟及內容如下：

1. 準備工作 (Preparation)。
2. 自我介紹 (Introduction)。
3. 巡視店面 (Outlet Check)。
4. 銷售協商 (Presentation)。

5. 商品陳列 (Merchandising)。

6. 行政工作 (Administration)。

　　以上所介紹的六個步驟，看似簡單，但實際上與其業務績效、業務人員職能的發展是有相當大的關聯性。舉凡消費品業及醫藥業，甚至一般的相關業務工作，其內容程序或多或少都有一定的相似度；也就是說，在業務的實務工作上，有不少公司藉由訓練發展部門，從事業務銷售程序的討論，進一步地去訓練及強化業務人員在工作上的基本概念，並藉由業務銷售程序基本概念的建立，加以追蹤整合，以發展相關業務職能或技巧的訓練課程，適時導正較正確的觀念，加強與客戶之間的關係。最後，與業務人員的年度績效評估連接，評估業務人員的表現是否穩定，並且因應業務人員的需要，提供更多元的訓練課程，如專業的銷售技能 (Professional Selling Skill) 或談判技巧的強化 (Negotiation Skill) 課程，甚至提供更多的課程去加強業務的本質技能，將其運用於工作上，以完成公司所賦予的任務。

準備工作

　　準備工作，就是業務人員在拜訪客戶前所應準備及注意的事項，且在營業所中應該準備的工作，內容如下：

1. 查閱先前的計畫與所設定之目標是否達成，業務代表對於每日、每週、及每月的銷售目標是否清楚，鋪貨的目標為何、是否依活動的重點執行陳列的目標、預定要開發的客戶目標，以及對每日要拜訪的客戶設定應完成的事項。

2. 如何設定目標，了解目標的設定是否符合 SMART+C 的概念，也就是設定的目標必須具有：

　　a. 明確性 (Specific)。

　　b. 可衡量的 (Measurable)。

　　c. 可達成的目標 (Achievable)。

　　d. 合理性 (Reasonable)。

e. 具時間性 (Timable)。

f. 具挑戰性 (Challenging)。

3. 與主管及公司討論，對於業務代表的報表格式、內容、信件，及客戶的問題和相關業務工作的額外要求，充分討論，以免拜訪時產生無謂的爭議。

4. 確定專業合適的服裝儀容，並注意清潔。

5. 檢查在拜訪時所有陳列及銷售的工具，如說明書、海報、樣品等。

6. 回顧前次拜訪結果，以作為此次拜訪的依據。

✎ 自我介紹

當業務人員準備進入客戶的辦公室或店頭時，應想想看，如何迅速引起客戶的注意，並爭取他對你的好印象，初次見面的 30 秒是個重要關鍵，所以做好自我介紹 (Introduction)，將能助你一臂之力，內容如下：

1. 有創意的開場白，注意禮貌；從「頭」開始，充滿自信的態度。

2. 積極誠懇的態度，友善、認真、關心，要有做生意的態度。

3. 簡單明確說明拜訪目的，以及我能帶給客戶什麼服務。

4. 確認要拜訪的對象，以免做無效拜訪。

✎ 巡視店面

巡視店面 (Outlet Check) 的目的就是，檢視商店或店面是否有其他的銷售機會，並創造機會，內容如下：

1. 檢查賣場陳列情形及倉庫的庫存狀況及堆疊方式，貨架排面及陳列狀況，並將資料填入客戶資料卡 (Customer record card)，作為提供給客戶建議訂單時重要依據。

2. 確認產品的價格、品質、產品新鮮度，是否有按照公司的規定或時間進行銷售。

3. 探視競爭者在其他促銷活動的狀況。了解並蒐集競爭者的訊息,將有助於公司在做相關的市場決策時獲得正面的效益。

4. 尋找其他可創造的機會以利銷售的進行,也就是說,應仔細觀察是否有其他的方法,如陳列位置的擴展或海報的張貼,來爭取銷售的機會。

銷售協商

所謂銷售協商 (Sales Presentation),簡單來說,是指藉由與客戶的溝通中,尋找客戶及公司的需求,進而分析問題、研究問題,最重要的就是讓客戶願意購買公司的產品、締結訂單、完成任務。

1. 說明產品的特色及優勢,讓客戶了解公司產品中有形的、可見的、何種功能的產品特色以及對客戶和購買者的好處、利益爲何。

2. 展示產品的樣本及廣告單,儘量地引起客戶購買的意願。

3. 傾聽客戶的意見及抱怨,並妥善加以處理,往往能夠化險爲夷,並提升與顧客的互動。

4. 面對客戶異議的認知及處理,意味著顧客可能未被滿足,或有其他的興趣或想法需要去了解。

5. 善用締結訂單的技巧。當出現購買訊號時,如果客戶對你的銷售計畫沒有太多的意見或間接表示接受產品或提議時,只要使用適當的技巧,就可以締結訂單。

商品陳列

商品陳列 (Merchandising) 的目的就是將客戶或店頭所採購的商品,提供陳列的服務,儘量地將商品完整地陳列出來,並增加產品的曝光率,達到銷售的目的,因爲有好的陳列,才會有好的銷售。其原則如下:

1. 檢視賣場或店面的動線,並尋求適當的位置,取得店主的同意,將產品陳列於適合的位置,並儘量使用合適的陳列技巧及海報、吊旗或其他的

陳列輔助物品,強化產品的陳列特色。

2. 明確地標示產品的價格,讓消費者看到產品就能馬上知道產品的標價,進而提升購買的意願及銷售的速度。

3. 陳列的方式,在貨架上,儘量採取集中及水平的陳列,並注意先進先出 (First In First Out) 的原則,及運用貨架陳列提高產品的特色;在賣場上,則盡力尋求有效的動線陳列位置,讓消費者更容易購買公司的產品,但必須要注意產品的清潔度。

⤵ 行政工作

當業務代表完成一天的拜訪行程後,回到公司,應將一天所有的努力與成果,詳細地記錄,以評估當天拜訪的成效為何,並注意下列事項,以作為下次拜訪時的依據或參考:

1. 立即將今天的工作成果或開發的新客戶登錄到客戶資料卡(CRC)中,並隨時更新。

2. 確認客戶的帳務處理是否有誤,以免日後爭議。

3. 評估當日拜訪的成果或銷售的狀況,並將相關的行政事項或給予客戶的條件,有系統的做文件歸檔。若有問題,須立即與主管討論,尋求客戶問題解決的最佳方法。

4. 設定下次拜訪的工作目標,並檢討拜訪成果,有哪些地方需要改進。

以上的銷售程序,對業務人員來說,若能清楚地了解銷售程序的所有概念,將可避免行政 (Administration) 或實際工作上的錯誤。若每個環節都能掌握,亦可提升與客戶之間的良性互動及關係,並減少公司在銷售上的障礙、提升業務人員及公司的競爭力,同時也可藉以針對業務人員的缺點,讓公司加強其他相關的業務人員訓練。

7.7　一對一行銷的基本概念

一對一行銷 (One to One Marketing) 相對於因電視等媒體發達而能大量告知情報的大眾行銷 (Mass Marketing)，是最近屢屢被提及的行銷手法。大眾行銷是藉由大量宣傳讓大家認識產品，以不特定的商品，大量銷售給不特定多數人為前提；相反地，一對一行銷依字面意思，即是顧問與銷售一對一的關係，其最大的特徵是：一次成為顧客，有可能成為終身顧客。因此，如何預防曾購買過產品的客戶不會變心，即成為一對一行銷研究的重點。即使不景氣還在持續，銷售無法提升，但如果能讓一個顧客重複消費，效率會比較好，而且由於電腦發達，顧客資料的管理變得非常簡單，於是一對一行銷就應運而生。

一對一行銷可說是關係行銷基於良好的資料庫，使企業可針對個別每一客戶提供個人化的行銷組合，並藉此與消費者發展不同程度的長期互惠關係。所以一對一行銷是關係行銷立意中，欲建立長遠關係的最佳顧客單位模式，它基於關係行銷的精神，將關係行銷的效用推向極致。

外國學者 Peppers 及 Rogers (1993) 在《一對一的未來》(*One to One Future*) 一書中，推測未來通訊與資訊科技的發展，可能會動搖大眾行銷的基礎。以下是他們提出的關鍵理念：

❖ 客戶占有率：企業除了提升營業額之外，也應思考如何增加每一個客戶的營業額。

❖ 客戶的保有與開發：一般說來，開發一個新客戶的成本，要比保有一個現有客戶的成本高出五倍之多，而大部分的企業每年平均有 25% 的客戶會流失。因此，若企業能將客戶流失率減少 5%，利潤將會有 100% 的成長。

❖ 重複購買法則：如果企業可以讓每個客戶消費更多，就更能享有長期的利潤收益，因為在每一個忠誠顧客上所投注的行銷成本會相對少了很多。

❖ 與消費者對話：外國學者 Peppers 及 Rogers 提到一個相當重要的觀念：「重點不在於企業對所有的客戶了解多少，而是對每一個客戶了解的程度。」此觀念一旦實行，就須與客戶進行互動式的溝通，所以對話是雙向

的，意見交流必須來自主客雙方。此外，要讓客戶很容易地與企業進行溝通，藉此建立與客戶之間的信任與忠誠關係，將可獲致更多銷售量及利潤。

🖑 一對一行銷的步驟

Peppers Rogers & Dorf (1999) 提出一對一行銷的關鍵步驟：

❖ *確認顧客*：建立一對一行銷計畫的首要步驟，必須能夠找到並直接接觸到顧客，或者是能找到最具價值的顧客群。企業不僅要知道顧客的基本資料，更要把握每一個接觸點，得知顧客的習慣及偏好等更深層的資訊。

❖ *辨別顧客*：可依兩個原則來區分：一是顧客不同層級的價值表現，一是顧客的不同需求。顧客的資料可依「顧客價值」和「顧客需求」被高度的區分。

圖 7.1 是將顧客的價值和需求以矩陣圖表示。縱座標為顧客價值，橫座標則是顧客需求，並依對顧客價值和需求不同分為四個象限。就企業來看，右上

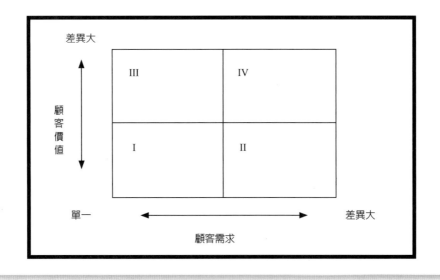

資料來源：汪國昀 (2000)。

圖 7.1 顧客的價值和需求

角第四象限比較容易去執行一對一行銷，因為這個象限很清楚地表示同時有許多不同的顧客價值和需求。

　　一旦企業確認出顧客之後，辨別的動作會有助於企業將精力專注在最有價值的顧客身上，並得到事半功倍的效果，同時，不同型態及層次的顧客會幫助企業決定擬定何種合適的策略。

❖ 與顧客互動：企業應把握每一次和顧客互動的機會，以循序漸進的方式建立「學習關係」(Learning Relationship)。使得互動愈來愈快速，成本也因而降低。

❖ 個人化：個人化是透過解釋 (Understanding)、溝通 (Communication) 及恭謙友善 (Courtesy) 的行為，來提升消費者在最後結果或整個服務過程中的滿意度。他們同時提出個人化的三種分類 (如表 7.5 所示)。

1. 選擇式個人化 (Option Personalization)：透過選單的方式，讓消費者選擇適合自己需求的選項。最好的例子就是速食業提供的套餐服務。顧客可選擇自己要哪份套餐，還能要求更改某些項目， 以符合個別顧客需求。

2. 程式型個人化 (Programmed Personalization)：能夠記錄消費者過去的習性，甚至能喊出顧客的姓名或做簡短的交談，以期讓顧客認為自己就是一個個體 (Individual)，而非眾多顧客中的某一人 (Just another customer)。

3. 顧客式個人化 (Customized Personalization)：能夠真正提供顧客屬於個人專屬的服務，使得顧客獲得獨特且單一的需求。在這個階段中，服務

表 7.5 個人化的三種分類

分類	進行方式	重點
結果 (Outcome)	選擇式個人化 (Option Persondization)	利用選單 (Menu) 讓消費者選擇適合自己的需求
過程 (Process)	程式型個人化 (Programmed Personalization)	記錄過去行為，以辨識出每一個顧客
	顧客式個人化 (Custormized Personalization)	以消費者的立場考量每一件事

提供者應嘗試以消費者的立場來看整個服務過程，將顧客的滿意度提升至最高。

由以上所述，個人化的達成可由多方面來著手，且它是一個連續性的概念，沒有明確的分界，只在程度上有所差別。選擇式個人化較容易達成，但顧客式個人化則需更多心思與努力來滿足個別顧客。

此外，學者 Seybold(2000) 在《e 網打盡》(*Customers.com*) 中指出，在不影響隱私權的情況下，個人化的服務絕對是吸引顧客的重要關鍵，以下為個人化的六項原則：

1. 與每位顧客發展溫馨、個人化的原則。Seybold 認為，企業必須將每位顧客視為獨立、單一的個體，即使顧客有成千上萬名。企業也要親切地稱呼其名，同時告訴他們企業的名稱。

2. 讓顧客自動提供私密的個人資料並隨時更正，企業必須以漸進方式來建立顧客資料。企業與顧客建立關係之後即可要求顧客留下資料。企業也可以應用科技，如記錄顧客在網站的瀏覽、搜尋、下載行為，以協助建立資料庫。

3. 以顧客的個人資料為基礎，提供量身訂做的顧客資料檔，讓顧客更容易與企業進行交易，例如，當顧客在網站下單，網站就應該顯示出該顧客資料檔中的信用卡號碼，並詢問顧客要使用哪一個，同時列出之前填寫過的送貨地點，讓顧客自己選擇。

4. 依顧客需要，提供適當的服務與資訊，即使掌握了顧客的相關資料，企業仍不清楚顧客的需求。因此，企業必須盡可能地在每一筆交易中獲取相關訊息。

5. 讓顧客自行追蹤訂單，以檢視過去的交易紀錄，同時查看過去曾購買的物品，使顧客備感特別，而非僅是一次的交易。

6. 鼓勵顧客留下自己的資料的方式之一，就是讓他們擁有自己專屬的個人化工具，例如：個人網頁、個人理財工具等。這可以讓顧客對企業產生向心力，而不會輕易轉移。這也是學者 Berry 及 Parasuraman 所說的，第三層顧客關係的達成，會提升顧客的轉換成本，顧客也不易流失。

實例個案：網站的一對一行銷

　　許多人把某些網站經營的成功，歸功於股市發燒、提供低價商品等因素。其實深究起來，他們所販賣的並不是有形的商品，而是潛在於售後的「客製化服務」。根據學者 Forrester Research 的一份調查報告顯示，90% 的消費者在進行購物時，客戶服務的好壞是影響其決定的重要因素。所使用的理論即稱為「一對一行銷」。

　　以下舉出國外「一對一」經營架構，為刊載於《哈佛商業評論》(*Harvard Business Review, HBR*) 1999 年 1、2 月分中的〈*Is Your Company Ready for One-to-One Marketing*〉一文，如表 7.6 所示，這個評量架構融合了三個作者 (D. Peppers、M. Rogers 及 B. Dorf) 的觀點。

　　所謂的「一對一經營」，可以畫分為以下三個階段與層次，分別是：

❖ 確認 (Identify)

　　這個階段所強調的基本重點在於企業或網站應該具備指認、或辨識顧客的能力，並且可以掌握顧客的基本資料。換句話說，企業或網站必須知道自己的顧客是誰？這些顧客來自哪裡？人口樣貌如何 (性別、年齡、收入、教育程度等)？是新顧客還是曾經多次造訪？是否曾在網站上進行交易？消費行為模式為何？喜歡什麼、需要什麼？不喜歡什麼、又不需要什麼？

　　要達到這個目的，企業或網站首先必須具備「登錄註冊」的功能，從顧客

表 7.6　《哈佛商業評論》的一對一經營評量架構 (暨行動方案)

階段	具備能力
階段一： 確認 (Identify)	・大量蒐集顧客資料 ・資料完整性 ・隨時更新顧客資料
階段二： 區隔 (Differentiate)	・提供客製化服務 ・主動提供個別客戶需求
階段三： 互動 (Interact)	・顧客區隔與分級，包括：最具價值顧客、最具負面效益的顧客
階段四： 客製化 (Customize)	・「大量少樣」選擇少但單價低，適合大眾市場 ・「少量多樣」選擇多但單價高，適合利基市場

資料來源：Marketing by D. Peppers, M. Rogers & B. Dorf.

基本資料開始蒐集；也必須具備蒐集後續在該網站上所有瀏覽、交易過程的資料。甚至，企業或網站還必須知道某些顧客是來自哪一個群體，例如，是某大醫院的員工、或是某俱樂部的會員。在這階段中，愈能完整蒐集顧客資料的網站，就可以得到愈高的評價。如此才能根據這些資料加以分析、歸類，做到下一步「區隔」。

此外，企業或網站還需要有隨時更新顧客資料的能力，因為所蒐集的資料若已過時或老舊(例如，顧客的偏好從重口味換成清淡口味、從黃色變成紫色)，這就是無效資料。一套完善的隱私保障機制是必備的，否則可能導致顧客的疑慮，甚至因此引發官司。

❖ 區隔 (Differentiate)

這個階段的重點工作是，如何在掌握了詳盡的顧客資料後，將這些資料轉換成對企業有用的資訊。在這個階段，企業或網站必須利用蒐集而來的客戶資料進行顧客的屬性、偏好與貢獻度區隔，以便清楚地得知顧客的分群，以及是否需要針對不同的分群提供不同的服務。

企業或網站必須能夠從眾多的顧客群中，區隔出其中最具價值的顧客。哪些顧客從來不在網路上消費？哪些顧客消費時總是精打細算？哪些顧客曾經抱怨產品或服務不佳？哪些顧客以前常常消費、近幾個月卻不曾有任何交易？甚至，企業或網站還可以區隔出某些具高價值的顧客同屬某個團體，如此一來，可以針對該團體提出特別的優惠方案，也可以在這些顧客消費時，主動給予較優先的服務順序。

❖ 互動 (Interact)

在達到「確認」及「區隔」顧客的階段後，企業或網站還必須能利用網際網路及資訊科技，提供更良好的互動模式，以便隨時掌握顧客的反應。這種互動關係，成本將比以往大幅降低，而效益則大幅提升。

顧客應該曾經有過以下不愉快的經驗：在購買某項產品或使用某項服務時，若發生不滿意或要詢問一些問題，通常第一個反應是打電話給該家公司。很多時候，顧客遍尋產品包裝卻找不到可以詢問的管道；有時候，電話找到了，但打過去不是忙線就是沒人接。幸運一點的話，電話接通了，當顧客不厭

其煩地描述完所遇到的問題後，客服人員會告訴顧客，這不是他負責的，於是又將電話轉給其他人，顧客只好一再地重複之前的問題。若電話品質不好斷線了，顧客還得再經歷一次上述的夢魘。

在網際網路及現代資訊科技的協助下，企業或網站除了避免讓顧客有上述不愉快的經驗，還必須能夠提供多種成本更低廉、效率更高的互動管道，如電話、電子郵件，甚至各種解決疑難雜症的線上支援 (包括 Q&A、訂單追蹤、搜尋引擎等)。此外，也必須記錄每次的互動過程及處理結果，讓相關人員清楚地知道，以免顧客重複描述。

❖ 客製化 (Customize)

在《一對一經理人》一書中清楚闡明，「要實踐真正的一對一行銷，公司的生產或服務，必須根據該顧客在與公司業務或行銷代表的互動中所談的內容來對待那位顧客。」其最高的境界是，每一位個別顧客必須接受到不同的待遇、產品或服務，不過這個境界的落實有實行上的困難。其變通的方式，便是利用大量客製化的方式，將產品或服務分解成一個一個獨立的模組，再依顧客不同的需求加以組合。

以旅遊行程的安排為例，業者只要事先擬好 25 種不同的自由行模組、5 種不同等級的旅館模組、4 種不同等級的租車模組、3 種不同機票等級模組、6 種不同的付費方式，便可以依據顧客的喜好，創造出 9,000 種組合可能的產品或服務。例如，入口網站 YAHOO! 提供每位會員免費的網頁空間建置個人化的內容，也提供會員選擇想要接受的資訊類別 (例如旅遊資訊、科技資訊、商業資訊)，以及資訊來源 (例如美聯社、路透社等)。

因此當企業要達成一對一經營目標，成為真正的一對一網站，須先知道公司的顧客是誰 (Identify)；接著要找到這些人具有哪些獨有的特性與價值 (Differentiate)；然後針對不同特性的顧客提供不同的互動機制與管道 (Interact)；最後的目的就是提供完全量身訂做的產品與服務，滿足每一位顧客的不同需求，也包括潛在的需求 (Customize)。

依據以上理論，本書將一對一行銷，四個層次的內容，製成表 7.7。其中「確認」有八個項目、「區隔」有六個項目、「互動」有六個項目、「客製

表 7.7 一對一行銷的評量內容

一對一行銷	評量的內容
確認 (Identify)	・註冊誘因 ・個人顧客資料的隱密性 ・辨識曾經上網的顧客 ・第三者的隱私權保護機制 ・社群的連結 ・個人資料是否須重新輸入 ・隨時更新顧客資料 ・自動填寫資料的服務
區隔 (Differentiate)	・蒐集顧客的偏好 ・有了解顧客需求的機構 ・線上／非線上資料的整合 ・保留之前所填的資料 ・詳細的顧客研究 ・不同程度的服務顧客
互動 (Interact)	・線上直接提供顧客服務 ・搜尋引擎的機制 ・線上訂單追蹤 ・不同管道的傳遞訊息 ・選擇非線上的付款方式 ・社群的活動機制
客製化 (Customize)	・個人專屬的網站 ・個人自訂網站內容 ・多種送貨的方式 ・訂單的紀錄 ・個人化的資訊 ・個人想要的目錄 ・線上產品的結構 ・推薦個人化的產品 ・更親和的介面 ・人性化的服務

資料來源：修改於 Peppers & Rogers.

化」有十個項目。

　　一對一行銷的觀念還可運用在哪些網路科技呢？如表 7.8 所列出實務界所採用的一對一網路技術，屬於維護客戶關係的平臺的部分，透過這些具備人工智慧的介面與消費者進行雙向的溝通。

表 7.8 一對一網路科技之運用

一對一網路科技	運用
互動式網站	・透過網站或是與網站上功能的互動，讓使用者了解公司組織商品或是服務。 ・與每一個使用者進行私人對話。 ・藉由提供有益的網路瀏覽經驗，加深使用者對公司的印象與忠誠度。
電子郵件	・藉由電子報 (newsletters) 或是電子郵件公告，維持持續性的公司組織或行銷活動的傳播。 ・消費者不需造訪您的網站，您仍然可以與他們進行接觸。
網站個人化	・更進一步了解每一個使用者或是目標市場區隔。 ・提供個人化的建議，尤其是當公司服務的對象涵蓋多個市場區隔，或是公司為客戶提供多樣化的商品或服務。 ・將各個程序自動化，譬如對客戶的建議、客戶管理，以及交叉銷售。 ・依據使用者個人資料採用個人化廣告；提供每一位使用者獨特的網路經驗。 ・採行會員制與忠誠度綱要，甚至是一些消費者付費的較高等級服務。
推播策略	・維持企業組織與市場的持續性溝通。 ・為網際網路以及企業網路這兩個不同的目標市場，各創造出不一樣的通路。 ・依使用者的個人資料，將廣告的焦點放在個人身上，傳達給每一個客戶。 ・獨特的資訊或市場訊息。

資料來源：Wiley & Sons Canada Ltd.

Note :

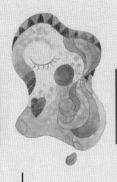

PART 2

進階篇

CHAPTER 8

宗教行銷篇

8.1 何謂宗教行銷？

8.2 宗教行銷高手

8.3 宗教行銷利器——科技

8.4 永續發展

實例個案一：宗教結合生活與音樂的案例

實例個案二：2011 宗教藝文博覽會——英文正名活動

實例個案三：台一天賞村Heavenly Grace Village

8.1 何謂宗教行銷？

「宗教行銷」(Religion Marketing)，是指在行銷策略上使用宗教的手法及形式來包裝，以營造類似的情境及效果，使用範圍包括政治選戰、直銷、業務、顧問、幼教，甚至於各行各業的行銷策略皆可適用。雖然因為行業不同而型態各異，但行銷的本質卻是大同小異。

⏳ 宗教行銷的第一步就是「造神」

宗教行銷的第一步就是「造神」。本書所謂的造神，並不是所謂的人物塑造，而是指境界或理想的塑造。以直銷業來說，直銷業多半以「健康美好的生活」為訴求，經由參加直銷，就可以和「美好的生活」畫上等號。有些直銷公司的說明會上，主講人第一句就指出：「王永慶之所以能致富，就是因為有台塑及許多關係企業的員工替他賺錢，所以他每一秒都有千百個人替他賺錢。普通人也可以透過參加直銷，開發下線 (指往下延伸的直銷業務，下線有業績，個人就可以分得利潤)，達到像王永慶一樣的境界。」巧妙地把王永慶和直銷連結在一起。

神明是膜拜的對象，在「信我者得以永生」的邏輯下，必須為信仰者或信眾安排一系列的系統祭典與儀式。例如，「傳道者」就是在神的指引下給予信眾一個可供模仿、複製的典範。

顧問界的管理行銷大師也擔任造神運動傳播者的角色，唯一不同的是，信眾由購買直銷品的客戶轉變為需要改革的企業。造神的重點在於定義一個理想，並明確指出到達理想的過程及可能性，並產生出指引的傳道者。

8.2 宗教行銷高手

⏳ 基督徒 VS. 伊斯蘭教徒

以異教徒 (亦稱之為無神論者) 的身分來看，基督徒與伊斯蘭教徒其實是

有共通點的，他們都是「書的信奉者」(People of The Book)，同時，也都背負著要宣揚書中教義的任務，直到人手一本聖經 (Bible) 或可蘭經 (Koran) 爲止。

以市占率來看，據統計，每年約有1億本的聖經被賣出或是送人，全美聖經年銷售額一直保持在 4.25～6.5 億美元之間，共有 2,426 種語言的版本，涵蓋全球 95% 的人口需求。可蘭經的威力也不容小覷，除了回教世界外，它也是全世界最常被引經據典的來源。若說回教世界的種族分歧、衝突不斷，那麼朗誦可蘭經的時候，其實就是他們唯一萬眾一心的時刻。

✎ 信徒層面

再看信徒層面，聖經與可蘭經也隨著科技的提升，而進行無國界的傳播。20 世紀初，全球的基督徒大多聚集在歐洲與美國，在現今的新興市場地區就有 6 成的基督徒。同一時期，回教徒也多數集中在阿拉伯世界，但是現在信奉回教的英國人並不會比信奉英國國教的人少。

這些宗教書是如何達成目前的規模？細究其原因，我們可以發現，基督徒與伊斯蘭教徒都是行銷高手，他們善於利用全球化、科技以及資源來散布教義與聖書。

宣揚神旨是宗教的終極目標，但一字一句地宣導神意是件非常困難的事。以新約聖經來說，約有 80 萬字，更別提字裡行間隱藏的深奧訊息；可蘭經雖比新約聖經薄，但想讀通也不是件簡單的事。

爲確保回教勢力的不滅，可蘭經選擇向下扎根的方式。可蘭經是回教教育的主幹，能背誦出全本可蘭經的人，會被冠上「Hafiz」的尊稱，若是生於伊朗，還可因此免除四年苦讀，直接獲頒學士學位。

爲了鼓勵研讀可蘭經，回教世界經常舉辦類似世界盃的可蘭經背誦比賽，不僅是當地盛事，贏家還可以出版有聲書，並且絕對是年度最暢銷的 CD。通常回教並不會主動吸收新血或是勸人改變信仰，反而著重於鞏固原有信徒，激勵他們變得更加狂熱。

基督教則正好相反，沒有硬性地規定聖經變成教材之一，也不刻意鞏固原有信徒，反而熱衷到處開疆闢土。以密度來看，南韓擁有最多的基督教傳教

士，巴西則是出版聖經的大宗。

全球化與生活水準的提升也助了宗教行銷的一臂之力。基督教全球 140 多個社團緊密合作宣揚基督思想，其中領頭的美國聖經學會 (American Bible Society; ABS)，甚至突破中國大陸的警戒線，發售的聖經高達 5,000 萬本。

沙烏地阿拉伯的石油財富是行銷可蘭經的主力，不論是透過回教聯盟或是私人捐贈，這個石油王國每年送出 3,000 萬本的可蘭經，被放在清真寺、回教社團及大使館中供人取閱；或透過 FreeKoran.com 網站索取，只要幾日後就能收到免費的可蘭經。

儘管當時代與科技不斷地更迭，宗教信念與神話將會逐漸褪色，但可蘭經學者 Constance Padwick 卻表示，可蘭經活在人們心中，已經不僅僅是字句而已，更甚者，它是神的真實話語。同樣的說法，也顯露在基督徒對聖經的崇拜。

8.3 宗教行銷利器──科技

科技是宗教行銷的利器，當有生命上的疑問時，還能上網得到神的解答。教友可以下載到 PDA 或是 MP3 播放器，作為保持與神同在的好方式，市面上也有聖經 MP3 播放器 (Go Bible MP3 player) 與可蘭經 CD，甚至可以上 www.ebible.com，跟同好討論神的八卦。

有些宗教擁有自己的電視頻道與廣播電臺，中東地區就有許多電視頻道與電臺24小時播放可蘭經，美國聖經學會還發明簡易聖經播放器，音量足以傳達給上百人，而在臺灣地區也有許多佛教團體成立自己專屬的電視頻道，向廣大的閱聽人大量傳播宗教理念。

根據統計，美國人每年會購買 2,000 萬本的聖經，每個家庭平均有 4 本聖經。但學者蓋洛普 (Gallup) 的調查卻發現，美國人其實是聖經文盲 (Biblical Illiterates)。

根據調查顯示，少於一半的受訪民眾可以答出聖經第一章的名稱 (答案是創世紀)；僅有三分之一的人識得知名牧師 Billy Graham；有四分之一的人不

知道復活節的由來；更有 12% 的人相信，打造方舟的諾亞 (Noah) 最後娶了法國聖女貞德 (Joan of Arc)。

同樣的情況也出現在回教徒的身上，可蘭經的原始版本是阿拉伯語，但是現今卻只有 20% 的伊斯蘭教徒會使用阿拉伯語，而且中東地區的文盲數量仍很高，雖然學生被要求背誦可蘭經，但卻不懂經文的意思。

到底誰的行銷術技高一籌？這已經不是市占率的比較這麼簡單了。經過千年的競爭，各據一方的局勢已經不能滿足這二個最愛較量的宗教，跨過領域搶客人才是他們的年度新希望。

根據統計，截至目前為止，已受洗的基督徒人數約為 20 億人，回教徒約 15 億人，但以擴張速度來看，回教比基督教更為蓬勃發展，甚至有學者預估，到了 2050 年時，全球回教徒人數將會超越基督徒的人數。

沙烏地阿拉伯是個絕對不允許聖經在他們土地上流通的國家，即使如此，卻始終無法逼退一些狂熱的基督教傳教士，對中東、非洲以及亞洲等區域的傳教行為。美國西南浸信會神學院 (Southwestern Baptist Theological Seminary) 因此開設了一個碩士課程，專門培育激進傳教士，利用仿冒的可蘭經當武器，就只是為了動搖回教徒的堅定信念。

8.4 永續發展

說到永續發展，首先就不能忘了宗教最強而有利的後盾：出版社。Thomas Nelson 可算是聖經出版界的龍頭，它每年出版 60 多種版本的聖經，針對不同的職業製作不同的版本，包括牛仔、新娘以及酒店業者等。為了因應不同場合，Thomas Nelson 也製作了防水、適合戰地，以及趕時間時用的 100 分鐘聖經 (100 Minutes Bible) 等版本。

↳ 發行聖經雜誌

為了吸引時下年輕人的眼光，Thomas Nelson 在 2003 年時曾興起出版聖

經雜誌 (Bible-zines) 的想法，內容除了有聖經的智慧外，也包含青少年世代中最流行的資訊。

Revolve 是本最成功的聖經雜誌，主要針對少女的愛美心態與交友關係著手，並以新約聖經的經句來替她們解惑，隨後而來的 Refuel、Blossom 及 Explore 也都各自擁有其讀者群。出版社並沒有忽略剛會走路的小幼兒，它們以許多圖片及少許文字的方式搭配不同的色調，成功地吸引許多父母的選購。

除了聖經的外在與客群，聖經譯本事業也是廣大的市場，為了加強信徒接受「上帝會說你的語言」的信念，將聖經翻譯成各種語言版本。

當印刷製品已經趨近飽和，聖經出版業者又開發了有聲書與遊戲，Zondervan 出版社邀請黑人演員丹佐華盛頓 (Denzel Washington) 與山謬傑克遜 (Samuel L. Jackson)，來誦讀「聖經的體驗」(The Bible Experience)，他們以時下用語取代古老語法，深獲基督徒的喜愛。聖經自我測驗、聖經填字謎、聖經賓果遊戲等，也都是宗教行銷的附帶利益。

✎ 行銷自我

回教的行銷並沒有如基督教這般無遠弗屆的發展，主要是回教並不是很願意開發譯本市場，兩者相較之下，目前市面上只有近 20 種語言的可蘭經譯本，且多是貼近原始字義的翻譯而非喻義，所以進度遠遠落後基督教。

可蘭經的形成，最初是天使口述神的話語告知回教鼻祖穆罕默德，再由穆罕默德口述給旁人記錄下來，形成今日的可蘭經，當時所用的語言是阿拉伯文，所以信徒單純地相信，只有以神的語言來學習才能知天意，因此排斥發展譯本。

基督教的行銷優勢關鍵在於美國，這個全球最富有、最有權力的國家，擁有超過 8,000 萬名的基督教傳教士，他們熱心地支持傳道活動與基督精神的行銷；反之，中東雖有石油帶來的富裕，但當地的文盲數量是世界第一，再加上網路使用率的不普及，傳播效果又再度落後基督教。

宗教的自由性

基於宗教的自由性，以及美國憲法的加持，基督教並不教導仇恨其他的宗教，許多宗教因此受到妥善的保障。再加上歐洲經過百年宗教迫害的歷史，自然厭惡具束縛性的宗教，這成了基督教容易被接受的主因；反之，伊斯蘭世界的政經都掌握在宗教人士的手中，回教禁止人民有非回教的信仰，改變信仰更是世所不容，通常會被拘禁，甚至判刑，其發展自然受到限制。

實例個案一：宗教結合生活與音樂的案例

❖ 範例一：

這是在 IKEA 拍到的場景，一群比丘尼選購完家具之後，就一起坐下來揣摩開會的感覺。雖然在體制下，她們必須維持傳統的衣著，但還是會逛 IKEA 來顯現出自己的品味。可見，時代趨勢變化得非常快，就連已經扎根得非常穩固的宗教傳統，也會因應時代潮流而被打破。如今宗教

行銷運用的方式，可以非常生活化地出現在身邊。

❖ 範例二：

新宗教行銷的成形，從臺灣媒體的恆述法師身上，就能看到一些可能性。恆述法師可說是宗教行銷的成功人物，她對佛法的推廣具有個人獨特的想法，跟一般佛教頻道由出家人誦經講道的傳教方式有

很大不同。她以演藝人員上綜藝節目的方式來傳教，並且開設部落格來宣揚佛法為民解惑，也算是臺灣佛教另類行銷的一個很成功的典範。

❖ 範例三：

2003 年，唱片市場推出了一張新世紀曲風專輯，其中的音樂以類似格林高利聖歌及加入大量的宗教元素來表現，很成功地讓宗教聖歌以現代音樂的形

式問世，轟動了當時的歐美唱片界跟宗教界，是一張非常成功的專輯。

電影《修女也瘋狂》中，則是在聖歌中加入了非常多的流行音樂節奏及唱法，讓人聽起來不再是那麼地嚴肅和拘謹，反而非常容易讓人起舞、接近人群，無形中達到了歌頌上帝與傳教的功能，這些都是宗教結合行銷的最佳典範。

❖範例四：

來自新加坡的女歌星何耀珊是以「牧師歌手」的稱號進入演藝圈，並藉著音樂對上帝或是對某些感人故事的歌頌，來推廣她的宗教信仰。不過，何耀珊自認為是位有執照的心靈輔導師，因此她的專輯很多都是心靈療傷系的作品，也因為她的這個特殊背景，奠定了何耀珊的音樂具有心靈治癒的功能，讓人可以藉由宗教元素來淨化心靈。

❖範例五：

來自西藏青海噶紮西寺的轉世活佛──盛噶仁波切，他脫下袈裟，以時尚的打扮，撰寫出一本敘述其成長經歷的不凡故事，書中闡述他對於日常生活中實踐佛法的堅持。他說：「我是佛法的推銷員，我必須好好裝扮自己，才能推銷我的產品。」

盛噶仁波切還發行他的第一張國語專輯，其音樂內容加入了大量的宗教元素，並以現代娛樂的形式來詮釋。他以 Rap 的方式演唱西藏經文，藉由音樂

來推廣佛教的真諦,並將活佛本人加持過的轉經輪手機吊飾作為贈品,這些都是運用宗教行銷的最佳實例。

資料來源:http://city.udn.com/1686/146628?tpno=4&cate_no=0 (經理人特區 - 宗教式行銷)。
http://davidtin.blogspot.com/2007/01/blog-post.html (慢慢成熟的宗教行銷)。

實例個案二：2011宗教藝文博覽會——英文正名活動

「葉鳳強現代藝術館」在路竹(高雄市路竹區環球路27號)舉辦畫展，並同時參與了「2011 宗教藝文博覽會」，在此次活動過程中，我們透過網路搜尋到行政院文建會之臺灣大百科全書的官方網站中，查詢關於玄天上帝的英文名字 Supreme Emperor of the Dark Heavens，其中對於「Dark」的翻譯，認為似乎有比較偏向黑暗、負面等字義的疑慮，因此我們希冀藉由這次宗教藝文博覽會發起萬人投票連署英文正名的活動！

將我國的宗教文化弘揚到世界各地，讓全世界的信徒都能更親近和認識我們的神明——玄天上帝。

玄天上帝英文正名活動建議：

❖ 現況

Supreme Emperor of the Dark Heavens
源自行政院文化建設委員會臺灣大百科全書官網之英譯。

❖ 英文正名建議一

Supreme Emperor of the Northern Heavens
玄天上帝，全稱北方真武玄天上帝，也稱北極玄天上帝，常被簡稱為北帝。

❖ 英文正名建議二

Supreme Emperor of the Black Heavens
茲因北方在五色中屬於黑色，因此玄天上帝又稱黑帝。

請以按「讚」方式投票。

實例個案三：台一天賞村
Heavenly Grace Village

財團法人台一社會福利基金會
Formosa Diaconia Foundation

簡報

財團法人 台一 社會福利基金會
Formosa Diaconia Foundation

大學轉化進場 社福翻轉城鄉

創新區域優勢、達陣安居樂業

全球化趨勢的衝擊與挑戰

全球化(Globalization)係因超資本主義、市場經濟、交通運輸科技、資訊傳播科技……等四大颶風所產生以全球為場域的超界、跨域、連動的世界共振感。

全球化趨勢中的資本主義和市場經濟其發展產生了大的吃小的、好運吃歹運、好歹運輪流的莫測情形

全球化趨勢的衝擊與挑戰

全球化趨勢產生了新的移動力、穿透力、連動性、脆弱性、衝突感……等衝擊。

全球化趨勢孕育了全球場域、新治理觀、城市治理、區域主義、根感經濟、韌性發展……的世界治理。

迎接城鄉治理的年代

隨著全球化趨勢的超界跨域連動影響，世界社會已從「國際社會」轉化成為「全球社會」。因此，在世界社會的全球治理中國家，只不過是全球治理重要的參與者之一，城市已儼然成為全球治理中最重要的「非國家行為者」(Non-State Actors)。

迎接城鄉治理的年代

這是一個城市彰顯(Reveal)國家、城市定義
(Define)國家、城市躍升(Advance)國家的
時代。旅人們認識一個國家乃從城市入門；
遊子們則需要進入一個城市，穿過幾個村庄
部落才能回到家。每個人似乎都從「城市」
找到活路和出路。

城市治理可以產生特殊(Unique)與唯一
(Only)的無可替代性。每一個城市應善用其
內鍵的軟硬體實力及自明性魅力，而產生具
有整合性優勢的競爭力。

迎接城鄉治理的年代

未來，屏東縣政府應學習以猶如「地方國家
主權」(Local State)的自主性，積極培養縣
民、公民社會團體、非政府組織(NGO)及產
業界社群的全球視野及能力，將城鄉治理、
區域治理和全球治理透過「議題連結」
(Issue Linkage)及自創國際NGO網絡來擴
散屏東經驗、創造產業商機和產生親密的國
際交流。

創新城鄉外交的策略

The Southernmost Paradise，Pingtung

「城鄉外交」係根據下列元素，而發展出具藍海
策略的特殊國際網絡治理組織及活動；

「自明性吸引力」
「內鍵資源發展優勢」
「城鄉議題趨勢領導」
「區域合作戰略位置」
「首長的賞識力和世界觀」

創新城鄉外交的策略

我們具體建議屏東縣政府應積極快速盤點社經及產業的內鍵
優勢，化繁為簡並整合縣府力量以八年時間建立屏東的國際
形象與品牌；透過「發起」城市議題性的國際非政府組織，
深耕下列三條國際連線的論壇，啟動營造屏東對國際及東南
亞城鄉的影響力。

第一條「亞洲臺商屏東連線」
(ASTCC Pingtung Caucus)

第二條「東南亞綠色小城連線」
(South East Asia Green Municipality Alliance)

第三條「東南亞度假小城連線」
(South East Asia Resort Municipality Alliance)

創新城鄉外交的策略

請務必記得，屏東縣真的是The Southernmost Paradise，我們有太多美好的東西可以成為東南亞小城社群的「即時力量」和「大小確信」，透過鼓勵亞洲青年到屏東創業旅行，帶動新一波的城鄉公民社會創業能量。

未來，屏東縣的城鄉外交將至少產生下列國際綜效：

一、屏東縣長成為處理菲律賓事務及熱帶城鄉治理的趨勢領導者

二、屏東縣發揮臺灣國境之南天堂樂園的超級國際魅力，成為「候鳥社群」的棲息、行旅和長住天堂

三、屏東農漁牧產業的實力成為帶動亞洲青年創業及東南亞現代化之新力量

大學轉化進場　社福翻轉城鄉

財團法人
台 社會福利基金會
Formosa Diaconia Foundation

感謝上天的賞賜，感念創辦人的恩澤

園區品牌名稱

台一天賞村
Heavenly Grace Village

這是天父賞賜
富大學校園質感
及生活機能完善的
「樂齡幸福村」、
「傑人國際村」
和「雙福創業村」
並與社福社群享受
Diaconia共同體生活

財團法人
台 社會福利基金會
Formosa Diaconia Foundation

台一創新社福園區

- 大轉型取代小確幸
全臺唯一整體轉化大學腦力和肌力的「社福共創園區」
「偏鄉服務驛站」、「社福活動平臺」和「庇護安養樂園」
- 永達技術學院將轉型改辦成為一個具有
「屏東社福全亮點、臺灣樂齡新地標、國際共創新樂園
亞洲青創新工坊、區域防災安置區」
的創新社福園區。

未來工坊瘋麟洛
樂齡行旅湧屏東

台一創新社福園區

- 海峽交會海峽的水域 ---- 就在墾丁

- 海洋遇見海峽的地方 ---- 就是滿州

- 安居樂業的享受陽光 ---- 唯來屏東

- 社福社企共創的地標 ---- 唯有台一

台一創新社福園區於屏東縣相對位置圖

台一天賜村
Heavenly Grace Village

財團法人
台一社會福利基金會
Formosa Diaconia Foundation

墾丁及滿州地圖

屏東縣地圖

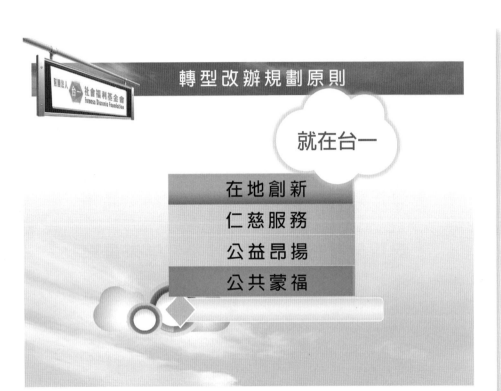

財團法人 台一 社會福利基金會
Formosa Diaconia Foundation

轉型改辦規劃原則

就在台一

在地創新

仁慈服務

公益昂揚

公共蒙福

財團法人 台一 社會福利基金會
Formosa Diaconia Foundation

轉型改辦規劃定位

這是一個實踐 Diaconia精神和行動的社福園區

落實以人為本和以愛為根的精神提供創新融合的多元服務，達陣安居樂業的目標

永達技術學院將以創新的賞識力推動轉型，發揮原來內建工科雄厚特色實力，提供培育社福創業人才的共創平臺

同時發揮整合性社會福利服務園區規劃，共同促進屏東區域安居樂業的發展。

「台一創新社福園區」的DNA就是整合型安養、安置、學習和創業的多元服務社福園區。

「台一創新社福融合創新園區」的超級魅力就是營造臺灣最創新的社福型Co-Working Campus。

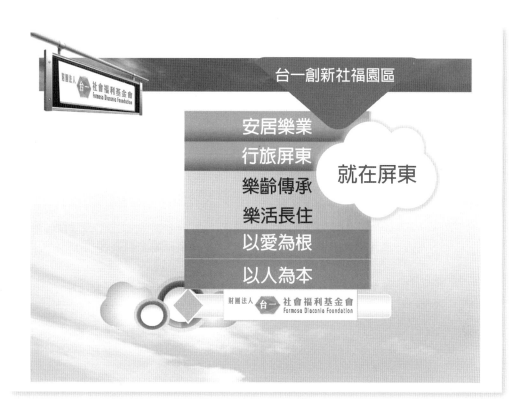

園區機構及設施規劃

樂活安養健康休閒機構	屏東社福未來工坊園區
社福庇護工坊成長園區	屏東婦女青少年社福館
樂齡城鄉行旅慢活學苑	屏東原住民創藝築夢館
多元就業職涯發展學院	屏東良品社企百貨館
標竿企業圓夢文創園區	屏東文化新藝術文薈館
亞洲宣教創業中心	屏東康橋社福國際會館

園區機構設施社福分類說明

項目	分類說明 機構設施	園區社會福利區塊					社會福利業務屬性 依 103.01.15 衛生福利部審查社會福利業務財團法人設立許可及監督要點第二條定義
		安居長住	樂活學習	社企創業	職涯發展	國際合作	
1	樂活安養健康休閒機構	ˇ	ˇ			ˇ	老人福利
2	社福庇護工坊成長園區		ˇ	ˇ	ˇ		身心障礙福利、兒童及少年福利
3	樂齡城鄉行旅慢活學苑		ˇ				老人福利、志願服務
4	多元就業職涯發展學院		ˇ	ˇ			社福人力資源發展
5	標竿企業圓夢文創園區		ˇ	ˇ			社會創業、社會企業
6	屏東社福未來工坊園區		ˇ	ˇ			代際傳承共創、青年婦女創業

園區機構設施社福分類說明

項目	機構設施	園區社會福利區塊					社會福利業務屬性
	分類說明	安居長住	樂活學習	社企創業	職涯發展	國際合作	依 103.01.15 衛生福利部審查社會福利業務財團法人設立許可及監督要點第二條定義
7	屏東婦女青少年社福館		∨	∨	∨	∨	婦女福利、兒童及少年福利
8	屏東原住民創藝築夢館		∨	∨		∨	社會創業、人才資本發展
9	屏東良品社企百貨館		∨	∨			社會創業、社會企業等
10	屏東文化新藝術文薈館		∨			∨	其他社會福利業務、國際合作
11	屏東康橋社福國際會館	∨			∨	∨	其他社會福利業務、國際合作
12	亞洲宣教創業中心	∨	∨			∨	老人福利、社會工作、志願服務、國際合作

園區機構設施開發時程及經營模式

項次	機構設施	開發期程			經營模式						備註
		短期	中期	長期	自規辦理	附屬機構	產學合作	社群進駐	投資開發	合夥經營	
1	樂活安養健康休閒機構			∨	∨				∨	∨	
2	社福庇護工坊成長園區	∨				∨	∨			∨	
3	樂齡城鄉行旅慢活學苑		∨		∨	∨					
4	多元就業職涯發展學院	∨				∨		∨		∨	
5	標竿企業圓夢文創園區		∨			∨					
6	屏東社福未來工坊園區	∨				∨	∨		∨	∨	

 園區機構設施開發時程及經營模式

項次	機構設施	開發期程			經營模式						備註
		短期	中期	長期	自規辦理	附屬機構	產學合作	社群進駐	投資開發	合夥經營	
7	屏東婦女青少年社福館	V			V	V	V				
8	屏東原住民創藝築夢館		V			V	V	V			
9	屏東良品社企百貨館			V	V					V	
10	屏東文化新藝術文薈館		V		V		V			V	
11	屏東康橋社福國際會館			V	V	V			V	V	
12	亞洲宣教創業中心	V			V	V		V		V	

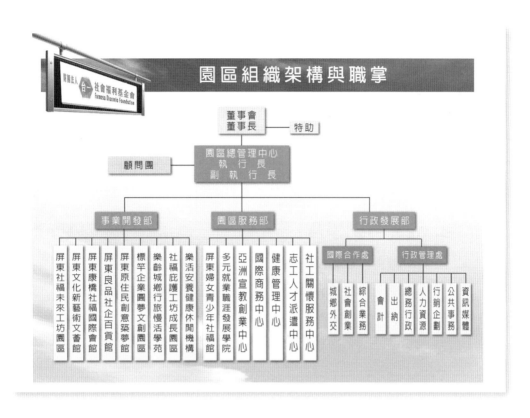

園區組織架構與職掌

財團法人 社會福利基金會 Formosa Diaconia Foundation

董事會
董事長 ── 特助

顧問團 ── 園區總管理中心
執 行 長
副 執 行 長

事業開發部

- 屏東社福未來工坊園區
- 屏東文化新藝術文薈館
- 屏東康橋社福國際會館
- 屏東良品社企百貨館
- 屏東原住民創意築夢館
- 標竿企業圓夢文創園區
- 樂齡城鄉行旅慢活學苑
- 社福庇護工坊成長園區
- 樂活安養健康休閒機構

園區服務部

- 屏東婦女青少年社福館
- 多元就業職涯發展學院
- 亞洲宣教創業中心
- 國際商務中心
- 健康管理中心
- 志工人才派遣中心
- 社工關懷服務中心

行政發展部

國際合作處
- 城鄉外交
- 社會創業
- 綜合業務

行政管理處
- 會計
- 出納
- 總務行政
- 人力資源
- 行銷企劃
- 公共事務
- 資訊媒體

申請轉型改辦流程

財團法人 社會福利基金會 Formosa Diaconia Foundation

① 檢具文件，報教育部辦理

② 教育部審查

③ 修訂捐助章程

④ 向變更後目的事業主管機關申請改辦

⑤ 報教育部許可變更

⑥ 教育部將文件轉請法院辦理法人變更登記

⑦ 學校法人將法院發給文件函報變更後目的事業主管機關並副知教育部

⑧ 學校法人依改辦計畫書辦理改辦事宜

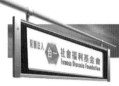

台一創新社福園區的國際住宿功能

1. 友井康橋社福國際會館(國際會議中心)

2. 獎卿國際學苑(YMCA 級國際青年學苑)

3. 亞洲青創學舍
   (國際青年創業、社福活動及國際營會住宿)
   Asia Enterpreneurs Mission House

4. 麟洛天賞居(MP House、LV House 國際安養住宿)

友井康橋社福國際會館 MOU

YMCA 級 獎卿國際學苑

屏東亞洲青創學舍

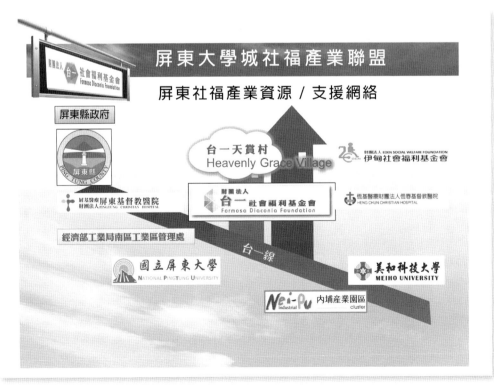

屏東大學城社福產業聯盟

台一線上的屏東大學城，典藏著無限的社福產業能量。

安居樂業的屏東縣願景，帶來簡樸生活、在地創業、樂活安養和服侍善工的全新社福動能。

轉型改辦的「台一天賞村」將成為臺灣唯一的創新社福園區。

台一線工業園區棲息多元的高產值、高理想性和高感動力的潛在社會企業家。

屏東區域的基督教醫院長久以來，以熱情實踐服侍善工，守護著南臺灣人民。

屏東大學城社福產業聯盟

屏東大學城社福產業聯盟

整合大學城人才資源、知識資本和研發能量，創造屏東區域優勢的實力及魅力，吸引青年學子南徙就學創業，樂齡安養南方常住。

整合台一線相關教育、產業、醫療和社福機構資源，發展社會服務、社會福利和社會企業，共創安居樂業的屏東。

合作加值「台一創新社福園區」，使成為屏東大學城青年學生的社福實習／產學合作、Co-Working 和 Co-Experiencing的創業工坊、青年創業學舍、國際交流中心，共創「屏東社福全亮點」、「台灣樂齡新地標」和「國際青年創業新典範」。

台一創新社福園區　綜合效益

　　規劃中的「台一創新社福園區」（「台一天賞村」）將具有遠遠超越臺灣現有社福產業的雄厚實力與創新特色

1. 連結屏東縣政新治理，屏東大學城發展與屏東區域優勢。
2. 臺灣最大社福型「Diaconia社會企業體」的經營管理，創造永續循環式的社會福利資源。
3. 帶動屏東大學城社福產業聯盟的發展，包括伊甸基金會、屏東基督教醫院、屏東工業區、屏東大學、台一天賞村、內埔工業區、美和科技大學和恆春基督教醫院等產學網絡連動。
4. 展現樂活型、安養型、智慧型、共創型及會展型的國際交流平臺；成為國際傑人、國內樂齡、退休人士和青年志工偏鄉服務人力派遣驛站；達陣「安居樂業」和「宜居長住」的目標。
5. 臺灣最具「大學質感」、「社群協力」、「樂齡社福」、「安養長住」、「庇護工坊」、「社會企業」、「宣教創業」、「創業行旅」和「轉型典範」的創新社福園區。

台一創新社福園區　綜合效益

- 屏東社福全亮點

- 臺灣樂齡新地標

- 國際共創新樂園

- 亞洲青創新工坊

- 區域防災安置區

「台一」關鍵區位

麟洛校區共7.7公頃，並有11棟大學大樓建築物及圖書館、活動中心、游泳池、籃球場、森林公園等優質設施。距離國仁醫院約5分鐘、屏東部立醫院和屏東基督教醫院約15分鐘

麟洛校區從南高雄走國道一號接88快速道路，再接國道三號往北至屏東內埔出口(麟洛交流道)往麟洛方向，約40分鐘可抵達。從北高雄往東走國道十號，再接國道三號往南，於麟洛內埔出口(麟洛交流道)，約45分鐘可抵達。

麟洛校區位於臺一線400公里麟洛處。往北緊鄰屏東民生路、國立屏東大學和屏東演藝廳；往南緊鄰內埔六堆文化園區，實乃位居屏東副都心和觀光旅遊帶的關鍵位置

距離國仁醫院約5分鐘、屏東署立醫院和屏東基督教醫院約15分鐘

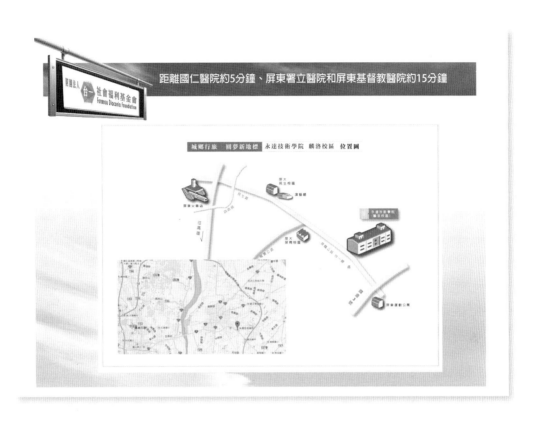

城鄉行旅　回夢新地標　永達技術學院　麟洛校區　位置圖

洋溢Diaconia的創新社福園區

這是一個實踐Diaconia精神和行動的

創能型社福園區，落實以人為本和以愛為根的精神，

提供創新融合的多元服務，

達陣安居樂業的屏東縣政目標。

洋溢Diaconia的創新社福園區

「財團法人台一社會福利基金會」
將內鍵及發揚Diaconia的精神和行動。

Diaconia希臘文原意：

在彼此恩慈關照中服侍上帝，
總是在別人的困境中協力幫助
(Serving God in Caring for Each Other and Making Social Efforts in Helping People Whose Lives Are Difficult.)；
包括神聖服務、善良行為、謙卑問候、仁慈救濟、餐飲設施、
獨立經濟中心、慈善事業忠心管家
(Sacred Service, Good Deed, Humble Greetings, Kind Alms, Catering Facilities, Sui Generis Economic Center, Stewardship for Philanthropic Works…etc.)等意涵。

洋溢Diaconia的創新社福園區

Diaconia的人文及社會行動意涵：

Diaconia深具人文關懷和社會改造行動力。上帝造人具有生命靈性，願意與身陷人生盡頭的人一同發現盼望(God's Human Creature Holds the Living Spirit to Find Hope and Act Together with People Who Think Their Future Have Come to an End.)。

Diaconia的服侍精神及服務品格與社會關懷、社會福利和社會企業的價值追求與發展趨勢完全吻合。社會企業成立之目的在於透過創新商業模式創造永續資源解決公共問題，並在社會上產生正面鼓勵的仁慈正義價值。做生意就是為了做公益，做公益透過做生意，並富有將極小的利潤產生極大化社會價值的能量，使社會昂揚自發性和自主性，創造社福資源的仁慈力量。

Co-Working 創新社福園區

全臺唯一具有

Co-Working DNA
Lohas 生活環境
Long Stay 長住魅力

的創新社福園區

Co-Working 樂齡安養

長青的Co-Working

不僅圓夢、更是傳承

Co-Workers享受代際共創成長、

安居樂業

國際/代際共創運動　Co-Working Movement

- Self-Making Social Movement　自造者社群運動

- Social Entrepreneur Movement　社會企業家運動

- Deep Economy Movement　在地根經濟運動

國際/代際共創運動　Co-Working Movement

全球深受新時代工作者和代際合作喜愛

「自造者工坊空間」（Makerspace）

「共創辦公空間」（Co-Working Office）

「共創未來工坊」（Co-Working Lab）

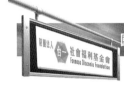

國際/代際共創新樂園 Co-Working Movement

2015 全臺灣最大的 Co-Working Campus

國際/代際共創新樂園

木工房、金工房

數位工房、裁縫工房

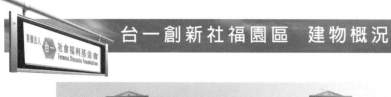

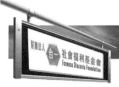

台一創新社福園區　建物概況

台一創新社福園區　建物概況

台一創新社福園區　建物概況

屏東　全人生活中心

這是一個兼具

觀光行旅、快樂生活、心靈療癒、安養安置、

培養技能、服務學習、良品購物、社福產學的

21世紀伊甸園

2015 / 04 / 09 台灣 / 屏東社福產業聯盟

2015 / 04 / 09 臺灣 / 屏東社福產業聯盟

Note :

CHAPTER 9

廟宇行銷實例

9.1　廟宇行銷的定義

9.2　日本廟宇行銷案例

9.3　臺灣廟宇行銷案例

實例個案一：中華卡通／產品商機

實例個案二：黑貓宅急便／廣告商機

實例個案三：中華電信／形象商機

實例個案四：屏東市代天宮

實例個案五：高雄市立公塔BOT

廟宇行銷新思維

跨地域＋跨領域＋跨世代

～神明聯誼會　Dia

9.1　廟宇行銷的定義

　　廟宇行銷 (Temple Marketing)是指在行銷策略上使用闡述廟宇精神或描繪宗教建築的模式，進行創意的行銷，營造出廟宇活動中車水馬龍的宣傳宏效。

　　廟宇是精緻的紀念性建築，也是神明的殿堂，更是信徒的信仰中心。除了空間規劃和形式有一套複雜的規矩外，還包括許多藝術之美，例如石雕、木雕、青銅雕、泥塑、釉彩、書法、陶藝等不勝枚舉。這些有關廟建築的裝飾，除了有視覺上的美感之外，還蘊含中國人趨吉避凶、教化人性的價值觀。臺灣近幾年來，有愈來愈多的企業或團體參與廟宇的大小活動，並規劃許多跟廟宇精神或是宗教建築相關的宣傳方式，讓人體驗各項的祭祀活動。在行銷策略上，即針對廟宇精神或描繪宗教建築之美做發揮，通常都有驚人的效果。

9.2　日本廟宇行銷案例

　　日本的行銷創意美學向來獨步全球，從日常生活食衣住行到尖端科技，創意唾手可得，讓生活分分秒秒充滿新的刺激。他們不僅大量吸收外來文化，對於保存傳統文化也不遺餘力，兩者激撞出更璀璨的創意美學。

　　這股創意美學風潮在廟宇神社發揮得淋漓盡致，舉凡門票、紀念品等，處處都顯示了為吸引參觀者所投注的苦心。例如，門票以特殊紙張配合季節的變遷而印上不同的美麗風景，拿在手上備感珍貴。還有將門票製成可以驅魔避邪的符咒。別具特色的祈願繪馬、御守也令人愛不釋手，甚至連佛經都印成可以隨身攜帶的鍍金小卡片。

　　日本幾乎所有廟宇神社都要先購票(即拜觀費)才能入內參觀，尤其京都處處廟宇，只要參拜幾座廟便所費不貲。有些人認為這樣很商業化，但是其實要維持這些歷史悠久的廟宇神社需要龐大經費，光靠日本政府的補助根本不足以生存，所以才期望藉由種種行銷方式籌措財源。浸淫在殿堂裡敬肅莊嚴的氛圍裡，欣賞這些參拜後的精緻戰利品，也是一種享受，不論它們以何種形式呈現，握在手裡，都是來自上蒼滿滿的祝福，令人感到愉悅的幸福。

↳ 物超所值賞——清水寺音羽の滝的清水甘露碗

一個杯子，集觀音加持、平安京守護神之一的東青龍浮雕與不動明王梵文於一身，能保佑你健康長壽家內安全。只要日幣兩百圓，就可以把清水甘露碗的祝福帶回家，真的值回票價。雖然它是塑膠材質，但製作細緻，表面還有類似金箔的塗漆效果 (如圖 9.1 和圖 9.2)。

清水寺本殿是在西元 780 年由征夷大將軍上田村麻呂所創建。但音羽の滝的起源更早於清水寺，在西元 778 年的奈良時代被延鎮人所發現，後來才成為

圖 9.1　清水寺清水甘露碗底如火焰般的不動明王梵文把一切煩惱燒盡

圖 9.2　音羽の滝的清水甘露碗一側雕有平安京四守護神之東青龍

清水寺的一部分。音羽の滝素有「黃金水」、「延命水」的別名，被尊為清淨之水，清水寺的名稱由來即跟它有關。

❖在門票背面印有一段著名的御詠歌：

　松風や　音羽の滝の　清水を　むすぶ心はすずしかるらん（大意是：松風分音羽之瀧，清水濯分／鬱結之心或可息）

正可以說明音羽の滝在清水寺歷史的重要地位以及撫慰人心的功效。

↳ 最佳創意賞——三千院觀音堂聖觀世音御守

　御守多製成吊掛式或更現代化的手機吊飾，薄薄的一張，非常方便隨身攜帶，讓觀世音的保佑無處不在 (如圖 9.3)。

圖 9.3 三千院觀音堂聖觀世音御守

✎ 最佳包裝賞──三千院金色不動茶

拜訪三千院的金色不動堂時，會先經過一間小屋，屋內有熱心歐巴桑請遊客進屋試喝金色不動茶；這種藉由廟宇的名氣，開發出別具特色產品 (如圖 9.4)，是一項很典型的廟宇行銷案例。在寒冷的天候下，坐在備有暖爐的屋內，喝著熱騰騰的三千院金色不動茶，既暖了胃，彷彿也喝到了保平安的滋味。

圖 9.4　三千院金色不動茶

金色不動茶名稱源自三千院金色不動堂，因為加了金箔而成為獨特的昆布茶。

☝最具靈力賞──晴明神社五芒星御守

位於堀川通旁的小小晴明神社，爲了籌措財源，透過行銷的手法創造出別具特色的御守。神社到處都可以看到安倍晴明獨創的神紋──桔梗印五芒星，它是陰陽道中祈禱咒符的一種，象徵宇宙萬物的天地五行 (木、火、土、金、水) 之無災無邪。晴明神社販賣各種印有桔梗印五芒星的護身符 (如圖 9.5)，開發出一系列因應不同需求之產品，如御守、繪馬、除魔貼等，它的獨特性吸引了許多名人前來祈願。

圖 9.5　晴明神社印有桔梗印五芒星的各種護身符

9.3 臺灣廟宇行銷案例

圖 9.6　媽祖公仔

臺灣歷時三年耗資六千六百萬元拍攝的動畫電影《海之傳說——媽祖》，因為與鎮瀾宮合作，還未上映，就讓製作電影的中華卡通有近兩千萬元進帳。其他如黑貓宅急便及中華電信，更藉著在大甲媽出巡時提供服務，不但業績長紅，更成功地打響了品牌。大甲媽的商機，大得驚人！

在鎮瀾宮廣場上販售「天地龍」高粱酒的業者，指著停在廟門口的三噸半卡車說，「這輛卡車只要一堆滿信眾交付的金紙，就載到臺中大安海邊的專用金爐焚化，每天至少跑十趟。」

「天地龍」高粱酒是鎮瀾宮選定起駕宴的專用酒，在大甲媽起駕前，被用來招待工作人員。每年起駕宴預計席開數百桌，以一桌一瓶、每瓶三百元計算，光是一個晚上，大甲媽出巡就要花掉十多萬元的酒錢。

2007 年，為配合電影的上映，大甲鎮瀾宮在大甲媽出巡前，就向動畫業者——中華卡通訂購六萬件印有媽祖動畫造型的 T-shirt，以一件定價 250 元計算，光是紀念 T-shirt 的銷售，就為鎮瀾宮賺進1,500萬元。2008 年，鎮瀾宮又下了兩萬件 T-shirt 及兩萬頂帽子的訂單。

由此可見，大甲媽背後所蘊藏的無形商機有多大！

實例個案一：中華卡通／產品商機

Ｑ版媽祖前進好萊塢、周邊千萬利潤

中華卡通在 2004 年籌劃拍攝《海之傳說──媽祖》動畫時，由於投資高達 6,600 萬元，如果要等影片拍好、上映，再回收投資，其風險太大。特別是目前國內院線生意普遍冷淡，加上盜版嚴重，迫使製作電影的中華卡通總經理鄧橋必須另謀出路。

鄧橋曾經找過幾座香火鼎盛的媽祖廟，商談合作的可能與如何創作媽祖造型，其中以鎮瀾宮的態度最開明、配合最積極。當製作公司正在猶豫《海之傳說──媽祖》的內容應該「比較偏宗教，還是比較偏娛樂」時，鎮瀾宮主張應該偏向娛樂。

為了配合電影的宣傳，鎮瀾宮在媽祖出巡活動開始之前，便向中華卡通訂購十二萬件有授權的媽祖紀念 T-shirt，其中光是大甲媽出巡前就賣出了六萬件。接著，中華卡通又與鎮瀾宮及中華郵政合作，發行兩萬套大甲媽紀念郵票，這套面值 35 元，定價 280 元的郵票，發行不到一個月，就全部售完。

中華卡通在鎮瀾宮及四十多座與鎮瀾宮友好的媽祖廟販售可愛版的媽祖、千里眼、順風耳公仔，反應也很好。

　　這些暢銷的媽祖紀念商品，在市面上幾乎看不到仿冒品。鄧橋分析原因認為，仿冒者害怕媽祖降罪，其次，各處的媽祖廟在當地都具有相當的影響力，所以附近商販不敢與其爭利。

　　電影製作公司見機不可失，更充分利用全臺包括鎮瀾宮在內的媽祖廟，進行《海之傳說──媽祖》卡通的宣傳。例如，特別製作「有看有保佑」的宣傳年曆，在四月大甲媽出巡前，張貼在各地媽祖廟；並利用大甲媽出巡的盛大活動來吸引國際媒體，讓影片得以在國際間進行免費宣傳。接著參加國際影展，如法國坎城影展，並在各媽祖廟發行預售票。影片上映後，也發行了 DVD 典藏版，以便在各媽祖廟販售。

　　挾著大甲媽的高知名度，《海之傳說──媽祖》卡通在兩岸三地同步上映，臺灣地區是由福斯負責發行，上映時間排在暑假第一檔，當時氣勢壓過《辛普森家庭》等重量級美國動畫，顯示好萊塢片商對這部影片的重視。

實例個案二：黑貓宅急便／廣告商機

替香客寄藥、寄衣物，拓展新客層

對於幾十年習慣利用郵局寄送包裹的人來說，利用宅配公司寄東西好像不如郵局保險；如果物件遺失了，民間企業是否會賠償？這種根深柢固的觀念正是宅配業者 (如統一速達) 在開拓市場時，尤其是老年客層遭遇的最大困難。幸運的是，大甲媽出巡提供了契機。

剛開始，統一速達出動一輛 1.75 噸的貨運卡車，隨著進香人潮前進，沿途免費讓進香的阿公、阿嬤把換下來的髒衣服寄回家，或是以按件收費的方式，替他們寄送沿途購買的特產。當抵達進香目的地新港奉天宮，參加祝壽大典後，信眾都會分到一塊祭祀媽祖的豬肉。往年，這些豬肉還沒帶到家，就已經在路上腐壞，現在黑貓宅急便提供即時低溫冷藏，讓信眾能把媽祖的祝福，新鮮帶回家。

幾年下來，隨行的黑貓宅急便貨卡已變成老人家進香時的聯絡平臺，有些進香團廣播尋找走失的團員時都會加上一句：「到黑貓宅急便那邊集合」。

統一速達的公關表示，一趟八天七夜的行程，隨行的貨卡可以收到價值數十萬元的包裹，雖然仍不足彌補開銷，但對公司而言，以一輛貨卡可以在進香期間接觸到幾十萬人，其廣告效果就值回票價。

統一速達從大甲媽出巡的服務中，發展出新的商業模式。例如，許多患有慢性病的進香老人，也可以透過宅急便的貨卡，收到家人寄來的藥品。當年紅衫軍在倒扁活動期間，宅急便就是利用這種相同的模式，替不少人送藥。

值得一提的是，統一速達還從大甲媽出巡中，窺得宗教市場的龐大商機。如今，鎮瀾宮會主動聯絡統一速達，希望利用網路購物的模式，讓無法親自到鎮瀾宮的信眾也能透過宅配，拿到鎮瀾宮加持過的平安符。

資料來源：http://www.taiwanpage.com.tw/column_view.cfm?id=238 中華卡通、中華電信、黑貓宅急便的成功行銷案例靠大甲媽做生意千萬鈔票入袋。

實例個案三：中華電信／形象商機

充電、按摩，免費服務也要年年升級

在大甲媽出巡途中，到處都是信眾免費提供給進香客的飯糰、飲水和痠痛藥布。因此，要在一片免費聲中脫穎而出，讓信眾感到窩心，免費提供商品或服務的廠商就須年年改進、升級。

中華電信連續六年贊助大甲媽出巡，即使是免費服務，也是年年升級。第一年提供固定式的無線公用電話；第二年讓擁有手機的進香客可以沿途免費充電；貼心的是，還爲進香客在十五分鐘的充電期間提供腳底按摩機，讓香客們在等待的同時，也可以舒緩痠痛的肌肉。

在行銷方面，中華電信更是年年改進。最初，中華電信的訴求客層是那些尚未擁有手機的年老香客。因此在 2003 年，與諾基亞合作推出背蓋貼有大甲媽神像且價廉、按鍵大的紀念手機。而且在販售前，還特別由當時臺中縣地區經理帶著貼紙到鎮瀾宮香爐「過爐」，祈求媽祖加持，結果一推出，八天內熱賣一千八百多支，當時中華電信大甲店一天最多賣出三十支手機。第二年，中華電信又與英華達合作，推出三千支大甲媽紀念手機，這次的設計比前一年更精緻，開機畫面是大甲媽，連鈴聲都是大甲媽紀念曲，推出後也是很快地就賣完。

隨著手機日益普遍，利用大甲媽出巡所販售的紀念手機數量趨減，中華電信便以年輕客層的加值服務爲主，並在出巡期間增加移動式基地臺。因此，雖然手機銷售量逐年減少，行動電話的通話量卻逐年增加。

一開始，八天的行程中，中華電信移動式基地臺接發的手機話費不過 183 萬元，但第二年已增加到 322 萬元，顯示行銷策略的改變已經見效。

實例個案四：屏東市代天宮

屏東縣102年新故鄉社區營造第二期計畫
社區營造點徵選計畫

計畫名稱：牛車掛的奇幻漂流—萬年溪
地方耆老故事微電影計劃

實施期程：102年05月01日至11月30日

策辦單位：文化部
主辦單位：屏東縣政府文化處
申請單位：屏東市代天宮管理委員會
中　華　民　國　102　年　04　月　01　日

屏東縣102年新故鄉社區營造第二期計畫
社區營造點徵選計畫

徵選編號：　　　　　　申請日期102 年 04 月 01 日

綜合資料表

計畫名稱	牛車掛的奇幻漂流—萬年溪地方耆老故事微電影計劃			
申請單位	單位名稱	屏東市代天宮管理委員會		
	立案字號	屏寺字第 23 號	統一編號	08030512
	單位負責人	陳　　　　邦　　　　彥		
	單位聯絡人	葉鳳強	職稱	特　別　助　理
	電　話	08-7520510	傳真	0 8 - 7 5 1 5 1 7 9
	地　址	屏 東 市 延 平 一 路 2 號		
	E - m a i l	r o g e r s 0 1 1 7 @ h o t m a i l . c o m		
實施期程	計畫核定日起至 102 年 11 月 30 日			
計畫經費	總經費：新臺幣 10 萬元		申請補助：新臺幣 10 萬元	
計畫內容摘要	1. 整理代天宮耆老訪談的文史紀錄，挑選出一位地方耆老，代表在地人文、歷史、代天宮淵源與萬年溪發展等有關的勵志故事，編寫成微電影的原創劇本。 2. 招募擇仁里內有意願志工，組成微電影的工作團隊。 3. 挑選有意願之社區居民為素人演員，參與微電影的拍攝。 4. 結合南臺科技大學資傳系師生的協助，完成後製作業。 5. 完成與萬年溪發展有關的微電影一部，上傳影音網站。			

申請單位過去五年接受文化處補助情形		
受補助計畫名稱	補助機關	補助金額
擇仁老街風華重現—大廟文化在地情	屏東縣政府文化處	10 萬元

章節名稱	頁次
一、計畫名稱	P.04
二、計畫緣起	P.04
三、計畫目標	P.04
四、辦理單位	P.05
五、實施時間	P.05
六、實施地點	P.05
七、計畫內容	P.05
八、申請單位簡介	P.12
九、經費預算	P.12
十、有關單位配合事項	P.12
十一、附錄	P.13

一、計畫名稱：

牛車掛的奇幻漂流──萬年溪地方耆老故事微電影計畫

二、計畫緣起

19世紀末20世紀初，一群北門郡南鯤鯓地區，也就是現今臺南縣將軍、北門、佳里、七股、學甲、麻豆、鹽水、西港等8鄉鎮的子弟，遷徙至屏東市發展。這群人有感於在異地謀生不易，唯有發揮同鄉情誼，攜手互助才能克服在陌生環境發展困境。這種同鄉之間彼此照顧的情誼，經過數年的演進逐漸成爲有組織性的團體─「南鯤鯓團」。也因爲早期團員多從事農業開墾，「牛車掛」的名稱也就不脛而走，成爲這群屏東市臺南鄉親的代名詞。

爲呼應屏東縣「健康、文化、觀光與產業」的社造願景，位於萬年溪畔的擇仁里，在其源自臺南旅居屏東「牛車掛」的居民與在地信仰中心的大廟「代天宮」長久以來的在地經營下，希望能發起社區居民深層的人親土親的情感，積極投入，藉由在地宗教、人文與人力等資源將該地營造成一個以代天宮大廟信仰爲中心所軸射出的生活文化與懷舊氛圍，以做爲屏東市萬年溪畔、後火車站一處具有宗教信仰、社區學習、老街文化的新社造亮點。

今年我們延續去年計畫的精神，結合時下最流行的微電影，搭配揚名際，再度奪金的漂流主題，計劃拍攝一部以萬年溪畔地方耆老故事爲主題的微電影─牛車掛的奇幻漂流現在開始。

三、計畫目標

(一)、目標說明：

1.整理代天宮耆老訪談的文史紀錄，挑選出一位地方耆老，代表在地人文、歷史、代天宮淵源與萬年溪發展等有關的勵志故事，編寫成微電影的原創劇本。

2.招募擇仁里內有意願志工，組成微電影的工作團隊。

3.挑選有意願之社區居民爲素人演員，參與微電影的拍攝。

4.結合南臺科技大學資傳系師生的協助，完成後製作業。

5.完成與萬年溪發展有關的微電影一部，上傳影音網站。

四、辦理單位：
指導單位：文化部
主辦單位：屏東縣政府
承辦單位：屏東縣政府文化處
執行單位：屏東市代天宮管理委員會
協辦單位：世新大學口傳系、
南臺科技大學資傳系、
大仁科技大學、
國立屏東教育大學、
國立屏東商業技術學院、
蕭珍記文化藝術基金會、
臺灣藍色東港溪保育協會、
社團法人屏東縣社區大學文教發展協會
屏北社區大學

五、實施時間：自計畫核定日至102 年11 月30 日止
六、實施地點：屏東市擇仁里
七、計畫內容

（一）、社區現況、人口分布及活動情形
屏東市擇仁里東邊以復興路橋(勝豐里)，西邊以香蕉巷建華二街
(建國里)，南邊以自由路(萬年里)，北邊緊鄰後火車站(大同里)
等為界線。本里以建華一街貫穿中心線，位居後火車站，寺廟林立，
宗教信仰各不同；居民以勞工階級居多，部分經商，且大部分係臺南
北門郡南鯤鯓團牛車陣隊移入，生活淳樸，以代天宮為信仰中心。鄰
戶數為8 鄰400 多戶，人口數約為一千多人，男女約各半。

（二）、社區資源現況調查資料
1.社區目前有宗教信仰中心「代天宮」，影響村庄居民日常生活、經
濟、決策、文化發展……等甚鉅。
2.該地以往為老街，以販賣糖果、冬瓜露……等為名，目前尚有一家
老雜貨店。
3.地方耆老與行業達人包括有老乩童，水泥匠師傅、會駛牛車與三輪
車的師傅、南北貨、營造業、建材業、瓜果、中西藥、竹業……等。
4.在地居民為從北門郡南鯤鯓移民來，尋根自「牛車掛」，故在地具有
「牛車文化」的種子與對牛車的情感。

（三）、計畫執行項目及內容：

壹、執行項目：

1. 整理代天宮耆老訪談的文史紀錄，挑選出一位地方耆老，代表在地人文、歷史、代天宮淵源與萬年溪發展等有關的勵志故事，編寫成微電影的原創劇本。
2. 招募擇仁里內有意願志工，組成微電影的工作團隊。
3. 挑選有意願之社區居民為素人演員，參與微電影的拍攝。
4. 結合南臺科技大學資傳系師生的協助，完成後製作業。
5. 完成與萬年溪發展有關的微電影一部，上傳影音網站。

貳、執行內容：

牛車掛的奇幻漂流——萬年溪地方耆老故事
牛車掛的奇幻漂流最佳男主角
萬年溪畔瓜果達人 林榮春 耆老
出生年月日：24.09.29
訪問地點：自宅(屏東市香揚巷396 弄2 號)
祖籍：佳里

微電影計畫——劇本發想的來源萬年溪地方耆老故事訪談紀錄

※：請問您今年貴庚？當年移居屏東的原因？

答：我今年79歲。我是家中的長子，上有阿公及雙親，下有3個弟弟，4個妹妹，一家11口全靠父親一人打零工維持生活，家境清苦，

所以我也到處做點小生意，幫忙分擔家計，在我18歲那年，父親僅43歲竟罹患腦癌提早辭世，過去省吃儉用的微薄積蓄，六個月時間全數花在醫療費用上，父親往生後，生活頓時失去重心，身為長子的我，必須一肩扛起，於是搬至仁德汕尾鄰近姑姑的住家，以便生活上能夠相互照應，並且協助我照顧年長的阿公與年幼的弟妹們。民國55年，當時我已30歲，已婚育有2子1女，有一天我做完生意回到家，發現最小的弟弟滿頭鮮血全身是傷，一問之下得知竟遭鄰居的父子打傷，我便上門理論，一言不合又大打出手，血氣方剛的我下手過於重，造成那對父子受傷見血的情況，對方便報警要逮捕我，情急之下，擔心如果被抓的話，恐無法照顧家中的老老少少，於是就騎著單車往南方逃，當時天色已晚，倉皇離開又身無分文，只能漫無目標地騎著單車，記得在經過岡山的途中，因為口渴卻沒錢買水喝，好心的飲料攤老闆看到狼狽的我，大方地請我喝一杯涼水，讓我心存感恩(事後曾返回飲料攤致謝，老闆卻已搬離)，大概清晨2~3點抵達屏東時早已疲累不堪，便在一處菜攤上倒頭就睡，約略4~5點時，一名菜販女子(名為阿雀)將我搖醒，醒後看見這名女子扛著兩大籃的青菜，開始做起生意來，隨著上門買菜人潮漸漸熱絡，我則主動上前幫忙招呼生意，直到收攤，阿雀聽聞我的遭遇後，不僅請我吃饅頭，還收留我至她家中暫宿，從此展開我屏東的生活。

※：請問您在屏東主要從事什麼行業？奮鬥過程中歷經哪些甘苦？

答：從年輕時就是做水果、蔬菜買賣生意，但幫助我重新站起來的，則是要歸功我的姑姑與屏東結識的第一位貴人阿雀。在逃離老家的第一年，我音訊全無，家中老少、妻兒全靠姑姑的照顧，甚至花了 5 年時間，投入不少金錢與精神，才了結我打傷人的官司，最後以涉案的四個人皆有過失，裁罰每人 600 元終結判決，我才能得以光明正大地重新開始。而視同親妹妹般的阿雀，則是在我最落魄的時候拉我一把的人，讓我在人生地不熟且無依無靠的屏東，建立起全新的生活。有了她們的「人助」之後，我又透過「自助」的努力，才有今天小小的成果。

在屏東借宿在阿雀家中的第一年，每天跟著阿雀到市場裡賣菜，有一回得知有一新品種名為小玉西瓜的瓜果，當時在臺灣市面還很少見，心想可以批貨試賣看看，或許能比賣菜的利潤高一些，阿雀借了我批貨本錢，還記得當時買進一斤小玉西瓜約 4 塊錢，結果賣出的價格高達一斤 8 塊錢，果真讓我們賺了一點小錢，之後阿雀以賣自家種植蔬菜為主，我則是專賣各種瓜果類，一年後存了一點積蓄，我搬離阿雀家，自行租了房子，並將家人從臺南接到屏東共同生活，一家人終於可以團聚。隨著生意日漸穩定，3 年後在屏東擇仁里延平一路(代天宮

旁) 有了一棟兩層樓的房子，因地處路沖，風水傳聞說會帶來煞氣，因此無人敢住，鐵齒的我不信邪決定買下，沒想到生意愈做愈好，還請了2～3名員工，周邊的店家似乎也跟著活絡熱鬧起來，住了一年後便重新翻修房子，甚至還有不少人特地前來詢問分租店面，記得當年擇仁里的萬春市場內還有萬春戲院，一起陪許多人走過成長的歲月，如今伴隨著萬春市場的異地，周邊生意日趨沒落，萬春戲院後期少有人光顧，更做起情色的牛肉場生意，卻依舊無法重現早年榮景，終究還是歇業了，至今仍荒廢閒置著。

民國86年，我也搬離萬春市場，買了目前居住的自宅香揚巷的樓房，自從我離開之後，延平一路上年歲甚高的老鄰居們相繼過世，前後至少有7~8人，不禁讓我感慨萬千，景物依舊，卻早已人事已非。由於擇仁里的市場遷移至麟洛市場，於是將店面生意收起來，改開著10噸大貨車轉往麟洛市場做生意，在當年麟洛市場堪稱頗具規模的大市場，攤商多達200攤，當時高雄尚未有大型市場，大市場就是從這裡分過去，成為今日鳳山的鳳農市場。

以專賣各種瓜果類為主的生意，只要哪裡有品質好的瓜果，我便親自前往載運採購，遠至桃園、苗栗、嘉義、臺南各產地都有，為了確保長途載運的安全性，每5年就將卡車汰舊換新，前後更換了5部卡車，直到有一年，小兒子與小媳婦兩人為了表達孝心，利用假日代

替我北上採購，在楠梓交流道，前方聯結車載運的大鐵條鬆脫，砸向後方兒子的卡車，值得慶幸的是，在可怕的車禍意外中，僅造成卡車嚴重毀損，而我兒子與媳婦兩人只有皮肉傷並無大礙，可算是不幸中的大幸，隨著我年事已高，大兒子在中鋼服務，小兒子任職於屏東市公所，子女事業皆各有一片天，我則在73歲退休，安享晚年。

※：請問您如何與屏東代天宮結緣？
答：當年我因鄰近代天宮做生意，似乎受到神明庇佑，生意很不錯，所以經常到廟裡燒香拜拜，並與當年代天宮主任委員李事明結識，我曾是懇親會董事一員，並擔任了4屆的委員，記得民國66年決定重建新廟時，我捐了3萬元，並協助廟方進行募款，短短一週時間，就能順利進入重建工程，可見代天宮深受信眾的支持與慷慨的捐獻。

(四)、執行內容：
1.選址──屏東代天宮、舊萬春戲院、賊仔市場舊址
2.草擬劇本與選角
3.拍攝作業時間──平日與週六日
4.拍攝工具──Betacam 攝影機、Dvcam 攝影機、數位相機
5.跟拍方式──定址固定拍、選址流動拍
6.後製與錄音
7.成果發表與上傳

（五）、人力分工與居民參與：

1.可動員的人力：代天宮管委會、屏東市擇仁里居民、屏東縣屏北區社區大學師生、其他願意投入之志工與專家學者。

2.參與計畫工作人員名單：

屏東市代天宮管委會

大仁科技大學黃鼎倫教授、高華聲教授

國立屏東教育大學李錦旭教授、

南台科技大學黃瓊儀教授、

蕭珍記文化藝術基金會蕭永忠董事長

台灣藍色東港溪保育協會吳儷嬅總幹事、

社團法人屏東縣社區大學文教發展協會工作團隊

慶聯有線電視、高雄都會臺導演黃朝安

3.動員方式：

挑選有意願之社區居民為素人演員，來參與微電影的拍攝；招募有意願志工與動員有心、有情且有力量的擇仁里內居民與各方同好，組成微電影的工作團隊。

（六）、執行期程及預定進度：

工作項目	102 年度							
	5月	6月	7月	8月	9月	10月	11月	12月
微電影的籌備與拍攝作業	—							
挑選素人演員與拍攝		—						
劇本編寫與分鏡								
成果撰寫及核銷								

（七）、預期成果

1.培力屏東市擇仁里在地微電影的籌備與拍攝人才與志工。

2.屏東市擇仁里在地文史調查與蒐集成果以微電影方式發表，並重現在地老街風華。

3.打造代天宮為社區在地文化中心，營造在地藝文風氣。

4.拍攝微電影上船影音網站，以持續討論在地議題與凝聚在地意識，並促進社區青年參與。

八、申請單位簡介

屏東市代天宮每年的春祭大典，如「北門郡南鯤鯓團牛車掛回娘家」相關慶祝活動，皆由主任委員率團回到祖廟南鯤鯓代天府進香，除了是宗教慶典更是旅屏北門郡人的尋根之旅。

代天宮的主要成員皆是來自臺南沿海的北門地區，那是鹽分極重的土地，種植不易，自古居民都靠捕魚曬鹽為業，當地年輕人多半出外打拼。日據時代在阿猴城的糖廠會社有一位來自北門郡的洪姓主任，對鄉親格外照顧，也因當時糖廠需要大批耕作人手，洪主任便將這份工作介紹給北門郡鄉親，鄉親們奔相走告，紛紛攜家帶眷駕著牛車載著家當到此落地生根，辛勤耕作創造新家園，如今在屏東市擇仁里一帶居住著北門郡人的後代，自稱牛車掛，就是感念先民篳路藍縷胼手胝足的歷程。即將於五月三十一日謝土完工的代天宮文化牆，別於一般廟宇城牆雕刻的忠孝節義故事，而是闡述這段先民的奮鬥故事。

而南鯤鯓代天府的五府千歲數百年來就是北門郡人信仰中心，來到阿猴城的鄉親亦需信仰依歸，當年牛車掛大老便將五府千歲請至屏東恭奉，起初只是小小廟壇的代天宮護佑著來此打拼的子民，牛車掛後代在屏東各行各業都有輝煌成就，小小廟壇的代天宮也興建成巍峨大廟，北門郡人飲水思源，每年皆舉辦「南鯤鯓團回娘家」進香與平安遶境活動。

去年(101)第一次辦理社區總體營造工作，計畫名稱:擇仁老街風華重現——大廟文化在地情;計畫項目有六，分別是社區座談:藉由座談辦理，凝聚社區居民共識與需求，並激起改變與營造社區的動力與熱情;在地人才培育:藉由培育課程與工作坊及師資的引進，培育在地影像紀錄、文史調查、導覽解說、地方志工團隊等人才，以做為後續社區營造在地推動的力量;社區照片、故事蒐集:藉由徵集影像、故事的活動，找出社區各類宗教、人文、景觀、老街產業……等具社區記憶與意象的影像照片與故事;社區文史調查與人物訪談:以訪問在地耆老與居民的方式，調查與蒐集在地有關人文、歷史、萬年溪、代天宮淵源與發展等文史資料;大廟興學:以「代天宮」為社區學習點，針對在地社區學習需求，邀請師資開設各類有助於社區發展、活化與營造的相關課程，持續培力在地人才;網站建置:透過網頁建置進行社區訊息傳播，並將相關文史調查紀錄、老照片、社區故事上傳於網頁，累積共同生活議題。

九、經費預算

（一）、經費需求:經費預算需求共計新臺幣壹拾萬元整(計算方式詳見經費預算需求表)。

（二）、經費來源:預計向文化部申請經費補助新臺幣壹拾萬元整。

十、有關單位配合事項:略

十一、附錄：
牛車掛的奇幻漂流──萬年溪地方耆老故事
─ 微電影腳本 企劃書 ─

一、片名：
牛車掛的奇幻漂流──萬年溪地方耆老故事
二、長度：7分鐘
三、腳本：
一束清香，林榮春先生（後續簡稱瓜哥）在屏東代天宮向神明祈禱。
（黑白影像）30歲的瓜哥慌張地騎著自行車。
手握聖杯，瓜哥在屏東代天宮向神明祈禱。
（黑白影像）30歲的瓜哥在鄉間小路匆忙地騎著自行車。
代天宮向神明前，瓜哥拜了一拜，手中聖杯往空中擲。
（黑白影像）30歲的瓜哥疲憊騎著自行車的表情。
聖杯在空中緩緩落下。
（黑白影像）30歲的瓜哥騎著自行車，緩慢不穩。
其中一聖杯在地上落下。
（黑白影像）30歲的瓜哥騎著自行車摔倒。
其中一聖杯在地上落下晃動而停止。
（黑白影像）30歲的瓜哥疲累而躺下睡著。
片名字幕：牛車掛的奇幻漂流──萬年溪地方耆老故事
傳統市場。
字幕：民國55年
25歲的阿雀扛著的兩籃青菜走來。
在菜攤沉睡的瓜哥。
阿雀：詼詼…啊你哪ㄟ睡這啦…起來了起來了……
阿雀輕輕搖著瓜哥。
林：唔…………
林睜開眼，坐在菜攤回神。

阿雀放下肩上扛著的兩籃青菜。

阿雀：快來看！快來選！今天的菜很新鮮……（叫賣）

菜攤前人越來越多，瓜哥站起來主動幫忙。

阿雀看了瓜哥一眼，給了他一個微笑。

黃昏的市場菜攤。

30歲瓜哥和阿雀正在整理攤位所剩無幾的青菜。

阿雀：好啦，休息一下。

瓜哥應答一聲喔之後繼續整理攤子。

阿雀：你哪ㄟ跑來這？

瓜哥停下工作，頭低低地說著：

自從18歲爸爸腦癌過世後，我長子嘛，只好扛起家計，還好姑姑願意收留我們全家，大家住在一起可以互相照顧。誰知道，隔壁那兩父子竟然把我小弟弟打傷，我氣不過，不小心將他們打傷，人家現在要報警抓我，我就逃。要是我被抓了，我老婆和3個子女怎麼辦？

阿雀遞了一個饅頭給瓜哥。

阿雀：你就住在我這裡，和我一起賣菜，賺一些錢，等事情過去了，卡回去和厝ㄟ人相聚。

瓜哥滿心感謝的表情。

傳統市場。

30歲瓜哥扛著菜籃走動。

一位水果批發商手上拿著一顆西瓜向瓜哥介紹。

強哥：年輕人，來看看。這個瓜和一般的西瓜不一樣哦。

瓜哥扛菜籃經過回頭好奇的看了一下。

79歲瓜哥(入鏡，背景為當年30歲的瓜哥正好奇打量小玉西瓜)：這

個瓜就是小玉西瓜，當時在臺灣市面還很少見，我當時想說可以批貨試賣看看，或許能比賣菜的利潤高一些。

傳統市場。

30 歲瓜哥一面幫客人打包瓜果，一面結帳。

30 歲瓜哥：這個瓜很甜呢！快來選！（叫賣）

攤位前聚滿顧客。

瓜哥忙碌的招呼客人，補充瓜果。

瓜哥用手拂去額頭上的汗水，嘴角微微上揚。

字幕：隨著生意日漸穩定，3年後林榮春先生在屏東擇仁里延平一路（代天宮旁）買了一棟兩層樓的房子。而那起打傷人的官司最後因涉案的四人都有過失，裁罰每人600元終結判決

黃昏時分，瓜哥點數著手上的鈔票。

瓜哥走到菜攤前坐下，把錢遞給阿雀。

瓜哥：這是之前你借我批小玉西瓜的錢。這幾年麻煩你了。你啊，就像我妹妹，雖然我搬走了，還是要常來往啊。

阿雀：苦盡甘來啊！你啊，終於可以和家人團聚了。

瓜哥眼眶蓄著淚，阿雀拍了拍他的肩膀。

瓜哥搬運西瓜的畫面。

瓜哥招呼客人的畫面。

瓜哥搬運西瓜的畫面。

攤位越擺越大的畫面。

瓜哥開著卡車的畫面。

字幕：民國86年，林榮春先生搬離萬春市場，買了目前居住的自宅香揚巷的樓房。他將店面生意收起來，改開10噸大貨車轉往麟洛市場做生意。

屏東代天宮。

79歲的瓜哥背影跪在神明前，把手中的聖杯微微一擲。

79歲的瓜哥雙手合十，喃喃自語：感謝神明保佑，我才有今日成就。

話剛落下，搏杯落地，顯示一正一反的聖杯。

瓜哥深深一俯拜，頭抬起來，面帶溫馨滿足的笑容。

清香裊裊，神明也面帶慈祥的笑容。

字幕：人生起起伏伏，3分命運7分努力，林榮春先生憑著自己的努力，認真地過每一天的生活，知恩而惜福，一步又往前一步，才有今天被譽為屏東瓜果達人的成就。

屏東縣102年度新故鄉社區營造第二期計畫社區營造點徵選計畫
經費預算表

計畫項目：
計畫名稱：
單位：元

經 費 項 目	單　價	數　量	總　價	計 算 方 式 說 明
1. 人事費			20,900	
（1）臨時工資	109	100 小時	10,900	1. 素人演員參與工資100h。
（2）出席費	2,000	5 人次	10,000	2. 專家學者、耆老出席相關成果發表會等費用。
2. 業務費			74,100	
（1）印刷費	5,100	1 式	5,100	1. 劇本,分鏡,成果等印製費。
（2）攝影費	40,000	1 式	40,000	2. Betacam攝影機錄製費。
（3）劇本撰稿費	6,000	1 式	6,000	3. 導演撰稿劇本。
（4）剪輯後製費	15,000	1 式	15,000	4. 剪輯、後製、效果處理。
（5）配音配樂費	8,000	1 式	8,000	5. 配音、錄音、配樂處理。
3. 雜支	5,000	1 式	5,000	包含道具、服裝、文具用品等支出。
合　計			100,000	

實例個案五：高雄市立公塔BOT

現況分析
一、因應高雄縣市合併之人力編制
高雄市殯葬管理處，為高雄縣市合併後之人力編制，整合過去高雄縣民政處殯葬管理科之人力及業務。
二、確定高雄縣市合併後之管理運作模式
管理運作模式以現行高雄市民政局殯葬管理處之運作方式，推及新高雄市轄區。殯葬管理處之部分勞務以外包方式，委請殯葬服務同業公會執行，殯葬管理處負責管理、監督之責。原高雄縣各鄉鎮，多於民政課設墓政、公墓管理員一人，高雄縣市合併之後，其管理權責回歸高雄市殯葬管理處，各鄉鎮管理人員以「只協助不管理」之原則，協助、引導各鄉鎮有殯葬服務需求之民眾，依據法規向殯葬管理處申請各項服務。核准與管理部分由殯葬管理處全權執行之。殯葬業務與事權之管理一條鞭，落實便民、尊嚴、優質服務之殯葬政策目標。

高雄市立公塔BOT簡報

現況分析

三、因應都市發展與土地利用及景觀、社區再造等理念，辦理急切需要遷葬的不合宜墓葬。

根據調查之前高雄縣部分就有192處公墓急需遷移。古書有云：「擇葬地，當避五患：他日不為城郭，不為道路，不為溝池，不為勢家所奪，不為耕犁所及。」、「所謂擇，擇人之所棄者而已，非今之所謂擇也。」墓葬文化源遠流長，維繫家族尊嚴與凝聚力，處置之道不可不慎。如上所述，如原先的墓地已經成為墓葬五患─即成為城市住宅、公園、道路、排水設施、建設預定地點等，就有遷移之必要。面對之前高雄縣所屬二百餘處公墓，當以墓葬五患─即成為城市住宅、公園、道路、排水設施、建設預定地點等仍為優先遷移之標的，統計此數量，即為第一波遷移之墓葬數量。

高雄市立公塔BOT簡報

現況分析

遷移必需有足夠容納需求數量的預定遷移之地點，所以首先或新建、或尋找現成的容納墓葬遺骨之新式墓地及納骨塔，以高雄縣市各鄉鎮市現有的公共造產納骨堂塔等空間為首選。第一波遷移之標的墓葬列為清冊，尋求足夠之遷移地點同時，將進行公告與墓葬家屬之協調溝通，由殯葬管理處協助墓葬遷移事宜，包括家屬意願、禮儀之進行、經費協商等。至於無主墓葬，於公告之後，逕行委託殯葬服務同業公會及慈善團體進行遷移。

因應都市發展與土地利用及景觀、社區再造等理念，公墓遷移以分期方式進行，將是長期性的工作。

高雄市立公塔BOT簡報

改善計畫

一、公有納骨塔場地及硬體設施之改善

殯葬設施之革新，應該融入文化風俗觀點、空間及心理情感之互動等元素；強調友善、環境保護與區域文化特色，包括綠建築趨勢；最後展現高雄市之文化禮俗與美學觀點。

二、空間規劃的思維及方向

空間對民眾情感互動的影響力，是明顯易見的。傳統的喪葬行為被視為個人的家族行為，不涉及公共空間問題，因此，喪葬儀節之進行都在私人宅院、祠堂與墓葬地點之間。現代社會發展因都會化趨勢帶來大量人口聚集，空間利用出現極大轉變，喪葬儀節之進行無法如傳統社會被視為家族行為，出現動見觀瞻的公共影響。因此，現代喪葬行為屬於社會公共行為，應該由政府統一其儀節規範與提供殯葬場館，殯葬空間之思考，成為政府不可避免的政策與建設標的。

高雄市立公塔BOT簡報

公塔BOT的優勢

目前政府財政日益吃緊，讓民間業者參與公共政策經營項目的呼籲日高，未來有關公有納骨塔的興建、營運，建議可以採用公辦民營的方式處理，優點有二：

一、可以增加公民部門合作的機會，加速推動殯葬設施改革與創新的腳步。

二、可以縮減政府的財政支出，提高民間投資的意願，創造本地就業與創業之機會。

政府在經營管理納骨塔，不以營利為目的，而是基於社會福利或改善民俗之立場，因而常依行政程序辦理，缺乏開創性與積極性，更沒有現代企業經營管理之理念與效率。為因應未來有關殯葬設施經營管理的需求，「以現代企業精神，加強喪葬設施之經營管理」方為解決之道；希望以企業經營之模式，解決公塔相關設施管理及政策推動缺乏效率的困境。

高雄市立公塔BOT簡報

執行公司與經營團隊

寶剛生命規劃有限公司（Bau Kang Life Planning Ltd.）於民國96年9月正式成立，即希望盡一己之力，以一流的經營團隊、多角化的研發優勢、積極的市場策略，並本著企業所堅持之「品質政策」顧客滿意、品質第一、專業團隊、永續經營，在現有的專業領域內永續經營，貫徹對顧客永不改變的品質承諾，並提供全方位的貼心服務。

公司為全國性、現代化的殯葬企業。而營業服務據點更是跨足北中南，包括總公司、臺北營業部（臺北服務處、新竹服務處）、臺中營業部（臺中服務處、員林服務處）、高雄營業部（臺南服務處、高雄服務處）。而位於高雄市之生命禮儀館，為全國唯一專業禮儀教育訓練中心及殯儀用品展示中心。

在企業組織方面，設置有管理部門、禮儀服務部門、業務開發部門、生前契約與客服部門以及即將設立的企劃商品設計部門、資訊E化管理部門等六大部門，並依其業務執行需要編制有各課別，分權負責各項業務工作，為殯葬產業企業化經營建立最完整的工作團隊。

高雄市立公塔BOT簡報

執行公司與經營團隊

在人力資源方面，現計有25位成員，分別於北中南營業部及管理單位執掌各項業務，大專大學碩士成員將近占50%。而本公司為提供最專業的服務，禮儀服務人員除了取得南華頒發的禮儀師教育訓練證書外，並全員通過97年度11月政府舉辦的第一屆禮儀師證照考試，而二位高級主管更取得禮儀師證照考試術科測試監評人員證書。

在業務資源方面，為擴大服務層面，於北中南共計有23家經銷代理商行銷本公司滿意人生生前契約。為國人生前預立遺囑及預約身後事觀念及提升台灣殯葬文化努力。

公司秉持創業精神與理念結合優質的社會生命科學人才、專業的服務技術與精緻現代化的商品，為台灣殯葬產業與文化繼續努力著。在踏入21世紀的今天，我們不僅要以更積極的態度、更主動的精神，為寶剛客戶與家屬提供完善的服務品質，並以成為殯儀服務業之典範為企業目標。

高雄市立公塔BOT簡報

改善策略

公有納骨塔的硬體規劃，以綠建築節能省碳之趨勢為原則。納骨塔場館內部構建及區分，提升為高科技應用科學之領域，例如照明設計之升級採用高效能LED環保燈具，同時結合現代光源設計工程，改善民眾對於公有納骨塔的陰森印象，轉型成為時尚的光塔。

公有納骨塔殯儀的空間設計，將殯葬業者之需求納入殯葬空間設計之中，架構出更完整的園區功能。諸如電梯動線的分隔、多樓層多禮廳同時運作、殯葬百貨區域、家屬休息等候區域、餐飲空間、心靈輔導空間規劃、公益活動空間、生命教育空間、高科技照明與智慧系統、節能省碳綠建築……等規劃，都是不能忽略的環節。

高雄市立公塔BOT簡報

---

(1)仁武鄉第一公墓納骨堂
　　塔位數：約12544

現況VS.改善建議

仁武納骨堂的硬體規劃，以綠建築與節能省碳之趨勢為原則。納骨塔場館外觀照明設計，採用高效能LED軟條燈，同時結合高級碳化之南方松來設計，改善民眾對於公有納骨塔的陰森印象，轉型成為夜間閃耀的光塔。

高雄市立公塔BOT簡報

(2)仁武鄉第八公墓納骨堂
　　塔位數：約1405

現況VS.改善建議

仁武第八納骨堂的規劃，納骨塔場館內部採用環保漆重新粉刷，讓其內堂明亮，同時結合高級碳化之南方松來設計呈列架，改善當地民眾對於公有納骨塔的不良印象，建構成為實用的公塔。

高雄市立公塔BOT簡報

(3)內門鄉公墓納骨堂
　　塔位數：約1405

現況VS.改善建議

內門納骨堂的規劃，以綠能光電與節能省碳之趨勢為原則。納骨塔場館外觀照明設計，採用高效能LED軟條燈，同時結合高級碳化之南方松來設計，改善民眾對於公有納骨塔的陰森印象，轉型成為夜間閃耀的光塔。

高雄市立公塔BOT簡報

(4)大社鄉第一納骨塔-萬靈塔
　　塔位數：約1000

現況VS.改善建議

大社第一納骨塔的硬體規劃，以綠建築與節能省碳之趨勢為原則。納骨塔場館外觀照明設計，採用高效能LED軟條燈，同時結合高級碳化之南方松來設計，改善民眾對於公有納骨塔的陰森印象，轉型成為夜間閃耀的光塔。

高雄市立公塔BOT簡報

(5)路竹鄉第四公墓納骨堂
　　塔位數：約1800

現況VS.改善建議

路竹第四納骨堂的硬體規劃，以綠建築與節能省碳之趨勢為原則。納骨塔場館外觀照明設計，採用高效能LED軟條燈，同時結合高級碳化之南方松來設計，改善民眾對於公有納骨塔的陰森印象，轉型成為夜間閃耀的光塔。

高雄市立公塔BOT簡報

(6)湖內鄉第七公墓納骨
　　塔位數：約5000

現況vs.改善建議

湖內納骨塔的硬體規劃，以綠建築與節能省碳之趨勢為原則。納骨塔場館外觀照明設計，採用高效能LED軟條燈，同時結合高級碳化之南方松來設計，改善民眾對於公有納骨塔的陰森印象，轉型成為夜間閃耀的光塔。

高雄市立公塔BOT簡報

(7)橋頭鄉慈恩堂
　　塔位數：約1800

現況vs.改善建議

橋頭慈恩堂的硬體規劃，以綠建築與節能省碳之趨勢為原則。納骨塔場館外觀照明設計，採用高效能LED軟條燈，同時結合高級碳化之南方松來設計，改善民眾對於公有納骨塔的陰森印象，轉型成為夜間閃耀的光塔。

8)茄萣鄉第一公墓第二納骨堂-孝思堂
　塔位數：約15883

現況vs.改善建議

茄萣孝思堂的硬體規劃，以綠建築與節能省碳之趨勢為原則。納骨塔場館外觀照明設計，採用高效能LED軟條燈，同時結合高級碳化之南方松來設計，改善民眾對於公有納骨塔的陰森印象，轉型成為夜間閃耀的光塔。

高雄市立公塔BOT簡報

(9)美濃鎮立納骨堂
　塔位數：約3560

現況vs.改善建議

美濃納骨堂的硬體規劃，以綠建築與節能省碳之趨勢為原則。納骨塔場館外觀照明設計，採用高效能LED軟條燈，同時結合高級碳化之南方松來設計，改善民眾對於公有納骨塔的陰森印象，轉型成為夜間閃耀的光塔。

高雄市立公塔BOT簡報

(10)梓官鄉納骨堂
　　塔位數：約20937；神主牌位1406

現況VS.改善建議

梓官納骨堂的硬體規劃，以綠建築與節能省碳之趨勢為原則。納骨塔場館外觀照明設計，採用高效能LED軟條燈，同時結合高級碳化之南方松來設計，改善民眾對於公有納骨塔的陰森印象，轉型成為夜間閃耀的光塔。

高雄市立公塔BOT簡報

(11)鳥松鄉第四公墓納骨堂
　　塔位數：約60000

現況VS.改善建議

鳥松納骨堂的硬體規劃，以綠建築與節能省碳之趨勢為原則。納骨塔場館外觀照明設計，採用高效能LED軟條燈，同時結合高級碳化之南方松來設計，改善民眾對於公有納骨塔的陰森印象，轉型成為夜間閃耀的光塔。

高雄市立公塔BOT簡報

(12)鳳山拷潭示範公墓納骨堂
　　塔位數：約52000

現況vs.改善建議

鳳山拷潭納骨堂的硬體規劃，以綠建築與節能省碳之趨勢為原則。納骨塔場館外觀照明設計，採用高效能LED軟條燈，同時結合高級碳化之南方松來設計，改善民眾對於公有納骨塔的陰森印象，轉型成為夜間閃耀的光塔。

高雄市立公塔BOT簡報

(13)燕巢鄉慈恩塔
　　塔位數：約616

現況vs.改善建議

燕巢慈恩塔的硬體規劃，以綠建築與節能省碳之趨勢為原則。納骨塔場館外觀照明設計，採用高效能LED軟條燈，同時結合高級碳化之南方松來設計，改善民眾對於公有納骨塔的陰森印象，轉型成為夜間閃耀的光塔。

高雄市立公塔BOT簡報

(14)彌陀鄉納骨堂

現況VS.改善建議

彌陀納骨堂的硬體規劃，以綠建築與節能省碳之趨勢為原則。納骨塔場館外觀照明設計，採用高效能LED軟條燈，同時結合高級碳化之南方松來設計，改善民眾對於公有納骨塔的陰森印象，轉型成為夜間閃耀的光塔。

高雄市立公塔BOT簡報

(15)岡山慈恩堂

現況VS.改善建議

岡山慈恩堂的硬體規劃，以綠建築與節能省碳之趨勢為原則。納骨塔場館外觀照明設計，採用高效能的LED軟條燈，同時結合高級碳化之南方松來設計，改善民眾對於公有納骨塔的陰森印象，轉型成為夜間閃耀的光塔。

高雄市立公塔BOT簡報

(16)杉林鄉示範公墓
　　塔位數：約2330

現況VS.改善建議

杉林納骨堂的硬體規劃，以綠建築與節能省碳之趨勢為原則。納骨塔場館外觀照明設計，採用高效能LED軟條燈，同時結合高級碳化之南方松來設計，改善民眾對於公有納骨塔的陰森印象，轉型成為夜間閃耀的光塔。

高雄市立公塔BOT簡報

(17)甲仙鄉第四公墓納骨堂
　　塔位數：約7380

現況VS.改善建議

甲仙納骨堂的硬體規劃，以綠建築與節能省碳之趨勢為原則。納骨塔場館外觀照明設計，採用高效能LED軟條燈，同時結合高級碳化之南方松來設計，改善民眾對於公有納骨塔的陰森印象，轉型成為夜間閃耀的光塔。

高雄市立公塔BOT簡報

(18)六龜鄉公墓納骨堂

現況VS.改善建議

六龜慈恩堂的硬體規劃，以綠建築與節能省碳之趨勢為原則。納骨塔場館外觀照明設計，採用高效能LED軟條燈，同時結合高級碳化之南方松來設計，改善民眾對於公有納骨塔的陰森印象，轉型成為夜間閃耀的光塔。

高雄市立公塔BOT簡報

(19)大樹鄉第一納骨塔
　　塔位數：約19638

現況VS.改善建議

大樹第一納骨塔的硬體規劃，以綠建築與節能省碳之趨勢為原則。納骨塔場館外觀照明設計，採用高效能LED軟條燈，同時結合高級碳化之南方松來設計，改善民眾對於公有納骨塔的陰森印象，轉型成為夜間閃耀的光塔。

高雄市立公塔BOT簡報

(20)旗山第一納骨塔
　　塔位數：約15912

現況vs.改善建議

旗山第一納骨堂的硬體規劃，以綠建築與節能省碳之趨勢為原則。納骨塔場館外觀照明設計，採用高效能LED軟條燈，同時結合高級碳化之南方松來設計，改善民眾對於公有納骨塔的陰森印象，轉型成為夜間閃耀的光塔。

高雄市立公塔BOT簡報

(21)高雄市深水山納骨塔
　　塔位數：約4568

現況vs.改善建議

深水山納骨塔的硬體規劃，以綠建築與節能省碳之趨勢為原則。納骨塔場館外觀照明設計，採用高效能LED軟條燈，同時結合高級碳化之南方松來設計，改善民眾對於公有納骨塔的陰森印象，轉型成為夜間閃耀的光塔。

高雄市立公塔BOT簡報

(22)高雄市旗津納骨塔
　　塔位數：約12104

現況vs.改善建議

旗津納骨塔的硬體規劃，以綠建築與節能省碳之趨勢為原則。納骨塔場館外觀照明設計，採用高效能LED軟條燈，同時結合高級碳化之南方松來設計，改善民眾對於公有納骨塔的陰森印象，轉型成為夜間閃耀的光塔。

高雄市立公塔BOT簡報

(23)高雄安樂堂
　　塔位數：約骨罐102骨灰10333

現況vs.改善建議

高雄安樂堂的規劃設計，以綠建築與節能省碳之趨勢為原則。納骨塔場館外觀照明設計，採用高效能LED軟條燈，同時結合高級碳化之南方松來設計，改善民眾對於公有納骨塔的陰森印象，轉型成為夜間閃耀的光塔。

高雄市立公塔BOT簡報

CHAPTER 10

紫牛行銷篇

10.1 紫牛行銷的起源

10.2 紫牛行銷的定義

10.3 紫牛理論

10.4 紫牛行銷的重要性

10.5 紫牛行銷管理實例

實例個案一：慢呆餐廳的定位

實例個案二：EZ ZAP 軟體自動販賣機的創意行銷

實例個案三：個人書摘網站，寫出 15 萬人氣

實例個案四：在 EI 網上叫陣賣軟體

實例個案五：鎖定輕熟男　飯店搶同志商機

實例個案六：陽朔香草森林一處心靈回歸的山水花海

世界上沒有比創意更具威力的東西，

而創意的時代已經到來

～維克多、雨果

✵ 10.1 紫牛行銷的起源

　　紫牛 (purple cow)，顧名思義就是一頭紫色的牛。不過世界上有很多種顏色的牛，除了 Milka 巧克力廣告裡頭那頭紫色的母牛之外，在正常的狀況下，應該很難看到紫色的牛。

　　如果某天一頭紫色的牛從您眼前晃過，您應該會被嚇了八跳(比「嚇了一跳」的強度強八倍)！不過您並不會被紫牛嚇跑，反而會被紫牛深深地吸引住。這就是「紫牛理論」的基本道理。紫牛理論的創造者，行銷大師賽斯‧高汀 (Seth Godin) 就是希望廠商可以創造出一頭類似紫牛，牠的力量足以讓消費者狂嚇八跳，而且還想要持續發展其驚人的獨特賣點。

　　其實獨特賣點並不是一個新鮮的行銷觀念，早在三、四十年前，行銷界就曾經吹起一陣「找尋 USP」(Unique Selling Proposition，即「獨特賣點」之意)的風潮。不過當時所強調的獨特賣點，跟現在流行的紫牛式獨特賣點有極大的不同。

　　以前的行銷人員常將產品的主要功能當成是「獨特賣點」來宣傳。如今紫牛型的行銷人員，會捨棄原來想要強調產品的主要功能、特色、優勢，反而是在次要功能、附加特色、邊緣優勢上多加著墨。

　　以汽車經銷商與牛肉麵店為例，很多人認為賣汽車就是賣汽車，除了介紹汽車性能之外，其餘幾乎都是廢話，能不談就不談。牛肉麵店也是一樣，所以老張牛肉麵店的老闆會大聲疾呼：「給我牛肉麵，其餘免談！」

　　不過紫牛型的行銷人卻不這麼認為。如果賣汽車只介紹汽車性能，那實在太無趣了。汽車性能不是大同小異嗎？又不是教你吹噓自己所賣的汽車可以飛，可以橫渡日月潭或者性能好到可以跟車神舒馬克尬車。相反地，它更需要去強調一些其他的配備，如汽車音響、原廠特別色烤漆、衛星導航系統或是加油一年免費等紫牛型優勢呢！

　　紫牛型的行銷人認為，老張是一個很有趣、很有賣點的人。(您可以將老張想像成藝人：張菲！) 所以，老張牛肉麵的行銷重點應該放在老張身上，而不是牛肉麵。就像以前很多小孩喜歡買乖乖，但並不是真的喜歡吃乖乖，而是為了乖乖裡面的小贈品才買的。

10.2 紫牛行銷的定義

紫牛？可別以為是基因改造的變種牛，這是行銷大師賽斯‧高汀 (Seth Godin) 提出的革命性商品行銷著作。它的原理是：「世界上讓人一看即忘的無趣商品太多，就像牧場上到處都是黃牛一樣。如果要讓你的商品闖出名氣，就該讓它夠顯著 (remarkable)，好似一群黃牛中唯一閃亮的紫牛，才會引起注意與討論。」

紫牛是指一種產品、一種行為，內植「創意病毒」，能夠讓「噴嚏者」傳播「熱迷疹」而自我行銷，不靠大眾媒體廣告，一樣引起轟動、討論、口耳相傳與「熱迷」追隨。例如，電影《海角七號》的成功，就是紫牛效應的發揮，正因為市場上沒有類似作品 (同時有好幾線故事發展，卻又互相交錯，其平易近人的劇情，有如在訴說我們周遭朋友的現實故事)，而成為電影中的紫牛。這部電影擁有紫牛的特性：獨樹一格，吸引人一窺究竟。令人好奇的是，《海角七號》並沒有大卡司與高額宣傳。那麼，票房從何而來呢？根據事後的觀察，大多是因為網路同好、同事、同學、家人及朋友口耳相傳，這也符合紫牛理論中讓「噴嚏者」傳播「熱迷疹」的自我行銷。

10.3 紫牛理論

↳ 想成功，就別怕與眾不同

行銷大師賽斯‧高汀提出，若有一隻紫牛出現在一堆白色乳牛中間，是否會顯得與眾不同，吸引目光焦點？紫牛就是卓越非凡 (Remarkable) 的意思。

當前社會產品太多、媒體太多、廣告太多、行銷太多。消費者太忙、太懶，對氾濫的廣告和行銷已經產生了免疫力。

產品淹沒在廣告與行銷之間，無法有效推薦給需要的消費者。紫牛讓你吸引消費者的目光與注意力，引發創新者的好奇與詢問，並讓你獲得與消費者溝通的許可證，進而推薦你的產品訴求。紫牛理論提醒人們，唯有回歸到商品本身、創造出卓越非凡的商品、讓消費者一眼就認出商品的獨特價值，才是最好

而有效的行銷方式。

紫牛理論提醒人們，想要成功，就要與眾不同。就像一頭紫牛出現在一群白牛之間時，絕對會被立刻突顯。紫牛理論的目的就是將商品或服務行銷焦點從廣告轉回產品本身，讓產品本身呈現與眾不同且卓越非凡。

要怎麼做才能夠與眾不同、卓越非凡？

❖ 產出速度：不是最快，就是最慢吧。例如，諾基亞 30 天就會再次更新手機外殼。LV 的長銷款式經年不變，爲公司賺入高額獲利。

❖ 產品屬性：不是超便宜，就賣超貴吧。大眾市場逐漸萎縮，人們通常願意花高昂的錢追求一兩樣情有獨鍾的商品，至於其他的生活開銷是能免則免。因此不是到 Wal-Mart 的超低價商場購買，就是往 LV、愛瑪仕這類超高級名品店消費。

❖ 產品規模：不是超大，就是極小 (限量) 吧。前者要以超低價優惠，讓消費者無法抗拒；後者祭出限量，讓追逐者愛不釋手。

❖ 產品性質：超獨特，絕對不能夠和別人一樣。例如，LV 皮包的獨特款式、花紋、車工、材質，讓人一看就愛不釋手，無法放棄。

❖ 投資產品升級：在產品還居領先地位時，就要把握該得的 (豐厚) 利潤，將資金挹注於更有前瞻性的研發產品，而非廣告市調。舉例來說，臺灣的電子代工產業一直在打保五 (5% 獲利) 戰，就是因爲疏於開發進階商品。相反地，像蘋果電腦、Sony 等高附加價值公司，無不投入高額研發經費，務必創造讓模仿者追不上的產品價值。

❖ 找出你的核心業務的極限：了解對手的優缺點，找出自己可以達成行銷和財務結果的極限。找出你在自己的產業裡之最 (無論是最大、最小、最新、最舊、最便宜、最有用)。

我們從小的教育多是要安於齊頭式平等，並打壓與眾不同。在商品市場或就業市場中，如果愈害怕自己非凡卓越，就愈喜歡和大家一樣，安於穩定的生活，這樣一來，便沒有機會成功，永遠是失敗的一方。所有成功致富的人，都有特立獨行的特質存在。

別怕被討厭，找出自己與眾不同的地方，並讓這些地方成爲無可取代的獲

利來源。與眾不同正是邁向卓越非凡的第一步。成為與眾不同的紫牛不一定會成功，但平凡註定會失敗。

找到第一眼就令你印象深刻的人，爭取他們的認可，與之溝通，試著改變他們對你的印象。和這群人裡的噴嚏者合作，讓他們幫助你的創意跨越鴻溝。一旦紫牛跨越非凡變成賺錢事業，就可以試著讓不同的人來餵養紫牛，讓產品服務化、服務產品化。重新投資，再次創新，不遺漏細節。如果你的紫牛價格便宜，且品質卓越，將是所向無敵。

10.4 紫牛行銷的重要性

紫牛的理論提醒了在市場競爭環境下，如何讓設計與品牌結合才是最重要的。許多設計師不了解這件事的意義，而予以忽略。但是當今一線的設計師們，都會明白這是件多麼不容易的事。

紫牛所談論的內容並不是尚未發生或是正在發生的事，而是發生已久的現象。當韓國設計師了解到紫牛的內容時，他們說我們一直在為此奮戰，爭取商品策略的主導權。日本設計師也反映出愈高的設計境界，愈具設計的策略與成效。

CIS 企業識別系統的代表，中西元男很早就看到知識與創意結合的力量，他將歐美定位的商標設計師，發展成為企業與品牌形象戰略專家。

只是這個工作僅發展到形象戰略價值就停止了。許多人仍依循著他們的步伐經營設計事業、傳揚形象設計的重要，卻早已忘了這個價值是知識與創意的結合所產生的，這樣的結合可以進步，也可以幻化無窮地運用在各方面。

在市場上，企業不可能經常藉改變形象來經營市場。市場的成敗因素，主要仍然在商品本身。形象雖然重要，卻遠不及品牌定位及商品競爭力來得重要。更清楚的解釋，應該是品牌定位決定市場路線。但品牌定位的建立卻是藉由價格、品質通路、銷售對象與適當的視覺傳達所形成的。

市場定位

定位是競爭策略,而形象只是建構品牌定位的多項元素之一。視覺傳達的確重要,但是視覺傳達究竟要傳達什麼?值得深入探討。

任何從事商業競爭工作的人都會知道研發重要、銷售重要、管理重要、設計重要、創意重要、成本控制更重要。因為成功是每個環節成功的總合,絕不是任何單純的理由所造成的。

同時,市場是一場無止境的競爭,在現實市場中沒有任何對手會因一次輸贏而消失無蹤,反而是新的競爭者卻會一再地出現。企業的成功是建立在每一次的成功之上,期待憑藉一個成功因素就可以持續經營事業,這只是自欺欺人的想法。如果成功可以如此容易,還需要進步嗎?

讓產品自己說故事

從紫牛標題「讓產品自己說故事」,到作者詮釋紫牛的定義是「卓越非凡」,如予以綜合,就是:「產品的成功在於產品本身就要卓越非凡。」行銷不應只是一味地強調廣告、行銷及公關在產品銷售中是如何的重要。

為了清楚地說明這一個觀點,就須回歸到行銷的原始根基理論 4P2C 上評論。產品、價格、通路、銷售這是最初的 4 個 P (product、price、place、promotion),成本與競爭是 2 個 C (cost、competition)。這個基礎理論在過去五十年中,隨著世界變化而有不同程度的改變。

如果說「紫牛」是趨勢,不如說是未來產品的趨勢。這個趨勢不是因創新而發展,而是因認同設計力使產品得以開創佳績。

不能認同設計力的價值,而想藉著行銷分析、廣告、促銷、公關活動來幫助行銷,這就好像是拚命宣傳自己的牛奶有多好,卻不給牛吃草一樣。牛乳企業靠牛來賺錢,可以花費高額的費用做廣告,大筆的金錢購地,卻未將牛隻妥善照顧,這是不對的。

設計力是比執行力更難能可貴的一種力量。執行是有藍圖、可以遵行的事,而設計則是創造藍圖的工作。

　　至於企劃是建議藍圖規劃方針的事，過去市場上非常重視「建議」的工作，到 1998 年底隨著《執行力》這本書的出現，市場上開始重視這個一直被忽略的工作。

　　在工作上會想、會說的人很多，但說與做不同時，則是以執行的成果作判斷；有執行能力的人，才能真正代表企業中的實力，因此「執行力」漸為企業所重視。

　　然而重視計畫是前端的工作，重視執行是後端的工作，前後端可以彼此重視，如果沒有中間創造的工作，則就等於一切都不存在。準備與分析是為了給設計參考，執行是為了依照設計而實現。

資料來源：http://mypaper.pchome.com.tw 紫牛理論：想成功，就別怕與眾不同。

10.5　紫牛行銷管理實例

↳ 華碩電腦的經營管理哲學

　　華碩電腦成立於民國 78 年 4 月，二十九年來，華碩已經成為全世界最重要的主機板領導廠商。它們的業務涵蓋筆記型電腦、伺服器、顯示卡、光碟機、 DVD 等。華碩電腦是由宏碁集團的徐世昌、謝偉琦、廖敏雄和童子賢四位員工創辦的企業，至今頗具規模，在臺灣的電子業占有一席之地，也曾登上「股王」的寶座，並屢獲多項國際媒體大獎。創業的四位員工除了童子賢先生曾經在宏碁集團擔任過主任之外，其他三位只有工程師背景。對大部分只懂技術的工程師來說，「管理」是一門學問，但是華碩的創辦人全都是工程師的性格，他們清楚自己的盲點以及不足的地方，所以華碩的大股東童子賢就請了在宏碁任職時，自己就頗為欣賞的同事施崇棠來擔任華碩的總裁，自己則退居副董事長的位子，施崇棠果然沒有辜負童子賢對他的期望，把華碩經營得有聲有色，究竟施崇棠、童子賢這一群工程師有什麼獨特的管理之道？

❖ 適當著重技術

　　華碩集團的總裁施崇棠時常強調，企業的生存條件就是產品技術以及市場的眼光。他常舉英特爾 (Intel) 為例，英特爾的決策和經營管理層都是技術出

身，用技術觀察市場趨勢，用技術決定產品策略、改善公司的體質，更用技術當成競爭的利器。但是過於著重技術會發生什麼狀況呢？臺灣的資訊業曾發生過好幾件類似的事情，某企業的工程師總裁，談到技術就眉飛色舞，但是遇到蓋支票、看帳單、人事問題，就逃避不予處理，蓋支票章時連看都不看，對經營的細節與人事管理也十分疏忽。在這樣鬆散的管理下，公司如果周轉不靈眞是預料中的事，如果財務管理方面失敗，即使技術再精良，也沒有辦法發揮，整天跑銀行調頭寸就夠忙的了。

創立華碩的四位工程師，自知無法對公司的經營人事面面俱到，對於市場行銷和財務也認識不多，因此聘用專業經理人來負責行銷和財務，制定策略時，也絕不空口說白話，並以 4P：產品 (product)、價格 (price)、通路(place)、促銷 (promotion) 作爲決策的考量因素。華碩集團的副董事長童子賢認爲，決策者要勤於對外溝通，不能偷懶，蒐集情報和判斷的能力都要很強，要從許多資訊當中過濾掉不實的傳聞。

童子賢還指出，念書是一回事，實際工作又是一回事。解決技術問題不能只靠專業知識，恆心和毅力也很重要。雖然在生產產品難免有時間的壓力，但是當產品要出廠時，童子賢都會問手下的工程師 ：「製造出這樣的產品給客戶，你會不會安心？」如果一個工程師在時間的壓力下創造出有瑕疵的產品，未予解決即草草上市，這樣的產品在售出後，將會產生一連串的問題。因此，不要以爲客戶絕對沒有工程師專業，其實他們是很敏感的。

雖然華碩十分重視行銷市場，但是對於產品的技術也是一絲不苟。如果產品仍有問題，童子賢會儘量和銷售部門或市場單位溝通，延遲交貨時間，甚或乾脆暫不出貨；等待一個禮拜過後想出問題所在，並解決未來的隱憂之後再行銷售。也就是說，華碩將產品定位於高品質、零缺點爲第一優先，若有瑕疵之疑慮，則寧願延後出貨。

施崇棠更是花費很多時間在市場上觀望評估，研究觀察自己公司的技術品質，他也會全程參與技術研發的會議，並勤作筆記認眞聆聽。

❖ 強調事情要一次做對

華碩的企業文化，在做事方面講求務實，在做人方面強調勤儉、正直。他

們特別要求的經營態度就是「事情要一次做對」。以主機板為例，它的技術門檻不高，要創造出品質穩定的主機板並不十分困難，但要長久生存，就必須在技術上多下工夫，而且要一次就做對，如果有任何差錯，就會給廠商留下不好的印象。

如同施崇棠先生所言，華碩人的心態要做到三個「 through」，分別為 Think Through、Talk Through，以及 Execute Through。如果研發人員只知道「know-how」(知識)，不知道 「know-why」(技術)，並且不深入思考為什麼要這樣做的原因，而不求甚解地做出成品，下次就有可能還會犯錯，如此將無法做到「一次就做對」的目標了。

❖ 用人不重資歷

一向偏好任用社會新鮮人的華碩，其用人的標準為何？ 他們最重視的是科系、性向、論文以及大學成績，研究所畢業者則以論文內容以及指導教授為審核的主要標準。另外應徵者的積極度、個性保守或是開放，以及工作態度和企圖心都是重要考量。對於抱著朝九晚五的心態，一天只願意工作九個小時，無法配合專案加班的員工，華碩集團認為不具任何競爭力，而且華碩培養人才重視的是全方位的學習，具有這種能力之後，才可以掌握工作的節奏和方法，並在短時間內深入不同的領域。華碩人幾乎都能了解所有技術所代表的意義，以主機板工程師來說，主機板的零件非常複雜，須考慮各種作業系統的介面，不能出任何差錯。每個零件都像黑盒子，只要一出狀況，就必須在最短的時間內找出問題並且解決，如此才可以培養工程師專心、細心的功力。所以華碩人都以具有全方位的學習能力而感到自豪。

❖ 廣大的布局

根據時下多家經管類雜誌等的報導，施崇棠十分清楚華碩在市場上的定位，他為公司制定了不同的策略，像是巨獅 (絕對王者的產品)、銀豹 (角球速度與利基產品)、金鵝 (以節流為宗旨)、常山蛇 (上下游通吃、變幻莫測) 等策略，同時施崇棠希望藉由具有最大優勢與品牌口碑的主機板 (巨獅) 來帶動其他產品的成長。

究竟華碩多角化的布局有多廣？從華碩近年來舉辦的園遊會就可以看出

端倪，尤其是 2009 年的運動會更可以看出華碩廣大的布局，這場萬人的運動會，聚集了華碩所有的事業部門與轉投資的子公司，會場上有二十支隊伍，藉由遊行表演展示出屬於自己部門的特色，這當中除華碩的主力產品主機板、筆記型電腦之外，另外像是通訊 IC、代工遊戲機部門也都全部出席。

在施崇棠的想法中，他認為數位家庭所衍生出來的產品，正是華碩未來成長的重要關鍵：「數位家庭產品線的關鍵技術華碩幾乎都有，尤其是這場戰爭中連 Wintel 都不一定會贏，這是一場極為動態的戰爭。」為了在數位家庭電子產品的市場中勝出，華碩全力研發並支援未來展望極佳的數位媒體中心，也加強了市場成長性極佳的 DVD 光碟機，華碩靠著併購精英中壢的 NB 廠，拿下蘋果電腦的訂單外，更間接爭取到搭配蘋果出售的先鋒 (Pioneer) 光碟燒錄機訂單，再加上先鋒在市場上已經有 25% 的占有率，華碩更可以在光碟機的市場上大幅成長。

至於各家大廠競相發展的液晶顯示電視，雖然華碩的策略一直是希望自己可以掌握關鍵的零組件，所以對液晶電視一直抱持保留的態度。但是在趨勢發展下，華碩卻沒有停止動作，像是為了掌握穩定的 TFT-LCD 面板供應來源，華碩就努力和奇美維持良好的關係。在奇美電子落成的五代廠啟用典禮上，施崇棠親自出席，展現了華碩對奇美的重視與誠意。相較於友達、群創等面板業者具有其他系統業者 (華碩的潛在競爭者) 投資的不確定性，華碩的策略是儘量拉攏奇美，以預先規劃免除日後系統業者正面對決時，必須面對華碩缺乏自有面板來源的供應問題。另外，為了搶占家庭中的液晶電視及其他數位家電的市場，華碩更進一步成立祥碩科技，為發展液晶電視及其他消費性電子產品聘用的晶片進行布局，以宣示進軍數位家庭的決心。

除了數位家庭，另一個施崇棠與童子賢積極布局的則是數位化個人 (Digital Person) 產品，華碩成立專攻 3G 於通訊用 IC 的易連科技，就是要替華碩在手機市場上打下一片江山，未來手機發展機會是在 3G，在這部分即使布局快些也沒關係，施崇棠肯定地認為，在市場速度的競賽中，為了搶下市場必須及早布局，華碩也不排除利用別的公司結合或購併等方式完成卡位，他說：「當然最後的競爭自然難免。」對於可能產生的競爭對手，華碩董事長施崇棠似乎早已預見！

❖以自有品牌創事業新高

現在的華碩絕不僅僅自滿於它在代工產品上的成績，對於自家品牌Asus等產品線，華碩自有品牌的產品營收比重占全部營收的一半以上，未來還會持續推動自有品牌產品的成長。

雖然隨著華碩自有品牌的市場占有率愈來愈高，將可能反過來波及代工市場，但是施崇棠自信地表示目前一切都還在掌控當中，其實隱含在華碩力推自有品牌的意義背後，數位家庭市場已然成形，華碩管理層一致認為未來在產品匯流於數位家庭形成的情況下，華碩最重要的考驗仍將來自消費者。「不過華碩在「Know-why」(技術) 與「value added」(品質與附加價值) 和自有品牌三者的結合上，比競爭對手更能產生綜效。」施崇棠樂觀地說。

強調技術本位、極度堅持品質，正是工程師性格的施崇棠與童子賢帶領華碩在市場上戰無不勝、攻無不克的主要原因，除了主機板穩居市場第一外，華碩自有品牌的筆記型電腦更早已打入世界前十大品牌，其他的市場占有率也不斷在成長當中。對於市場上的挑戰，施崇棠認為：「整個公司就是要隨著不同的階段不斷提升，這是我們必須面對的挑戰。」這群靠著主機板打出天下的巨獅們，如今更帶領著小獅群們不斷成長、茁壯。

實例個案一：慢呆餐廳的定位

　　慢呆餐廳，曾經被賦予它很多很多的行銷定位，但是所給的定位往往不是天從人願的正確定位。事實上客人 (消費者) 所賦予的定位才是最真實、且正確的定位。在 2002 年底的時候，慢呆餐廳曾經被客人稱為「奇異果汁餐廳」。因為每次客人打電話約同事來吃飯時，都習慣說：「我現在正在奇異果汁店吃飯囉！趕快過來吧！」所以奇異果汁是慢呆餐廳的紫牛，因為奇異果汁是慢呆餐廳餐點的附帶飲料，並不是營業項目的主體。儘管慢呆餐廳一開始的行銷定位是「為上班族量身訂做的餐廳」與「平價 (非料理包) 的主廚餐廳」，不過似乎沒人理會這個定位。有些客人習慣把慢呆叫做「免費無線上網餐廳」，這個特色當初似乎也是紫牛一頭，但是自從部分麥當勞也可以免費無線上網之後，這頭紫牛的顏色就不再是紫色了。

　　後來在 2002 年年底，很多人在網路上得知慢呆餐廳是某位作家開的餐廳，所以便紛紛好奇地想來看看店主的廬山真面目。店主從此成為慢呆的最重要紫牛。但是一直到現在為止，還是沒有人可以證實這是一間作家經營的餐廳。就算是有幸看到老闆本尊的客人，失望機率也是接近一半，所以這個打著作家為招牌的紫牛效應，也隨著時間與老闆的不受歡迎程度而邊際效用遞減。

　　2003 年初，由於有位客人在慢呆求婚成功，所以「求婚」又一度成為慢呆的紫牛。2003 年中，由於若干新聞媒體自作主張，把慢呆餐廳封為運動餐廳 (或棒球餐廳)，所以「吃飯看球賽」再次反客為主，躍居成為慢呆餐廳的頭號紫牛。

資料來源：1001 yeah 網站。

實例個案二：EZ ZAP 軟體自動販賣機的創意行銷

　　EZ ZAP 是美國一家科技公司，他們發現許多商務人士希望更新 PDA 裡的軟體，但是常常出差，讓上網變得麻煩，尤其 PDA 需要特別的連線裝置才能傳輸檔案；等到好不容易回家或找到可以上線的地方，還得花時間搜尋下載網址，並忍耐意外斷線、頻寬不足等問題。於是，他們推出「EZ ZAP 軟體自動販賣機」：一個只要跟顧客 PDA 連線，就能快速導引下載各種軟體的寬頻電腦櫃檯，其中包括 70 種需要付費的商業軟體與免費軟體。從地圖、電子書、商用軟體到遊戲都有，連線下載服務則免費。

　　一開始，EZ ZAP 只是測試性地放置一臺在自己公司大樓外面，結果引起不少人注意。一些設計 PDA 軟體的公司發現，若能讓自己的產品出現在這個顯眼小亭的連線螢幕上，比起在網站或平面雜誌打廣告來得引人注目多了。而且，會到這個亭子來下載的人，大多是他們的目標顧客，在這個地方集中火力宣傳，比其他地方來得準確有效。

　　於是，這些公司紛紛加入 EZ ZAP 的軟體下載清單行列，專賣 PDA 相關產品的 Palm Gear.com，也是主要贊助廠商之一。

　　EZ ZAP 的軟體販賣機，聰明地抓住被別人忽視的市場利基，並在產品上大膽創新，成為紫牛典範。目前，它已逐步推展到美國國內許多購物中心、機場。

資料來源：e 天下雜誌 (2003 年 8 月)。

實例個案三：個人書摘網站，寫出 15 萬人氣

你有沒有想過，只是在網上發表自己看過的書的書摘，就能引來 15 萬人氣，甚至被輝瑞藥廠這種大企業聘請來主持讀書會？蘇珊‧畢區 (Suzanne Beecher) 就是這「隻」耀眼紫牛。

蘇珊偶然發現，公司同事抱怨天天在家看電視節目沒營養，卻不知哪裡有好書可以在下班後閱讀，而且可能無暇去深刻體會一本厚書的深奧涵義。於是，熱心的蘇珊開始把自己看過的書整理成簡短書摘，然後以電子郵件傳給同事們分享。

由於她與朋友分享書本的方式十分輕鬆友善，還常常藉書譬喻人生道理，讀過的人都覺得受益良多。結果，她的書摘一再被轉寄，一傳十、十傳百，愈來愈多人主動要求她寄書摘。蘇珊不勝其煩，索性於 1999 年開始在網上發送電子報，甚至還成立專屬網站 DearReader.com。

四年下來， DearReader.com 竟然吸引 15 萬名電子報訂戶，美國各地超過 1,500 家的圖書館以及許多企業，也紛紛花錢邀請她企劃並主持各式讀書俱樂部。有趣的是，一開始當地書商還擔心蘇珊的做法有侵犯智財權之嫌；現在，他們可是爭著要讓自家新書登上蘇珊的書摘名單！

蘇珊為同事做的貼心事情，為她開創意想不到的新事業。依照紫牛養成法，她贏在只為最重要的少數顧客做特別的事，而不是從市場調查歸總的模糊顧客面貌角度思考，果然就能紅得發「紫」。

資料來源：e 天下雜誌 (2003 年 8 月)。

實例個案四：在 EI 網上叫陣賣軟體

許多科技大廠總是嚷嚷著「更強大運算能力」、「超級晶片」等難懂又不吸引人的字眼來賣新產品，也難怪有不少人總覺得高科技商品很無趣。其實，科技也可以很 Fun，重點在於如何找對人，炒熱氣氛。

工程師智慧公司 (EI) 便是這隻腦筋懂得轉彎的紫牛。EI 開發出 CxC 編譯軟體 (CxC Compiler)，是一種程式語言發展系統，讓程式設計師能輕鬆地在微軟視窗平臺上，寫出複雜的平行程式。如果要將它寫成一般人都看得懂的解說手冊，恐怕會很厚，而且即使是有程度的工程師，看了也會覺得無聊。

EI 的做法是，在網站上設立競賽「網格戰爭」(Grid Wars) 吸引人氣。它為此比賽設立專屬的網站 Grid Wars.com，邀請網路上精於程式寫作的網友送來他們用 CxC 語言寫的程式，看誰的作品可以讓網上虛擬運算處理器運作得最快，就是贏家。

這個聰明方式激起工程師想要挑戰高手的心態。EI 根本不用花錢打廣告，只藉著一群有興趣對陣的厲害網友口耳相傳，一群又一群地湧進，就快速打響這個新產品的名氣。對 EI 來說，這些網友本身就是產品最佳代言人，比好萊塢電影明星有用得多了，因為他們會在自己的工程師社群中呼朋引伴。

EI 的第二屆「網格戰爭」共有 226 位參賽者參加。最後的冠軍爭奪賽，還舉辦成一個現場連線活動。看來，艱澀的程式語言，紫牛一樣可以講得通。

資料來源：e 天下雜誌 (2003 年 8 月)。

實例個案五：鎖定輕熟男 飯店搶同志商機

飯店搶同志商機

鎖定輕熟男

陳宥臻、黃琮淵/台北報導

搶同志商機，明著來！高雄義大皇冠假日飯店9月起推出「輕熟男型不型」住房專案，由於限男性使用、限兩人入住的訴求，幾乎是為同志族群量身打造，被視為飯店切進同志住房市場的首例，也引發同志圈熱烈討論。

同志商機漸成「顯學」，在不景氣當中一枝獨秀。包括男性內衣褲及服飾店、按摩店、溫泉、健身中心、整型診所、書店、酒吧及夜店等，近幾年如雨後春筍般愈開愈多，據非正式統計，年產值上看百億元。

官網悄撤 仍可訂房

或許是因宣傳夠了，也可能怕過度宣傳引來負面效果，面對媒體詢問後的隔天，義大皇冠上周六悄悄地從官網上撤下訊息，不過住房專案照走，仍接受訂房。

國際旅客 上億市場

「總是要特別照顧不同的族群」，義大皇冠公關表示，專案一放上官網之後，立刻吸引踴躍來電，讓飯店人員應接不暇，尤以中秋連假是否有房的最多。

對於義大皇冠的創舉，旗下經營蝴蝶谷溫泉度假村的秀泰影城執行副總廖偉銘分析，台灣旅遊花費便宜，且對同志朋友友善，若能吸引各國同志來台觀光，飯店的住房率少說提高2到3成，上億元商機跑不掉。

同志樂挺 中秋客滿

廖偉銘表示，如台北西門町現在就吸引不少大陸、港澳、星馬的同志觀光客，也帶動餐飲、娛樂相關消費，台灣若能抓住同志客源，對觀光業挹注極大。

男同志小史說，義大一推出這個專案，他馬上打去訂房，但沒

想到中秋連假早就客滿，讓他相當惋惜；不過他仍在facebook的社團裡呼朋引伴，號召好朋友們一塊去住房，順便去義大世界玩，以實際行動挺義大。

舉辦多次同志旅遊活動的椰子認為，以往整群男性訂房，總用當兵同梯、大學班遊當名義「掩護」，避免困擾。但相較於國外飯店甚至大剌剌掛出彩虹旗，爭取同志客源，台灣倒沒那個必要，但若能透過這類專案照顧到同志旅遊需求，何嘗不是一種進步。

新客群

同志商機漸成「顯學」，在不景氣當中一枝獨秀，年產值上看百億元。（本報資料照／范揚光攝）

資料來源：見本書「參考文獻」。

實例個案六：陽朔香草森林一處心靈回歸的山水花海

目录

一、公司介绍
1.1、公司介绍（一） 1
1.2、公司介绍（二） 2
二、项目背景必要性
2.1 项目背景 3
2.2 项目必要性（一） 4
2.3 项目必要性（二） 5
2.4 英国农业旅游 6
三、缘起 7
四、项目定位 8
五、香草森林给阳朔带来了什么 9

六、园区规划及主要产品
6.1、园区规划 10
6.2、主要种植产品 11
6.3、主要深加工产品 12
6.4、活动企划 13
七、项目市场供求分析
7.1、项目市场供求分析（一） 14
7.2、项目市场供求分析（二） 15
7.3、密度分析（一） 16
7.4、密度分析（二） 17

八、投资效益及可行性分析
8.1、资本形成 18
8.2、资金分配 19
8.3、收入分析 20
8.4、支出 21
8.5、投资回收分析 22
8.6、第四、五年分红 23

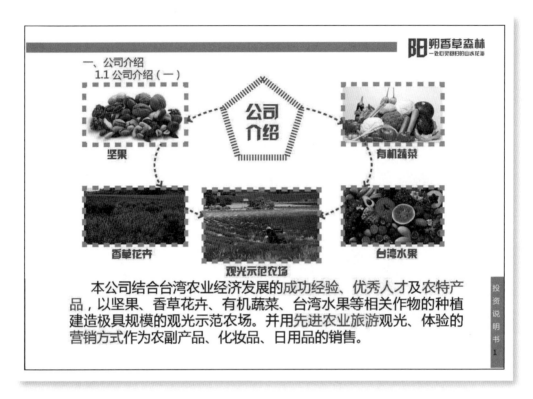

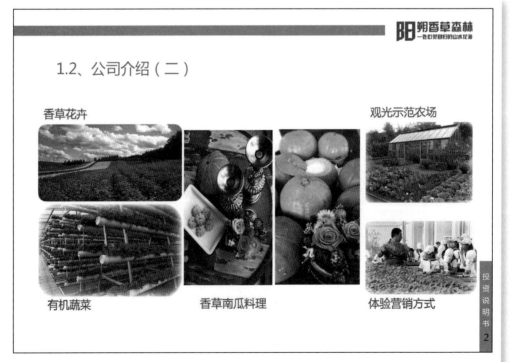

二、项目背景必要性

2.1 项目背景

项目具有较好的市场前景，中国步入大众旅游时代，生态环保成为时代热点，阳朔这颗旅游明珠，拥有着丰沛的观光能量。

阳朔山水

遇龙河景区

百里新村桔园

1 2014年的旅客接待量已达到1230萬人次，旅游总收入83.4亿元，人均消费达到677元。

2 乡村旅游蓬勃发展，而今百里新村被农业部评为：全国休闲农业与乡村旅游的示范点

3 遇龙河景区创国家5A级旅游景区，规划也通过专家评审

4 据不完全统计，2014年遇龙河景区的旅游人才达到300萬人次。

| 优势一 | 优势二 | 优势三 | 优势四 |

投资说明书 3

阳朔香草森林

2.2 **项目必要性（一）**

1）阳朔地处**南岭山系**的西南部，属中亚热带季风气候。土壤以河流冲击母质**沙壤土**和水稻土为主，**土质深厚**，耕作性良好且四季分明，雨热基本同季，这样的气候对蔬菜水果和花草的生长非常有利。

近年来阳朔县委县政府部门在充分发展自身旅游资源的基础上，配合阳朔优越的自然环境，以生态农业扩大旅游业的发展，为项目创造了必要的基础条件。本项目通过建设种植基地及深加工基地，进而形成旅游观光的现代产业格局。

我公司将薰衣草等香草，引进阳朔并进行规模化、产业化种植及深加工。

公司将在发展过程中，将阳朔的旅游文化和生态农业相结合，以农业反哺旅游业，促进公司产业双向升级，打造生态农业旅游新文化。

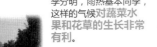

投资说明书 4

阳 朔香草森林
一处心灵慰归的山水花海

2.3 项目必要性（二）

2）在阳朔县委县政府大力推进旅游国际化，乡土化的政策下

但现状下的阳朔乡村游，体验游还是停留在餐饮，摘果，垂钓，拍照等的农家乐，阳朔本土化特色产品较少，档次不够，与国际化的农业旅游项目还有着巨大的提升空间。

VS

以英国为例，农业旅游的经营者多为农场主，英国农场景点186个，乡村公园209个，每个农场景点都为游客提供参与乡村生产、生活、体验农场景色氛围的机会，并设有农业展览馆，配以导游和解说词介绍农业工作情况，备有农场特有的手工艺品、提供精美餐饮及儿童娱乐项目等。各乡村根据自身资源特色，因地制宜，举办各种乡村集市或游艺会，各类竞赛、山地运动等休闲活动。

投资说明书 5

阳 朔香草森林
一处心灵慰归的山水花海

2.4 英国农业旅游

我们需要**强力**打造香草森林（台湾）精致农业生态旅游项目，以更高的层次，开发新的旅游产品，提升阳朔农业旅游的档次，**带动**阳朔生态旅游的升级，加**快**农业技术的提升，加深国际间经济交流和文化艺术创作。

投资说明书 6

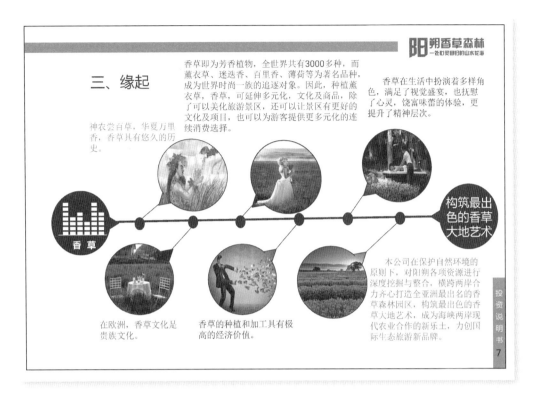

三、缘起

神农尝百草，华夏万里香，香草其有悠久的历史。

香草即为芳香植物，全世界共有3000多种，而薰衣草、迷迭香、百里香、薄荷等为著名品种，成为世界时尚一族的追逐对象。因此，种植薰衣草，香草，可延伸多元化，文化及商品，除了可以美化旅游景区，还可以让景区有更好的文化及项目，也可以为游客提供更多元化的连续消费选择。

香草在生活中扮演着多样角色，满足了视觉盛宴，也抚慰了心灵，饶富味蕾的体验，更提升了精神层次。

香草

构筑最出色的香草大地艺术

在欧洲，香草文化是贵族文化。

香草的种植和加工具有极高的经济价值。

本公司在保护自然环境的原则下，对阳朔各项资源进行深度挖掘与整合，横跨两岸合力齐心打造全亚洲最出名的香草森林园区，构筑最出色的香草大地艺术，成为海峡两岸现代农业合作的新乐土，力创国际生态旅游新品牌。

四、项目定位

花海主题广场

深加工

DIY体验

一处心灵回归的　　　　　——阳朔香草森林
以　　　　　　　　　　　或　　　　　，利用文化创意及高品质服务，结合
为当地农户形成旅游、生产、深加工的产业链

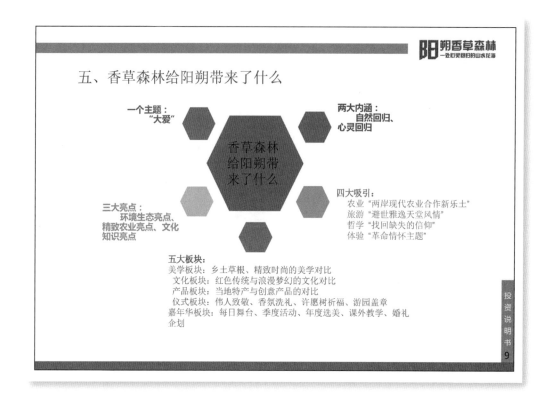

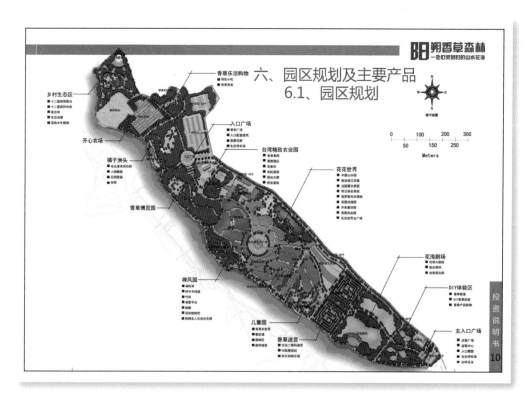

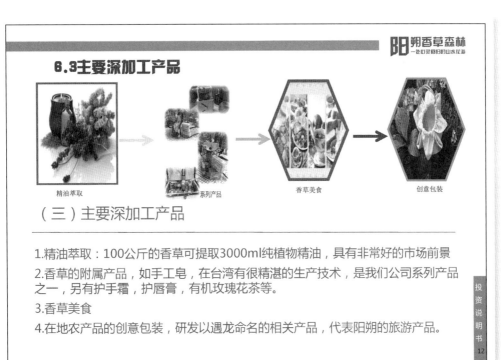

（三）主要深加工产品

1.精油萃取：100公斤的香草可提取3000ml纯植物精油，具有非常好的市场前景

2.香草的附属产品，如手工皂，在台湾有很精湛的生产技术，是我们公司系列产品之一，另有护手霜，护唇膏，有机玫瑰花茶等。

3.香草美食

4.在地农产品的创意包装，研发以遇龙命名的相关产品，代表阳朔的旅游产品。

阳 朔香草森林
一处让灵魂归的山水花海

6.4、活动企划

| 课外教学 | 御守爱情 | 亲子体验 |

1.婚纱经典童话故事王子与公主的秘密花园
2.求婚企划属于专属求爱基地
3.浪漫婚礼：薰衣草主题婚礼，欧式薰衣草婚礼
菜单

投资说明书 13

阳 朔香草森林
一处让灵魂归的山水花海

七、项目市场供求分析
7.1、项目市场供求分析（一）

接待总人数同比增加 ◆ 总收入同比增长 ◆ 入境客同比增长 ◆ 人均消费同比增长 ◆

（一）从阳朔的旅游来看：
1）2015年1~5月：
接待总人数391.6万人次同比增加3.3%
总收入25.5亿元同比增加25%
2）2014年总接待：1230.9万人次同比增加5.19%
其中入境客：198.1万人次同比增加5.3%
总收入：83.4亿元同比增加30.4%
人均消费：677元同比增加31%

未来市场目标：
以区域来分，首先开通高铁，交通便利，以珠江三角的地区游客为例，应呈增长趋势
1.港澳台
2.自驾游困园区亲子项目体验科普项目的开发，大桂林地区及广西区内的家庭游及团体单位学校等主要市场
3.华东，东北，西南地区，因当地花海景区较少，应可吸收部分游客。
以年龄层来分
19-25岁、36-40岁 是阳朔的主要游客 来源，香草森林大量制造浪漫，抓住现代都会男女对水域丛林的疏离感，与逃避忙碌生活压力的心里需求，营造紫色梦幻，与时尚生活，很容易吸引中青年游客及情侣，因此我们85后的中青年也是我们的未来目标市场。

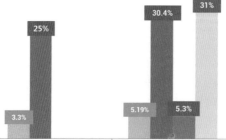

25%

30.4% 31%

3.3%

5.19% 5.3%

2015年1~5月   2014年

投资说明书 14

阳朔香草森林
一处心灵回归的山水花海

7.2 项目市场供求分析（二）

（一）从阳朔的旅游产品来看

来阳朔的旅游者的大学本科以上的文化程度上79.52%是事业单位的职员与学生，2000~3000元收入的旅游者为主体。目前，代表阳朔的旅游产品：画扇以及其他在国内旅游市场同质化很高的工艺品，香草森林的系列产品以健康优雅新品味为要素打造，属于中高端时尚旅游产品，适合青年，特别是女性消费市场，而且具备连续消费性。

（二）活动企划与体验教育的园区功效来看

1香草森林的山水花海——紫色浪漫，无疑是婚纱景点、浪漫欧式婚礼的好场所。

2策划的各类活动及科普教育，非常适合学校组织组团来体验及进行课外教学科普；在阳朔的农业旅游项目中体验或DIY制作的几乎很少，这也是未来的市场目标。

投资说明书 15

阳朔香草森林
一处心灵回归的山水花海

7.3 密度分析（一）：

第一梯队

国内游客主要来自广东，四川，湖南，云南，江浙沪，北京地区以及广西区内

第二梯队

福建，江西，安徽地区处于第二梯队

投资说明书 16

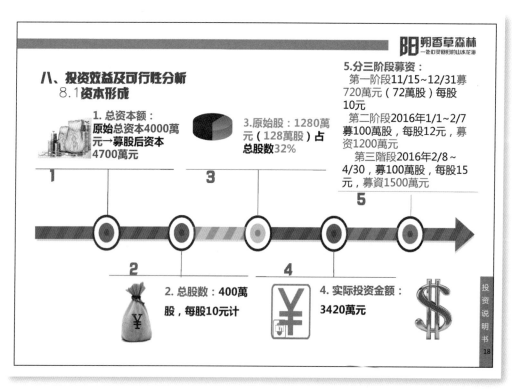

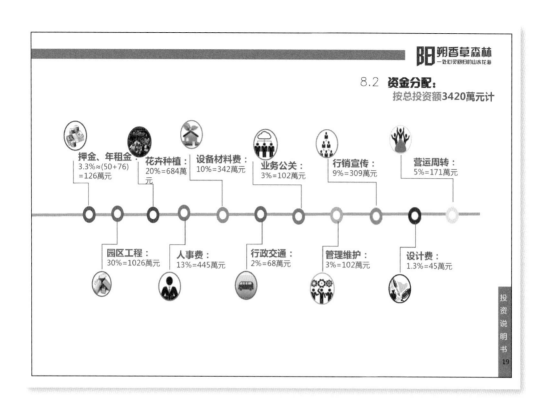

8.2 **资金分配：**
按总投资额3420萬元计

押金、年租金：
3.3%≈(50+76)
=126萬元

花卉种植：
20%=684萬元

设备材料费：
10%=342萬元

业务公关：
3%=102萬元

行销宣传：
9%=309萬元

营运周转：
5%=171萬元

园区工程：
30%=1026萬元

人事费：
13%=445萬元

行政交通：
2%=68萬元

管理维护：
3%=102萬元

设计费：
1.3%=45萬元

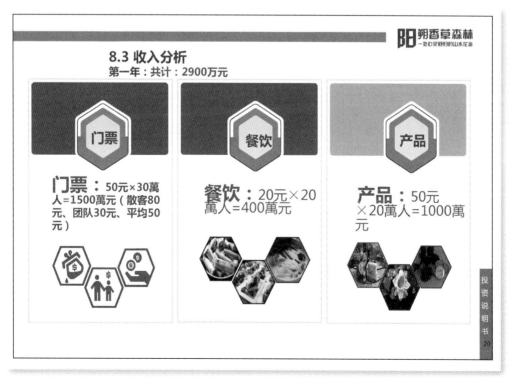

8.3 收入分析
第一年：共计：2900万元

门票

餐饮

产品

门票： 50元×30萬人=1500萬元（散客80元、团队30元、平均50元）

餐饮： 20元×20萬人=400萬元

产品： 50元×20萬人=1000萬元

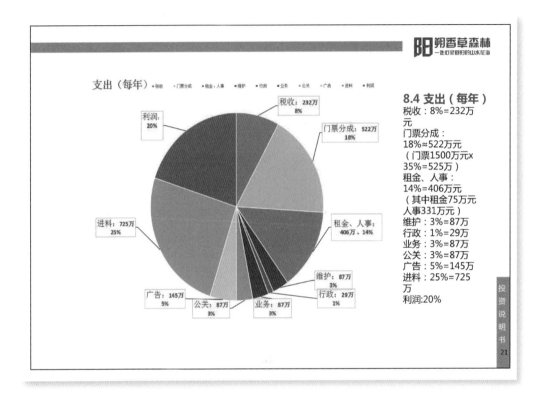

CHAPTER 11

熱迷行銷篇

11.1　熱迷行銷的定義

11.2　產品感動　體驗分享

11.3　理念相同　口碑相傳

11.4　創意激賞　熱情推薦

11.5　聰明生活　智慧選擇

實例個案一：曼尼移師總裁套房　一晚值五萬

實例個案二：來塊辮子頭蛋糕　抓住曼尼熱

實例個案三：甜點運動風　哇！棒球馬卡龍

實例個案四：義大悉心照料　曼尼傾向續留

速度就是生命！組織應該要快速前進，否則只能等著瓦解

～畢德士

11.1 熱迷行銷的定義

熱迷行銷 (Fanatic Marketing) 的定義是指利用行銷手法的包裝來建立產品的可信度，讓消費者成為熱衷商品的推廣者，有如粉絲追逐偶像般的著迷狀況，現場形成熱銷的氛圍。

1. 傳統方式 (利己心態)：吸引銷售者、銷售者忠誠度、銷售者介紹銷售者。
2. 熱迷行銷 (利他心態)：吸引消費者、消費者忠誠度、消費者樂於介紹消費者。

❖讓消費者被產品感動

對於產品使用過以及未使用過消費者，因為產品的口碑與名聲、獨特的風格、多元的服務以及其特有行銷方式，而吸引消費者注意，進而願意去體驗；例如有些前衛的美容保養品，因為品牌已有名氣且產品科技符合趨勢，而吸引了不少消費者躍躍欲試。當產品能符合甚至超越消費者期望時，就會對產品產生所謂的「感動」。

❖讓消費者產生認同

當消費者體驗產生滿意的感動時，或者企業理念及產品設計的理念會讓消費者覺得選擇這產品是很有「意義」的一件事情時，就會對這個品牌產品「認同」甚至「擁戴」；而消費者也會以同樣的心情「樂於」影響其他消費者，也就是所謂的「傳道消費」，而產生更多忠誠的顧客 (熱迷)。

❖與消費者結盟，共創價值

在吸引顧客、留住顧客、倍增顧客的架構之下，唯有配合市場商機教育、善用適合消費導向的利潤制度，與顧客共創價值，也就是當顧客有好的體驗樂於去消費，業者就可以有回饋。

11.2 產品感動 體驗分享

❖喜出望外與津津樂道

　　讓消費者被產品感動！產品有一定的品質是應該的，重點是在品質之外，還能添加其他元素，例如：蘋果電腦 iPod 的造型設計讓消費者感動 (輕薄短小簡單的外型與高尚的氣質美感材質，創造出簡約奢華完美混搭風格)，使用之後喜出望外 (隨心所欲地聽音樂、我可以選擇我想要的、我握有主導權)，逢人便談而且津津樂道 (體驗分享)，創造出熱迷 (被產品感動的消費者)。又如：到 Bigtom 吃冰淇淋，櫃檯服務人員會請初次上門的顧客先試吃 (體驗)，讓顧客先發現冰淇淋的口感與眾不同 (獨特性)，喜歡這個口感的人是為了體驗而消費 (不是為了產品)，價格已經不是考量的主因，價值才是關鍵，讓消費者「被產品感動」，這就是「熱迷行銷」的核心觀念 (如圖 11.1)。

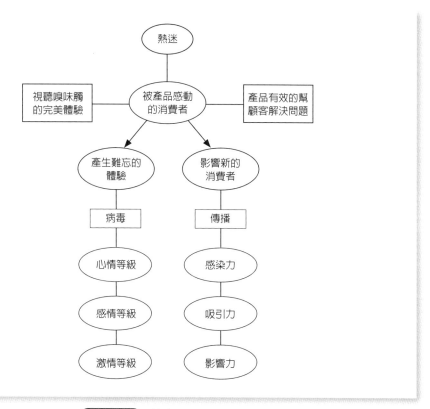

圖 11.1 熱迷行銷的核心觀念

❖解決問題與真心分享

難忘的體驗來自「明顯差異」的體驗，本來腰痠背痛，做了精油 SPA 後全身舒暢，這是難忘的體驗。下樓梯膝關節疼痛，吃了含葡萄糖胺的保健食品一段時間之後，下樓梯不痛啦！這不叫治療，而是一種把問題解決的難忘體驗。有某些傳銷公司的直銷商，為了推銷保健產品，誇大療效，誤導消費者，也違反醫療法。熱迷行銷剛好相反，它是消費者本身確實吃了保健食品，而且確實「解決問題」，是本著良知，發自內心地與人們分享他自己的體驗 (例如膝關節疼痛問題被解決的感覺真好)，分享體驗的出發點是想幫助有同樣問題的人解決問題，絕不是為了推銷產品，是利他心態，而不是利己心態。

❖悸動迷戀與價值主張

產品如果好到讓顧客感覺不可思議，怦然心動，簡直就是愛上它了！這時，產品不只是產品，而是已經進化為「體驗」，例如，LV 不僅是包包而已，它更是擁有 LV 品牌時自我實現的感覺 (心靈體驗)；哈雷機車不再是機車，而是駕駛哈雷機車時那種豪邁自我的感覺 (心靈體驗)。對許多人而言，這種感覺的「價值」是無價的！傳遞這種價值的人，就是產品熱迷；傳遞的體驗，就是病毒。病毒的強弱，視感動的程度而定。熱迷的影響力道則來自迷戀指數的高低與津津樂道的熱情程度。

11.3　理念相同　口碑相傳

❖品牌訴求的認同

　　讓消費者認同，選擇某種品牌的任一產品是很有「意義」的。產品行銷與服務行銷已經過去，現在是品牌行銷與體驗行銷的時代！賣方市場的「價值」來自企業的有形資產 (如土地、設備、產品、現金等)，已改變爲買方市場的「價值」，也就是品牌的無形資產 (如品牌知名度、信任度、認同度、喜愛度、擁戴度)，如圖 11.2，7-ELEVEN 從早期「您方便的好鄰居」，到現在不斷地強調「有 7-ELEVEN 眞好」，就是想要獲得消費者的品牌認同。由於資

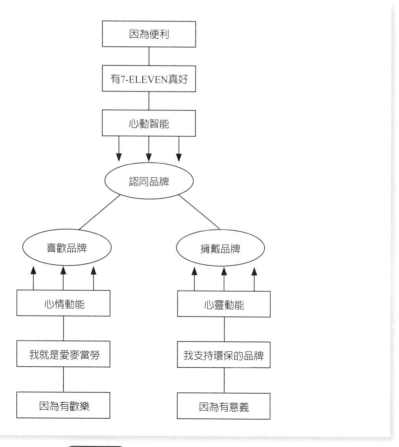

圖 11.2　品牌認同的流程

訊爆炸加上網路的普及，媒體也由大眾、分眾到小眾一路改變，最後來到個人媒體時代 (如部落格讓每個人都可以是媒體)，加上手機進入 3G 時代，行動化 (M 化)、即時化 (立即)、簡單化 (簡訊)、圖像化 (示意) 之下，口頭傳播、簡訊傳播、個人傳播的影響力愈來愈大！鼓動型消費者除了鼓動消費者拒絕黑心商品，也會鼓動消費者支持環保商品。所以如何爭取消費者認同品牌訴求，甚至替品牌傳遞訴求，就顯得非常重要。最好的方式就是「創造新的需求、新的體驗」(新的病毒)：提出「新的願景」(引導出消費者的渴望)、產生「新的熱迷」(品牌訴求的認同者)、引爆「新的浪潮」(帶動流行)，例如：部落格 (Blog)！它創造了網友新的需求與新的體驗，讓使用者夢想實現 (或是發現實現這樣的夢想太酷了！)，進而產生部落格熱迷，透過網路傳遞「病毒」(部落格體驗)，一傳百，百傳萬，引爆趨勢，一發不可收拾。

❖ 品牌個性的喜愛

比起 7-ELEVEN 致力於消費者對品牌的認同，麥當勞則是用心讓消費者愛上品牌，除了邀請超級偶像級帥哥美女代言，發揮移情作用 (如喜歡王力宏，因為王力宏喜歡麥當勞，所以跟著喜歡麥當勞) 外，還刻意強化「我就喜歡！」無論是商標或廣告影片片尾，到處都有他們的身影，直接催化了消費者的情感，讓消費者在不知不覺之中愛上麥當勞。這是大品牌、大資金一貫的策略，一般品牌想要獲得消費者的喜愛，就要有特色與風格、要靠品牌個性。

❖ 品牌體驗的擁戴

當認同的程度高到非常認同的等級時稱為喜愛；當喜愛的程度高到非常喜愛的等級時則為擁戴。例如，有人已經習慣用手機看時間或充當鬧鐘，但還是戴著萬寶龍手錶，他極少應酬，沒有炫耀的心理，也不在意他人異樣的眼光，而只是一種「自我實現」與心靈體驗 (內心深處覺得滿有意義的)。幾年前，許多環保擁戴 (狂熱) 人士參加「別讓地球再流淚活動」，他們當時為了響應環保品牌的訴求，不但自己立刻換下品牌，還到處鼓動大家配合，這就是熱迷、就是品牌的擁戴者。

11.4 創意激賞　熱情推薦

❖新觀念的獲得與宣導

　　跟熱迷成為夥伴關係共創價值，例如 eBay 拍賣網站，掌握了網路交易的新趨勢，也改變了市場的遊戲規則。它先宣導 eBay 網站，再教導顧客網路拍賣，然後領導顧客網路創業。簡言之，它提供微型企業家「創業平臺」及造就「個人創業家風潮」，結果，超過五十萬人在 eBay 創業。這些熱迷，既是消費者又是創業者，他們與 eBay 形成共存共容的關係，這是熱迷行銷的最高境界，也是網路化、全球化的智慧時代中最大的商機 (如圖 11.3)。

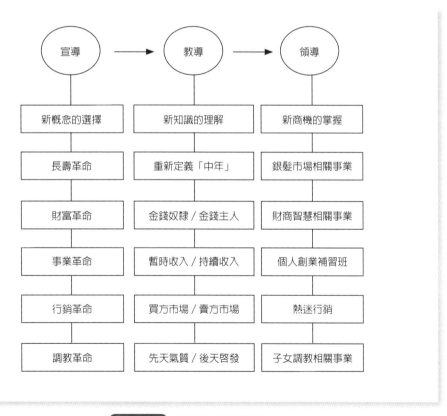

圖 11.3　熱迷行銷的新商機

新觀念 (新趨勢)：

1. 長壽革命：人類有可能活到二百歲以上，中年必須重新定義。
2. 財富革命：要當金錢奴隸或做金錢主人，由自己決定。
3. 事業革命：為暫時收入打拚或享受持續收入，由自己選擇。
4. 行銷革命：創意讓顧客激賞，熱情地為你推薦。
5. 調教革命：掌握先天氣質，幫助孩童邁向卓越。

❖ 新知識的理解與教導

智慧時代，資訊爆炸，知識取得容易，光擁有知識還不夠，還必須能理解知識、活用知識 (擁有智慧) 才得以生存。

1. 身體智慧：身強體健還不夠，還要心情舒坦、心智良好、心靈和諧，四大能量富足，才能擁有真正的健康。
2. 財商智慧：財商資訊的取得、財商知識的融合、財商智慧的掌握，讓金錢為你賺錢。
3. 事業智慧：建立一個架構 (吸引顧客、留住顧客、倍增顧客)，然後讓這個架構為你帶來持續收入。
4. 行銷智慧：與顧客共創價值，讓消費者樂於為你的品牌代言！
5. 調教智慧：因材施教，啟發子女學習樂趣，培養主動人格。

❖ 新契機的掌握與領導

大腦愈用愈聰明，智慧愈用愈靈光。兩極化愈來愈明顯，有錢人更加有錢，長壽者更加長壽。一個智慧的選擇勝過萬個忙碌的打拚，看懂商機，正確努力，邁向富足人生。

1. 長壽商機：不是養老院 (愈養愈老)，而是不老村 (愈住愈年輕)；不是醫療治病 (修理舊車)，而是創造生命活力 (源源不斷的能量)。
2. 財商商機：金錢主人俱樂部、財商智慧部落格。
3. 事業商機：個人創業補習班、持續收入部落格。
4. 行銷商機：熱迷部落格、心靈行銷三部曲。

5.調教商機：華人氣質評量網站、調教革命部落格。

透過不同的部落格，互相教導、互相學習，創造新的「體驗」，產生新的「病毒」，透過新的「熱迷」，引爆新的「商機」，帶來新的「財富」，邁向美好富足的人生。

 ## 11.5 聰明生活 智慧選擇

❖被動消費與主動消費

熱迷有兩種，被動型熱迷與主動型熱迷 (如圖 11.4)。以職業球賽為例，穿著支持球隊的衣服或帽子、拿著加油棒大聲吶喊的球迷，稱為主動型球迷；而部分現場觀眾，有時會為球員加油，有時也會怒罵表現不好的球員，甚至球賽難看時還會提早離場 (不過下次又會興沖沖地跑來捧場)，這就是被動型球迷。

熱迷還可細分為四種：

1.超級熱迷 (主動的主動型)：不但熱愛你的產品或品牌，而且熱愛與人分享，分享時還熱情洋溢。

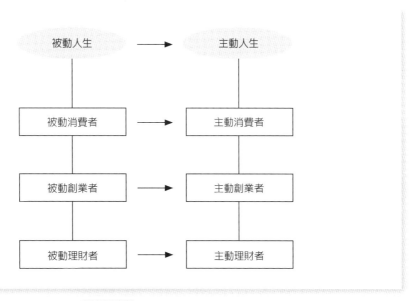

圖 11.4 熱迷的兩大分類

2. 典型熱迷 (被動的主動型)：熱愛你的產品或品牌，但不會主動與人分享，可是有人問他產品或品牌好不好時，他講的比誰都生動。

3. 一般熱迷 (主動的被動型)：有時熱愛產品或品牌，有時又不愛；超愛某些產品，也很恨某些產品。會主動與人分享產品或品牌，但有時誇獎、有時臭罵。

4. 軟弱熱迷 (被動的被動型)：談不上熱愛，但又不討厭，問他產品或品牌好不好？他說很好。他在主動型旁，宛如是個熱迷，有時他也會跟著其他人分享。

❖ 被動創業與主動創業

全球化、網路化、個人化的智慧時代，將引爆「個人創業」的大浪潮，即使打工，也要有「這就是我 (暫時) 的事業」的心態，這就是「創業心態」。上班族叫做「在企業中創業」；加盟商叫做「依附式創業」；eBay 拍賣網站的拍賣人稱作「微型創業家」；派克魚鋪的員工可不認為他是員工，他們投入事業的熱情，一點也不輸給老闆；星巴克讓員工持有「豆股票」(微乎其微的股份)，讓員工覺得自己是創業，而不是就業；美樂家提供熱迷消費者創業平臺，讓「鼓勵型消費者」有創業的機會，與熱迷共創價值。

個人創業有兩種類型：

1. 主動型創業：看懂商機、主動學習、熱情洋溢，根本就是事業熱迷。

2. 被動型創業：認同商機、跟著學習、熱情時高時低、時有時無、有願景也有怨景，想談戀愛又怕傷害。

❖ 被動理財與主動理財

《富爸爸，窮爸爸》以時間來定義「財富」，還說「你不能讓窮人變富，你只能讓富人變富。」也就是說，如果心態沒有改變，窮者恆窮，誰也幫不了你。被動理財者的背後隱藏著被動人格 (自我設限)，不願意學習 (或不知道如何學習)、害怕改變 (或不知道如何改變)、沒有願景 (或不知如何擁有願景)。主動理財者剛好相反，他具備主動人格，喜歡學習、樂於改變、擁有願景、充滿熱情，懂得努力地讓自己達到「有錢有閒」的境界。

實例個案一：曼尼移師總裁套房　一晚值五萬

曼尼移師總裁套房 **1晚值5萬**

義大留人

【楊逸民／高雄報導】曼尼6月12日就可執行逃脫條款，決定是否繼續留在台灣。球團日前也幫他的住所從別墅換到義大皇冠假日飯店，每晚訂價約5萬元的28坪總裁套房，而且曼尼老婆6月就要帶小孩來台灣過暑假，領隊楊森隆對曼尼續留台灣很樂觀。

■曼尼(右)和莊智淵相見歡，相約來場桌球賽。游智勝攝

■總裁套房義大皇冠假日飯店

大約1周前，曼尼就向球團反映，別墅晚上蚊子多，吵得他沒辦法好好睡覺。球團馬上將他換到飯店的總裁套房。楊森隆說：「我們已經讓球團秘書開始和曼尼討論，目前都是朝續留方向在談，情況很樂觀。」

妻兒6月來台度假

曼尼除了大兒子因為讀大學不打算來台，另2個兒子等放暑假，就會跟著太太來台灣度假，只要家人適應台灣環境，曼尼留下來的意願將大增。

曼尼對犀牛隊的人氣效應影響極大，球團無論如何都要留人，楊森隆說：「曼尼真的是超人氣，像有1場新竹比賽，原本每場比賽都固定只派2個地檢署人員到球場，但那場比賽，貴賓席突然來了10幾個地檢署人員，他們不太懂棒球，但都是衝著曼尼來的。」

資料來源：見本書「參考文獻」。

實例個案二：來塊辮子頭蛋糕　抓住曼尼熱

來塊辮子頭蛋糕　抓住曼尼熱

皇冠飯店推棒球馬卡龍　特製杯子蛋糕每天每款限量4個　廚師透露曼尼最愛西瓜汁

快來吃我

▲義大皇冠飯店推出棒球馬卡龍，其中「曼尼款」杯子蛋糕（前），引起眾多粉絲注意。　（林宏聰攝）

資料來源：見本書「參考文獻」。

實例個案三：甜點運動風　哇！棒球馬卡龍

甜點運動風
哇！棒球馬卡龍

↑洋將曼尼‧拉米瑞茲加盟義大犀
牛隊，再掀台灣職棒熱，義大皇冠
假日飯店趁熱推出棒球造型的甜點
，每天限量供應。棒球馬卡龍是小
朋友的最愛。　　圖與文／王昭月

資料來源：見本書「參考文獻」。

實例個案四：義大悉心照料　曼尼傾向續留

義大悉心照料　曼尼傾向續留

歐建智／高雄報導

義大犀牛大聯盟球星曼尼會續留台灣嗎？領隊楊森隆昨日樂觀地說：「已跟曼尼初步談過，他傾向繼續留下來打球。」義大為留住曼尼，除提高待遇，更讓他住進一晚要價5萬元的皇冠飯店總裁套房。

曼尼與義大簽約時設定3個月的逃脫條款，6月12日是決定日，球團與球隊為了留住曼尼用盡各種努力，不僅要讓他住的開心、玩的開心，更要比賽時打得開心，楊森隆表示，就是要讓曼尼不想離開。

楊森隆昨表示，已跟曼尼探詢過3個月過後繼續隊的意願，曼尼的回答是正面的，並未有離台想法，「曼尼能穩定軍心，帶動球隊氣氛與士氣，義大很需要他。」

楊森隆表示，曼尼的老婆與2個小孩將在學校課業結束後，6月中旬左右來台過暑假，曼尼此時應該不會離開台灣，他的家人將一起住總裁套房，其它包車與各種費用由曼尼自付，但球團也會悉心照料。

資料來源：見本書「參考文獻」。

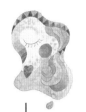

CHAPTER 12

豪宅行銷篇

12.1　豪宅的起源（Luxurious House）

12.2　豪宅「地段」＋「私密」＋「景觀」突顯尊貴

12.3　豪宅 2 個定義 3 項特性

12.4　豪宅質感——比軟體也比硬體

實例個案一：國硯

實例個案二：天賞建設投資計畫

企業的目的只有一個有效的定義，那就是創造顧客

～杜拉克

12.1　豪宅的起源 (Luxurious House)

中國人基於「有土斯有財」的觀念，喜歡買房地產保值，不只是遮風避雨，景氣好時可賺差價，不景氣時可出租收取租金，是國人最喜歡的投資工具，亦被視爲保值與增值的最佳商品。平常時房子可居住自用亦可出租，這可說是居住使用價值高於投資價值。然臺灣房地產自 2003 年起一路狂飆，尤其在臺北都會區房地產榮景已歷經八個寒暑，房價扶搖直上，加上投資、投機客炒作，房價因而漲翻天，成了民怨之首，政府終於出手以「奢侈稅」對付這些房地產炒家。

基於 M 型化社會結構的形成，市場也出現兩極化的買家，除了自用、換屋族外，也多了一個金字塔頂端的買家出現，這就是新豪宅概念的形成，由於臺灣市場國際化的開放，加上臺商「鮭魚化」的返鄉熱潮，一些錦衣返鄉的臺商加上國際的買家，都聚集於臺北市都會之地，使得稀有、高級的地段推出之頂級住宅，一路銷售長紅，供不應求，因其規劃、地段、價格、建材，皆已不同於一般的住家條件，故市場有所謂的「豪宅」概念，豪宅行銷也成爲房地產的顯學。此外，在原料取得日益困難，造成土地取得成本不斷墊高的情況下，建商必然須反映在房屋銷售的價格上，而爲了讓房價獲得市場的認同，無不以「豪宅」作爲產品包裝的主軸。

什麼是新時代的豪宅？以國內來說，從早期的高級住宅，一直到名宅、豪宅，每個時代的豪宅都有不同的意涵，總結來說，「可以傳世、值得收藏、無可取代」，應是頂極豪宅無可取代的基本條件；房地產大亨川普主張，真正的豪宅要件在於景觀、聲望、增值性與便利性。21 世紀的豪宅，不是侷限在住家的華麗空間，那只是故步自封的孤芳自賞，而是延伸更寬廣的空間概念，重新思考包括建築跟自然、建築跟人、人跟自然，甚至人際之間的關係。

12.2　豪宅「地段」＋「私密」＋「景觀」突顯尊貴

所謂的豪宅，即爲最頂級住宅，是房地產界的一個術語，一般指位於高級

地段，擁有獨一無二的景觀，用料及建築過程細膩，同時住戶可以享有尊貴與私密的住宅。豪宅「私密性」則更具有超乎一般的意義，其原因就在於，豪宅客戶往往具有更強的防衛感。一方面是因為他們多為「富貴一族」，有太多財物需要進行防護；另一方面由於他們多為易受「侵害一族」，所以，他們在心理上也往往具有更強的防衛意識。

豪宅首要條件就是地段，但目前市面上的許多產品，鎖定高資產族群推出大坪數、高總價產品，然而其地段條件根本稱不上豪宅，頂多只能算是「大宅」。對於豪宅的形式，北中南三區由於條件不同，豪宅也大不相同。臺北精華地少，多大樓形式；臺中七期基於低密度開發原則，除了大樓式豪宅外，還有透天厝；高雄豪宅多依愛河畔而居，大樓式豪宅更能飽覽愛河風光，因此受到歡迎。

當然，在注重生活品味的同時，豪宅最好還能推開窗，就能擁抱廣闊的綠意，所以，世界各大都市最昂貴、最有價值的豪宅，都是集中於市區內大型綠地周邊的景觀宅。從英國倫敦海德公園、紐約中央公園、東京六本木到臺北市大安森林公園，屢屢出現的高價住宅，都印證景觀在豪宅的價值。

❋ 12.3 豪宅2個定義 3 項特性

豪宅的基本定義起碼有雙重意義，一是房子面積與總價夠大與夠高，在臺北市總價要 1 億元以上才稱為豪宅價格；在臺中可能 5～6 千萬元的總價，就稱為豪宅價格。二是尊貴品味。什麼樣的房子可以傳世、值得收藏、無可取代，這些條件須禁得起市場的檢驗，這不是房地產業者靠廣告造夢和政府所左右的，而是由消費者認定與群聚形成的，故有其地理和人文與設計的因素，具體來說，所謂的「豪宅」至少應具備三個特性：1. 地段與產品的稀少性；2. 建築與設計的尊貴性；3. 名人與豪客的群聚性。而且大樓外觀氣派、管理門禁森嚴，一樓無店面的純住宅區。因真正的豪宅住戶，是不太希望別人知道他住在豪宅裡的，而各地知名的豪宅聚落，例如臺北市的信義計畫區、大安森林公園周邊、大直水岸、天母等地；以及臺中的七期重劃區、高雄的美術館及緊鄰愛

河周邊，皆是豪宅的標的區。

臺灣近年來因經濟的繁榮以及市場的開放，使得近幾年來推出的建築，有許多非常精彩的作品，都顯現了建築的文化核心價值，豐富了都市景觀與生命力，讓都市景觀更有美感與品質，建築已經跳脫了傳統的外在規劃，轉向內在品質與品味的升級，一般人購屋都是以「建築設計」為出發點，現在高品味換屋族卻從「內在」人文質感的角度去看豪宅的立場與價值，因為買主開始厭棄可供計數的金錢感，轉而追求不可替代的「價值感」，屋子要有個人品味。豪宅訴求的對象是金字塔頂端的族群，這些高所得人士，買屋不僅看建築設計，對於地段更有所堅持。此外，他不僅僅是買屋更是買鄰，所謂「千萬買宅，億萬買鄰」，價格便宜並非他們主要訴求。一般而言，豪宅類型的建案有幾個特色，戶數少、建坪造價高昂、名設計師操刀、地段佳，還有名人加持、一流管理等特色，有時這些價值並非可以用金錢衡量的。

12.4 豪宅質感──比軟體也比硬體

豪宅的價值除了外型的優雅與華麗，公設的奢豔、現代、超現實的表現主義，有更多的內涵是客戶所顧慮的，如品味、等級、動機、案名、客層、品牌、風水等，都是有錢人在選擇一棟豪宅時的考慮因素，行銷人員如果無法深入了解其內涵，做好事前準備，只會讓你的客戶興趣缺缺，或者下次來參觀時，要求現場換一個人來服務，所以事先要先做好功課，所謂「專業，為服務之母！」高總價住宅的交易，需要高度的專業及充分的市場資訊，方能針對標的優劣、條件、價值、租金收益以及未來可能發展，訂定適合的價格及產品的訴求，再加上嚴謹的交易流程，才能讓你的客戶信服，機會就屬於你的了。

因此要建立豪宅的品牌形象，那就必須對於建築作品維持一定水準以上的豪宅質感。豪宅有其必須具備的基本條件，豪宅也有其一定必須擁有的基因(DNA)。而豪宅質感一般還是可以由環境、建築硬體以及建築軟體三部分來談。

環境

A 級地段

目前已經繁華發展，並且受關注的區域，通常這種區域的好不須贅言，但當然房價也是相對地處於相當高點。例如臺中七期、臺北信義計畫區、高雄農16特區、愛河海港區等。

背景歷史

有些區域不見得位於一級地段，但因地段位置有其歷史或是相對應的背景意義，如此也可以形成豪宅可處環境，例如臺大旁、總統府旁、市政府旁等。

自然環境

或許是山水、或許是一座美麗公園，這樣的區段環境也能相對地支撐豪宅的價值。例如大安森林公園旁、澄清湖旁。

景觀

景觀是豪宅唯一的價值，這句廣告詞雖然略微誇大，但也相對地表達了景觀對於豪宅的重要性。因為要造成景觀除了建築周遭環境的優質之外，建築與相鄰建築的相對樓高差距也是一個要點，否則一旦視野被一旁的建築所遮掩，那來的景觀可言，因此不管是開闊的景觀視野或是鶴立雞群的地勢形態，都在在表達著豪宅建築本身的與眾不同。

建築硬體

精神

豪宅建築必須有其規劃設計時的主題精神，也就是這樣的主題精神，讓豪宅不是其他建築的複製品，也因此才有了其與眾不同的價值所在。

外觀

「豪宅」外觀一定要氣派，並且要歷久彌新，長久維持其應有的質感跟氣勢。目前市場認同具有質感及氣勢的外牆材料普遍均為石材，要打造真正的豪宅，就要獲得市場大眾的高度認同，但多數人進不了豪宅大門，無法了解其內

在的奢華，就只能從外觀的質感跟氣勢來判別了。不過有二點卻是豪宅外觀上的共同點，第一就是風格的明顯。要表現後現代的風格，那就是簡潔俐落、不拖泥帶水；要表現法式古典風味，那就是繁複的雕工、奢華的氛圍。第二個要點是風格的到位，以巴洛克風格來說，一旦不到位，整體感覺就是低俗的繁瑣，毫無美感。

❖ 結構

安全是建築第一項要求，因此每一棟建築在結構上都必須吹毛求疵。對於豪宅來說更是如此，更重要的是，豪宅必須有與眾不同、更勝他人的建築工法，例如創新的制震系統。

❖ 空間

空間的唯一要求是舒適氣派、動線流暢、隔間夠大、機能完整、房間數目不必過多，雖然豪宅皆強調大坪數，卻不強調房間數，一般都控制在三房以內，且以套房為主，若其建案係以豪宅為定位，則各單元平面的「衛浴數至少應等於房間數」，讓家人保有其隱私空間而不會互相干擾。使用重點在於空間的比例與生活性。例如空間的高度，高才不會有壓迫感，樑柱的外推讓空間內部更俐落，開窗的面向尺度，以及採光通風的規劃等。此外，空間的布局對於豪宅來說也相當重要，雙廚房規劃，一個作為傳統廚房功能，一個作為輕食廚房功能，有些豪宅還備有酒室、視聽室，這些空間的設計在一開始就設想完備。多樣的使用空間，其中的轉折與布局都有其意思存在。

❖ 社區規劃

要規劃豪宅，必須先了解該特定族群之心理，多數富人重視隱私安全、尊卑關係及時間管理，故在單層平面的規劃上，應該要讓「各棟電梯數量大於單層戶數」，意即若一層一戶，至少應配置兩部電梯；一層兩戶，則至少應配置三部電梯。多出的一部，平日除作為佣人出入使用（佣人須負責採買、倒垃圾等工作，容易影響電梯的質感，故應與之區隔），偶有搬運大型家具、家電需求時，亦可從該部電梯進出，以免影響主要電梯之正常運轉。

豪宅的整體規劃，應著重整體住戶的居住環境品質，故自身不能創造出可

能影響環境品質的空間，須以達到「零店面、純住宅」社區為目標。豪宅座落之地段多屬精華，低樓層極具商業效益，規劃店面可讓建商增加銷售利潤，惟此恐降低社區的整體質感，且未來進駐的行業不易掌握，將打破住宅應有的單純性及寧適性，更讓豪宅社區所應塑造的神祕感、尊榮感消失了。

❖ 建材

從石材開始，不論是外觀、地鋪，對於豪宅來說當然都要要求，而室內的廚衛、乃至於一片窗戶的玻璃，或是門窗，都必須要選用品牌精品。

❖ 車位

基本上，選擇居住豪宅的住戶都有一定的身價，擁有名車的數量，一戶多在一部以上，且很少有人願意讓它停放在機械停車位，故地下室的規劃，一定要是全部坡道平面式的停車位，且要能使戶戶擁有一個以上的車位，要能滿足這樣的條件，座落基地必須要具一定的規模才能達成。

建築軟體

❖ 建築師設計團隊

對許多消費者而言，建設公司是一個營利單位，而建築師是一位設計者，因此，一位知名的建築師或建築師團隊，對於豪宅建築是加分的。

❖ 物業管理

良好的物業管理對於豪宅的重視性超乎想像。這其中包含兩部分，一部分是對於建築的維護保養，另一部分則是對於住戶的日常服務。惟豪宅的社區安全管理、經營服務及後續的維護修繕，是長久維護社區品質的重要關鍵，亦是豪宅住戶所重視的環節。簡言之，豪宅社區管理應達到「門禁森嚴、維護良好」，以永續建立其應有之價值。

真豪宅數量其實很少，多數消費者盲目追求大坪數住家，未來將造成許多資金被市場套牢。當大臺北都會區房價不斷攀升，到處充斥著以「豪宅」之名為包裝的建案之際，單純以上述條件作為標準（只要總價五千萬元以上就說是

豪宅、只要坪數夠大就說是豪宅、只要地段佳就算坪數小也說是豪宅），反而容易模糊焦點，讓消費者忽略豪宅本質，在定義版本多元且不清楚之情況下，更方便有心人士藉題炒作，消費者應具備應有的觀念，避免買下「假豪宅」而沾沾自喜。所謂的「假豪宅」，保值性較差，消費者選購房屋，不可不慎。

「家」的定義：遮蔽風雨的地方、危難時的避風港、家人相聚的地方，沒有人願意過流浪的生活，如何滿足消費者的購屋需求，以及消費者對房地產的要求愈來愈高，加上房屋具有保值與增值性，是人們一生中最大的渴望，行銷策略的重點不僅是賣一戶房子而已，更要深入探討目標客群真正的需求，讓規劃的產品有更多內涵，使其感動並產生購買消費行為，因為它代表著很多人一輩子的成就；從數百萬、數千萬到數億的龐大金額，古人常說：「人生最高境界，就是五子登科！」所謂的五子，就是「兒子、妻子、車子、房子、銀子」。如何購置合宜的房宅，將可使你圓五子登科的美夢。

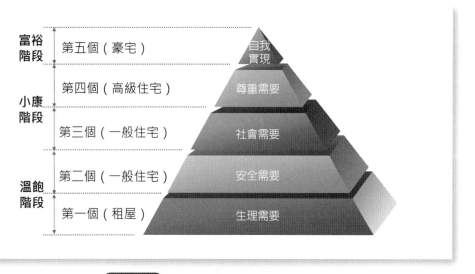

富裕階段　第五個（豪宅）　自我實現
小康階段　第四個（高級住宅）　尊重需要
　　　　　第三個（一般住宅）　社會需要
溫飽階段　第二個（一般住宅）　安全需要
　　　　　第一個（租屋）　生理需要

圖 12.1 購屋者的購買心理與需求

宏盛帝寶

信義之星

京城凱悅

國硯

資料來源：京城建設、國揚建設、雅虎網站。

實例個案一：國硯

豪宅的企畫與行銷

1

何謂豪宅

- 每戶100坪以上
- 總價5000萬以上（因地而異）
- 地段稀有、獨特
- 景觀要好、有話題性
- 產品設計要新、建材高檔
- 物業管理嚴格

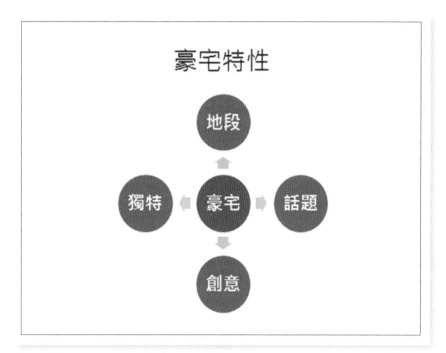

豪宅特性

地段

獨特　豪宅　話題

創意

豪宅配備

- 制震系統與隔震設計
- 飯店式門廳設計
- VIP公共設施
- 汽車迎賓車道
- 隔音中空樓板
- 環保綠建築
- 庭園景觀 空中花園
- 物業管理
- Low-E雙層玻璃氣密窗
- 衛浴設備
- 歐化廚具
- 空調系統
- 全熱交換系統
- 敵銳裝甲門
- 全棟自來水生飲系統
- 數位化家庭控制系統
- 中央集塵系統

豪宅在賣什麼

- 顧客買的不是產品，**是價值**及**特定需求**的滿足感。
- **LV**賣的是流行、時尚、尊榮、炫耀。
- **BENZ**賣的是身分、安全、品味、地位。

- **Marketing（行銷）**：先思考顧客需要什麼，以及他們願意出多少錢，來滿足他們的需求。

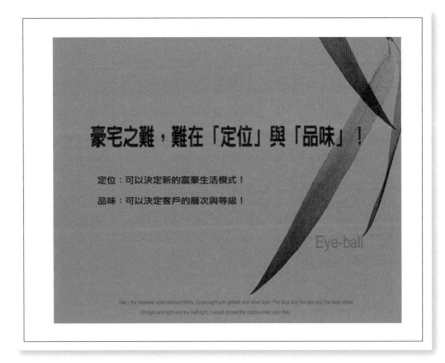

有錢人有三怕

- □ 怕死、怕老
- □ 怕煩、怕寂寞
- □ 怕朋友笑、怕被騙

國硯豪宅的目標行銷

S區隔	T目標	P定位
以地方仕紳、高階主管及成功企業家等高所得族群為區隔市場	1.高雄本地豪宅頂級客源 2.南臺灣事業成功的臺商 3.中北部層峰企業主客源 4.亞洲華裔商務領袖人士以40～65歲高所得或是國外企業主為目標對象	定位在高級品牌與高級品質的豪宅精品，並邀請知名人物對話，將所有群眾的目光集中高雄港市，間接帶入水岸豪宅。 （定位為世界港第一排，旗艦首席豪宅）

註：國硯位高雄新田路、海邊路交口。(高雄港市中心河岸第一排)

- 案名：國碩　　　　　座落：高雄市　苓雅區
- 投資：國揚實業　　　基地面積：1520 坪
- 銷售坪數：238.109.137 坪　　總戶數：178 戶　地上 41 層 地下 5 層

國揚建設 ● VITALITY ● LIFE ■ NEW ARCHITECTURE　　　　　　　　　目錄

INDEX 宏觀 微觀 策略

一、國際資本
亞洲大國崛起，引領風騷300年
2700億資金Parking臺灣

二、鴻海策略
跨越六個國家，一廊九城的經濟大格局
鴻海布局高雄，建立黃金走廊新頂點

三、城市光芒
國際盛會2009高雄世運/借鏡巴塞納奧運
成功經驗
國家建設世界規格五大願景舞動高雄

四、地段價值
世界級豪宅V.S區域型豪宅
臺灣第一次世界級豪宅，誕生

五、品牌價值
世界一的建築團隊
中揚世界一的品牌實力

六、產品價值
世界級豪宅基因圖讀
五大規劃設計、五大平面特色

七、客層描繪
高雄人、台灣人、世界人
客層分析、購買動機

八、廣告策略
六大核心競爭力，成就世界的豪宅
發想緣起廣告精神案名建讓廣告表現

九、行銷計畫
現場情境體驗
公關造勢 媒體攻擊計畫

K-ZONE

國揚建設 ● VITALITY ● LIFE ■ NEW ARCHITECTURE　　　　　　　　　一．國際資本

亞洲大國崛起，引領風騷百年，國際看好臺灣

百億美金大盤入港，Parking 臺灣

摩根大通證券表示，今年 1～5 境外資金計有 136 億美金匯入臺灣，僅 6% 投入股市，扣除其他已投資標的，其他未匯出資金的 88 億美金(約新臺幣 2,700 億)，則伺機尋找投資機會。

花旗環球統計，6 月流出亞太 (日本除外) 地區的外資資金達48億美元，為史上第二大單月匯出金額，但今年以來淨匯入臺灣的資金仍有將近 20 億美元、約合新臺幣 600 億元，為亞太市場中唯一外資淨匯入的國家。

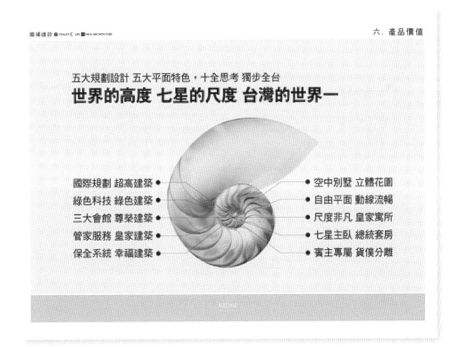

國揚建設 ● VITALITY ● LIFE ■ NEW ARCHITECTURE 　　　　　　六．產品價值

國際規劃 鋼骨建築
38層SS鋼骨結構、凌空150米旗艦型豪宅地標
■國際杜拜級建築外觀，旗艦獨特造型，凌空150米領航台灣豪宅。
■38層SS鋼骨制震結構、海灣燈光控制計畫，宛若海上地標。
■國際級樓板靜音工程，隔絕樓上樓下相互干擾，全面靜音。
■元首級禮賓迴車道、24米面寬迎賓大廳、百米藝文走廊⋯⋯等七星級飯店規劃。
■戶戶光纖到府、居家智慧控制整合控制系統。

綠色科技 綠色建築
引進國際最新省能減碳、綠色環保科技
■設置太陽能光電板、風力發電器，產生之電力，供應公共區域用電。
■日本Low-e中空玻璃，高隔熱效能，高抗紫外線，家貴傢具不褪色。
■建築外牆採奈米建材，可藉雨水發揮自潔功能，建築恆久如新。
■中水回收處理，污水、雨水回收再利用。
■"會呼吸的牆壁"日本硅藻土天然塗料，可調節濕氣，健康且環保。
■公共空間及各戶設置全熱交換器，24小時換置新鮮空氣。
■大樓設淨水系統、戶戶設軟水器，雙重過濾水質。
■日本TOTO奈米光觸媒衛浴設備，抗菌、防霉、防污。

國揚建設 ● VITALITY ● LIFE ■ NEW ARCHITECTURE 　　　　　　六．產品價值

五大規劃設計 五大平面特色，十全思考獨步全台
典藏紐約千萬美金Penthouse豪宅

空中別墅 立體花園
踏入富麗梯廳，氣派紅銅大門寬達2米，進入玄關，迎面即是別墅庭園綠意；
立體空中庭園規劃，獨享「空中別墅」空間情趣。

自由平面 動線流暢
室內無結構牆設計，空間更開闊、設計更富創意；穿透式採光設計，客餐廳、書房，庭院綠意自由流動。

尺度非凡 皇家招待所
樓高達3米5，客餐廳面寬最高可達25米（265坪），彰顯主人不凡尺度；開間套房、雙主臥設計⋯⋯。

七星主臥 總統套房
超過15坪的King Size主臥套房，規劃衣帽間、SPA觀景風呂、雙面盆、按摩浴缸、淋浴間⋯⋯。

賓主專屬 貨價分離
一戶一王國，雙電梯、私梯廳；主、傭、客、貨⋯⋯動線完全分離。

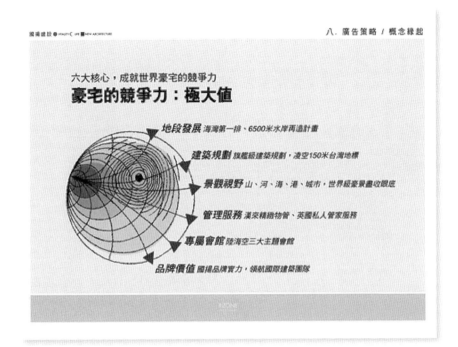

六大核心，成就世界豪宅的競爭力

豪宅的競爭力：極大值

地段發展 海灣第一排、6500米水岸再造計畫

建築規劃 旗艦級建築規劃，凌空150米台灣地標

景觀視野 山、河、海、港、城市，世界級豪景盡收眼底

管理服務 漢來精緻物管、英國私人管家服務

專屬會館 陸海空三大主題會館

品牌價值 國揚品牌實力，領航國際建築團隊

工作進度

廣告預算

	編號	項目	規格/內容	預算	比例
固定成本	1	內場佈置	總體工程/電話4+2線、傳真、網路1線	5萬元	0.05%
			電器、音響工程	10萬元	0.1%
			模型(120:1)	80萬元	0.8%
			壁線圖、透視圖(含銷售道具、幻燈片、畫架輸出表版	10萬元	0.1%
			燈箱、表版	10萬元	0.1%
			數位多媒體操控系統	30萬元	0.3%
	2	說明書	精裝版/1500元 X 600份	90萬元	0.9%
	3	印刷物	銷海、資料夾封面、資料袋、文具備品……等	100萬元	1%
	4	平面圖冊	平面圖集+家配圖/300元 X 2000份	60萬元	0.6%
	5	合約書	含製作費/100元 X 500份	5萬元	0.05%
			固定成本小計	400萬元	4%
變動成本	6	戶外據點	租金/80萬 X 20個月	1,600萬元	16%
			POP照明、竹架、帆布製作、防颱工程	300萬元	3%
	7	NP	四大報20全(一年45週*2年*4篇*10萬)	3,600萬元	36%
	8	CF	製作100萬/託播費1000萬	1,100萬元	11%
	9	RD	製作費5萬/託播費100萬	105萬元	1.05%
	10	DM	郵資 + 製作費/2萬份 X10波 X 20元	400萬元	4%
	11	雜誌	財經週刊、雜學、運動……等各專業雜誌	580萬元	5.8%
	12	企劃	動畫、3D透視、數位多媒體	200萬元	2%
	13	網路媒體	多媒體製作、網站架設、網頁設計	100萬元	1%
	14	SP造勢活動	精品發表會、音樂會、記者會……等	300萬元	3%
	15	贈品	記者禮、參觀禮……等(簽約禮用房價支付)	200萬元	2%
	16	業務雜支	水電、電話費、零用金……等(10萬*24個月)	240萬元	2.4%
	17	企劃雜支	攝影計畫、相片、耗材……等	100萬元	1%
	18	機動準備金	備用金、公關費……等	575萬元	5.75%
	19	介紹費		200萬元	2%
			變動成本小計	9,600萬元	96%
			總計	10,000萬元	100%

禮賓動線

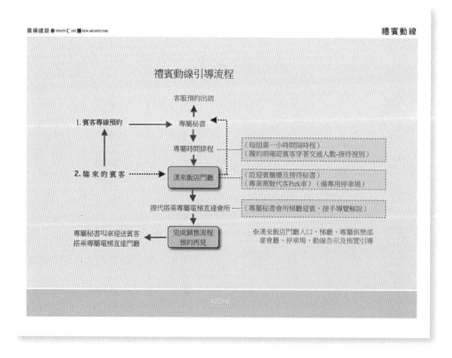

資料來源：上揚國際廣告公司。

✴ 實例個案二：天賞建設投資計畫

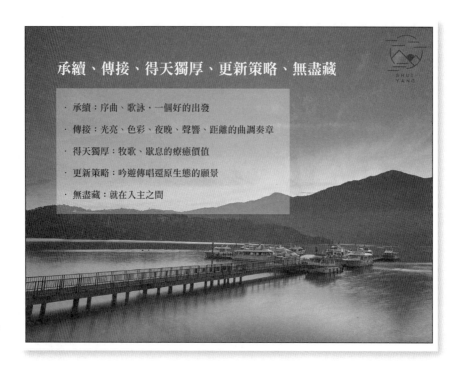

歌詠.水漾 ‧ 名宿

**會與你對話的窗，
開窗、相遇、展望**

依著日月潭的波光與水漾，在
那山腳湖水的邊境旁，有一間
名宿。

原本，是要送給父親作為慶祝
退休養老清境的一塊地，卻也
在好勤奮的父親提議下，建築
水漾旁的民宿。

將最是珍貴的私藏風景，包裝
為禮物呈獻與分享。

奏章.世間之美，在
眼前滋養

於是，那名為光亮、色
彩、夜晚、聲響、距離
的曲調，開始傳唱。

他們看見那白鹿，跳躍進了湖
水裡，那躍動的腳下彷若平鋪
的藍寶石，如天色般明淨，卻
也盪出了漣漪，將豐饒的祝福
一波一波地送入看見這景像的
人們心裡。

夜晚之曲
寧心之境

夜間露台下望，清澈見石、水光魚銀。蒙黑色的湖面，對岸船屋亮，
船漁上貓咪，清雅經過道晚安。

聲響之曲
用耳朵欣賞

湖的另一端，有鳥聲蟲蛙鳴，還有湖的那端傳來人間簫瑟笛鳴。更別說白鳥、
燕子輕聲滑過湖面，或是魚兒跳躍的水花輕濺。 這些聲響，清漫迴蕩在煙波
浩渺的日月潭邊，悠揚而悅耳。

**距離之曲
地理優勢的寧靜**

水漾民宿,與湖水不到一公尺的親密,大面積玻璃對外,房間內躺著就能體感湖光山水的溫漾。

伊達邵逐鹿碼頭 　　　　　逐鹿市場歌舞表演場 　　　　　伊達邵老街

5分鐘內,水漾民宿的歡樂。

位於伊達邵逐鹿碼頭旁,穿過小徑就是逐鹿市場與歌舞表演場,徒步 5 分鐘商店街。這湖水與山腳邊的地理優勢,讓水漾在熱鬧歡樂裡獨樹一格,佇立悠閒與寧靜裡。

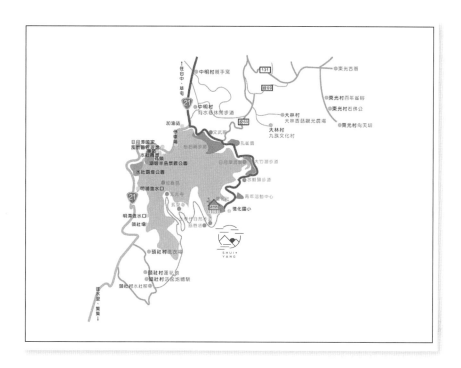

牧歌
這塊地方 榮耀的投資

日月潭，屬國家級管理風景區。腹地包含埔里、魚池、頭社、水里、車埕等地。
豐富的遊玩路線、話題性的建築（南投桃米生態區紙教堂、日籍建築師設計的向山遊客中心、老蔣時代的古蹟等），與有制度的規劃（日月潭纜車、大眾交通、遊艇、自行車路線等的接駁規劃等），已讓日月潭成為世界知名景點。一個只仰賴雨水而成的全台最大天然湖泊，除了夕陽天光幻化之美外，秋天的賞月更讓「雙潭秋月」成為臺灣八景之一。這裡有山、有湖面風光，有森林的呼吸、水氣的孕育，還有 CNN 旗下CNNGO 評選全球十大最美單車路線「日月潭環潭自行車道」，也是拍攝婚紗的聖地。

日月潭環潭自行車道

這塊得天獨厚的地方無論春櫻螢火蟲、仲夏夜萬點漁火、秋之萬人泳渡日月潭、花火音樂祭、冬之豐年祭與跨年，或風和日麗或煙雨迷濛，那氤氳水氣的明媚與深邃，波光與綠意的迴瀲與綺麗人文，都讓這裡成最驕傲的資產。

春櫻螢火蟲　　　　　秋之萬人泳渡日月潭　　　　　日月潭纜車

櫻堤盛開

季節的風姿神采・日月潭

吟遊傳唱

有一個願景

有一個願景,我們願付出心力進行。

在地,就要愛地、顧地、春養。深耕,領受豐年的回報。

於是,除了周邊環境的自主性照護與整頓外,我們更計畫針對在東南亞是美食魚種,卻導致日月潭生態受影響的兇猛魚類「魚虎」,進行「抓魚虎、烤魚虎」,還原日月潭生態,大賽,拯救近年日月潭放生活動帶來的外來魚種入侵,影響原生魚種幾乎導致滅絕的困境!而我們,還有更多的願景,以祈願與行動表達對環境,對周遭的愛,還原之、愛護之,傳遞身為人類的情感。

吟遊傳唱

愛地、顧地、眷養，
深耕，領受豐年的回報。
-我們對周邊環境的自主性照護與整頓有許多計畫-

其一　恢復生態釣魚競賽
清除日月潭兇猛外來種「魚虎」

活動宗旨

以「抓魚虎、烤魚虎，還原日月潭生態」，
拯救近年日月潭放生活動帶來的外來魚種入侵。

鑒於外來魚種「魚虎」在日月潭成為強勢魚種，其個性兇猛與具有尖牙之
故，導致原生魚種如總統魚等數量減少，危害原有生態。因此計畫舉
辦保護生態、釣除魚虎競賽，並推廣食用魚虎期待回復生態，將愛歸
還環境與自然。

活動緣由

・關於魚虎

「魚虎」為俗名，中文專名「小盾鱧」，學名「Channa micropeltes」，在水
族寵物通路被稱為「紅線鱧」或「紅麗魚」。魚虎原產地限於越南、
柬國、泰國、泰國南部與馬來半島交接處，以及部份婆羅洲與蘇門答
臘。其幼魚顏色鮮豔，因而以觀賞魚業之需求，已在台灣水族市場上
流通數年。

根據文獻記載，此體科魚類可以長到1.3公尺，重量達20公斤。因性格
暴躁、對環境適應性強、繁殖潛力高，且人工繁殖容易，因此當被引
入非原生地卻無適當管制時，就會導致生態方面的災難。因而被戲稱
如魚中之虎、淡水中之鯊魚。目前，台灣是被魚虎入侵最嚴重的地區，
因其數量龐大，且缺乏有效法規與行政控管，與食用文化。

・魚虎是美食

魚虎肉質緊實、無淡水魚的腥臭與軟度，入口彈牙、無土臭味、無腥
味且魚皮含豐富膠質。因此在泰國、馬來西亞與新加坡等地，實屬高
檔美食。然而台灣缺乏實用魚虎文化，導致魚虎成為非經濟性魚類。
而本活動除了釣魚競賽外，更要推出大啖魚虎的美食推廣，期望引領
風潮，使禍害魚虎成為老饕眼中的垂涎美食。

活動地點
日月潭水漾民宿旁　逐鹿碼頭

活動時間
每年夏季7月 — 年年舉辦，以期成為每年夏季盛事慶典之一

參加對象
釣魚競賽：所有對釣魚有興趣，且能自備環保釣具者
美食活動：任何喜好大啖美食之人

活動內容
魚虎宣導：
活動開幕當天，邀請魚類專家介紹魚虎、說明魚虎。方便釣者與遊客
了解與分辨，魚虎為何為淡水的鯊魚、魚中老虎。

釣魚競賽
以夜釣與日釣24小時連續之釣魚競賽為主軸，配合現場供給電動小
艇，展開為時24小時的釣除作業。
需使用不會汙染水域，以木頭或橡膠做成的擬餌釣法。
嚴禁使用毒餌。每場比賽，賽前、賽中、賽後不得向水中投入餌料打
窩、扔雜物。禁止使用海杆、手海杆兩用杆參加比賽。

美食活動
釣魚競賽活動前一週，即招聘中式西式名廚進駐水漾，研究魚虎新吃
法，活動當日更推出美食供遊客與釣客食用。並計畫與當地漁會以及
日月潭餐飲店家合作，將水漾招聘之廚師研發的魚虎菜單公布，並將
釣魚競賽所釣得魚虎以公定魚價之半價賣出，推廣店家使用魚虎作為
佳餚食材。

獎勵辦法
所釣得之漁獲內，由專家挑出魚虎，
單取總重量順位"1名"。

獎金新台幣100萬元整
*死魚、乾魚不列入成績

除第1名獨得獎金100萬元外，
其餘單次魚獲將以秤斤兩的方式，由水漾代表買入。

協辦單位
行政院農業委員會林務局南投林區管理處
行政院農業委員會漁業署
南投縣魚池鄉公所
南投縣日月潭區漁會
台灣漁業經濟發展協會，台灣釣魚運動協會
中華民國淡水環境協會
中華民國釣魚協會
中華民國釣魚生態保育協會
中華鱻漁業協會
台灣路亞俱樂部
日月潭小吃商家攤家
日月潭餐飲店家

無盡藏

神造萬物，各按其時成為美好；又將永遠安置在人心裡。

日月潭所在的南投縣位居臺灣中部，風光秀麗。且南投縣內有多處著名觀光景點，除了日月潭外，還有玉山國家公園、阿里山國家風景區，擁有豐富的山岳、溫泉、湖泊等天然景觀資源，以及台灣特有動植物等珍貴生態。此外，南投縣內散居泰雅族、布農族、鄒族以及邵族等四個原住民族群，文化樣貌多元豐富，也讓景點具有濃厚原住民風情，乃是全臺灣最主要的旅遊據點，也是人文薈萃的精華之地。

而我們將以承續、傳接、得天獨厚、更新策略、無盡藏的價值，秉持各樣事務、一切工作，皆要還原其美的哲學，於經營事業上喜樂善行。

於是入主、進入，拉開窗簾，霎那間，陶醉無盡聲響韻律、幻化詩句入光。　因為這裡，將最接近天堂。

CHAPTER 13

運動行銷篇

13.1　運動行銷的起源

13.2　運動行銷的定義

13.3　運動行銷的種類

13.4　運動行銷四個步驟

13.5　運動行銷的影響力

13.6　運動行銷的效益

13.7　運動行銷的遠景

實例個案一：2008 年第一屆國際拳擊總會主席盃奧運拳王爭霸戰

實例個案二：2009 年臺北聽障奧運會

實例個案三：犀牛加油　陌生人讓林義守好感動

實例個案四：2013 泳渡大鵬灣活動

許多賽跑者失敗，都是失敗在最後的幾步

～蘇格拉底

資料來源：王建民、代言就是力量網站。

13.1 運動行銷的起源

運動行銷 (Sport Marketing)，最早出現於 1978 年的廣告年代 (Advertising Age)，並且被描述爲：「以運動做爲促銷工具，用以促銷消費性、工業性產品或是服務。」由此可見，當時的運動行銷僅限於行銷人員利用運動來推廣工業性產品或是服務。不過這樣的定義對運動行銷顯然是不足，所以後來的學者才陸續指出，運動行銷廣泛而言應是指運動產品、賽會及服務的行銷。

運動行銷在根本上，仍是採用行銷學的基本概念，也就是行銷組合 4P (product、price、place、promotion) 的應用。因此，國內學者謝一睿亦認爲，由市場內在與外在環境、企業本身優缺點與競爭力的分析開始，到市場區隔、選定目標市場、市場定位、行銷組合的擬定，都是行銷的基本理念。如果將這些理念應用在「運動市場」及「運動消費者」上，就是所謂的「運動行銷」。因此，所有經過設計的運動活動，經由交換過程來滿足消費者的需求，就是運動行銷。

 ## 13.2 運動行銷的定義

美國學者 Mullin, Hardy, & Sutton (1993) 所著的《*Sport Marketing*》一書中，對運動行銷 (Sport Marketing) 的定義如下：「運動行銷包含一切的活動，其目的是經由交換過程來滿足運動消費者的需求與慾望」。同時，運動行銷已發展出兩大領域：「直接行銷運動性產品與服務行銷給運動消費者 (marketing of sport)，以及經由運動的促銷功能來行銷其他消費性及產業產品及服務 (marketing through sport)。」

有些學者則進一步地將上述定義衍生爲：「運動行銷是爲滿足消費者需求、慾望並達成企業目標而對運動產品的生產、價格、推廣及分配所做設計執行活動的過程。」

運動行銷是延續行銷學而來，不但複雜且富動態性。他提到：「運動行銷是行銷原則的具體應用過程，包括運動產品以及非運動產品，但透過與運動結

合的行銷過程。」由上述定義發現，多數學者認為運動行銷乃沿襲自行銷學，且和行銷學原理息息相關。

美國學者 Mullin, Hardy & Sutton，根據美國《商業周刊》指出，美國運動產業產值在 1999 年已高達 2,130 億美元，挺進成為全美第六大型產業。韓國在 1999 年的運動產業規模是 109 億美元。中國在 1998 年的運動消費額為 1,400 億人民幣。

又根據中華徵信所表示，臺灣在 2001 年的運動產業生產毛額為 802.6 億臺幣。同時經濟部工業局指出，每年的運動休閒產業產值為 1,052 億臺幣，且將運動休閒產業列入挑戰 2008 國發計畫中「產業高值化計畫的細項計畫」，預計在六年後增加到 3,800 億臺幣。由此可見，運動產業在未來各個國家發展占有舉足輕重之地位。

13.3 運動行銷的種類

運動行銷可以分為下列兩種：

1. 直接對消費者行銷運動產品、賽事與服務。
2. 經由運動，對消費者促銷非運動類的產品或服務。

然而，在此分類下，「運動」本身作為一理念的行銷過程，通常處於兩者間的灰色地帶。故出發點在於了解當「運動」本身作為一商業性理念時，行銷人員是如何看待「運動」本體？而該「運動」的訴求對象及行銷策略的訂定過程為何？又如何結合與該「運動」相關的資源，並與競爭者做出區隔？企業如何進一步與消費者溝通該「運動」？

13.4 運動行銷的四個步驟

STEP 1：從最熱門的運動著手

有些企業把運動行銷看成流行的宣傳方式，抱著姑且一試的心態，這樣的出發點是不正確的，因爲企業一定要知道做運動行銷的目的是什麼。再加上運動行銷的風氣才剛起步，在企業行銷預算中所占的比例並不高，因此運動行銷都是用極有限的資源，創造出最大效益。

選擇最熱門的運動，是切入運動行銷的基本原則。唯有最熱門的運動，才能夠引起話題。例如，在臺灣棒球跟籃球永遠都是運動迷關注的話題。反之，冷門運動只能夠引起小衆的、短暫的討論，被關注的持續力極爲有限。

選擇賽事另一個重要原則就是「因地制宜」，很多國際重要的賽事像是賽車與足球，在臺灣常被歸類爲冷門運動，在歐美卻是熱門運動，因此企業在尋找贊助賽事時，應該以市場發展策略爲主軸，找出當地最熱衷的運動，這也是爲什麼積極進軍歐美的宏碁會贊助 F1 賽車，明碁會在世足賽砸大錢的原因。

STEP 2：做最穩健的操作

運動行銷有兩種途徑，一是贊助賽事運動，二是找運動明星當代言人。但無論是選擇哪一種途徑，企業都會考量預算與效果的問題。首先，企業應該先釐清自己的行銷訴求是什麼，不同的產品適用的方式也不同，如果是主打單一產品，例如現金卡，就要找形象具有說服力的代言人，但是，如果是要塑造消費金融業務的活潑形象，就須從年輕人喜愛的籃球聯賽、職棒切入。

從我們的角度來看，運動賽事的正面意義大於代言人，因爲代言人會有「紅不紅」以及「能紅多久」的問題，所以贊助賽事時，只要沒有遇上天災，整體而言，風險因素相對較低。

賽事在我們的眼中就像一個商品，在說服企業的過程中，首先一定要點出這個比賽的「關鍵性」是什麼，能否與客戶的行銷目標一致，其次才是關心有沒有球星加持，提高賽事的重要性。

ᐊ STEP 3：最自然的置入性行銷

真正的運動行銷，絕對不是只有在賽場上占據一塊廣告看板，企業仍有很大的發揮空間。以棒球賽為例，從本壘板、賽場周圍背板、選手身上臂章都可以很有技巧地露出企業的品牌，甚至比賽中場休息時，還能跟現場球迷進行互動遊戲。他們利用加油棒、現場的加油口號，都隱約地把企業名稱帶入，達到與球迷黏性更高、更聚焦的效果。

正式的國際性比賽，對於贊助廠商的限制較多，因此就需要更有創意的方式來達到行銷的目的。例如建議贊助廠商把名稱大大地印在毛巾上，提供運動員擦汗，「巧妙地」露出商標，或是在場外製作關於賽事的歷史看板，代替互動式加油。

對於沒有運動行銷經驗的企業而言，可以從比較小型的比賽切入，雖然賽事規模小，但只要是有計畫、採取「包場」的方式，往往可以創造出還不錯的行銷效益。

反之，參與大型的賽事，如四年一度的奧運，很多企業都會編列廣告預算，但是奧運的賽事項目多達數十種，廠商的贊助心態絕不能以為沾上邊就會有效果。為了更能夠突顯奧運與臺灣廠商的關聯，有必要「創造主題」，例如有一年政府主打「臺灣好棒」的口號，就吸引了玉山銀行的全力贊助，希望能做到臺灣在地的最大銀行。

又如，某年「福特 Ford 汽車」推出「一人一球，再造臺灣之光」的口號──「精采夢想發展計畫」，以棒球公益活動為主打，由王建民代言，目的就是為了想要獲得消費者的正確辨識；之後，又以兩支側寫王建民投球心境的形象廣告，帶出福特的精神──「活得精采」；另外，還舉辦王建民在臺座車 Escape RS 義賣，募得 170 萬元捐助少棒運動，將這個活動掀起另一波高潮，這就是典型的運動行銷案例。

企業一定要尋找運動精神跟企業形象最符合的賽事，才會因為兩者緊密的關聯性，順勢地提高知名度。

⇨ STEP 4：持續做形象，行銷機會隨增加

運動行銷通常會經歷兩個階段，第一個階段是塑造形象，慢慢建立企業與運動的關係，像是手機廠商對於高中籃球賽興趣高昂，因為這是讓廠商直接走入高中校園最好的宣傳機會。很多大型銀行持續贊助常態性的棒球賽，同時提供信用卡、網路購票等優惠活動，順勢把服務帶進比賽，漸漸地就能從塑造形象走向另闢獲利管道。

有效的運動行銷，與媒體的互動是最重要的，如果要將有效的行銷效益發揮到最大，那麼現場轉播是不可少的，因為現場接觸的民眾畢竟有限，透過轉播才能把效果散播出去。最近寬頻網路媒體在這方面也愈來愈積極，像是中華電信為了取得賽事的網路或 MOD 的轉播權，也開始重視運動行銷。

雖然很多企業對於運動行銷還是抱持被動的態度，其實這種行銷模式的創意空間很大，而且在操作過程中，如果能以球迷的心態去掌握比賽精神，往往可以發揮意想不到的加分效果。

13.5　運動行銷的影響力

二十世紀運動產業年營收額高達5,000億美元的經濟影響力，已令華爾街刮目相看，而運動產業的迅速擴展，也已經躍升為全美第十一大型企業，並且為全球各大企業與非營利性 (non-profit) 組織創造無限商機。國際運動產業的無限影響力，可謂是「無遠弗屆，牽一髮而動全身」。屬於地球村一分子的臺灣，自然也無法置身事外而不為所動，更應該積極掌握當代脈動，努力為本土企業國際化早做競爭準備。

為何運動蘊藏如此龐大的商機？在運動商品化的過程中，所構成的核心基礎有二：

1.運動、運動員或運動指導員對消費大眾的吸引力。
2.運動、組織或運動員在消費大眾心目中良好的形象。

運動是跨越國界與文化、不分年齡、性別與社會階級的全民活動，並且具

有傳播媒體的功能，在企業與消費者之間創造結合，因此國內外企業贊助運動的風氣正日漸興盛。

運動在全球化的加溫浪潮下，運動商品化的潛在利益，正逐漸地吸引企業投入運動行銷的行列。以四年一度奧運盛會爲例，1984 年的洛杉磯奧運因運動行銷的運用得宜，讓向來鉅額虧損的奧運舉辦開始轉虧爲營，而奧運轉播權利金的屢創新高，也足見媒體及企業對運動盛會的重視 (表 13.1 及表 13.2)。

表 13.1 歷屆「夏季奧運」電視轉播權利金

年代	舉行地點	轉播公司	轉播時間 (小時)	權利金 (美金)
1960	羅馬	CBS	15	$550,000
1964	東京	NBC	14.5	$1,500,000
1968	墨西哥	ABC	44	$4,500,000
1972	慕尼黑	ABC	63	$7,500,000
1976	蒙特婁	ABC	76.5	$25,000,000
1980	莫斯科	NBC	150	$87,000,000
1984	洛杉磯	ABC	180	$225,000,000
1988	漢城	NBC	170	$300,000,000
1992	巴塞隆納	NBC	161	$401,000,000
1996	亞特蘭大	NBC	171.5	$456,000,000
2000	雪梨	NBC	171.5	$715,000,000

資料來源：陳鴻雁，2000。

表 13.2 歷屆「冬季奧運」電視轉播權利金

年代	舉行地點	轉播公司	權利金 (美金)
1960	Squaw Valley	CBS	$394,000
1964	Innsbruck	ABC	$597,000
1968	Grenoble	ABC	$2,500,000
1972	Sapporo	NBC	$6,400,000
1976	Innsbruck	ABC	$10,000,000
1980	Lake Placid	ABC	$15,500,000
1984	Sarajevo	ABC	$91,500,000
1988	Calgary	ABC	$309,000,000
1992	Albertville	CBS	$243,000,000
1994	Lillehammer	CBS	$300,000,000
1998	Nagano	CBS	$375,000,000
2002	Salt Lake City	NBC	$555,000,000

資料來源：程紹同，2002。

13.6 運動行銷的效益

　　2010 年起，國內運動組織來自政府的補助將減
半。大學經費自籌，體育室任重道遠，如何自籌財源
成為組織生存發展最重要的優先議題。運動行銷與贊
助則是運動組織蛻變發展的重要心法，學習如何開發
運動本身的價值、學習如何推展活動、學習如何與企
業媒體界合作、學習如何商業化經營管理，這些皆是
迫在眉睫的任務，唯有透過本身對專業的修練及尋求
專業經紀公司的協助，才能真正幫助組織浴火重生。
　　贊助不等於捐助，故不需要以靦腆的乞求態度來
尋求贊助機會。體育運動管理者應了解，運動贊助是一種雙贏的合作關係，而

尋求贊助是提供企業一個超越競爭對手的優勢行銷機會，是對等互利的。

　　成功的贊助關係，其本質在於交換 (exchanges)，以體育運動組織與企業間的相互利益為主，達成兩者的既定目標。過去與商業關係劃清界限、誓不兩立的刻板保守觀念亦應予以破除。同時藉由行銷功能之發揮，開發運動的新價值，為運動迷提供優質的運動產品 (服務)，才能有效結合社會的資源。懂得如何善用運動行銷策略，結合社會資源有效地達成體育運動推廣目的者，才算是一個卓越的現代稱職主管。

　　對於一名優秀的運動員而言，又該如何發揮本身的才能，創造自我的商業價值，而不致淪為他人的「搖錢樹」，提前斷送自己的大好前程。因此，選擇一家專業敬業的經紀公司為具潛力的運動明星，做好生涯規劃與開發商機是有必要的。雙方合作的默契與成果，有賴彼此間的互信程度，以及運動員對自我發展的體認程度 (如圖 13.1)。

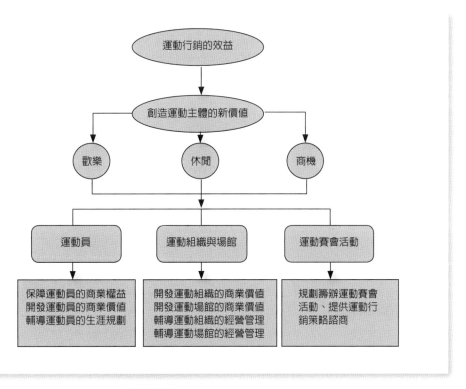

圖13.1　運動行銷的效益圖

13.7　運動行銷的遠景

在《藍色的承諾》(*Next: Trends for the Near Future*)一書中，學者Matathia 與 Salzman 以「運動吐鈔機」一詞勾勒未來運動界的遠景，並指出下列五項趨勢：

↳ 運動與娛樂的掛鉤

只要「運動」這棵搖錢樹還吐得出鈔票，未來幾年都會看到各行各業忙著來分一杯羹。首先可以確定的是，運動聯盟和娛樂公司跨界為商標註冊的現象會更常見。1993 年，華納兄弟公司 (Warner Brothers) 打出「運動即娛樂！」的口號，讓兔寶寶系列卡通人物在美國足球聯盟註冊，迪士尼 (Walt Disney) 和奇蹟娛樂公司 (Marvel Entertainment) 隨即跟進，其中又以迪士尼進軍運動界的動作最戲劇化，不但生產米老鼠籃球和唐老鴨高爾夫球，現在還擁有華德迪士尼世界運動中心 (Walt Disney World Sports Complex)、體育專門頻道ESPN，以及兩支球隊──安納海姆天使隊 (Anaheim Angels) 和大力鴨隊 (Mighty Ducks)。

↳ 虛擬觀眾

對於難以抽身親自到場觀賞的球迷，未來即可透過網際網路體會身歷其境的感覺。網路甚至還提供現場攝影、講評、不斷更新的數據和討論站。

↳ 未來健身趨勢

新科技漸漸改變全球健康或健身俱樂部的風貌。未來顧客每次上門，都會留下最新的生活型態，說明自己的生活型態有哪些改變，以及這次的健身課程是有趣或無聊。

❧ 足球對 NBA (National Basketball Association)

根據一項針對41個國家，15歲到18歲年輕人所做的調查，歷經千錘百鍊的 NBA 行銷手法，已經讓籃球成為全球年輕人的最愛，不過法國世界盃仍有機會為足球贏得新球迷。

❧ 運動全球化

美國職業聯盟 NFL (National Football League) 之所以設立海外部門，係為方便把這項運動推廣到美國以外的地區。

由此可見，運動不再只是單純的休閒活動，其獨特且迷人的特質，加上背後代表的龐大消費人口，已經受到商業體制的青睞，成為廣大商機之所在。儘管歷屆奧運廠商贊助 (Sponsorship) 與媒體轉播權利金向上攀高，但從宏碁集團贊助第十三屆曼谷亞運，首開臺灣廠商跨國贊助的先例來看，世界性的運動賽事儼然已成為跨國企業贊助行為的角力場。在臺灣本土亦不乏許多努力投入運動行銷 (Sport marketing) 的企業，例如：中華汽車贊助國際體操邀請賽、統一企業歷年主辦鐵人三項比賽、年代公司贊助金龍旗青棒賽、老虎伍茲等高爾夫名將來臺參加的 1999 年約翰走路菁英慈善賽。

對於運動行銷的推廣，其實應該回歸到最基本的功用，就是讓運動行銷成為向來立場迥異的賣方 (企業) 與買方 (消費者)，一起改善或重建彼此關係的重要工具。雙方藉由運動事件產生共同焦點，進而形成共識，有別於企業為博取大眾認識時所採取的廠商主導式傳播。在運動行銷裡，企業與消費者都不是主角，但是雙方為了心愛的運動有錢出錢、有力出力。一方面，消費者因比賽的感動以及話題的共鳴而對企業主產生好感，通常這份感覺是來自心裡的真正認同；另一方面，企業藉此塑造出來的良好形象，不僅真正深植人心、不易撼動，甚至還能直接帶動業績，這才是運動行銷最大魅力的所在。簡言之，運動成為未來新世紀的行銷熱潮，已是不爭的事實。

實例個案一：2008 年第一屆國際拳擊總會主席盃奧運拳王爭霸戰

   第一屆國際拳擊總會主席盃 2008國際邀請賽

臺灣史上最高層級的奧運會賽事！！

■ 賽事等級第一：

國際拳擊總會為國際奧運會前五大競技項目，而本賽事為國際總會登錄年度正式比賽之一。

■ 參賽國數第一：

本次比賽參賽國家遍布五大洲，總計50多個國家

■ 選手素質第一：

所有參賽選手皆取得北京奧運資格，為各洲、各國的精英。

本賽事不僅除了選手、裁判、技術及醫療團等級與北京奧運相同，就連硬體部分的計分器、拳擊臺、選手用具都和北京奧運相同「北京奧運-臺北熱力開打！」精彩可期！

   第一屆國際拳擊總會主席盃 2008國際邀請賽

■ 賽事期程：
2008/05/25(Sun)~2008/05/28(Wed)：開幕&預賽
2008/05/30(Fri)：準決賽
2008/05/31(Sat)：決賽&頒獎

■ 參賽級數：男子組（共11級）

■ 參賽選手：須取得奧運資格選手（中華隊～地主國）

■ 參賽國家：五大洲~總計50多國

亞洲:中華臺北.中國.蒙古.南韓
　　　泰國.日本.印度.烏茲別克.哈薩克.
　　　菲律賓.泰國.北韓.斯里蘭卡……
歐洲:保加利亞.法國.俄國.英國.德國…
美洲:美國.墨西哥.古巴……
非洲:阿爾及利亞.南非.埃及……
大洋洲:澳洲.薩摩亞.紐西蘭……

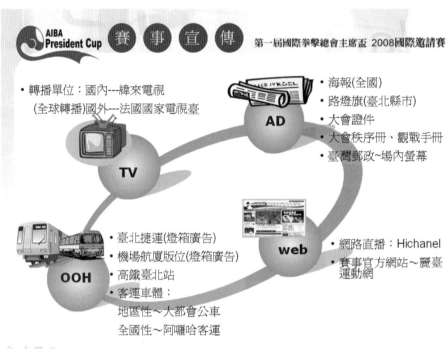

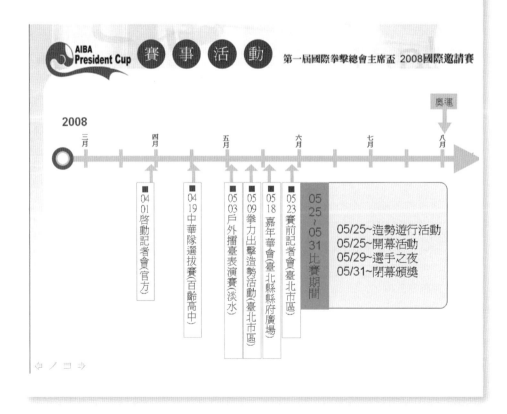

第一屆國際拳擊總會主席盃 2008國際邀請賽

贊助方式說明

✿ ╱ ⊐⊃

     第一屆國際拳擊總會主席盃 2008國際邀請賽

賽事贊助

參與奧運的盛事~先從五月的主席盃贊助來開始!!搶搭奧運熱潮~第一波!!!

奧運饗宴

英雄會英雄

奧運英雄會
台灣也有奧運賽

延續既有印象
擴大認知族群

場內看板
現場活動

現場必贏看板視覺與現場專屬活動搭配~製造話題,強攻當日媒體版面!

奧運奪牌
話題延燒

與奧運宣傳列車(體委&奧委)共同行銷!!創造臺灣的奧運熱潮!!

✿ ╱ ⊐⊃

贊助權益說明

   第一屆國際拳擊總會主席盃 2008國際邀請賽

場內權益

1. 媒體版位
2. 場內版面
3. 隊服露出
4. 局間舉牌
5. 場間活動權
6. 開幕露出權
7. VIP特席
8. 頒獎權
9. 場內攤位

Event搭配

1. 記者會
2. 造勢遊行
3. 嘉年華會
4. 開幕活動
5. 選手之夜
6. 場外攤位
7. OOH版位

大會授權

1. 賽事冠名
2. 獨家指定權
3. LOGO授權
4. 各類轉播授權
5. 官網授權
6. 行銷活動授權
7. 賽事影像使用權
8. 週邊商品授權

■ 大會海報
■ 大會旗幟(燈旗+關東旗)
■ 大會手冊
■ 大會DM

■ 工作證件
■ 門票
■ 大會制服
■ 大會DM

制式
權益

AIBA President Cup 媒 體 版 位 第一屆國際拳擊總會主席盃 2008國際邀請賽

擂台中央

擂臺尺寸：
長700CM
寬700CM
高100CM

擂臺中央
區位：擂臺正中央
尺寸：w250*h250cm（實際尺寸會依現場在確認）
材質：防滑PVC貼圖

現場圖樣示意

AIBA President Cup 媒 體 版 位 第一屆國際拳擊總會主席盃 2008國際邀請賽

擂台角落

現場圖樣示意

擂臺角落
區位：擂臺四角落（角柱廣告＋角落地貼）
角柱尺寸：w35*h120cm（實際尺寸會依現場在確認）
角落地貼： w100*h50cm（實際尺寸會依現場在確認）
材質：防滑PVC貼圖

場內分~紅&藍色角落~場
內總計四處(分兩家)

擂臺兩側

區位：選手角落左手側～線邊
尺寸：w120*h45cm（實際尺寸會依現場在確認）
材質：防滑PVC貼圖

現場圖樣示意

場內總計兩處(獨家)

中華隊服(中華隊所有參賽選手)

區位：正面左胸＋背面中央
尺寸：正面w6*h6cm（實際尺寸會依現場在確認）
　　　背面w12*h6cm（實際尺寸會依現場在確認）
材質：貼布電繡

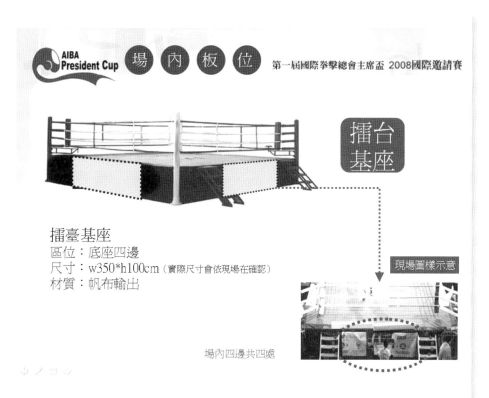

AIBA President Cup 場 內 板 位 第一屆國際拳擊總會主席盃 2008國際邀請賽

擂台基座

擂臺基座
區位：底座四邊
尺寸：w350*h100cm（實際尺寸會依現場在確認）
材質：帆布輸出

現場圖樣示意

場內四邊共四處

AIBA President Cup 場 內 板 位 第一屆國際拳擊總會主席盃 2008國際邀請賽

場邊看板

場邊看板
區位：場區四周圍籬（A字看板使用）
尺寸：w300*h120cm
　　　（實際尺寸&數量會依現場再確認）
材質：PVC貼圖+A字看板

現場圖樣示意

場內四周~可依照客戶數量製作

場內螢幕播出
區位：現場大螢幕（客戶提供影音播放帶）
播出時間：比賽場間＋賽事休息時段

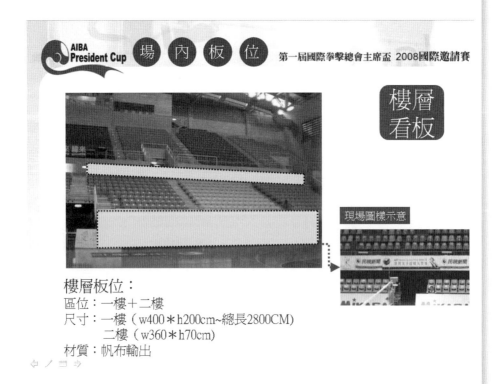

樓層板位：
區位：一樓＋二樓
尺寸：一樓（w400＊h200cm~總長2800CM)
　　　二樓（w360＊h70cm)
材質：帆布輸出

 第一屆國際拳擊總會主席盃 2008國際邀請賽

現場圖樣示意

入口板位：
區位：入口處版位
尺寸：如圖
材質：PVC輸出

大會主視覺+贊助商LOGO露出

 第一屆國際拳擊總會主席盃 2008國際邀請賽

位於「first view」的位
置，廣告曝光率最高，
最具視覺衝擊力！

大會主視覺+贊助商LOGO露出

現場圖樣示意

入口板位：
區位：新莊體育館外入口BANNER
尺寸：如圖(確切數據—現場再提供)
材質：帆布輸出

局間舉牌人員置入
區位：舉牌小姐服裝(客製化)
　　　局間牌客製化置入(w60*h90cm)實際尺寸&數量會依現場再確認
露出時段：比賽場間＋賽事休息時段

第一屆國際拳擊總會主席盃 2008國際邀請賽

- 露出場次：
  1.04/19～選拔賽（賽事背板）
  2.05/13～賽前記者會
  3.賽事期間賽後記者會
  4.頒獎臺背板

- 露出方式：
  將客戶logo列名贊助商專區，藉
  選手專訪等，自然帶入鏡頭

現場示意

 第一屆國際拳擊總會主席盃 2008國際邀請賽

- 數量：3*3m一式(暫定)
- 執行方式：
  大會提供桌、椅、攤位banner，且活
  動執行內容須協會審核通過(相關執
  行費用由客戶提供)

※提供工作證兩張，其餘視察人員需個案
提出申請，不另行發放證件

現場示意

 第一屆國際拳擊總會主席盃 2008國際邀請賽

- 數量：
  海報:2,000張(暫定)
  Dm:20,000張(暫定)
- 露出時間：
  約賽前一個月(執行依實際狀況而定)
- 露出方式：
  海報主視覺將由大會設計，logo自然置入
- 張貼通路：（也可另外印製於各通路張貼）
  政府機關、學校、和圖書館等公家單位，與
  進入全省國、高中、職校、大專院校約
  1,300所

圖樣示意　　　　Dm

 第一屆國際拳擊總會主席盃 2008國際邀請賽

- 數量：發行3,000本以上(暫定)
- 露出方式：
  廣告內頁～1頁
  封面logo露出
- 發行方式：
  預計於賽事期間現場販售，並
  提供給媒體朋友、各球隊隊職
  員、政府機關等

圖樣示意

內頁

 第一屆國際拳擊總會主席盃 2008國際邀請賽

- 數量：
  路燈旗：總數3,000(北市2,000+北縣1,000)
  關東旗：500

- 露出時間：
  賽前一個月開始(執行依實際狀況而定)

- 張掛地點：
  屆時以球場周邊道路+市區主要幹道為主

備註：入稿期限為04／18。

路燈旗

版位尺寸(w60*h35cm)
客戶提供圖檔!

贊助客戶LOGO露出

關東旗

⇦ ／ ⧉ ⇨

 第一屆國際拳擊總會主席盃 2008國際邀請賽

1. 大會LOGO
2. 大會吉祥物圖樣
3. 大會標章圖樣

■ 相關製作物須以贈品為主，不可販賣
■ 相關活動內容、贈品品項數量、活動
  宣傳物皆須事先提出，且須經由協會
  審核同意

⇦ ／ ⧉ ⇨

大 會 制 服　第一屆國際拳擊總會主席盃 2008國際邀請賽

- 每場比賽工作人員滿場飛奔，贊助商logo場內將隨處可見

圖樣示意

贊助廠商LOGO置入於黃色區塊中

公 關 贈 送　第一屆國際拳擊總會主席盃 2008國際邀請賽

- 大會邀請函
- 文宣製作物張貼
- 大會贈品
- 贈送VIP證件10張
- 入場券

VIP
專屬待遇

專案費用 — 第一屆國際拳擊總會主席盃 2008國際邀請賽

	贊助權益	A 案	B 案	C 案	D案	E案
	現場廣告位置	擂台中央	擂台角落	擂台兩側	中華隊服	場內看板
比賽現場	現場活動權(費用另計)	●	●	●	●	
	VIP證+門票贈送	100/day	50/day	20/day	20/day	10/day
	頒獎權	●	●			
	局間舉牌(專案確認)	●	●	●	●	
	入口看板(場內+場外)	●	●	●	●	
	攤位一式	●	●	●	●	●
宣傳物	大會制服	●				
	路燈旗廣告	各500組	各300組		各100組	
	海報&DM&關東旗 Logo露出	●	●	●	●	●
	手冊廣告頁	●	●	●	●	
	記者會一場(Logo露出)	●	●	●	●	
權授	大會Logo+吉祥物 授權	●	●	●	●	
	獨家活動行銷權(費用另計)	●	●			
	贊助金額					

AIBA President Cup 第一屆國際拳擊總會主席盃 2008國際邀請賽

運動贊助～你還可以這樣玩!!

第一屆國際拳擊總會主席盃 2008國際邀請賽

「 Welcome Party 」

Target：禮遇獨有VIP

活動目的：
藉由國際級的賽事～迎賓餐會的活動，禮遇
獨有的貴賓VIP，特殊的時刻也強調奧運
精神永遠與大夥同在、共同分享美好時光！

活動時間：
與選手之夜結合！！

第一屆國際拳擊總會主席盃 2008國際邀請賽

活動辦法：
透過賽前行銷活動或客戶篩選，募集十位獨家
VIP，有機會近距離與世界級奧運等級運動選
手，一起參加迎賓餐會，並為中華隊球員們面對
面獻上最直接的祝福！

活動內容（暫定）
1. 行程安排，餐前選手拜訪
2. 迎賓餐宴享用
3. 參與主題表演
4. 選手談心會～拍照、合影、簽名、聊天

可與造勢活動＆遊行活動結合！

實例個案二：2009 年臺北聽障奧運會

二○○九年臺北聽障奧運會
媒體採買暨整體企劃執行服務建議書

TOPLAN

採購案號 97040
件購名稱二○○九年臺北聽障奧運會媒體採買暨整體企畫執行委外辦理服務案
廠商名稱 太昌策略
計劃主持人：蔡鳳如
聯絡方式 0982-146437

The 21st Summer Deaflympics Taipei 2009
2009年臺北聽障奧林匹克運動會

整合媒體行銷規劃核心主張

核心主張：

「促使民眾聚焦在聽障奧運籌辦訊息」

「吸引民眾為所有聽障選手加油」

「突顯臺北市國際都市的形象」

The 21st Summer Deaflympics Taipei 2009
2009年臺北聽障奧林匹克運動會

形象類-手語加油篇A-20秒

VIDEO	AUDIO
手語教導員：王曉書 站在鏡頭前 STAND BY SUPER: 請看清楚接下來的手語	
王曉書比出 國際手語的「加油」 SUPER:「加油」	
再重複比一遍 國際手語的「加油」 SUPER:「加油」	
SUPER: 請把它學起來 因為你將會用到它	請把它學起來 因為你將會用到它
聽障奧運大會 LOGO 臺北聽奧 LOGO SUPER: 2009 聽障奧運在臺北	2009 聽障奧運

2009/4/17　　TOPLAN　　2

The 21st Summer Deaflympics Taipei 2009
2009年臺北聽障奧林匹克運動會

創意概念-TVCF

運動類-金牌篇
- 連續兩屆聽奧泳將金牌曾紆寧，也是世界紀錄保持者，但是大家對於她的關注度，卻遠遠少於在一般奧運中拿到金銀銅牌或是進入八強決賽的選手.
我們希望藉由曾紆寧的角色，喚醒大家：曾紆寧身為臺灣少數的金牌選手／世界冠軍，為何你卻從沒聽說過她！聽障奧運跟奧運一樣精采，是每個人都需要參與的盛事！

運動類-名人篇
- 當王牌投手，喪失了聽覺，是否一樣王牌？觀眾的掌聲與加冕榮耀，是否也會跟著消失？
而在場上的聽障運動員，他們與正常人相比少了聽力
卻和一般運動員一樣優秀，是更令人佩服的，也更值得大家來認識！

運動類-籃球篇
- 喪失聽覺的聽障選手，身體其他感官更為發達靈敏，雖然無法藉由聽覺感受歡呼聲，但是如影片中的籃球員，觀眾的歡呼，可藉由空氣的振波，傳送到肌膚上，讓他感受到，希望告知觀眾：他也能接收到你的鼓勵，請支持聽障奧運，聽奧選手能感受你與他同在．

2009/4/17　　TOPLAN　　3

運動類-籃球篇-30秒

平面廣告-金牌篇

🌀金牌篇：

— 畫面中的曾紓寧與一般正常的19歲小女生無異，她們青春，有活力，單從畫面中，你可能解讀不到，她竟是一個世界冠軍，而且喪失聽力！

　更直接的告訴大眾，你從未聽過的世界冠軍，世界紀錄保持者，和奧運奪金奪銀奪銅的選手們一樣偉大！你應該來認識她，也應該認識和她一樣偉大的聽奧選手。

平面廣告-名人篇

名人篇：

- 讓戴著耳機上場的潘威倫，代表他和聽障選手一樣喪失聽力，但當潘威倫聽不見，一直以來在他背後的喝采與掌聲，是否也會消失不見呢？我們利用虛線表示觀眾，來對大眾提出這樣的問題：既然你如此關心一位世界級的選手，還有更多世界級的選手，不應該因為他們沒有聽力，而得不到你的關注力。

平面廣告-專注篇

專注篇：

- 這是每位運動員在場上都有的經驗，當你專注的瞬間，可能只有你和你的心念，聽不見周圍的聲音，也看不清周圍的視線。因為你專注，也有可能因為：你本來就聽不見，但是專注的瞬間同樣令人感動與佩服。

議題操作概念：「無聲的力量」

- 聽障奧動歷史系列專題
- 無聲的力量系列專題：申辦聽障奧運過程與困難
- 聽障奧運吉祥物系列專題
- 聽障奧運競賽項目系列專題
- 場館設備籌備介紹系列專題
- 王曉書手語教學系列專題：教大家如何為聽障選手加油
- 聽障選手人物系列專題：無聲的冠軍
- 臺北市觀光旅遊推廣系列專題
- 城市行銷系列專題
- 關懷聽障族群或與社會公益相關專題……等

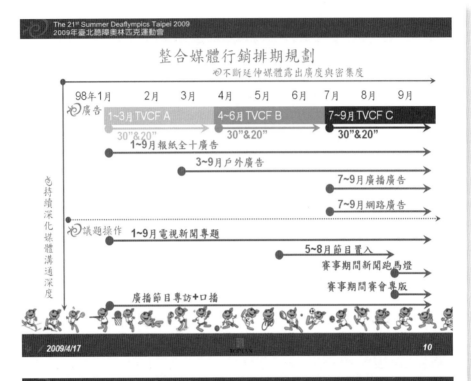

整合媒體行銷排期規劃

不斷延伸媒體露出廣度與密集度

持續深化媒體溝通深度

廣告
1~3月 TVCF A　30"&20"
4~6月 TVCF B　30"&20"
7~9月 TVCF C　30"&20"

1~9月報紙全十廣告
3~9月戶外廣告
7~9月廣播廣告
7~9月網路廣告

議題操作
1~9月電視新聞專題
5~8月節目置入
賽事期間新聞跑馬燈
賽事期間賽會專版

廣播節目專訪+口播

2009/4/17　TOPLAN　10

電視議題操作購買CUE表與贈送價值

電視媒體議題操作實際購買項目	規格	露出期間	則數	總露出次數	首播時段：18:00~25:00	重播時段：01:00~12:00	實際購買費用 含稅
新聞專題	90秒	1月~9月	81則	243次	81次	162次	NT$8,500,000

*電視媒體議題操作規劃購買費用：NT$850萬 (含稅)

電視媒體議題操作贈送項目	規格	露出期間	則數	總露出次數	首播時段：18:00~25:00	重播時段：01:00~12:00	實際贈送價值 含稅
新聞專題	90秒	1月~9月	20則	60次	20次	40次	NT$2,100,000
新聞跑馬燈	20字	9月	30則	600次	每日09:00~18:00		NT$950,000
節目置入	-	7~9月	5則		中天沈春華Live Show／TVBS 101高峰會		NT$1,600,000
贈送價值			625則	660次			NT$4,650,000

新聞專題每則長度90秒，於中視/TVBS/東森/非凡/年代/三立/中天/ESPN/緯來頻道播出，實際購買81則再贈送20則!!

再贈送新聞跑馬燈每則字數20字於9月分東森/非凡/民視新聞頻道播出，共播出600次!!

再贈送「沈春華 Live Show」/「TVBS 101高峰會」節目置入臺北聽奧相關議題共5次!!

2009/4/17　TOPLAN　11

The 21st Summer Deaflympics Taipei 2009
2009年臺北聽障奧林匹克運動會

賽會專版(快報)操作購買規劃

賽會專版(快報)	規格	露出期間	實際購買費用(含稅)
中國時報	20全/4版以上，全彩印刷	9/5~9/15	NT$2,310,000
聯合報	20全/4版以上，全彩印刷	9/5~9/15	NT$2,540,000
賽會專版購買合計			NT$4,850,000

*賽會專版(快報)購買費用: NT$485萬 (含稅)

- 賽會期間每天指派文字記者及攝影記者進行賽事報導及拍攝事宜。
- 賽會期間(98年9月5日至9月15日)每天需提供報紙二萬份，發放於各比賽場館、選手住宿旅館及臺北地區規劃八個人潮眾多之捷運站，所有規劃需經同意後實施。
- 賽會專版(快報)需求規格以中、英文撰稿、編輯(英文篇幅需占全部比例四分之一以上，照片比例需占全部比例三分之一以上)，並以全彩印刷。版面至少規格以二十全及至少四版以上。
- 賽會專版(快報)版面內容至少包含賽會要聞、焦點人物、賽場花絮、每日賽程、明日賽程預告、紀錄區及獎牌統計表等單元。每日完稿後提供賽會專版(快報)電子檔案至大會提供下載。
- 每日完稿後需提供賽會專版(快報)文字及照片檔案至大會，以刊登官方網站提供閱讀。

The 21st Summer Deaflympics Taipei 2009
2009年臺北聽障奧林匹克運動會

全媒體廣告預算規劃

總經費上限8,500萬(含稅)

扣除
TVCF製作費: 350萬 (含稅)

扣除
電視議題操作費用: 850萬 (含稅)

扣除
賽會專版(快報)費用: 485萬 (含稅)

剩餘
購買媒體廣告預算上限: 6815萬 (含稅)

各媒體廣告預算分配策略?

The 21st Summer Deaflympics Taipei 2009
2009年臺北聽障奧林匹克運動會

各媒體廣告預算分配策略

資料來源: 尼爾森媒體大調查2008/4月~9月 目標對象:15-65歲男女

媒體行為	接觸率	重要性排序	媒體廣告預算比重
昨日收看電視	96%	最高	預算占比最高
過去7天看過戶外廣告	75%	高	預算占比高
昨日使用網路	48%	次高	預算占比次高
昨日閱讀報紙	45%	次高	預算占比次高
昨日收聽廣播	24%	中等	預算占比中等
上個月閱讀雜誌	22%	中等	不建議使用

☉主力媒體 - 電視需具備最密集的廣告曝光
☉其他媒體則分配具廣告能見度的強度曝光

2009/4/18　　　　TOPLAN　　　　14

The 21st Summer Deaflympics Taipei 2009
2009年臺北聽障奧林匹克運動會

電視廣告強度規劃

97年2月29~3月4日		97年8月25日~9月16日	
總露出天數	5天	總露出天數	23天
總露出檔次	30檔	總露出檔次	2,634檔
廣告期間平均一天	6檔	廣告期間平均一天	115檔

☉97年度電視執行期間露出強度平均一天約115檔，規劃98年度需
　再拉高露出強度!!

規劃98年1月~9月	
總露出天數	258
總露出檔次	40,000檔
廣告期間平均一天	155

☉規劃98年度1~9月期間平均一天150檔!
☉98年度1~9月執行期間露出4萬檔!

2009/4/18　　　　TOPLAN　　　　15

電視規劃CUE表與贈送價值

廣告素材	總檔次	10"單價(含稅)	露出期間	總價值(含稅)	實際購買價格
20"	16,000	735	98年1~9月	NT$23,550,000	NT$15,150,000
30"	24,000	735	98年1~9月	NT$52,950,000	NT$34,000,000
電視廣告加總	40,000			NT$76,500,000	NT$49,150,000

* 電視媒體隨贈值廣告規劃量4萬檔原價:NT$7,650萬(含稅),實際購買費用:NT$4,915萬(含稅)!! *10"單價降低至475元(含稅)!總價值回饋55%!!

	素材	頻道	播出時段	時段播放占比	時段總檔次	專案價(含稅)
電視CUE表	20"三支	臺視/中視/華視/民視/TVBS家族/三立家族/東森家族/中天家族/八大家族/緯來家族/ESPN家族/衛視/年代家族/超視/Discovery家族/超視/AXN/民視/Discovery家族/AXN/民視新聞等50個頻道	06:00-12:00	25%	4,000	
			12:00-18:00	25%	4,000	
			18:00-24:00	25%	4,000	
			24:00-6:00	25%	4,000	
			20"檔次分布合計	100%	16,000	NT$49,150,000
	30"三支		06:00-12:00	25%	6,000	
			12:00-18:00	25%	6,000	
			18:00-24:00	25%	6,000	
			24:00-6:00	25%	6,000	
			30"檔次分布合計	100%	24,000	
			檔次總計		40,000	

執行期間於臺視/中視/華視/民視/TVBS家族/三立家族/中天家族/東森家族/八大家族/緯來家族/衛視/年代家族/衛視/ESPN家族/超視/Discovery家族/超視/AXN/民視新聞共50個頻道大量播出!播出時段平均採分布,50%檔次於黃金時段播出!!

The 21st Summer Deaflympics Taipei 2009
2009年臺北聽障奧林匹克運動會

報紙媒體規劃CUE表與贈送價值

報紙媒體實際購買項目	規格	露出期間	露出次數	實際購買費用含稅
自由時報	全十(單版)不指定版面	1~9月	2	NT$315,000
蘋果日報	全十(單版)不指定版面	1~9月	2	NT$315,000
中國時報	全十(單版)不指定版面	1~9月	5	NT$580,000
聯合報	全十(單版)不指定版面	1~9月	4	NT$540,000
實際購買內容	-		13	NT$1,750,000

*報紙媒體廣告規劃購買費用:NT$175萬(含稅)

報紙媒體贈送項目	規格	露出期間	露出次數	實際購買費用含稅
自由時報	全十(單版)不指定版面	1~9月	1	NT$160,000
蘋果日報	全十(單版)不指定版面	1~9月	1	NT$160,000
中國時報	全十(單版)不指定版面	1~9月	2	NT$240,000
聯合報	全十(單版)不指定版面	1~9月	2	NT$270,000
免費報	橫半頁不指定版面	1~9月	3	NT$110,000
Upaper	橫半頁不指定版面	1~9月	4	NT$110,000
贈送價值			13	NT$1,050,000

◎1~9月實際購買刊登13次,再贈送13次,總刊登次數26次!!

◎贈送總價值105萬(含稅),回饋達60%!!

2009/4/18

TOPLAN

17

戶外媒體實際實質預算與附加價值

媒體項目	尺寸	面數	刊期/月	廣告費合計	製作費合計	廣告價值
公車車體廣告(臺北)	滿版	100	3	NT$1,800,000	NT$270,000	NT$2,070,000
公車車體廣告(臺中)	5×30呎	50	1	NT$300,000	NT$125,000	NT$425,000
公車車體廣告(高雄)	5×30呎	50	1	NT$300,000	NT$125,000	NT$425,000
捷運燈箱(臺北)	150×300cm	3	3	NT$1,800,000	NT$61,500	NT$1,861,500
捷運燈箱(高雄)	360×170cm	3	1	NT$540,000	NT$90,000	NT$630,000
機場燈箱(中正機場)	139×289cm	1	6	NT$1,428,000	NT$20,500	NT$1,449,500
機場燈箱(松山機場)	220×300cm	1	6	NT$2,160,000	NT$25,000	NT$2,185,000
火車站燈箱(臺北)	250×200cm	1	3	NT$750,000	NT$21,500	NT$771,500
火車站燈箱(臺中)	120×300cm	1	3	NT$540,000	NT$18,000	NT$558,000
火車站燈箱(高雄)	250×150cm	1	3	NT$495,000	NT$20,000	NT$515,000
預留委員會需求物製作					NT$500,000	NT$500,000
贈送公車車廂閃內廣告	60×60cm	200	3	NT$300,000	NT$50,000	NT$350,000
戶外大電視牆(西門町)		1面	3	NT$150,000	-	NT$150,000
C2全省百貨反電影城電視牆		200面	1	NT$600,000	-	NT$600,000
				小計		NT$12,489,500
				5%稅		NT$624,475
				總計		NT$13,113,975

The 21st Summer Deaflympics Taipei 2009
2009年臺北聽障奧林匹克運動會

廣播媒體規劃CUE表與附加價值

電台	時段	秒數	總檔次	廣告 方式	媒體價值 (含稅)	贊助 1-9月	贊助 媒體價值 (含稅)	口播 1-9月	口播 媒體價值 (含稅)	備註
中廣音樂網	09-12	30	62	週一~五週日	444,308					
	14-17	30	62	週一~五週日	444,308					
	19-22	30	62	週一~五週日	444,308					
	06-24	15	90	週一~五週日	322,481			24	126,000	
HIT FM聯播網	09-17	30	600	週一~五週日	1,543,500					
	00-24	30	600	週一~五週日	1,396,427					
飛碟聯播網	07-09	30	51	週一~五週日	562,275					
	09-10	30	9	週一~五週日	90,720					
	17-19	30	25	週一~五週日	275,625			10	52,500	
	07-24	30	25	週一~五週日	805,875					
	00-24	15	90	週一~五週日	1,223,586					
好事聯播網	09-11	30	372	週一~五週日	1,218,672					
	14-17	30	372	週一~五週日	1,572,480	4	126,000	18	94,500	
	20-24	30	480	週一~五週日	1,089,774					
	00-24	30	372	週一~五週日	771,826					
KISS聯播網 -南違大眾	09-12	30	248	週一~五週日	680,425	8	252,000	72	378,000	
	14-17	30	248	週一~五週日	446,846					
	19-21	30	248	週一~五週日						
	00-24	30	744	週一~五週日	1,706,141					
Music Radio City FM								15	393,750	收聽地區 China
其他未配合電台						6	180,000	60	315,000	每季20次
紫祭廣播電台								9	贈費	每次3次
媒買賣值象用總計			4,760		16,258,247	18	558,000	208	1,359,750	

實際廣告買象用:NT$2,650,000

	次數	媒體價值
口播	208	1,369,750
專訪	18	558,000
廣告(30秒)	4,580	14,712,180
廣告(15秒)	180	1,546,067
TOTAL		18,175,997

※7~9月實際購買265萬(含稅)，廣告總價值1,817萬(含稅)!!
※再贈送1-9月226次口播與節目專訪!!

2009/4/18

19

TOPLAN

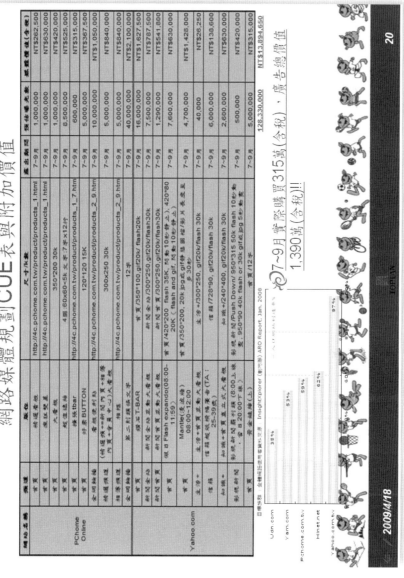

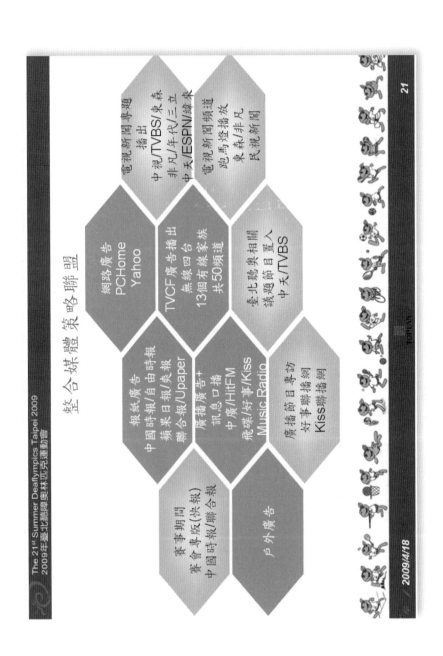

The 21st Summer Deaflympics Taipei 2009
2009年臺北聽障奧林匹克運動會

總經費規劃

項目	標案規格內容	專案價格含稅	贈送內容	贈送價值含稅	專案價＋贈送價值
TVCF製作費	三支廣告(各分30"/20"二種版本)，共6支	NT$3,500,000	全球植製作	NT$1,200,000	NT$4,700,000
電視新聞跑馬燈	1~9月份共81則，每則長度至少90"	NT$38,500,000	再贈送20則共播出60次	NT$2,100,000	NT$10,600,000
新聞跑馬燈	新聞台播出	Free	贈送30則共播出600次		NT$950,000
節目來賓	收視率0.3以上	Free	贈送b		~$1,600,000
案會專版(体報)	1.20全彩版/全天 2.中英文跨欄稿料	50,000	派送發放	50,000	NT$4,850,000
TVCF托播	安排30支20"廣告於無線/有線/衛星電視播出	NT$49,150,000	10"單價由735元降低至475元	NT$27,550,000	NT$76,500,000
報紙廣告	全十版面於1~9月至少刊登13次	NT$1,750,000	再贈送刊登13次	NT$1,050,000	NT$2,800,000
戶外廣告	國際機場、國內機器、火車站、捷運站、公車等戶外媒體	NT$4,000,000	廣告價值回饋	NT$9,100,000	NT$13,100,000
廣播廣告	製作3支30"廣告/訊息口播/節目冠名	NT$2,650,000	廣告價值回饋	NT$15,520,000	NT$18,170,000
網路廣告	刊登入口網站前三名為主	NT$3,150,000	廣告價值回饋	NT$10,750,000	NT$13,900,000

贈送 約7千萬

總價值 約1億5千萬

專案價：NT$77,550,000　　贈送價值：NT$69,620,000　　總價值：NT$147,170,000

2009/4/18　　TOPLAN　　22

The 21st Summer Deaflympics Taipei 2009
2009年臺北聽障奧林匹克運動會

計畫主持人

葉鳳強
Rogers-Yeh

IMC協理兼首席顧問
2007~2008中華民國拳擊協會 營運長
中華民國自由車協會 媒體顧問
2008國際拳擊總會主席盃奧運拳王爭霸戰
大會副執行長兼籌備處 副祕書長
2008國際自由車環臺賽 公關組長兼播報員
2008全國總統盃拳擊錦標賽 營運長
2007荖濃溪第四屆全國鐵人挑戰賽播報組長
2007大鵬灣盃全國自由車公路大賽播報組長

2009/4/18   TOPLAY   23

The 21st Summer Deaflympics Taipei 2009
2009年臺北聽障奧林匹克運動會

相關業務實績

⇨ 聚集5大洲41國奧運拳王代表
⇨ 臺灣唯一奧運水準大型賽事!!

2009/4/18   TOPLAY   24

The 21st Summer Deaflympics Taipei 2009
2009年臺北聽障奧林匹克運動會

相關業務實績

2008海峽兩岸長跑

實例個案三：犀牛加油　陌生人讓林義守好感動

| 時人 | 新知 | 寰宇 | 數字 | 新聞加油站 |

「犀牛加油!」陌生人讓林義守好感動

　　林義守一直是國內鋼鐵業界的大亨，但這個名字沒幾個年輕人認識；但如果說到職棒義大犀牛隊的總裁，大家就知道他了。

　　林義守以企業的經營模式，把一個年年虧錢、幾乎無法經營的前興農牛職棒隊，以1.3億元買下，重新打造成義大犀牛；更成功簽下曼尼，透過行銷和包裝，讓「曼尼-義大犀牛-中華職棒」連結在一起，一波波炒熱職棒，更讓然愛棒球的老球迷、新球迷，一一重回球場看球。

　　林義守對朋友說，搞數百億元興建大鋼鐵廠，造就上萬人的就業機會，但沒有多少人因此認識他；但是，才跨入職棒一個季度，義大犀牛奪得冠軍寶座後，「現在走到哪裡，大家好像都認識我，更有不認識的人跑來跟我說話，要我繼續為台灣的職棒加油！」他更說，陌生人跑來打氣加油，真的會讓人感動許久。

　　出生在台中西部靠海的鄉下龍井，林義守自小家境清寒而無力升學，他做學徒、跑業務，有了一點錢後，成立小公司到日後投入鉅資興建鋼鐵廠，一路走來已72歲。但他認為自己還正年輕，十多年來來建了醫院、大學、遊樂世界後，現在還要在高雄蓋一個最大的飯店和百貨商場。

　　20年前，事業正處於顛峰至盛時期，林義守曾是三家上市鋼鐵公司的董事長，在鋼鐵業「喊水也結凍」；但11年前的一場大病，他完成換肝手術恢復健康後，對生命又有了新的體認。如今在義大犀牛冠軍的光芒映照下，他說，還要再為台灣拚個20年。

（林超熙）

報系資料照

資料來源：見本書「參考文獻」。

實例個案四：2013 泳渡大鵬灣活動

2013 泳渡大鵬灣活動暨 102 年公開水域游泳錦標賽

一、宗　　旨：為培養、發掘公開水域優秀選手，促進國民正當休閒活動；鍛鍊強健體魄、培養堅強意志、厚植國力、發展全民休閒運動以泳會友，提升游泳水準，宏揚大鵬灣風景區之美，帶動觀光人潮，促進屏東縣旅遊發展。

二、指導單位：教育部體育署、交通部觀光局大鵬灣國家風景區管理處、屏東縣政府

三、主辦單位：中華民國游泳協會、大鵬灣國際開發股份有限公司

四、承辦單位：中華民國游泳協會公開水域委員會、屏東縣體育會游泳委員會、中華民國成人游泳協會南區分會

五、協辦單位：王立委進士先生辦公室、蘇立委清泉先生辦公室、潘立委孟安先生辦公室、蘇立委震清先生辦公室、中華民國水中運動協會、屏東縣水上救生協會、屏東縣沿海救難協會、屏東縣救難協會、屏東縣海上救難協會、奧林匹克國際有限公司、財團法人鞋類暨運動休閒科技研發中心

六、活動日期：中華民國 102 年 11 月 24 日 (星期日)。

七、活動地點：大鵬灣國家風景區，自水岸遊憩區出發。

八、報名辦法：

（一）報名資格：凡中華民國之國民及旅華外國僑民，年滿 8 歲以上 (未成年者須由參加單位以具有救生技術能力之成年人負責全程安全) 均可以服務單位或社團、每人限代表一單位為限。有心臟病、高血壓、癲癇症、蜂窩性組織炎或高燒⋯⋯等，以及不適長泳之疾病者請勿報名參加。

（二）報名組別：

　　1. 競賽組：(不分齡，分男子組、女子組) 全長 5 公里。

　　(1) 競賽組選手請參閱競賽辦法，需 14 足歲以上。

(2) 比賽選手不得配戴相關輔助浮具、蛙鞋以利比賽公平性。

(3) 選手請於下水前確實做好暖身，大會不另行帶暖身操。

(4) 前三名頒發獎盃，前八名頒發獎狀。其餘選手成績證明將另行寄發。

(5) 具備 90 分鐘以內游完全程之能力者，始得報名參加，超過 90 分鐘者，視同休閒組。

2. 休閒組：14足歲以上，全程3000公尺。

3. 身心障礙組：身心障礙泳士(附身心障礙手冊影本)，全程3000公尺。

4. 夫妻組：年紀相加需滿120歲以上，始可報名參加，全程3000公尺。

5. 親子同游組：由兩名家庭成員組成一隊，8歲以上至未滿14歲之泳士限報名親子組，全程3000公尺。

(三) 報名日期：自即日起至102年10月31日截止，逾期恕不受理；報名人數上限各組合計為1500人，滿額亦不再受理。

(四) 報名方式：

1. 各單位須自行檢驗游泳能力及健康狀況，並出具游泳能力及個資切結書。

2. 報名參加者每人須投保200萬旅行平安保險，由各單位自行投保，並附保單影印本。

3. 以黑、藍色筆正楷填寫大會報名表格，非本次活動之表格恕不受理。

4. 詳填報名單：姓名、性別 (請各隊正楷詳填姓名，以利榮譽狀製作)。

5. 凡報名成功後，大會將寄發編號卡及隊職員名單 (以利製作榮譽狀，若姓名有誤請來電告知)，請各單位於活動當日依編號辦理報到手續。

(五) 報名費用：

1. 競賽組：每人 700 元整 (含餐券、浴巾、泳帽、榮譽狀及晶片租

　　　　　借)。

　　2. 休閒組：每人500元整，中華民國成人游泳協會會員優惠 450 元，
　　　　　　報名表請加註會員編號 (含餐券、浴巾、泳帽、榮譽狀)。

　　3. 身心障礙泳士 (附身心障礙手冊影本不收費)，贈送餐券、浴巾、泳
　　　　帽、榮譽狀)。

　　4. 夫妻組：每人500元整，中華民國成人游泳協會會員優惠 450 元，
　　　　　　報名表請加註會員編號 (含餐券、浴巾、泳帽、榮譽狀)。

　　5. 親子同游組：每組 600 元 (含餐券、浴巾、泳帽、榮譽狀)，親子同
　　　　　　游限 2 人 1 組，另每增加 1 人每人收 400 元。

　　6. 報名資料核對無誤後，請於 10 月 31 日前將報名資料，連同報名費
　　　　逕繳至本會或以郵政匯票、報值掛號或支票寄至「中華民國游泳協
　　　　會公開水域游泳委員會」900 屏東市公園東路 115 號莊佳穎小姐收
　　　　08-7232505 (以郵戳為憑)，逾期恕不予以受理。

　　7. 如未參賽，所繳費用於扣除相關行政作業所需支出後退還餘款外，
　　　　餘存署備查。

九、活動方式：

　　(一) 參加泳渡選手於 102 年 11 月 24 日上午 7:30 開始辦理報到，大會備
　　　　有停車場 (重要物品請自行保管)，請各選手至報到處辦理報到後，於
　　　　大會會場排定時間前往泳渡會場集合。

　　(二) 競賽組報到時間：102 年 11 月 24 日 (星期日) 上午 7:30；競賽組下水
　　　　截止時間上午 9 時 00 分。
　　　　其餘組別報到時間：102 年 11 月 24 日 (星期日) 上午 8:30；其餘組別
　　　　下水截止時間上午 10 時 30 分。

　　(三) 各單位於下水前請自行先編組，利於泳渡時互相照應。

　　(四) 大會所有服務人員報到時間：102 年 11 月 24 日 (星期日) 上午 6:30。

十、注意事項：

　　(一) 參加者必須攜帶大會寄發之編號卡至報到處辦理報到手續，請自備防
　　　　滑鞋或穿短蛙鞋 (避免赤腳割傷) 且須戴上本會所分發之泳帽方可下
　　　　水參加泳渡活動。

(二) 為安全考量，不受理現場報名，參加人員必須自備救生浮具 (未帶浮具者禁止下水，競賽組選手不在此限)。

(三) 泳渡中若感不適，請浮在救生浮棒上，揮手請求協助，同組隊員亦請協助，爭取救生員救援時間。

(四) 游畢後各隊清點人數，到齊後由領隊至游畢報到處簽署全員到齊後，領取榮譽狀及餐券每人一張。

(五) 餐券僅限於大會設置之美食區使用。

十一、獎勵辦法：

(一) 競賽組前三名頒發獎盃乙座，前八名頒發獎狀乙張。獎盃現場頒發，獎狀於賽後寄發(此成績將作為游泳協會參加國外公開水域賽會之主要依據)。

(二) 參加本次泳渡活動者將頒發浴巾、泳帽、餐券及泳畢榮譽狀。

十二、附　　則：

(一) 活動期間游泳協會公開水域游泳委員會將盡力維護各參加者之安全，如參加者未依規定而有任何傷亡，本會不負任何責任。

(二) 個人物品：活動期間，所有參賽者均需小心保管個人物品，如有任何損壞或遺失，本會將不負保管責任。

(三) 天氣影響：氣象局於活動前一日發布該地區颱風或暴風雨警報等，本活動將延期舉行，詳細資訊將於本會網站 http://www.swimming.org.tw 公布。

(四) 5 公里計時成績將作為游泳協會參加國外公開水域競賽活動之選拔主要依據。

(五) 參加競賽組選手請攜帶身分證作為租借晶片使用。

十三、本活動辦法業經教育部體育署 102 年 9 月 30 日臺教體署競 (二) 字第 1020029552 號函備查在案，如有未盡事宜，得隨時修訂之。

十四、檢附 101 年度之活動缺失改善檢討表。

十五、檢附大鵬灣水域圖。

102 年公開水域游泳錦標賽競賽要點

1. 公開水域游泳競賽所有參賽的選手年齡必須年滿 14 足歲。

2. 選手於報到時領取號碼牌至檢錄處等候點名，雙臂號碼應與其參賽號碼相同，所有的選手須修剪指甲，不能穿戴飾物和手錶，檢錄完後須穿戴大會發送之計時晶片，完成檢錄手續。

3. 公開水域游泳比賽的所有選手應站在水中或由踩水開始出發。

4. 從固定平臺出發，根據賽前的抽籤，分配平臺上的位置。

5. 當發令員發出「Take Your marks」的指令時，選手應做好出發準備，至少一隻腳應踩在出發台前沿。

6. 比賽水域任何一點的深度不得少於 1.4 米。

7. 水溫不得低於 16℃，以比賽當天賽前 2 小時在賽場中間 40 公分深處測試溫度爲準。

8. 下述人員測試水溫，裁判長、一名組委會成員和技術委員會指派的一名教練。

9. 公開水域比賽採用自由式泳姿比賽。

10. 比賽途中選手可站立，但不得走動或跳動。

11. 比賽途中的選手除不得走動、跳動之外，也不能藉助固定和漂浮在水中的物體加速前進，不得接觸救生船體及船上人員也不得接觸選手。

12. 禁止選手使用和穿戴可提高游速、增強耐力、加大浮力的器具或衣物，但可戴泳鏡、泳帽(最多 2 個)，使用鼻夾和耳塞。

13. 允許選手在身體上塗油或防凍霜。

14. 不允許其他(她)人入水帶游、陪游。

15. 允許救生艇上選手的親友或教練給予指導，但不允許吹哨。

16. 選手需用防水墨筆將其參賽號碼寫在背部、手臂及手背。

17. 選手在時間限制內未完成比賽，應離開比賽水域。

18. 選手若在比賽過程中，對於其他選手有暴力等影響其他選手比賽之行爲，裁判有權判決取消該名選手比賽資格。

2013 泳渡大鵬灣暨 102 年公開水域游泳錦標賽報名表

單位全銜：＿＿＿＿＿＿＿＿＿＿＿＿＿＿＿＿＿＿＿＿＿

單位簡稱：＿＿＿＿＿＿＿＿＿＿＿＿＿＿＿＿＿＿＿＿＿

聯絡人：＿＿＿＿＿＿＿＿＿＿＿＿＿＿＿＿＿

通訊地址：☐☐☐ 請填郵遞區號＿＿＿＿＿＿＿＿＿＿＿

＿＿＿＿＿＿＿＿＿＿＿＿＿＿＿＿＿

聯絡電話：＿＿＿＿＿＿＿＿＿＿＿＿＿＿＿＿＿

姓　名	性別	出生年月日	參加組別（請於下方打勾）					成人泳協會員編號
			競賽組	休閒組	身障組	夫妻組	親子組	

＊報名表不敷使用時，可影印使用＊

2013 泳渡大鵬灣活動暨 102 年公開水域游泳錦標賽　**繳費明細表**					
一、報名費	競賽組	每人@700 元×	人＝	元	※選手報名費已含餐券、證書、泳帽。
	休閒組	每人@500 元×	人＝	元	※競賽組另附上計時晶片，比賽時需配戴於右手手腕，賽前需押身分證件，賽後要繳回。
	親子同游組	每組@600 元×	人＝	元	
	親子同游組每增 1 人	@400 元×	人＝	元	
	中華成人泳協會員優惠@450 元×		人＝	元	
	夫妻組	每人@500 元×	人＝	元	
二、餐券	本欄是增訂給眷屬、司機等 餐券　　　　@70×　　　人＝　　　元				
三、浴巾	本欄是增訂給眷屬等 紀念浴巾　　　@300×　　　件＝　　　元				
↑以上表一＋表二＋表三　**總計**　　　元					

餐券(已含礦泉水)統計表			
餐券		素食便當	合計
本統計表得將選手與上表增訂部份，一併統計進去。			

泳帽統計表				
競賽組	休閒組	身心障礙組	夫妻組	親子組
身心障礙選手需加強救護，各組參賽選手以泳帽顏色區分之。				

註：1. 請將繳交金額以現金或購買郵局匯票、私人支票(請勿寫禁止背書轉讓，以利作業)：收款人戶名：陳邦彥 (中華民國游泳協會公開水域游泳委員會主任委員)，請將匯票連同報名表（1~3），掛號郵寄「中華民國游泳協會公開水域游泳委員會」900 屏東市公園東路 115 號 莊佳穎小姐收 (以郵戳為憑)。

2. 報名表及匯票寄出前，請自行影印留底。

游泳能力暨個資切結書

　　茲證明＿＿＿＿＿＿＿＿(單位名稱) 參加「2013 泳渡大鵬灣活動暨 102 年公開水域游泳錦標賽」活動，願意恪遵主辦、承辦單位之一切規定及活動辦法。報名填表時，單位負責人簽署游泳能力暨個資切結書，即視同全體所有報名人員親自簽署並同意遵守泳渡暨個資切結書之所有內容。

　　參加泳渡大鵬灣活動之人員，若有頂替或偽造之情事，一切法律責任由單位負責人自負全責並保證全體隊員身心絕對健康，絕無吸食或施打任何違禁藥物或熬夜、喝酒等行為，並無任何不適合游泳之疾病 (包含病史)；泳技與毅力確定能游完大鵬灣全程水域。活動時約束全體成員需配戴符合安全標準之救生浮條參加泳渡。未成年者及 65 歲以上之報名參加人員，須指派有救生能力之隊友全程陪游維護安全。若違反上述規定，於參加泳渡期間，發生任何事情。絕不追究主辦、承辦單位之責任。

　　個資同意切結：本承辦單位於活動報名時取得您所組織隊員的個人資料，目的在於個人資料保護法及相關法令之規定下，辦理 2013 泳渡大鵬灣活動暨 102 年公開水域游泳錦標賽保險及切結，故只用於活動相關業務無其他用途。

　　單位負責人代表簽署個人資料直接蒐集並告知使用之目的，係為確實履行個資法第 8 條之告知義務。

1. 同意本單位以您所提供的個人資料確認您團隊隊員的身分、與您進行連絡、提供您本活動相關資訊或合作夥伴之相關服務及資訊。

2. 您可依個人資料保護法，就您的個人資料向本單位：

　(1) 請求查詢或閱覽該隊報名資料；(2) 請求補充或更正。

本人已代表閱讀並且接受上述同意書內容特立此書為憑

此致承辦單位　中華民國游泳協會公開水域游泳委員會收執

報名單位：　　　　　　　　　　　　印章：

報名總人數：

負責人(領隊)：　　　　　　　　(親簽)印章：

身分證字號：

出生年月日：民國　　年　　月　　日　或西元　　年　　月　　日

聯絡地址：

聯絡電話：(　　)　　　　　　行動電話：

中　華　民　國　102　年　　月　　日

本處黏貼 2013 泳渡大鵬灣活動暨 102 年公開水域游泳錦標賽 活動投保保險公司保單影本

泳渡切結書簽名表　(請正楷簽名，身分證字號、出生年月日務必填寫正確)

人數	姓名	出生年月日	身分證字號（外籍人士請填寫護照號碼）	切結簽名欄（未成年者法定代理人須代為簽名）	備註： ※65歲以上 ※身障人士 ※未成年者 ※外籍人士
1					
2					
3					
4					
5					
6					
7					
8					
9					
10					
11					
12					
13					

※泳渡切結書由隊員親自簽名後領隊保管備查，本表不敷使用時，可重複影印。

Note :

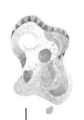

CHAPTER 14

代言行銷篇

14.1　代言行銷的定義

14.2　閱聽人心理歷程

14.3　理念代言人

14.4　代言人與閱聽人事前態度

14.5　代言人的影響方式

實例個案一：中國海南省三亞城市

實例個案二：高雄縣觀光福利卡

實例個案三：2010 中彰投觀光親善大使選拔賽

實例個案四：最想搭訕的性感名校～正修

除非銷售得出去，否則產品便不能算是產品，而只不過是博物館中規劃的收藏品罷了

～希奧多、李維特

14.1 代言行銷的定義

學者吳若權 (1990) 認為，代言行銷 (Endorsement Marketing) 基本上是由「閱聽人的購買行為，常會認同於某一意見領袖」的觀念衍生出來的。一個受到閱聽人歡迎或喜愛的代言人，在廣告裡表示他們對產品的贊同時，基於愛屋及烏的心理，會使閱聽人喜愛名人所推薦的產品。如果將此觀念應用至代言非營利組織的理念時，卻發現代言人所宣導的理念行為會對閱聽人產生不同的反應與影響。有些閱聽人會因為喜歡代言人的關係，進而喜歡其所倡導的理念；但卻也會出現因為討厭代言人所宣導的理念，而討厭此代言人。

根據外國學者 Petty 與 Cacioppo (1986) 在「推敲可能性模式」(Elaboration Likelihood Model, ELM) 中的中央路徑指出，如果閱聽人認為訊息是中肯並且具有說服性，則會依循訊息所主張的說服方向去改變自己的態度。反之，則會產生許多與訊息傳遞相反的負面想法，並朝著訊息所主張的相反方向去改變自己的態度。若是以周邊路徑的訊息處理方式，則閱聽人常會因為個人的情感因素 (諸如：對某位明星或政治人物的喜歡)，而依循訊息所主張的說服方向去改變自己的態度。

在代言行銷的發展上，有許多企業或非營利組織邀請知名演藝人員作為其產品或活動的代言人，便是希望能透過這些代言人來塑造閱聽人對其產品或活動的良好形象，改變閱聽人的態度和行為。如行政院衛生署管制藥品管理局宣導藥物濫用防制，常邀請明星擔任反毒大使，如 2001 年邀請黃瑜嫻 (小嫻)；2002 年邀請蘇永康、品冠；一直到 2003 年邀請孔令奇，都是希望能以明星代言的方式，藉此呼籲青少年別濫用毒品藥物，這也是代言行銷被廣泛使用的實例。

但行銷學者應深入探討，究竟哪種類型的廣告推薦人，其廣告效果最好？其理由何在？或是應該根據廣告希望達到的目標去決定合適的人選，根據學者研究結果指出，不同的產品應配合不同類型的廣告推薦人。如邀請罹患肝癌的知名影星高金素梅擔任 2000 年 10 月在臺北開跑的「臺灣 B 肝週」活動代言人，呼籲民眾「疼惜您的肝、抽血保安心」，既有可信度，又有吸引力，讓國人開始重視肝臟保健的重要性。

✾ 14.2 閱聽人心理歷程

　　人類的心理活動，雖然不能直接觀察，但只要考慮個人的「前序事件」(antecedents) 及「發生行為」，即可推測個人內在的「心理歷程」。這就表示個人的行為和前序事件關係非常密切，而個人的心理活動則為中介變項。通常心理學家把這種中介變項稱為「黑箱」(black box)，如圖 14.1 所示。例如一個閱聽人看到電視上成龍的拒菸廣告後，就開始戒菸。成龍的拒菸廣告即為前序事件，而戒菸的行為即為發生行為。然而閱聽人為何會戒菸？則屬於內隱的心理歷程。所以必須從外在的現象，加以推測之。

　　外國學者 Engel、Kollat、Blackwell (1968) 進一步地把上述黑箱的模型加以具體化，將黑箱稱為個人的中央控制單位，是行為的總司令部。它是發號司令的中心，是人類的記憶，及思考和表現行為的基本機構。在人類的記憶中，有不同的人格特性及性格傾向、過去經驗及個人價值觀與態度，如圖 14.2 所示。這些元素不但具有特殊功能，而且與中央控制單位互相融合。

❖ 人格特性：就個人而言，假使某些行為模式能夠滿足個人的需求和慾望，則會儲存在腦海裡，因而產生「動機」。而個人在表現行為的過程中，每個人都有自己的一套反應方式或行為，稱為反應特質 (response traits)。

❖ 過去經驗和消息：幾乎個人的所有行為都會儲存在中央控制單位裡，分為意識記憶與潛意識記憶。因為儲存在腦海裡，所以個人對刺激的反應模式

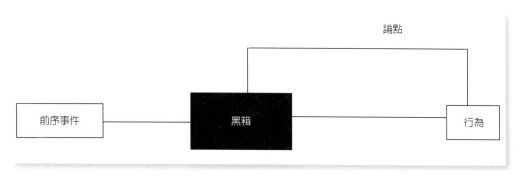

資料來源：Engel, Kollat, & Blackwell (1968), Chapter 3.

圖14.1 中央控制單位及各心理元素間的關係

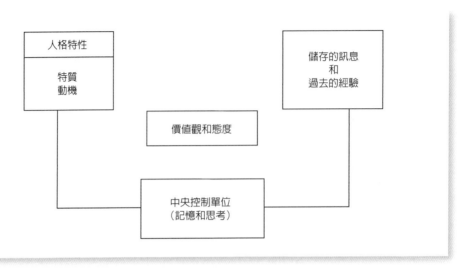

資料來源：鄭伯壎 (1976)。

圖14.2 研究人類行為的最基本模型

非常固定且是可以預期的。

❖ 價值觀和態度：這裡是指一般化的性格傾向，是由個人的各種人格特性所組成的。當個人的性格傾向與過去經驗交互作用後，即形成了個人的態度與價值觀。其中價值觀是較一般性的概念，而態度較為特定。

社會心理學家羅森柏格與賀夫蘭 (1960) 曾提出態度的概念架構，他們認為，要了解廣告如何影響訊息接收者的態度、信念與行為，就必須先了解態度的形成與改變的過程。他們認為來自於外在的訊息刺激、情境等將首先會對於態度造成影響，之後才進一步影響訊息接收者的認知、情感與行為，如圖 14.3 所示。

綜合以上，可從中解釋人類個體間心理歷程的差異。每個人對刺激的反應或行為都不太一樣，因此會形成個人行為的獨特性，例如有些人的反應非常執著與刻板，對於自身的行為非常在意；但有些人就較為瀟灑，對個人行為不太注重。也由於個人需求的滿足方式不一樣，或需求不同，所以動機亦有所差異。另外，閱聽人在評價產品或廣告時，往往會有自己一套特定的看法。閱聽人可能會因為喜歡某位明星，而喜歡此位明星所代言的產品，也就是

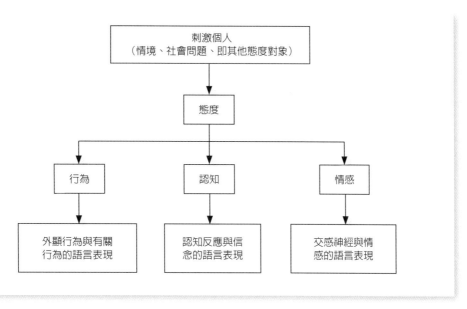

資料來源：方蘭生 (1984)，115～166 頁。

圖14.3 羅森柏格與賀夫蘭的態度概念圖

說，會因為某明星的關係而對其所代言產品的態度特別好。另外，態度是可以改變的，而且經由態度的改變，可使個人的行為也跟著改變。社會心理學家 Rosenberg、Milton、 Houland、Mcguire、Abelson 與 Brehm (1960) 認為態度的改變有三個主題：

1. 當態度的認知因素與情感因素一致時，則態度處在一種穩定的狀態下。
2. 當態度的認知因素與情感因素互相矛盾，而且超過個人能忍受的限度時，則態度處在一種不穩定的狀態下。
3. 當態度處在不穩定的狀態下，個人會採取下列行動，以達到穩定的結果：
   (a) 個人會拒絕接受引起態度不穩定的消息，以重新達到穩定的狀態。
   (b) 將兩個互相矛盾的認知因素及情感因素各自獨立起來。
   (c) 個人產生態度的改變。

14.3 理念代言人

人們對社會的事物具有認知 (知識)，如果在認知之間產生不同的見解 (互相矛盾、格格不入的狀態)，則會導致不平衡。為了要解除不平衡的狀態，人們通常會朝著認知平衡狀態的方向發展，進而產生態度改變與行為改變的傾向。

「平衡理論」(Balance Theory) 係由社會心理學家 Fritz Heider 所提出，對於人們認為可能會有所關聯的因素，設法維持其關係 (或態度) 的一致性，該理論主要討論三角關係的認知平衡。三角形表示平衡理論的三大元素，又稱 P-O-X 理論，P 代表自己 (觀察者)，O 代表對方，X 是介於 P 與 O 之間的第三者或被觀察對象 (包括人、事、物或觀念)，則三者間認知元素可形成一個認知單元，並以正或負來表示兩者間的關係，如圖 14.4 所示。

在此一認知單元中，存在兩種連結關係：

1. 感情上的連結 (Sentiment Connection) 指的是觀察者對另一個人 (P 對 O) 與對觀察物 (P 對 X) 所存在的正或負面感覺，也就是態度的主要成分。
2. 單位關係 (Unit Relation) 指的是觀察者對這兩個觀察對象 O 與 X 所抱持的關聯性看法 (O 與 X 之間)。

廣告中常用明星為代言人，就是希望塑造消費者喜歡 O 明星，而該 O 明

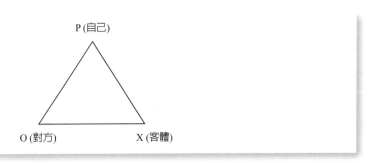

資料來源：Heider (1958), pp.174～217.

圖 14.4　平衡理論意識圖

星喜歡 X 品牌，所以消費者也喜歡 X 品牌。董氏基金會的廣告找青少年喜歡的偶像說出「我不抽菸」，也是希望藉由 O 和 X 之間的負面關係，而能讓 P 與 X 之間也呈現負面關係。

平衡理論指出，人們希望三項元素之間的關係能和諧一致 (或平衡)，如果彼此未能和諧一致，將會導致緊張狀態，一直到人們改變認知，並重回平衡狀態，緊張才會解除。

外國學者 Newcomb (1953) 提出「相稱理論」(strain toward symmetry)，認為假如 A 和 B 彼此有好感，而且對另一客體也都有好感，那麼其彼此的關係是相稱的；假如 A 和 B 彼此沒有好感，而其中一人對客體有好感，另一人卻沒有好感，這關係也是相稱的；假如 A 和 B 彼此有好感，但對客體的觀感卻不同，則彼此的關係為不相稱；假如 A 和 B 彼此沒有好感，但對另一客體卻同時具有好感，則彼此的關係也不相稱；當處於不相稱時，A 和 B 或者須改變對彼此的態度，或者其中一人改變對客體的態度，以達成另一新的平衡，如圖 14.5 所示。

外國學者 Mowen 與 Brown (1980) 將 Heider 的平衡理論以及 Newcomb 的相稱理論應用至代言人廣告上，分別以閱聽人、代言人與產品取代自己、對方、客體三者，來說明代言人廣告中這三種角色的關係，如圖 14.6 所示，並得到以下兩種現象：

1. 當閱聽人對廣告代言人有好感，且代言人與廣告產品緊密結合，而閱聽人又不排斥該產品時，廣告效果最佳。

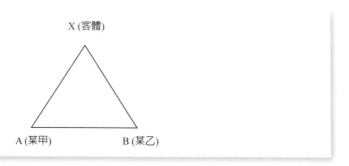

資料來源：Newcomb (1953), pp.393～404.

圖14.5 相稱理論的意識圖

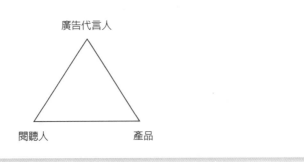

資料來源：Mowen & Brown (1980), pp.437~441.

圖14.6 平衡理論與相稱理論在代言人廣告的應用

2. 當閱聽人對廣告代言人有好感，但卻不喜歡該產品時，則會發生不平衡現象。因此，將代言人的部分區分為正向與反向代言人：

(1) 正向代言人：指本身具有該理念訴求的形象者，如成龍與孫越本身有捐血行為代言捐血運動，即屬於正向代言人。

(2) 反向代言人：則指本身曾違反該理念訴求的形象者，如愛滋病者代言預防愛滋病廣告，即為反向代言人。

14.4 代言人與閱聽人事前態度

依據奧斯戈德等學者 (1955) 的適合理論，認為「傾聽某人對某對象的主張，聽者對主張者的評價與對對象的評價有一種趨於一致 (均衡) 的傾向」。如果將此種觀點運用到代言人廣告上，代言人在廣告中對產品發表意見，則閱聽人對代言人的評價與對產品的評價會趨於一致而發生態度改變。由於對代言人的喜愛同時也會產生對產品的愛好，但是如果推崇相當討厭的產品，則甚至會對代言人產生厭惡感，如圖 14.7 所示。

在圖 14.7 中，在接觸廣告以前，閱聽人對品牌的評價為 −2，對代言人的評價為 +3，但在廣告上發現代言人推崇該產品，則會產生態度改變，產品的評價會升至 +1，而代言人評價會降至 +1。

因此，如將此論點類推到非營利組織訴求理念行為的宣傳時，可得知閱聽

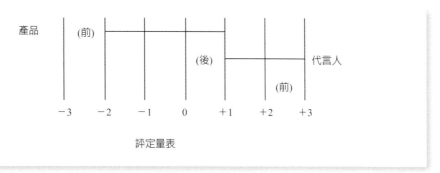

資料來源：藍三印、羅文坤 (1979)，239 頁。

圖14.7 適合理論意識圖

人對代言人的評價，與對非營利組織訴求理念行為的評價，會產生一種趨於一致(均衡)的傾向。假若閱聽人對代言人喜愛，則同時也會產生對非營利組織理念行為宣導的愛好，但是如果推崇的理念行為是閱聽人相當討厭的，就有可能會對代言人產生厭惡感。換句話說，假若閱聽人原先就對代言人所倡導的理念行為有著負面的評價，那麼這個理念經過代言人代言後，其可能會降低對代言人的看法。由此可知，為何不同的閱聽人會對代言人產生不同的評價，或對其倡導理念行為產生不同的反應，閱聽人的事前態度，即對代言人的事前評價，以及對對象的事前評價是重要的影響因素。

另外，閱聽人對於廣告的態度，會影響其對廣告中產品的態度；同理，閱聽人對於產品原先具有的態度，亦會影響其對廣告的態度。

學者 Kamins 於 1990 年在研究中曾提出適配性假設 (Match-up Hypothesis)，表示當代言人與產品之間存有合適性 (fit) 時，代言效果較佳。另外，學者 Miciak 與 Shanklin (1994) 更進一步指出，名人代言人的效益來自於五種標準的明顯性：(1) 名人的可信度；(2) 名人與閱聽人的適配性 (Celebrity / Audience Match)；(3) 名人與產品的適配性 (Celebrity / Product Match)；(4) 名人的吸引力 (Celebrity Attractiveness)；(5) 其他考量 (Other Considerations)，例如：簽約金、是否代言其他競爭品牌？可否專屬代言？其中代言人與閱聽人的適配性 (Celebrity / Audience Match) 是指，如果代言人正好是產品目標族群期望的對象，閱聽人會相信這個代言人和他們分享同樣重要的價值觀，或者他們可能會想模仿代言人的外表。代言人與產品的適配性 (Celebrity / Product

Match) 則是指代言人的形象、名聲、價值觀與外表，必須與其所代言的產品或服務相關。

　　從學者 Miciak 與 Shanklin 所提出的代言人與閱聽人的適配性，以及代言人與產品的適配性，可以看出在利用代言人進行理念宣導時，必須注意代言人與閱聽人的關係要愈強愈好。

　　Kamins (1990) 與 Ohanian (1991) 在研究有關廣告代言人效果的研究時，強調了產品與代言人特質的相似性，對於衡量吸引力以及廣告效果是一個重要的構面。Solomon、Ashmore 與 Longo (1992) 的研究皆指出，香水及豪華轎車都是屬於一種具有吸引力特質的產品。學者 Kamins (1990) 甚至表示，在廣告中運用具實體吸引力 (physical attractiveness) 特質的代言人，較使用不具實體吸引力特質的代言人，對閱聽人而言，會產生較佳的品牌態度以及廣告態度，其購買意圖也較強烈。但不具吸引力特質的產品，廣告中使用具實體吸引力特質的代言人，並未發現類似的顯著性效果。由此可知，對具吸引力特質的產品而言，產品代言人特質和產品特質之間的一致程度，會對其廣告效果產生正向的影響。

　　另外，根據 Jones 與 Davis (1965) 在廣告商真實歸因理論中所提到的一種較特定 (specific) 原理，即相符原理 (correspondence principle)，它可幫助了解閱聽人對代言人與理念行為訴求之間關係的看法。相符原理嘗試解釋在何種情況下，歸因者會做內在特質的歸因或外在特質的歸因判斷，前者在相符原理中稱為相符歸因 (correspondent attribution)，是指觀察者將行為歸因於行為者的真實感情，後者則稱為不相符歸因 (Non correspondent attribution)，這是觀察者將行為歸因於環境的因素。由歸因理論的觀點來看，閱聽人會試圖找出代言人為非營利組織理念行為做廣告的動機，究竟是出於代言人本身對非營利組織理念行為的信念支持，還是情境因素 (例如金錢的誘因)。如果閱聽人將代言人出面述說理念行為好處的原因歸於前者 (代言人本身的信念)，則代言人和非營利組織理念行為之間的結合程度 (或閱聽人對這種結合關係的知覺) 就會增強。但是如果閱聽人認為代言人雖出於本身信念，但代言人對非營利組織理念行為的看法並不正確時，結合程度並不一定會增強。

14.5 代言人的影響方式

利用代言人所產生的影響投射在廣告表現中，因爲不同類型的廣告代言人各有其特色，所以他們說服消費者的方式也不盡相同。根據學者 Kelman (1961) 提出社會影響模式 (Social Influence Model)，其認爲個人會因爲不同訊息情境或訊息來源而引發不同的動機，進一步產生不同的態度。而影響消費者態度變遷過程的因素，大致可畫分爲三類，如下所示：

❖ 順從 (Compliance)：順從是和權力相結合的，受播者希望博取來源的良好反應，或預見到某種酬賞式 (正或負) 的社會效果而不得不順從，由於廣告代言人和廣告觀看者之間幾乎沒有互動機會，所以順從方式的影響很少出現。

❖ 認同 (Identification)：認同是指受播者希望在某些方面與溝通來源相似，而接受其影響，亦即消費者喜歡或景仰某位代言人並希望模仿他。透過認同，消費者認爲自己在某些方面與廣告代言人相似，而接受了代言人贊同的態度和行爲，可是滿足感卻來自「和某人一樣」，而非態度或行爲本身。引起認同的來源因素，是吸引力 (attractive) 或受喜歡程度 (likable)，此種影響過程與廣告代言人有密切的關聯，尤其是當代言人爲「名人」時，消費者往往會基於認同的心態，而產生被說服的行爲。

❖ 內化 (Internalization)：係指個人之所以會接受某種行爲或態度，是由於對這種行爲或態度的肯定，認爲其與個人價值觀念相符；簡言之，就是他相信傳播訊息與其看法一致。內化過程的發生，是由於傳播者的可信度或專業性，或是訊息本身的說服力。

實例個案一：中國海南省三亞城市

↳ 中國大陸海南省三亞城市 —— 美女代言

春節是中國海南省三亞城市的旅遊旺季，人頭鑽動，消費價格暴漲，尤其是住宿，是平日的三倍以上。旅遊是三亞城市經濟的支柱，供不應求，這就是市場經濟。

有意思的是，春節期間親朋好友相發短訊拜年，突然發現有很多全國各地的老朋友不約而同地到了三亞市。一個武漢的客戶朋友因為做了一個夢，第二天便飛至三亞市，要去祭拜南海水上觀音，足見三亞城市的魅力。

三亞城市憑什麼條件成功？當然離不開三亞四季宜人的氣候、美麗的海岸沙灘、誘人的海鮮美食、豐盛的熱帶水果等，被譽為「度假天堂」。

這些都是主因，但其實還遠遠不止這些。三亞的自然條件，是三亞城市品牌的物質基礎和產品屬性。三亞更大的品牌價值在於對城市行銷的深刻理解和高超運作，這正是三亞擁有超級知名度、影響力和吸引力的深層緣由。

歸納起來，三亞城市行銷高招：美女。

大家知道，三亞市盛產美景美食，但美女稀少。美女經濟時代，缺少了美女元素的三亞市，難免缺乏「人文特色」，遜色不少。

怎麼辦？不產美女不要緊，三亞會借美女，借全世界的美女為三亞城市增光添彩。於是，在三亞市的策劃和爭取下，世界小姐總決賽放在了三亞市，美景、美食加美女，從此一發不可收，國內外形形色色的美女比賽都選在了三亞市，三亞也成了名副其實的美女經濟之都。世界小姐張梓琳、人氣超男陳楚生等美女、美男，還被三亞市聘為形象大使。

更厲害的是，三亞市還爭取到國際明星大美女章子怡的熱情相挺。形象大使的名義不討巧，難免有廣告嫌疑，但經過策劃和變通，章子怡變成了「三亞市榮譽市民」，既高雅、有面子，又做了很好的城市宣傳，可謂一舉兩得。

資料來源：http://big5.cri.cn/ 憑啥吸引八方來客？三亞城市行銷三大高招。

實例個案二：高雄縣觀光福利卡

　　高雄縣政府與聯邦銀行聯合發行高雄縣觀光福利卡，在圓山飯店與各界見面，縣長楊秋興與美女模特兒走秀，促銷福利卡，以挹注縣府社會福利經費。

　　主辦單位指出，高雄縣觀光福利卡如經縣府促銷發卡，銀行每張回饋縣府新臺幣 200 元，作為觀光發展經費。福利卡每筆刷卡消費額 2.75‰ 作為縣府社會福利經費。

　　為促銷高雄縣觀光福利卡，縣府與聯邦銀行下午在圓山飯店召開記者會。在流行的音樂聲中，美女模特兒持「卡」走秀，配合高雄縣四季推動的春賞宋江陣、夏迎荖濃泛舟、秋著美濃藍衫、冬遊溫泉穿著當令服飾走秀，推銷高雄縣觀光。

　　楊秋興表示，高雄縣春夏秋冬季節有重要的觀光景點，擁有好山好水，發行觀光福利卡一魚兩吃，除挹注社會福利經費，也行銷高雄縣觀光之美。

　　代言行銷的年曆如下圖：

實例個案三：2010 中彰投觀光親善大使選拔賽

✤ 前言

2010 年舉辦首屆中彰投觀光親善大使，是美麗年代的開始，為臺中、彰化、南投開創了觀光、選美歷史嶄新的一頁，它突破一般選美的框框，令觀眾有意外驚喜！

一場選拔大賽，讓她們從此有不一樣的人生、不一樣的經歷、不一樣的想法。現在，有一個讓夢想成真的舞臺。在這裡，讓我們看到妳的自信、美麗、敢說話、有個性的妳。妳將會是下一個撼動全球華人的觀光親善大使，把臺灣的美分享給全世界。

✤ 使命

中彰投觀光親善大使本著推廣臺灣各地的觀光、關懷弱勢團體，促進各地交流，彰顯臺灣的「真、善、美」，敢於夢想、美麗愛心兼富有才華的新女性形象，成為亞洲地區公平、公正、公開的國際級選美盛事。

✤ 特色

1. 中彰投觀光親善大使，是由臺中、彰化、南投等當地政府與旅遊協會主辦及製作，所有優秀參賽者都有機會成為推廣臺灣地區觀光、親善的一分子，故是一個持續可多元發展之選美活動。
2. 所有參賽者由報名一刻開始到參賽結束，都不需向大會繳付一分一毫。
3. 專業星級之形象顧問團及精緻完善之培訓課程。
4. 中彰投觀光親善大使將以推廣臺灣當地文化為整個運作理念，將選美與文化完美結合。

大會主題

同一道彩虹　不同的絢麗
One World —— Different Gorgeous and Beauties

基本參賽資格

- 年齡 16～36 歲之女性。
- 高中程度以上學歷。
- 合宜的高度及身材比例。
- 沒有任何犯罪紀錄。

賽制

一、分別為臺中、彰化、南投三大賽區。

二、於臺中、彰化、南投等地，分別舉辦萬人海選、初賽、決賽。

三、考評內容分別為：

　　　1. 萬人海選：身材、體態、形體、神態、樣貌。

　　　2. 初賽：自我介紹、簡單問答、才藝表演、泳裝展示。

　　　3. 決賽：自我介紹、泳裝展示、晚禮服展示、才藝表演、機智問答。

出賽人數

一、第一階段——萬人海選：履歷表篩選；篩選至 50 位佳麗。

二、第二階段——初賽：篩選至 20 位佳麗。

三、第三階段——決賽：冠亞季軍誕生。

2010 中彰投觀光親善大使獎項

1. 中彰投觀光親善大使　冠軍　　　　獎金：30 萬元整

2. 中彰投觀光親善大使　亞軍　　　　獎金：20 萬元整

3. 中彰投觀光親善大使　季軍　　　　獎金：10 萬元整

4. 最佳人氣獎（由記者票選出） 　　　　獎品：價值 5 萬元整

5. 最佳泳裝獎 　　　　　　　　　　　　獎品：價值 5 萬元整

6. 最佳才藝獎 　　　　　　　　　　　　獎品：價值 5 萬元整

2010 中彰投觀光親善大使誕生之旅

02 月 01 日～03 月 02 日	2010 中彰投觀光親善大使賽事啓動（開始報名海選收件）
03 月 08 日	公布進入初選名單（50 名；報名海選）
03 月 13 日或 14 日	2010 中彰投觀光親善大使初選（50 名選 20 名）
04 月 10 日	2010 中彰投觀光親善大使決賽（20 名佳麗競選）

媒體宣傳計畫

(一) 主辦單位及活動代言人將出席選拔賽的新聞記者會，廣邀媒體參與，發送電子新聞稿及於網站刊登活動消息。

(二) 由專業形象顧問團進行形象包裝及訓練，全程媒體跟進報導。

(三) 參與贊助客戶活動及公益慈善活動，提升中彰投親光觀善大使之曝光及與觀眾互動，媒體跟進報導。

(四) 在決賽前後，在不同地區舉行賽事及外景拍攝，全部媒體跟進報導。

(五) 在比賽期間，用宣傳跑馬燈、廣告、旗幟等宣傳品，宣傳活動。

活動經費計畫

序號	項目	金額	數量	內容
1	主持人車馬費（三場）	60,000	一式	主持人（記者會、初、決賽）
2	評審出席費（三場）	130,000	一式	（萬人海選、初、決賽）
3	表演演出費（活動串場×3 場）	80,000	一式	（記者會、初、決賽）
4	會場布置（兩場）	120,000	一式	舞臺背板輸出、桌椅、帳篷……
5	活動保險費（兩場）	20,000	一式	公共意外責任險
6	工作人員餐飲費（兩場）	25,000	20 人	工作人員餐費、礦泉水……
7	活動規劃執行	60,000	一式	
8	文宣製作費	80,000	一式	雪銅海報 500 份 宣傳旗幟 200 支 路標指引 20 組 邀請卡 500 份
9	硬體費用（兩場）	150,000	一式	中型舞臺一式播、放設備 中型舞臺一式播、放設備 音響設備一式、發電機一式 燈光設備一式
10	現場執行人事費 （三場——海、初、決選）	78,000	一式	20 人
11	佳麗培訓費用（一個月課程）	150,000	一式	20 人
12	佳麗培訓住宿費補助	100,000	一式	20 人
13	雜項費用	50,000	一式	文具、交通、郵電等其他雜項支出
14	競選綵帶、得獎綵帶	52,000	26 條	競選綵帶 20 條 得獎綵帶 06 條
15	獎金（冠軍、亞軍、季軍）	600,000	一式	
16	獎品（三個特別獎）	150,000	一式	
17	記者會茶點	30,000	一式	
18	記者會小禮品	50,000	一式	
19	記者會雜項費用	70,000	一式	
20	形象整體造型團隊（兩場）	150,000	一式	
				總金額：2,205,000 元整

～2009 亞洲小姐選美（臺灣南區）～活動花絮

【決賽晚會活動——團舞】

【決賽晚會活動——公益宣誓】

【決賽晚會活動——泳裝展示】

【決賽晚會活動——晚禮服展示】

實例個案四：最想搭訕的性感名校～正修

Note :

CHAPTER 15

企劃案撰寫篇

15.1 導論

15.2 企劃、計畫與決策的關係

15.3 企劃案撰寫的重要原則與基本格式

15.4 活動企劃案架構：範例參考

15.5 經費預算表

15.6 企劃案的架構及種類

實例個案：臺灣月世界兩岸現代農業暨休閒文創示範基地

只有有目的、有系統、有組織的學習，
知識才會變成力量

～彼得‧杜拉克

15.1 導論

　　「企劃」是「planning」，就是為了實現某一目標或解決某一問題，所產生的奇特想法或是良好構想，它涉及從構思、分析、歸納、判斷，一直到擬定策略、方案實施、事後追蹤與評估過程，所以企劃是一種具企圖心的想法。簡單的說，企劃就是把「想法」歸納整理出來，是一個動態的過程。

　　「企劃書」是「plans」，注重的是文字描述，是一種書面溝通文件，當一個想法需要被完整表達時，企劃人唯有透過書面方式整理、架構想法，形成結論，再將此具體結論寫成文字、文件，則成為「企劃」書。所以將自己的(或大眾的) 想法歸納整理成的文書，稱為「企劃書」。

　　如何讓自己成為客戶點頭與老闆稱讚的提案高手？提案高手應像老鷹，具有宏觀的鷹眼，從高處俯瞰平地的視野，為客戶找到當下最需要解決的課題；或像螞蟻，具有微觀細處的蟻目，像是工蟻一般，從最細微的地方落實執行，直到達成目的任務為止；提案是為了解決提案對象的問題，無論是哪種提案，不僅提出的方案要有效可行、具創意外，提出的方式也要像一場精彩戲劇的演出，才能引人入勝，一針見血，讓觀眾難以忘懷。

　　提案對象唯有透過閱讀文件才能釐清整個事件的始末，即使做得再好，也一定需由簡報 (presentation) 來闡述，所以如何讓報告完整、內容充實，並經由專業的過程、客觀的標準，得到好的對策，才具有說服力；否則憑空想像、杜撰捏造，必遭上級或客戶摒棄。所以成功的提案包括兩大要素，一是具說服力的企劃書，就像是題材新穎、引人入勝的劇本；另外則是一場成功的簡報演出，猶如超級星光秀，上演前演員必須經過不斷的排練，並準備好能強化演出布景、燈光等，力求完美地呈現在觀眾眼前。兩者皆是成功提案的一體兩面，必須同時臻於完備，才能在客戶前面展現最佳的效果。

　　因此企劃書的邏輯通常是以「指出問題」→「找到解決方案」為順序；企畫書必須具體描述問題所在，並且找出解決問題的方法、擬定計畫與具體執行方法，並且預估執行後，期待達成的目標。

　　撰寫企劃書不僅是企劃人員該具備的能力，業務人員如具備此能力懂得撰寫一份具說服力的企劃書，將會讓自己的業務推展更加如虎添翼，不但能解決

顧客的問題，讓客戶了解你的用心與專業，也可藉此獲得客戶的訂單。

經理人因為掌握一個部門或事業群，更需具備及善用企劃能力，來解決關鍵客戶的問題，並訓練及指導部屬如何準備一份具說服力的企劃書與成功的簡報技巧，以帶領業務團隊發揮主動出擊及整合行銷的戰力。

面臨開放市場的競爭，工作中無處不需要企劃力的挑戰，如何培養自己的創意及企劃能力，需時間與經驗的累積。當你感覺自己總是做一些無關緊要的工作，或交給客戶的提案一直石沉大海時，這表示你需要再進一步提升你的企劃力，才能證明你在工作上的才華與努力。你需要一份能讓客戶的眼睛為之一亮的企劃書，在肯定之餘，加深他們對你的依賴與好感。

有志從事於行銷或企劃的朋友，如果無法從基礎扎根，訓練好個人的企劃力，就無法顯示出自己的特殊性與差異化，很快地就被新人淘汰與取代。如果自己擁有企劃力，便能將工作上所發現的問題發展出提案，有效地改善作業及計畫上的缺點，讓自己不僅能在工作上有傑出的卓越表現，同時也提升自己的工作價值和部門的績效，創造了自己在職場上不可取代的價值。

人的價值是因為可以被應用和稀有性，如果不具特殊價值或容易被取代，他的價值和價格非但不能保值反而會日益下降。如不具特殊技術的裝配工，一般性的店員或只能開計程車的司機。

這是實際的例子：一位在銀行上班的女職員希望我幫她向公司的同仁推廣信用卡，並詢問公司是否需要貸款。我看她的樣子不太像是業務人員，她說自己剛被調到推廣部門，一個月至少要三十張信用卡和一億元的放款額度。她還說她在銀行已服務了十五年，一向從事櫃檯工作，兢兢業業，有時還因算錯帳要賠錢。但公司在激烈競爭的狀況下，仍然要她們這些資深行員走上街頭增加產能，說來相當無奈，我也覺得情何以堪。她是無法具備複利價值的人，一旦提款機取代發鈔人員後，她若不能另創價值或績效，很快便會被淘汰。這就是現代上班族最無奈的寫照，以目前國內最「夯」、最熱門的金融業尚且如此，其他行業可見一斑；這也應驗了職場一句話：「沒有計畫，就等著被淘汰」。

所以，好的企劃案必須有：

1. 目的與目標確認
   - 界定問題，專注於最需要解決的問題上。
   - 撰寫企劃目的可導引整體骨架綱要。
   - 財務面：成本降低。
   - 生產面：效率提升。
   - 人事面：凝聚團結。

2. SWOT 分析與策略 (個體環境分析：相對 / 比較的觀念)
   S：Strengths 相對優勢。
   W：Weaknesses 相對劣勢。
   O：Opportunities 機會。
   T：Threats 威脅。
   任何決策皆要先做 SWOT 分析。
   優勢和弱勢指的是內部因素，如財務資源、人力資源、行銷及技術資源等。
   機會和威脅指的是外部因素，如政治、經濟、法律、社會文化、科技和人口環境等。

表 15.1 SWOT 分析與策略

	優勢 (Strengths)	劣勢 (Weaknesses)
機會 (Opportunties)	S-O 策略：追求與公司強項相符的商機。	W-O 策略：克服劣勢以把握新商機。
威脅 (Threats)	S-T 策略：活用企業強項以降低外在威脅的衝擊。	W-T 策略：建立防禦計畫，避免公司劣勢受制於外在威脅而雪上加霜。

資料來源：《管理工具黑皮書》，麥格羅·希爾出版。

3. 資訊情報蒐集與分析
   - 活用二手資料分析技巧。
   - 市場資訊 / 情報的蒐集能力。

・PEST 掃描大環境

a. 政治 (politics) / 法規。

b. 經濟 (economics) / 人口。

c. 社會 (social) / 文化。

d. 科技 (technology) / 環保。

4. 資源檢核表

・硬體資源：人 / 機 / 料 / 法……。

・軟體資源：技能 / 經驗 / 資訊 / know how……。

・公關資源：政商 / 文化 / 價值……。

・外在資源：銀行 / 協力廠商 / 供應鏈夥伴……。

5. 可行性分析

・市場可行性：客戶對象是否能接受。

・技術可行性：困難瓶頸是否能突破。

・預算可行性：人力、財力是否足夠。

・獲利可行性：短期獲利是否能展現。

6. 替代方案與對策

・替代方案應說明與主要方案之間的差異點 (如狀況出現時，資源應如何配置、策略應如何調整、執行內容有哪些應修正)。

・應進行替代方案與主要方案之間的效益比較分析 (如經費、效益、預期成果)。

7. 執行計畫與修正

隨時對執行企劃進度 (內容、時間點、工具) 評估檢討，以確認執行工作是否符合企劃書所擬定的預期目標。

8. 企劃的效益評估與結案

好的企劃書所預測的效益與實際執行結果應該相去不遠。企劃書可針對質化效益與量化效益及評估效益準則加以說明。

量化效益	質化效益
·媒體曝光頻率	·品牌形象提升
·活動參與人數	·提高服務品質
·獲利成長率	·忠誠度的提升
·預算目標達成率	·增加員工向心力
·來客數增加	·人員素質與能力提升
·業績成長率	·企業形象提升
·成本降低幅度	·協助新制度建立
·市場占有率提升	·協助轉型、跨入新領域
·減少員工流動率	·提高決策能力

　　企劃案是一項「整合心智的活動」，需要整合公司內外部的智慧，包括觀察力、創造力、判斷力、執行力、決策力等，推動的最大動力就是「企圖心」。因為企劃的「企」就是企圖心，「劃」就是規劃，企劃就是一種具企圖心的想法規劃，是企劃人打從心底不斷地探索一種不同於以往解決問題或達成目標的方法。將一個想法進行全面性的思考，考慮外在環境的變化、內部資源的條件，如何相互運用並找出一個可行的方案，以解決所面臨的問題或是達成某一特定目標的方法。所以「企劃」不僅要充滿企圖心，也要精心籌備規劃，才能達成目的。企劃已經被廣泛地運用在各種商業活動中，例如企業推出新商品，為了能順利將產品推出市場，讓消費者購買，就需要一份有效的「產品行銷企劃書」或「廣告企劃書」。

　　從接到企劃指示開始，企劃人要先確認提案對象的需求、進行資訊與資源

的蒐集與盤點、形成構想方案、評估構想是否可行，再經過縝密思考過程後，才能開始撰寫企劃書，當企劃書完成後，還需歷經企劃執行、監督及檢討修正等過程，整個企劃流程才告一段落，所以在企劃案正式下筆之前，企劃人還有許多功課要準備。

公司為什麼需要「企劃」？主要原因是「企劃」可作為「高階決策判斷」、「執行的基礎」與「考核的根據」。

根據企業管理中所謂的「管理循環」，是指：計畫 (Planning)、組織 (Organizing)、用人 (Staffing)、指導 (Directing)、控制 (Controlling) 等管理五功能，而計畫是管理五功能體系的第一個龍頭功能，所謂「好的開始，是成功的一半」。簡單的說，管理可以視為是：企劃 (Plan)、執行 (Do)、考核 (Check)、再執行 (Action)，即 P-D-C-A 循環系統，所以有了企劃案才可落實推動「執行」的基礎，以及執行結案後的「考核」根據；因為有好的企劃案，執行起來將會較有秩序、有脈絡及章法可循，將來也能落實考核的目的，完成企劃所希望達成的結果與效益。一份好的企劃案應該同時具備創新性、可行性、效益性、資訊性、視覺與溝通性，這六大標準應是所有企劃案共同追求的普世價值。所以好的企劃書不僅是企劃人表達自我想法的溝通媒介，也同時是企業運作中不可或缺的管理工具。實務上，我們常聽到：「好的企劃案，不一定能成功；但沒有好的企劃案，則一定不會成功。」說明企劃案的重要性及必要性。

15.2　企劃、計畫與決策的關係

↪企劃 (Planning) 與計畫 (Plans) 的差異

(一)「企劃」是因，「計畫」是果；「企劃」是「議」，計畫是「決」(Planning is Cause；Plan is Effect)。

「企劃」(Planning) 與「計畫」(Plan) 的英文和中文都很相似而且相關，一般人也常容易混淆，事實上兩者相似但內涵卻完全不同。「企劃」(Planning) 代表動態的決策過程(Decision－Making Process)。在實際工作之前，思考需要「什麼」(What) 及如何 (How) 來達成用腦思考與共同討論的動態過程 (Mental

Process)。企劃是活的、有彈性的、機動的、可長可短的，泛指用頭腦思考解決「未來問題」的過程，為未來之目標及手段而決策，屬動態的決策過程，是計畫書形成的必要過程。企劃 (Planning) 亦即等於人們所說的「用計」的工夫。

(二) 計畫 (Plans) 的「畫」沒有刀旁，代表一種靜態的事件，可稱為用腦思考的定案文件或決心，故計畫 (Plans) 泛指思考的定案結果；有好的「企劃」前「因」，才能產生好的「計畫」後「果」；沒有良好的用腦活動，就不會產生良好的計畫書，因此，計畫 (Plans) 是書面的，以企劃而規劃出來的具體計畫，可作為提供決策者參考的依據來源。

「企劃書」有時被稱為「計畫書」、「提案書」或是「報告書」。稱為「企劃書」，予以閱件人有新創意、好點子的強烈印象；「計畫書」則有強調執行的意味；「提案書」多半被用於解決現況問題的改善建議上。

所以實務上，為行銷所做的企劃就稱為行銷計畫書；為活動所做的企劃則為活動企劃書。在廣告業界較喜歡使用「企劃書」名稱，並不常用「計畫書」，大多認為它是日本外來語的用法，其實意義相同，只是看法不同而已。

經過「企劃」的周延構思評量，幫助公司決策者或是經理人員進行分析、思考與評估方案。「決策」則是經驗與智慧的判斷與選擇，選出最好的企劃方案，做出最佳判斷與決定，並對部屬下達決策命令，讓部屬有效地執行企劃方案。

✎ 「企劃」、「計畫」、「決策」的關係

由上可知，企劃、計畫、決策彼此之間是有所差異，但三者卻存在先後循環的關係，彼此相互依賴，再產生最後的價值。如下圖：

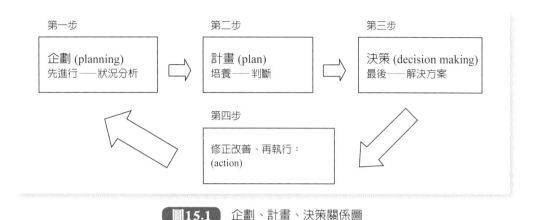

圖15.1 企劃、計畫、決策關係圖

　　當公司有新的專案或進行個案時，企劃部或專業企劃幕僚單位則應先進行研討、思考、動腦、討論等腦力激盪的創意過程，針對個案進行預先規劃作業，提出各種可行性執行方案與策略，這就是第一步的企劃構思階段。企劃案完成後，經主管單位召開跨部會及相關單位討論並修改定案後，即能正式成為「計畫案」或「企劃案」，這是第二步的計畫成形階段。

　　最後，必須將此「計畫案」提報到公司決策會議，由最後決策單位參與人員共同討論，並經必要之修正與調整，形成最後的決議共識，並做成最後的決策指示，這就是第三步的決策定案階段。

　　當決策執行後，在執行過程中，會產生事先無法預測或與事實有所出入的情況，因此需及時調整策略方向與戰術計畫內容，此時就應進行第四階段的「修正改善、再執行」。一直到問題解決及正面效益產生，才可停止此一行動，經過此四步驟不斷循環，就容易「追根究柢」地找出問題的根源。

15.3　企劃案撰寫的重要原則與基本格式

✎ 企劃書的基本格式 6W／2H／1E 九大原則

　　企劃最忌空泛及不具體，所以應用架構上的思考，用客觀數字來評量，主要是為了力求精準化，以 6W／2H／1E 原則來描述現象或問題點，表示這個企劃案基本上思考周全，比較沒有疏漏或被挑出毛病，是一種具體化的技巧。所有企劃書都在說明一個主要想法下的 6W／2H／1E 元素，這些共通元素的

部分提供了整合企劃的空間；所以，即使在不同種類的企劃書之間，也有許多近似的概念可供借用。企劃書的形成過程中，可以藉由許多疑問詞 (如 What、Who、When、Where…) 所組合而成的思考模式來構成內容，是企劃人的思維模式，這些由「W」及「H」所組成的內容稱為企劃基本要素，建議企劃人可掌握 6W／2H／1E 當成基本的企劃思維。意涵如下：

❖6W (規劃階段)

(一) What (做什麼、目的為何、目標為何、主題為何、主軸內容為何)。

(二) Why (為什麼要做、企劃緣由、大環境分析、SWOT 分析、市場分析)。

(三) Who (誰來做、參與對象、人員配置、組織表、人員任務編組)。

(四) Whom (對誰做、對誰提案、企劃的對象)。

(五) When (何時做、時程計畫安排、流程如何進行)。

(六) Where (在何處做、國內／國外、單一地點／多點進行)。

❖2H (執行階段)

(七) How to do (如何做、如何完成、哪些方案、實施方式、執行步驟)。

(八) How much (多少成本及預算、預算表、投入多少資源)。

❖1E (評估階段)

(九) Evaluation／Effect (效益評估、有形效益／無形效益及附加價值)。

這些由「W」及「H」所構成的企劃思考元素，在企劃形成的過程中，有無所不在、不斷展開的特性，所以當你在思考分析判斷一件事情、聽一個報告時，必須運用儲存在腦海中的基本邏輯訓練與思考模式。

企劃書有許多不同種類，各自的結構也不盡相同，但主要內容都脫離不了 6W／2H／1E 的企劃根本。所以當撰寫任何一個企劃案時，必須審慎思考及注意，你的企劃案內容與架構是否確實包含了這個 6W、2H、1E 的精神與內涵。

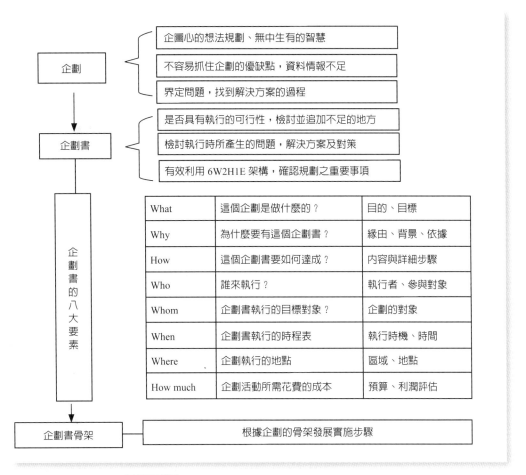

圖15.2 企劃書內容撰寫的共同重要原則 6W/2H

企劃書的結構流程可以對照 6W／2H／1E 的順序如下圖所示：

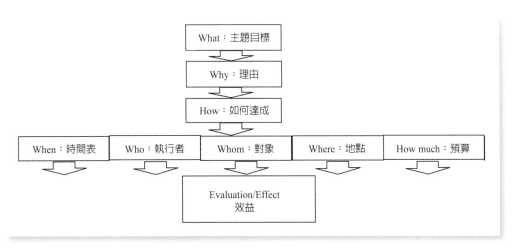

圖15.3 企劃書 6W/2H/1E 的結構流程

例如，當廣告客戶模稜兩可地告知：「我想要舉辦一個活動」時，廣告公司便得依照 5W2H 法則，開始抽絲剝繭：「What：這個活動的屬性是什麼 (公關活動、記者會，抑或是促銷活動等)？Why：活動的目的為何？Whom：訴求的對象是誰 (大眾或小眾)？Who：誰是專案負責人？When：何時舉辦，舉辦多久？Where：活動範圍 (全省還是區域性)？最終再確認 How：想採取何種方式進行？How much：總活動預算支出多少？」然後再依上述架構，提出行銷建議方案。

上述的內容為廣告公司普遍性的策略思考架構，就像唸書時我們所接觸的行銷研究過程一樣，但是囿於廣告主各有不同的行銷目標，使得廣告公司在開展策略架構時，便有不同角度的思考方向。

基本的 6W/2H/1E 架構之外，一份讓人叫好的企劃，還有許多不可缺乏的要素。以下資料可以幫助你檢查，確認自己的企劃是否有更上一層樓。

✢ 企劃書撰寫的基本原則

❖ 企劃的內容要易於讓對方看得懂
- 想法創新、重點呈現，內容精簡得讓閱讀者一目了然。
- 以讀者（客戶、主管）角度思考。
- 符合委託人要求的目標。
- 企劃的基本元素都有說服力。

❖ 企劃的目的要能配合所擬定的架構內容
- 當主題、目的、目標確立後，就可以此主軸展開企劃案的企劃架構設計。
- 企劃書由「背景」、「目的」、「策略」、「執行方案」四大項目所構成。
- 完整撰寫能力和充分資訊蒐集——找出要點關係。

❖ 確認專案企劃的對象是對內或對外
- 內部企劃書的提案對象為公司的主管或相關部門，企劃需求容易掌握，在架構上一般依循公司慣用的企劃格式即可，如人事部門：教育

訓練企劃書、改善提案書等。

· 外部企劃書是一種追求最高規格方式呈現的企劃書，以顧客和相關廠商為對象，因為要面臨如何從殘酷的同業競爭中脫穎而出之課題。如行銷企劃書、服務企劃書、廣告宣傳企劃書等。

❖ 明確指出所有的因果關係

· 企劃是系統思考過程，從構想、問題定義、預算編列、流程等，環環相扣，互為因果。

· 整篇企劃在邏輯上連貫一致。

· 善用流程圖、結構圖、表格，排版視覺動線清楚。

有階級從屬：組織圖　　無階級從屬：組成圖　　循序漸進：推移圖　　集中/歸納：推移圖　　座標圖

資料來源：圖解第一次就上手。

❖ 簡短、不冗長

· 文章簡潔扼要、避免過多專業用詞及術語。

· 以簡潔的文章用詞來書寫。

· 文章簡潔扼要、避免過多專業用詞及術語。

· 表達清楚易懂、有趣、獨特，有令人感動的要素。

❖ 不寫與主題無關或多餘的內容

· 針對主題，無需節外生枝、模糊焦點。

❖ 專門術語應能另闢說明欄或註解

· 引用專業術語，需斟酌閱讀對象，否則報告令人難懂，效果大打折扣。

· 提到的數字都有意義。

❖ 工作內容與流程符合企劃目標

· 確實載明誰負責那些工作、成本多少、收益多少。

為什麼同樣活在太陽底下，有些人的身邊總是充滿著新鮮事？成功的企劃

人永遠都有說不完的有趣故事，因爲他們總是樂於尋找新奇事物，每天都有新的點子。然而企劃離不開創意，什麼是創意？創意不必是偉大的發明、驚人的成果；創意就是一個點子、一個想法、一個形成的靈感；把舊元素做重新的組合，甚至只是一部分的改革。我們常說的 idea 就是創意的點子；把 IDEA 四個字母拆開來看，就可以了解一些有關形成創意的元素：

I：Imagination (想像力)

D：Data (資訊)

E：Evaluation (評估)

A：Action (行動)

創意需要想像力，也需要知識、經驗及資訊，再經過審慎評估後的具體行動與成果，就是一個點子的實踐。創意往往來自於生活或工作上的經歷體驗，運用腦力激盪的方式，可以廣納集體智慧、激發出各種創意；創意技巧可以後天培養，如參考別人的方法，模仿組合、改良出新點子，或跳出舊框架，養成以不同角度看問題的習慣，或善用集體智慧，網羅各方創意和新構想。(李育哲，1997)

心理學家 Carl Rogers 認爲：「創造的原動力是人類自我實現與發揮潛力的傾向，存在於所有人身上，是一種擴張、延長、發展、成長的行動。」可見創造是一種本能、每一個人與生俱來的，可以訓練、發揮、表現。在創意的過程中，心情有起伏，會遇到壓力、焦慮、孤單、無力不知如何下筆；也會在想到點子時產生信心、得意，渴望與人溝通，迫不及待地想要一試；甚至在完成後，產生沮喪、空虛、若有所思的感覺。這都是從事企劃者常有的感覺。

因此，廣告企劃工作者常常是在極大的限制和壓力下工作，如果能在這種條件下，還能將一個創意想法發揮的淋漓盡致，受委託客戶肯定，才是眞正精彩之創意表現。

企劃書撰寫失敗原因

❖ 企劃書沒有明確地說明核心問題

・ 創新不足、無核心觀念、無清楚發展的企劃主軸。

❖ 企劃書的問題分析不明確、看不出重點何在

・ 問題定義不清、市場研究不足、無法抓住重要問題。

❖ 企劃書的設計無法解決問題、過於主觀，與事實不符

・ 未進行提案分析、或對市場過於樂觀，做法無法解決企劃書的問題。

❖ 企劃書的目標空洞無法測量

・ 目標不是空洞的文字描述或夢想，需可達成、有謀略、數據化且有效益。

❖ 企劃書的經費運用不明確

・ 所需之人力、物力、時間、預算等超過合理範圍太多。

❖ 企劃書的時間流程不合理

・ 規劃時間太匆促，準備不夠周延。

❖ 企劃書缺乏明確的效益評估標準

・ 預期效益不明確或過於樂觀的預估結果。

❖ 企劃書想要解決的問題過於複雜

・ 充斥太多重點，無法展現企劃特色。

・ 內容範圍太廣，企劃人員能力不足。

❖ 企劃書的決策者過於主觀強勢或權責不一

・ 老闆一言堂決策，執行過程中權責無法合一。

❖ 編排混亂，缺乏閱讀性，內容錯字連篇，語氣不通

・ 進行內容及文件校對，採 70% 文字＋30% 視覺化內容的呈現方式。

綜合上述企劃失敗的原因，可分「公司內部」(人、組織) 因素，以及「公司外部」(環境) 因素；所以公司高階主管應了解問題之所在，給予企劃人員最多的協助，而企劃人員也應避免「閉門造車」，只活在自己的小宇宙中，如果在規劃階段企劃人員所做的功課不夠，則無法滿足提案對象的需求。企劃書的呈現應該追求想法創新、資源合理、重點呈現、效益顯著。

↳ 企劃報告撰寫的步驟與流程

做好企劃的要訣就是要能不厭其煩地反覆思考每個步驟、環節，把抽象變具象，讓企劃不只是天馬行空的想像，更是實際可行的行動步驟。

企劃的主要流程可區分為下列步驟，各步驟及執行事項說明如下：

❖企劃案的來源

- 主管交辦或提案比稿。
- 機會手取。

❖界定問題、明確目標

- 了解企劃的背景、目的與需求。
- 依據 SMART 原則 (specific 明確的 / measurable 可衡量的 / attainable 可達成的 / relevent 相關的 / time 有時效性的) 定企劃目標。

表 15.2　SMART 原則：設定、衡量、追蹤新產品目標

構　面	構面定義
Specific (**具體的**)	利用數字或事實定義目標的外延與內涵
Measurable (**可衡量的**)	能夠利用客觀方式來驗證目標是否達成。
Attainable (**可達成的**)	判斷該目標能否以自己或協同他人力量完成。
Relevant (**相關適切性**)	目標符合現況，同時能被落實。
Time-Bound (**有時限的**)	目標必須在未來某個時間點內完成，並且其中的進度可供求證。

❖先架構出綱要項目

- 先粗略地列出各大綱。
- 文字修辭只要表達清楚。

❖進行資料蒐集

- 透過內外部資料管道，蒐集初級資料及次級資料。
- 找出相關資料影印貼上。

　　‧善用二手資料與量化、質化調查。

　　‧網羅各方創意和新構想。

❖ 資料的篩檢

　　‧將所有的資料篩檢出有用資料。

　　‧發現相關資料補充建檔。

❖ 提出可行方案及創意點子

　　‧透過以量取質，讓可行方案的數量極大化。

　　‧採用分析工具有：腦力激盪法、KJ 法 (卡片歸納法)、PERT (計畫評核術)、魚骨圖、甘特圖、管理圖矩陣分析法。

❖ 選擇與評估可行方案

　　‧依據過去經驗、目前狀況、未來情勢評選出可行方案。

❖ 向最高決策者提報討論並形成企劃書

　　‧電腦打字修圖及前後文的滋潤以求完美。

❖ 企劃的執行與修正

　　‧進行企劃過案後的執行工作與未過案後的檢討工作。

❖ 企劃的效益評估與結案

　　‧進行企劃的監督控制、效益評估、檢討改進及知識累積。

　　寫企劃書，人人多少會寫一點，各大專院校行銷課程都有講述企劃的撰寫。但是，要寫出真正好的企劃書或計畫報告，顯然就有明顯的差異。如何讓自己成為優秀的企劃高手？應具備哪些學理知識或是企劃技能？一般來說，企劃高手可分兩類，一是以視覺傳播系或廣電系為主，另一則是以商管學院為主。若以「活動企劃案」為例，可知因傳播系對媒體特性較擅長，所以會將整合傳播工具加上創意構想，讓活動的內容充滿創新性、效益性、視覺與溝通性，而成為其特色及專長。

　　但以「市場行銷案」或「經營企劃案」、「產品開發案」等而言，因內容

涉及企管、財會及商管類的學理知識，所以企劃人員需具備相關「產業知識」及跨領域的商學專業學理知識如：策略領域、行銷領域、經濟學領域、財會報表分析領域、企業管理領域、國內外財經、科技、法令、環境等知識領域等。如果是非商管學院畢業的讀者，因缺乏這方面的學理知識，寫出來的報告，內容一定很空洞，缺乏邏輯思維，不具足夠的結論及說服力。所以在學期間一定要加強自己的基礎內功，或利用時間研讀財經刊物，把基本工訓練好，否則很快就被看穿。畢竟知識是逐日累積而成的，具備的專業知識愈多，就愈能勝任企劃的工作，這也是從事企劃工作的專業人員不容易被取代的原因。

✎ 企劃書的基本格式

❖ 封面

封面報告上一定要具備：

1. 提案對象公司名稱。
2. 企劃案「主題名稱」(可以主標題及副標題方式呈現)。
3. 企劃者名稱或撰寫人員、職稱。
4. 企劃者公司、部門／單位。
5. 提案日期。
6. 聯絡人及聯絡方式。
7. 主辦、協辦、贊助單位。
8. 有必要時，要加上「機密」。

一般來說，企劃案都採用 A4 紙張為主。

撰寫企劃報告的順序代號，應該遵守以下原則：壹、一、(一)、1、(1)、①。

第一次使用縮寫名稱時，應寫出完整的全名 (Enterprise Resource Planning, ERP)，後續內容再單獨使用縮寫名稱。

❖ 目錄

1. 內容檢索：提供閱讀者快速找到感興趣的章節內容。

2. 展現整體架構：讓提案對象在短時間內建立對於企劃書的整體輪廓。

　目錄可以提供對方一個鳥瞰企劃書內容的觀點，讓對方快速地建立起對於企劃書的整體印象。翻開封面之後，次頁一定要有本企劃案的各重要章節之目錄或綱要明細等，方便閱讀者閱覽。

❖ 摘要 / 前言

　摘要接在目錄後，利用一至二頁，非常簡潔、扼要、重點式地勾勒及說明此企劃案的各個章節之重點與結論。讓閱讀者能夠在五分鐘內，看完「摘要」部分，即知道本企劃案的重要「結論」、「問題」及建議事項等。

❖ 主要內容

1. 企劃書開場內容：企劃案的原因、目的、目標、背景、宗旨、緣起、沿革。
2. 現況說明與問題分析：公司組織分析、環境分析 (PEST)、競爭者分析、SWOT 分析、當前事故重大分析等。
3. 執行方式：策略目標、活動規劃、戰術、管道途徑、具體做法與流程。
4. 人力 / 組織表 / 分工計畫。
5. 地點規劃。
6. 時間規劃：時程表 / 工作細項列示。
7. 預算規劃：經費表 (媒體費用、企劃費、活動費等)。
8. 預期效益：知名度、形象、市占率、獲利率、營業額。
9. 企劃書結尾：結語、結論、展望未來。
10. 附件 / 附錄：補充資料 / 佐證資料 / 參考資料。

　廣告人 James Webb Young 在其著作《*A Technique For Producing Ideas*》(1975) 中提出培養創意思考的方法，值得參考。廣告創意工作是在有特定條件下產生的。內容如下：

1. 行銷需求下的創意。
2. 創意的發揮需在策略設定的範圍內。

3. 有時間及預算的限制。

4. 著重功效的創意。

　好的企劃書不見得總是淺顯易懂的，而是能符合對方習慣的敘述方式。好的企劃人員也是有彈性的，不僅能以專業用語表達，還可以採用白話方式溝通。其實，在實務上，企劃書並沒有一定的格式，也沒有標準格式，各家廣告公司各憑本事，都希望在有限的時間做出好的作品。企劃人員如有撰寫的架構，則容易彙整其資料，但架構只能讓企劃書完美，企劃人應該將更多的時間投注在想法上，採用整合方式快速地完成企劃書架構，讓企劃書的內容更專業呈現。

15.4 活動企劃案架構：範例參考

「高雄縣觀光福利卡」企劃個案

一 企劃目標

關懷社會、在地出發！

金融信用卡、認同信用卡、聯名信用卡、現金卡等塑膠貨幣，在臺灣島上的流通環境，可說是百家爭鳴、競爭異常；一張新的信用卡的發行，背後所創造出的消費市場及為數眾多的消費行為，都跟隨著該卡所創造的社會核心價值，逐步改變消費者的用卡行為！

為落實善盡社會責任的企業文化，聯邦銀行特與高雄縣政府社會局、觀光交通局攜手發行「高雄縣觀光福利卡」，為凝聚地域認同，關懷在地的潛在消費族群而共同努力。高雄縣幅員遼闊，地理環境差異大，西南有藍色秀麗海岸線，東北有綠色壯麗的高山，從高山到平原、海岸，起伏高低的自然景觀變化多端，發展觀光產業具有相當優良的條件；加上觀光產業是世界各國普遍重視的無煙囪工業，與科技產業共同被視為是二十一世紀的明星產業，在創造就業機會及賺取外匯的功能上具有明顯效益，因此中央政府政策－「國家發展重點計畫－挑戰2008」即羅列「觀光客倍增計畫」來引導臺灣觀光產業邁向嶄新紀元。

因此，當社會關懷與精神生活結合在一起時，則成為聯邦銀行與高雄縣社會局、觀光交通局努力拓寬的新業務方向。有鑑於此，鎖定此目標族群，拓展「高雄縣觀光福利卡」客源的市場目標，將更加容易、自然達成。

二 活動規劃

活動時間

A 發行記者會

■ 2004.11.23（二）Pm2：30
（Pm2：00開始媒體接待）

■ 地點：高雄縣圓山飯店5 F松鶴廳，
會後招待媒體茶點

B 發卡記者會

■ 2004.11.30（二）Am10：30
（Am10：00開始媒體接待）

■ 地點：高雄縣政府中庭廣場

活動內容

A 記者會流程表

（1）Pm 2：00～2：30 記者報到
（2）Pm 2：30～2：35 主持人opening
（3）Pm 2：35～2：40 來賓介紹
（4）Pm 2：40～2：50 「高雄卡美」主題活動-
模特兒情境走秀（高縣四季風光）
（5）Pm 2：50～2：55 主辦單位致詞- 楊縣長 秋興
（6）Pm 2：55～3：00 主辦單位致詞- 聯邦銀行代表
（7）Pm 3：00～3：05 「高雄縣觀光福利卡」揭卡儀式
（8）Pm 3：05～3：10 「高雄縣觀光福利卡」特色介紹
（9）Pm 3：10～3：30 自由訪談及餐敘

三 活動規劃

新聞發佈期程

A 發行記者會新聞稿

■【Email】11.18（四）、【Fax】11.19（五）、
【E-mail＆Fax】11.22（一）

B 發卡記者會新聞稿

■【Email】11.26（五）、【Fax】11.28（日）、
【E-mail＆Fax】11.29（一）

新聞稿發佈計劃

A.電視媒體 臺視、中視、華視、民視、東森、三立、
八大、TVBS、年代、中天、ESPN、非凡

B.廣播媒體 中廣公司、飛碟聯播網、NEWS98、ICRT、
蘋果線上、好事聯播網、大眾聯播網、
正聲、HitFM聯播網、東森聯播網

C.報紙媒體 聯合報、中國時報、自由時報、蘋果日報、
民生報、臺灣時報、臺灣日報、民眾日報、
大成報、中華日報、中央日報、聯合晚報、
中時晚報、經濟日報、工商時報、財訊快報

D.雜誌媒體 商業周刊、天下、遠見雜誌、今周刊、
時報周刊、壹週刊、TVBS週刊、男人誌、
TaipeiWalker

E.其他媒體 中央社

三 媒體宣傳規劃

媒體造勢安排

宣傳期：2004/11/01（一）～12/31（五）

A **記者會** 舉行二場

B **電視媒體**
以置入式新聞傳播行銷，安排高雄縣楊秋興縣長與當紅節目民視美鳳有約，進行專訪單元。

C **廣播節目**
廣播名嘴于美人主持之廣播節目，安排高雄縣觀光交通局 林局長專訪。

D **平面媒體**
安排自由時報、民生報，全十形象版面及新聞專訪。

E **廣播媒體**
中廣流行網、中廣新聞網，Best港都電臺30秒形象廣告。

F **雜誌媒體**
華信航空雜誌、人車誌汽車訊雜誌形象廣告，高雄縣四季旅遊專刊。

G **戶外廣告**
高雄縣公車車體形象廣告共計10條熱門及觀光路線。

H **街頭視覺規劃**
鳳山光復路、國道10號旗山段大型T霸看板，鳳凌廣場燈箱及高雄市公車站牌燈箱廣告（同計畫G）。

I **網路媒體**
製作活動網頁宣傳活動訊息，配合E-DM發送相關活動特色。

四 工作進度

項目 / 日期	九/十月	十一月	十二月	一月
1 企劃大綱細節規劃	10/31完成			
2 活動場地規劃設計	10/31完成			
3 相關文宣品製作	10/31完成			
4 活動內容節目編排	10/1～10/31編導完成			
5 活動內容彩排	10/31完成			
6 媒體宣傳規劃安排	10/31完成			
7 媒體宣傳執行			11/01～1/31完成	
8 活動記錄與彙整			預定1/01～1/20完成	
9 活動成果驗收				預定1/31完成

工作分配表

一、電視媒體部分

配合項目	安排內容	負責人	時程
電視節目專訪	民視美鳳有約節目專訪特輯		暫定12月初預錄，12月下旬播出
有線電視專輯	港都慶聯有線電視30分鐘專輯暫定11月24日(三)pm2:00專訪		11月24～30日播出
網路媒體活動	網頁製作、E-DM宣傳		11月5日進行11月20日完成
縣府通告安排			
媒體通告表			

二、廣播媒體部分

配合項目	安排內容	負責人	時程
中廣聯播網	(1)中廣流行網FM103.3 　30秒廣告26檔 (2)中廣新聞網AM657 　30秒廣告13檔 (3)中廣于美人主持 　「美的世界」節目 　15分鐘專訪乙次		11月23日～12月22日播出
港都電臺	(1)30秒廣告24檔 (2)15分鐘特輯專訪乙次		11月23日～12月22日播出
廣告帶錄製	30秒RD		11月2日進行11月8日完成
縣府通告安排			
媒體通告表			

三、平面媒體部分

配合項目	安排內容	負責人	備註
自由時報	南部版宣傳廣告全十版面乙次、新聞訊息發布、新聞採訪		12月上旬33～37版，擇一刊出
民生報	南部版宣傳廣告全十版面兩次、新聞訊息發布、新聞採訪		12月上旬CR1～CR4版，刊登兩次
人車誌汽車雜誌	形象廣告		十二月號內頁刊出
航空雜誌	形象廣告、專題報導		跨頁廣告，刊出時間94年1月1日～2月28日
縣府通告安排			
媒體通告表			

四、戶外媒體部分

配合項目	安排內容	負責人	時程
高雄縣公車 車體廣告	高雄客運路線 路線1:南梓-鳳山（701路線） 路線2:高雄-林園（101路線） 路線3:鳳山-大樹（111路線） 路線4:高雄-寶來（302路線） 路線5:高雄-美濃（305路線） 路線6:高雄-甲仙（310路線） 路線7:高雄-六龜（115路線） 路線8:楠梓-高雄（24路線） 路線9:高雄-旗山（150路線） 路線10:鳳山-小港機場（126路線）		單面車體、 尺寸4X30呎 刊登時間： (1)93年11月1日～ 　　11月30日 (2)93年12月1日～ 　　12月31日 (3)94年1月1日～ 　　1月31日
公車輸出作製	設計完稿、打樣、 製版、印刷		
大型T霸看板 輸出	鳳山光復路、 國道10號旗山段，共計2面		40,000*2面
鳳凌廣場燈箱			
高雄縣政府 中庭看板			2面
公車站牌燈箱	高雄市觀光景點-飯店、 百貨商圈、車站15面 刊登時間： 　　93年11月9日～94年1月9日		含輸出、 貼工
雪銅海報	500張		
縣府通告安排			
媒體通告表			

五、企劃執行部分

配合項目	安排內容	負責人	時程
媒體監測	電視/廣播		
媒體監測	報紙/戶外/網路		
記者會場控			
記者會 媒體招待			
活動廠商贊助			
活動記錄彙整製作			
活動財務控管			
活動貴賓邀請			

15.5 經費預算表

一、電視媒體部分

配合項目	安排內容	單價	備註
電視主播專訪	中天主播 林書煒	200,000	暫定 11 月下旬預錄，12 月初播出
有線電視專輯	港都慶聯有線電視 30 分鐘專輯暫定 11 月 24 日(三) pm2:00 專訪	80,000	11 月 24～30 日播出
新聞報導監測費		15,000	電子媒體新聞露出監測及錄製
媒體通告車馬費	工作人員陪同節目錄影	12,000	2 位，北高來回
網路媒體	活動網頁製作、E-DM 宣傳	25,000	
小計 TOTAL		332,000	

二、廣播媒體部分

配合項目	安排內容	單價	備註
中廣聯播網	(1)中廣流行網 FM103.3 　30 秒廣告 26 檔 (2)中廣新聞網 AM657 　30 秒廣告 13 檔	250,000	11 月 22 日～ 12 月 21 日播出
港都電臺	(1)30 秒廣告 24 檔 (2)15 分鐘專訪乙次	120,000	11 月 20 日～ 12 月 20 日播出
廣告帶錄製		10,000	30 秒 RD
媒體通告車馬費	工作人員陪同節目錄音	12,000	2 位，北高來回
小計 TOTAL		392,000	

三、平面媒體部分

配合項目	安排內容	單價	備註
自由時報	南部版宣傳廣告全十版面乙次、新聞訊息發布、新聞採訪	70,000	12 月上旬 33~37 版，擇一刊出
民生報	南部版宣傳廣告全十版面二次、新聞訊息發布、新聞採訪	120,000	12 月上旬 CR1~CR2 版，擇一刊出
人車誌汽車雜誌	形象廣告	50,000	十一月號內頁刊出
航空雜誌	形象廣告、專題報導	120,000	跨頁廣告，刊出時間 93 年 11/1 日~12/31
小計 TOTAL		**360,000**	

四、戶外媒體部分

配合項目	安排內容	單價	備註
高雄縣公車車體廣告	高雄客運路線 路線 1:高雄—鳳山（99 路線） 路線 2:高雄—林園（101 路線） 路線 3:鳳山—大樹（111 路線） 路線 4:高雄—寶來（302 路線） 路線 5:高雄—美濃（305 路線） 路線 6:高雄—甲仙（310 路線） 路線 7:高雄—六龜（115 路線）	300,000	單面車體尺寸 4x30 呎刊登時間: (1)9×年 11/1 日~11/30 日
公車貼工	10 面	8,000	
公車輸出製作費	設計完稿、打樣、製版、印刷	42,000	
大型 T 霸看板輸出費用	鳳山光復路、國道 10 號旗山段，共計 2 面	80,000	40,000*2 面
鳳凌廣場燈箱		20,000	
大型 T 霸看板電費	鳳山光復路、國道 10 號旗山段，共計 2 面	60,000	30,000*2 面
高雄縣政府中庭看板		50,000	2 面

公車站牌燈箱	高雄市觀光景點-飯店、百貨商圈、車站 15 面，11/08~1/08	90,000	含輸出、貼工
雪銅海報	500 張	14,000	
小計 TOTAL		664,0	

五、活動現場布置部分

配合項目	安排內容	單價	備註
音響、燈光	音響燈光器材設備、單槍投影機	30,000	記者會
主題背板輸出		50,000	記者會
發行記者會場地 11/18（四）PM2:00	高雄縣圓山飯店 5 F 柏壽廳	75,000	記者會布置及場地費用、茶點
發卡記者會場地暫定 11/23(二)PM2:00	高雄縣政府中庭	20,000	記者會布置費用
現場裝潢、隔間	走秀伸展臺	120,000	記者會
活動保險費	記者會	10,000	意外險
活動紀錄費	攝影、VCD 母帶翻拷、錄製、壓片	60,000	記者會 2 場、ateCam 作業
走秀模特兒車馬費	機票、車資	30,000	含秀導共 5 名
走秀導演編導費		20,000	
走秀模特兒演出費	主題活動	72,000	4 名
主持人車馬費		15,000	
小計 TOTAL		502,000	

六、企劃執行部分

配合項目	安排內容	單價	備註
企劃執行費用	20××年 9～12 月	200,000	
小計 TOTAL		200,000	

總計 新臺幣 2,450,000 元（含稅）

卡樣設計稿 全十批報紙稿

提案人：Rogers, Yeh
資料來源：正友公關顧問有限公司。

15.6 企劃案的架構及種類

　　根據《美國傳統字典》(*American Heritage Dictionary*)，「架構」(framework)定義是：「一套假設、概念、價值觀與具體做法，可據以形成一種觀察事實的方式。」因此，思考架構對於企劃者而言，是從發想到執行不可或缺的重要工具。

　　此外，在商業思考上，架構也是解決問題的基礎。《發現問題的思考術》作者齋藤嘉則指出，在不確定的年代，構思企業「應有的景象」時，最重要的就是能夠掌握「現狀」與「應有的景象」之間的落差，因而需要以「架構」作為檢核，以能精確發現問題所在、找到解決問題的對策，進而消弭落差。思考架構不僅能讓企劃者找到問題、解決問題，並且將想法落實執行，進而讓生意更順利進行，也能讓人在日常生活中，比他人更具有捷足先登的優勢。

　　我們常誇獎企業家為「很有生意頭腦」的人，擁有像是「狗鼻子」一般的靈敏嗅覺，對於商機的發掘及開拓見識過人。其實他們的成功之處，就在於思考任何問題時都具有「架構」(framework) 的緣故。

　　從企業營運實務上，大致可以把這些企劃報告案區分為五大類，分別是行銷企劃案、活動企劃案、專案企劃書、產品企劃案、經營企劃案等五種。雖然各行各業大不相同，隔行如隔山，但是經營與管理企業的方式與邏輯並無太大不同，因此，本書的企劃案例內容雖然沒有全文刊載，只寫出架構綱要，初學者假如能夠體會及了解這些架構與項目，必然能夠輕易地應用在各種行業上。如下圖所示：

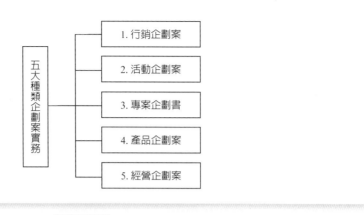

圖15.4 五大種類企劃

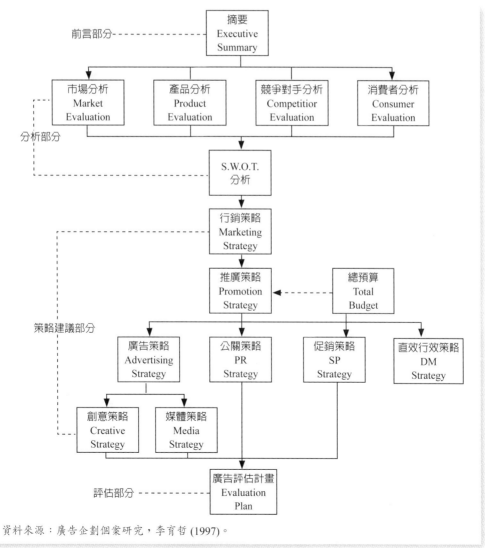

資料來源：廣告企劃個案研究，李育哲 (1997)。

圖15.5 企劃架構示意圖

實例個案：臺灣月世界兩岸現代農業暨休閒文創示範基地

交通地理說明圖

LOHAS

前沿 | cutting edge

[文明生態+現代農業] 科技農業財源滾滾

臺灣最獨特的喀斯特地形生態區，從灰天黑地的月世界地貌華麗轉身成為美麗的現代農業及休閒文創示範基地，「綠水青山就是金山銀山」，對於大多數農民來說，致富離不開土地，離不開「大農業」，國際級大型農業科技園，堅持生態+農業，推動依託生態資源，著力打造海峽兩岸通力合作的國際級特色旅遊生態園區。

推動接軌歐洲理療科技為中心的高效設施大規模農業擴面提質，實現了產品品質和企業效益「雙提升」，沿區塊鏈不斷做優補強，建構臺灣的月世界生態明珠，耀眼閃亮。

LOHAS

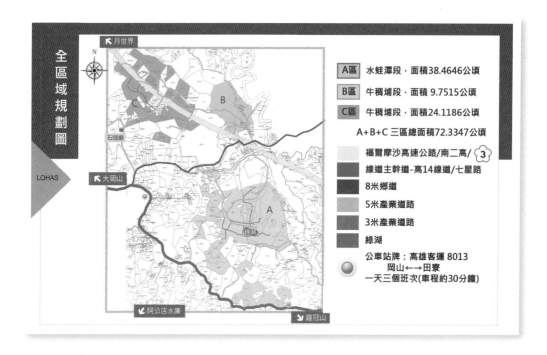

全區域規劃圖

LOHAS

A區	水蛙潭段・面積38.4646公頃
B區	牛稠埔段・面積 9.7515公頃
C區	牛稠埔段・面積24.1186公頃

A+B+C 三區總面積72.3347公頃

- 福爾摩沙高速公路/南二高/③
- 線道主幹道-高14線道/七星路
- 8米鄉道
- 5米產業道路
- 3米產業道路
- 綠湖

公車站牌：高雄客運 8013
岡山←→田寮
一天三個班次(車程約30分鐘)

土地利用規劃控制表

序號	項　目	規　劃　內　容
1	入口景觀牌樓	主題牌樓(蔬菜主題外觀造型)、售票亭 (保全管制收票區)
2	停車場	大車 (遊覽車區)、小車 (雙向汽機車進出區停車場)
3	觀光工廠	農特產品深加工區、實驗室、產品販賣區、原物料倉儲區、冷藏冷凍區、運輸區、觀光圍繞步道區
4	觀光休閒園區	簡報會議室、休閒體驗館、一座高科技智能農業大棚示範區、三座水果造型展售館
5	樂活養生餐廳	可容納觀光客 800-1000 座位、養生蔬果、咖啡飲料區、新鮮蔬果展售區、精緻糕點展售區(以農場產品為主)
6	度假莊園	148間標間、影音室、咖啡、輕食區(室內與戶外)、卡拉 OK 室、球場(戶外)
7	休閒度假區	上下共 80 間生態渡假屋(2樓式)、果嶺區、花海婚紗攝影區、綠地區、水管屋 114 間
8	湖泊度假區	38 座 76 間水岸船屋區、22 座水上船屋區(全家福)、垂釣區 24 人
9	親子主題旅館	50 間各式各樣趣味性親子主題房間

土地利用規劃控制表

序号	項　目	規　劃　內　容
10	VIP 會所	VIP 套房、行政套房、男女三溫暖、SPA 理療館、雪茄紅酒區、運動休閒區、影視廳、游泳池
11	智能農業大棚	84 座(每座 3 畝)生產無毒高單價有機蔬果、中草藥，做為深加工物料使用
12	農場公共區	4 米產業道路區、資材區、給排水區、電力、通信、消防防災區、高爾夫球車帶看參觀區
13	湖濱休閒漫步區	遮陽綠色隧道（隧道內種植蔬果、玫瑰花蔓藤）
14	農場企業總部	辦公室、會議室、員工宿舍與餐廳、資材管理室、產品檢驗室
15	紅豆杉培苗示範區	原培苗大黑網棚 8 米* 60米*5座、認證資材室

LOHAS

LOHAS

A區域│規劃設計│A area plan

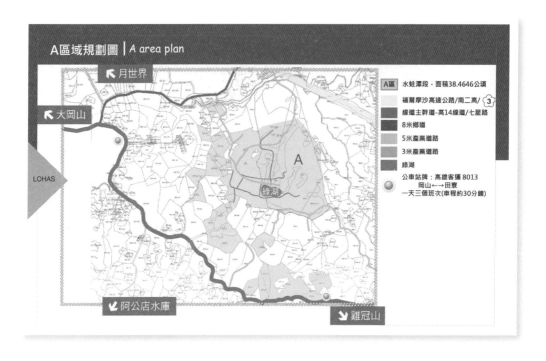

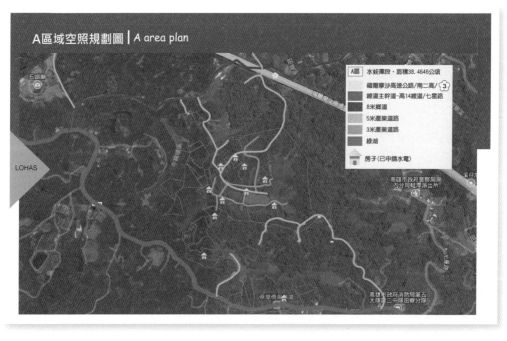

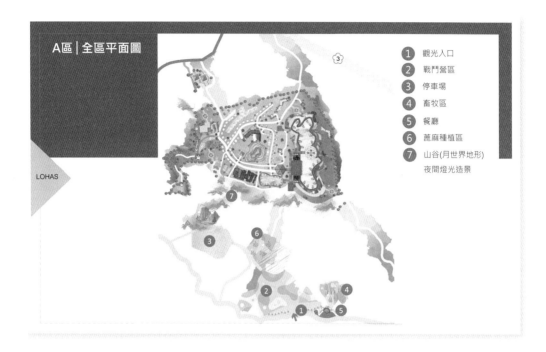

A區 | 全區平面圖

1 觀光入口
2 戰鬥營區
3 停車場
4 畜牧區
5 餐廳
6 蓖麻種植區
7 山谷(月世界地形)
夜間燈光造景

LOHAS

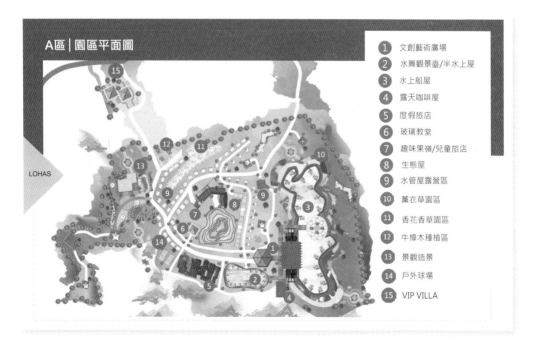

A區 | 園區平面圖

1 文創藝術廣場
2 水舞觀景臺/半水上屋
3 水上船屋
4 露天咖啡屋
5 度假旅店
6 玻璃教堂
7 趣味果嶺/兒童旅店
8 生態屋
9 水管屋露營區
10 薰衣草園區
11 香花香草園區
12 牛樟木種植區
13 景觀造景
14 戶外球場
15 VIP VILLA

LOHAS

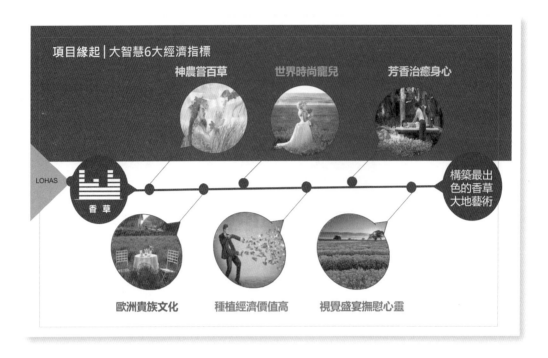

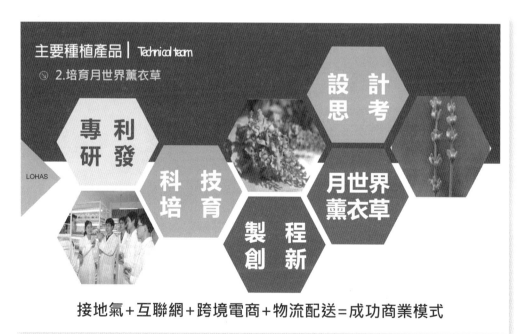

主要種植產品 | Technical team

◎ 3.四季花海

三色堇-
通常有紫、白、黃三色，
並具有芳香味，可提取香
精。

萬壽菊-
敬老之花，寓有吉祥
之意。

LOHAS

波斯菊-
株形高大，葉形雅致，
花色豐富，適於佈置花
景，在草地邊緣，樹叢
周圍及路旁成片栽植美
化綠化，頗有野趣。

鳳梨鼠尾草-
觀賞性植物，有鳳梨味。

主要種植產品 | Technical team

☺ 4.香草類

迷迭香

香草類

薄荷

羅勒

LOHAS

香蜂草

鳳梨鼠
尾草

天然的香料植物，生長季
節會散發一種清香氣味，
有清心提神的功效，花和
嫩枝提取的芳香油，可用
于調配空氣清潔劑、香水、
香皂等化妝品原料。

主要深加工產品 | Technical team

◎ 1.精油萃取

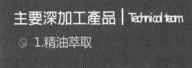

精油萃取方法是指從植物中萃取精油的方法。常見的精油萃取方法有蒸餾法、冷凍壓縮法（壓榨法）、化學溶劑萃取法、油脂分離法（脂吸法）、二氧化碳(超臨界)萃取法、浸泡法。100公斤的香草可提取3000ml的純植物精油，市場前景很好。

LOHAS

主要深加工產品 | Technical team

◎ 2.香草附屬產品

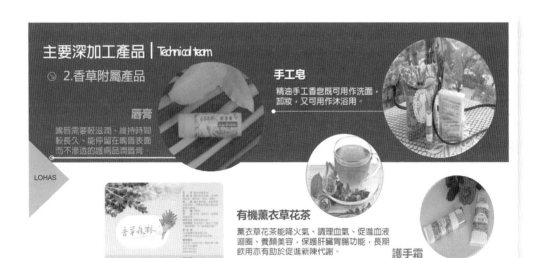

手工皂
精油手工香皂既可用作洗面、卸妝，又可用作沐浴用。

唇膏
嘴唇需要較滋潤、維持時間較長久、能停留在嘴唇表面而不滲透的護膚品潤唇膏

LOHAS

有機薰衣草花茶
薰衣草花茶能降火氣、調理血氣、促進血液迴圈、養顏美容，保護肝臟胃腸功能，長期飲用亦有助於促進新陳代謝。

護手霜
護手霜，癒合及撫平肌膚裂痕，經常使用可以使手部皮膚更加細嫩滋潤。

薰衣草薄荷精油

全成份：薰衣草萃取液、尤加利萃取液、薄荷油、甘油、酒精
用　途：薰衣草香氣，略帶清香薄荷味，可以幫助平靜心情及舒解壓力情緒。
果園的體內淨化良品檸檬，搭配台東香草園的巧克力薄荷，絕妙的互補，誕生清新的淡香，沒有欽綵，別說妳是養生達人。

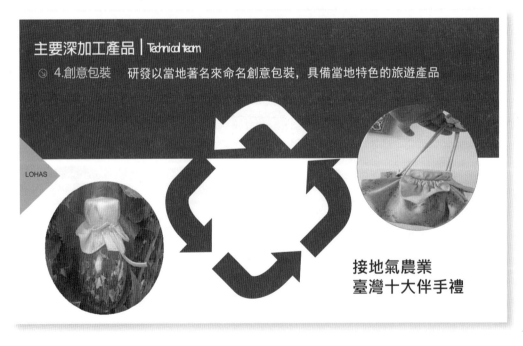

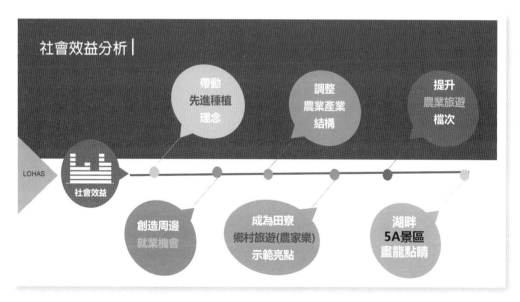

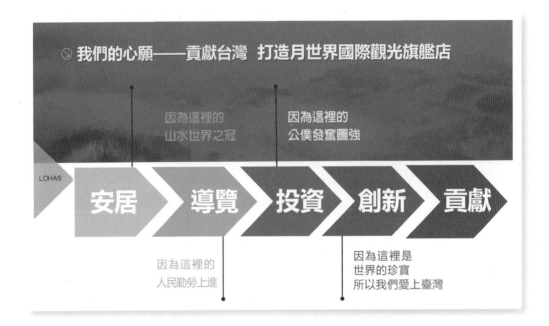

水上船屋

LOHAS

露天咖啡屋

LOHAS

愛情婚紗攝影浪漫步道

LOHAS

玻璃教堂

LOHAS

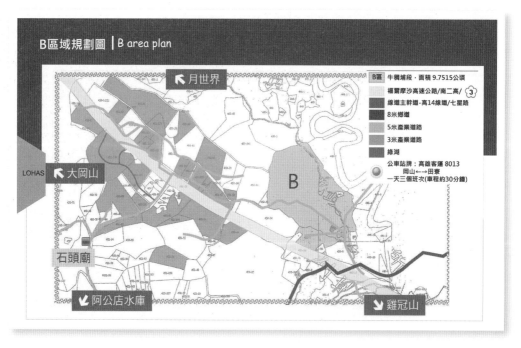

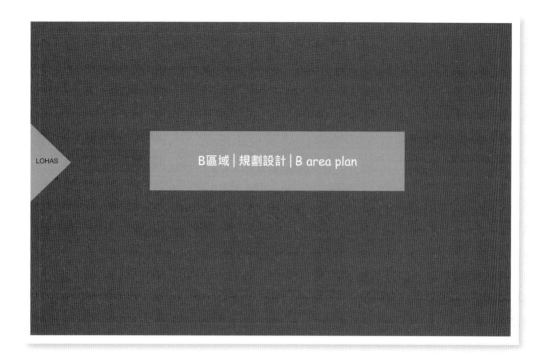

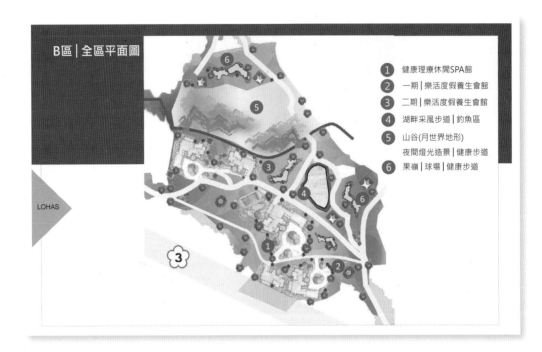

一、項目定位 | 台灣智慧化樂活抗老防衰銀髮基地

一全新的年老生活方式

LOHAS

項目定位：為全中國、乃至全球華人打造一個滿足老年人「旅居式、候鳥式」度假養老、提供國際化、專業化的服務、讓老年人重拾生活樂趣、延年益壽「老有所養，老有所樂，老有所學」的全新生活方式。

投資開發主軸｜結合養老＋度假＋休閒理療

休閒理療｜在休閒中成就健康

■ 許多人在經過一段時間的緊張忙碌後，都會想要度個假，期望能夠恢復身心的活力，但往往在假期中大吃大喝、通宵玩樂，假期過後反而變得更加疲倦，並未如預期般得到充分的身心放鬆。

■ 「度假休閒理療健康世界」正式以此一角度出發；全案由經營合作團隊──抗衰老醫療中心，在A區飯店主樓的入口大廳旁籌畫建立「休閒醫療中心」，擁有極佳球場視野景觀，而且可以方便客人於 Cheak in 同時，享有專屬解說服務，並於客房樓層配置專屬健康套房。希望透過休閒醫療中心以及全案一流軟硬體規劃及設施，擬訂一套能完全滿足客人需求的全方位休閒健康計畫；並藉由最先進的預防醫學觀念，讓每位接受療程的貴賓，都能在享受完這個健康假期後，身心皆因有效調養，從而煥然一新、充滿活力。

休閒理療｜打造【健康桃花源】

LOHAS

本案休閒醫療中心擁有豐沛的陽光與自然的山林，以及寬廣的生活空間，這些都是程式中難得一見的健康元素。透過完善的休閒設施，融合獨特的養生效果，打造出最先進的「健康桃花源」，讓在此接受療程的人得到最貼近自己需要的照護與休息。現代人的生活充滿了各種對健康不利的因素，每天所吃的食物、接觸的環境、生活的壓力，不斷應酬與經常的熬夜，不但沒有好好善待自己的身體，反而一再加重它的負擔。其實平時對待身體的方式，就會決定向健康或是疾病的方向表現。如果想要保有健康，就必須知道如何從飲食、生理及心靈的平衡來照顧自己。

■ 食物只要經過高溫，就會產生很多毒素，「渡假休閒理療健康世界」規劃設置多國料理慢食健康餐廳、有機麵包工坊、健康果汁BAR以及健康講堂等多項健康飲食設施，積極推動低溫烹調的概念。只要懂得低溫烹調的概念，掌握調味的技巧，加上創意以及對食物的熱情，健康的食物還次可以很好吃。

■ 除了身體的健康以外，本案休閒醫療中心更重視每位客人心靈的健康。當客人快樂的時候，免疫功能就會變好，不容易有疾病發生。相反地，如經常憂鬱、悲傷、緊張、憤怒，其免疫功能就會變差，也就容易有重大疾病的產生。

■ 此外「渡假休閒理療健康世界」規劃設置溫泉會館、南洋SPA芳療庭園、健身中心及健康主題書館等多項健康休閒設施，加上渡假村內國際高爾夫球場及泳池之既有休閒運動設施；全案無時無刻均致力於打造「健康桃花源」的理念，教導客人如何去善用五官，享受美好的事物，並定期舉辦各種健康休閒運動課程與活動，讓每位客人每天保持快樂健康。

全方位療程｜最佳的健康保障

LOHAS

補充
身體所需的營養
食物的選擇、營養素補充
烹調方式、飲食比例

排除
體內各種有害毒素
運動、水療排汗
提昇解讀能力

強化
心靈力量
認識自我、情緒管理
開發潛意識

提昇
身體自我保護能力
發現自我修補能力缺失
健康觀念、免疫系統

■ 療程種類
　a) 休閒醫療療程　　　b) 醫學美容療程

■ 這套健康療程首先將會為客人準備一套全方位的健康檢測與生活型態評估，包括客人的飲食、作息及嗜好等等。接著專業的醫療團隊會依據客人的檢測結果，為您規劃出專屬的療程。

■ 我們會為客人補充所需要的營養，幫客人排除體內各種有害的毒素，及強化客人的心靈力量，再輔以健康的生活作息與量身訂做的運動計劃；提升身體自我修復的能力，讓客人一次就能得到全方位的調養，獲致最佳的健康。

■ 健康原本就像一座生機盎然的花園，需要定期去維護他，否則終將因土壤貧瘠而花木枯萎。而本療程能協助客人將缺乏補足、有害去除，使身體慢慢恢復到平衡的狀態；「健康」也就能逐漸生根，進而枝繁葉茂、開花結果了！

全方位療程 | 最佳的健康保障

LOHAS

休閒醫療療程預期目標
- 體重減輕 / 體脂肪下降
- 體力變好 / 活力增加
- 肌肉強度增加
- 血液循環改善
- 皮膚彈性增加
- 腸胃道功能改善
- 心肺功能改善血
- 免疫功能改善
- 睡眠品質改善
- 血醣代謝恢復正常
- 血壓恢復正常
- 血脂肪代謝恢復正常

休閒醫療療程內容
- 身體各項功能健康檢查
- 個別諮詢
- 保健知識課程
- 休閒活動
- 釋放課程療程處方
  a) Supplement intake 營養素補充
  b) Life style therapy 生活型態調整
  c) Diet program 健康飲食計畫
  d) Muscle stress therapy 肌纖維治療
  e) Exercise program 運動課程
  f) Stress release 壓力釋放課程
  g) Sanua program 三溫暖療程

療程前與療程後的檢查項目
- 新陳代謝機能檢測
- 血液生化檢測
- 食物過敏原檢測
- 壓力指數檢測
  a) 心肺功能評估
  b) 調整肌肉健康評估
- 生物細胞機能評估
- 全方位個人生活型態評估

全方位療程 | 最佳的健康保障

LOHAS

■ 目標對象
- 常常應酬、生活型態不佳、熬夜、抽菸、喝酒者
- 肥胖、高血壓、糖尿病、高膽固醇、高尿酸者
- 想學習正確的生活型態，配合自己的基因者
- 生活緊張者學習如何紓解壓力
- 想強化免疫系統及自律神經系統者
- 有癌症、高血壓、糖尿病等家族病史者
- 想讓自己變得更年輕、更健康者

■ 量身訂做專屬療程
在「棕梠湖渡假村休閒醫療健康世界」，客人接受的療程完全是量身訂做，在全方位的健康檢測及評估之後，客人將有個人化的營養補充處方、飲食處方、運動處方、SPA水療處方等等，以作為療程的依據。每位客人將有充分的時間與醫療人員做深度的互動，以掌握療程的進行。

■ 專屬醫師和營養師一對一充分諮詢
- 個人檢驗報告及生理功能評估解說
- 解答客戶的健康疑慮
- 指導個人保健方式
- 透過完整的問診進而瞭解個人的健康問題
- 個人處方討論

一、項目定位｜台灣智慧化樂活抗老防衰銀髮基地解決的問題

LOHAS

傳統「家居式」養老，子女無法全身心照顧老人
老年人不願進養老院，認為去養老院是子女不孝、有屈辱感
諸多老年人「等吃、等喝、等死」的殘酷社會現實

——使老年人獲得更好的照護
——讓老年人更有尊嚴
——感受快樂的老年生活
——使老年人延年益壽
——促進家庭和諧，推進社會的整體文明

三、項目建設標準

LOHAS

養老床位
➤ 16,000個

養老人數
➤ 64,000人/年

旅遊人數
➤ 128,000人/年

就業崗位
➤ 3,200個

床位，提供每年超過四次的全球華人旅居養老服務，輪流總入駐人口超過32,000人/年。

- 同時拉動子女探親、團聚、度假超過64,000人，為當地增加大量國內國際遊客，拉動旅遊經濟。

- 專案基礎服務人員95%來自當地，拉動直接就業崗位1,600人以上。

- 項目作為全國在當地的首個嘗試，一旦項目運行成熟，將在當地複製建立全國養老產業集群，來服務數以百萬的老年群體，為當地帶來不可估量的消費人群。

二、專案定位｜社會企業

規劃設計	建築工程	運營體系	服務水準	設施設備
標準化	模組化	國際化	專業化	智慧化

智慧化樂活抗老防衰銀髮基地以5重標準進行打造：規劃設計「標準化」、建築工程「模組化」、運營體系「國際化」、服務水準「專業化」、設施設備「智慧化」。通過一系列標準化建立，為未來當地國際養老產業集群奠定基礎。

三、項目建設標準

標準化養老實驗基地組團：

LOHAS

智慧化樂活養生村規劃設計是：以100 畝為一個標準組團，每100畝標準組團 可建設約3200個床位、人均居住面積 約24㎡（超過國際標準的15㎡）項目500畝土地將規劃5個標準組團，每個組團獨立擁有養老配套服務，5個組團形成一個園區，一園五區的園中園概念。下面我們對其中一個園區進行說明：

標準	功能內容
以100畝作為標準化模組組團	中央廚房
	醫療救護體檢中心
	行政管理中心
	SPA、室外演藝區、運動會館、老年大學、KTV、特色餐廳、影院、會議
	養老居住區
	水景、環湖棧道、湖心餐廳

三、項目建設標準│標準化組圖

LOHAS

1.中央廚房
2.接待中心
3.健康中心
4.SPA中心
5.Tea House
6.CAFÉ
7.湖畔餐廳
8.視聽中心/KTV
9.健身中心
10.停車場
11.園區車道
12.環湖木棧道
13.E-car停車場

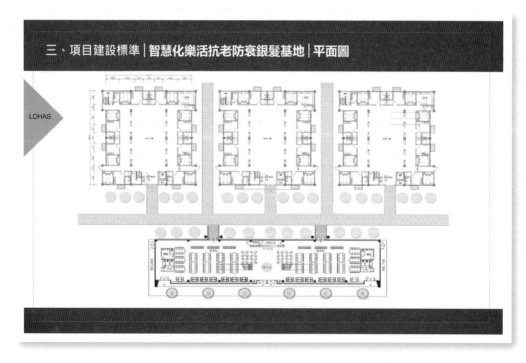

三、項目建設標準│智慧化樂活抗老防衰銀髮基地│平面圖

LOHAS

三、項目建設標準｜智慧化樂活抗老防衰銀髮基地｜概念設計圖

三、項目建設標準｜多功能活動中心1F平面圖

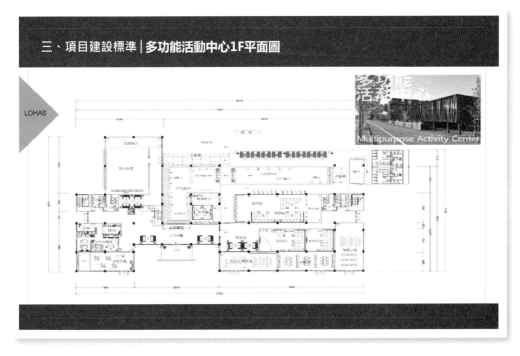

三、項目建設標準｜行政中心、中央廚房示意圖

三、項目建設標準｜行政中心、中央廚房示意圖

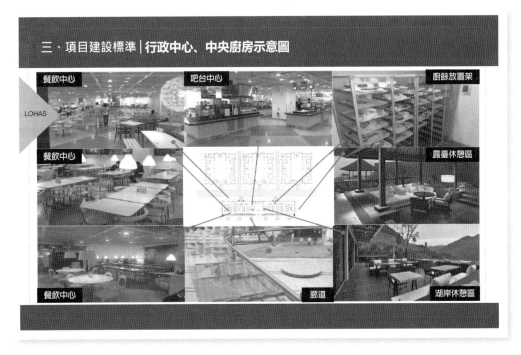

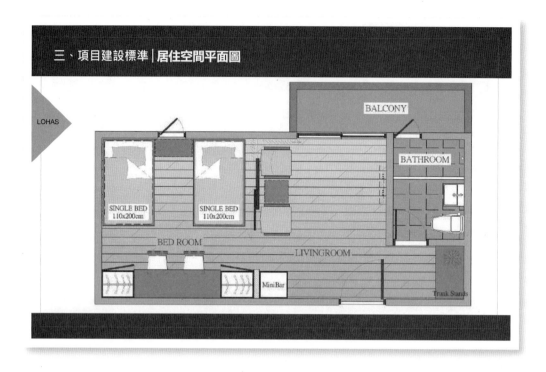

三、項目建設標準│**接待中心2、4、6、7F配置圖**

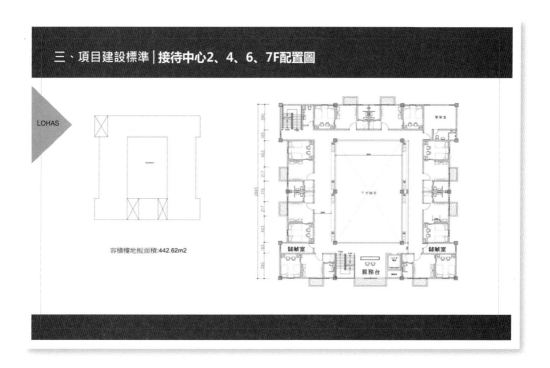

容積樓地板面積:442.62m2

三、項目建設標準│**接待中心3、5F配置圖**

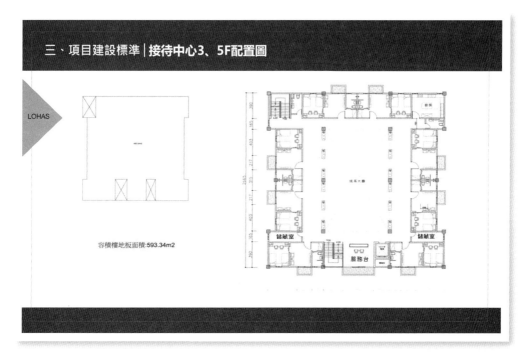

容積樓地板面積:593.34m2

三、項目建設標準│接待中心頂層配置圖

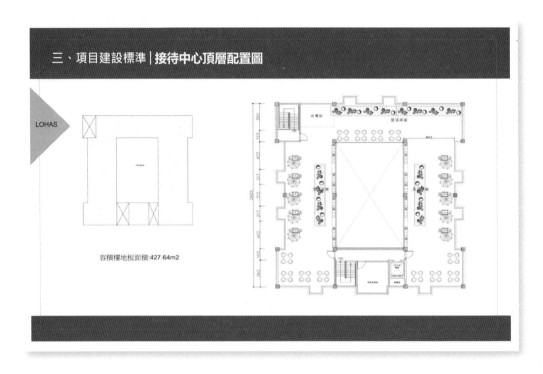

容積樓地板面積:427.64m2

三、項目建設標準│智慧化腕表-安全照護

↓愛心智慧手錶

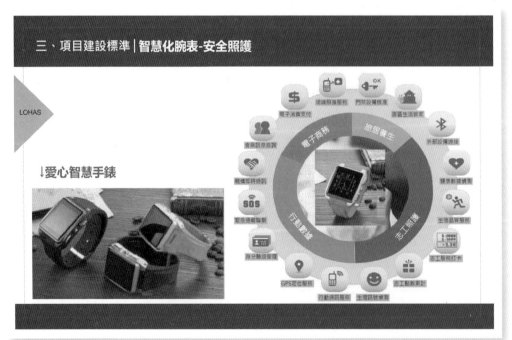

三、項目建設標準 | 以智慧型手機APP連結雲端系統服務

三、項目建設標準 | 智慧化管理營運平臺

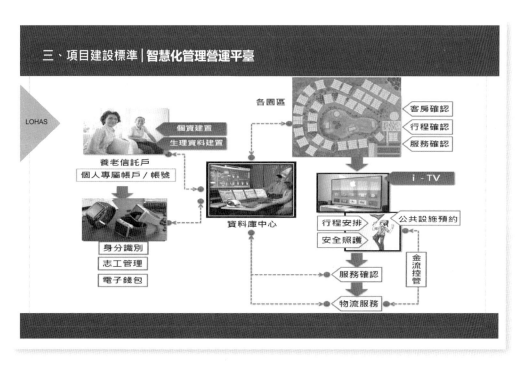

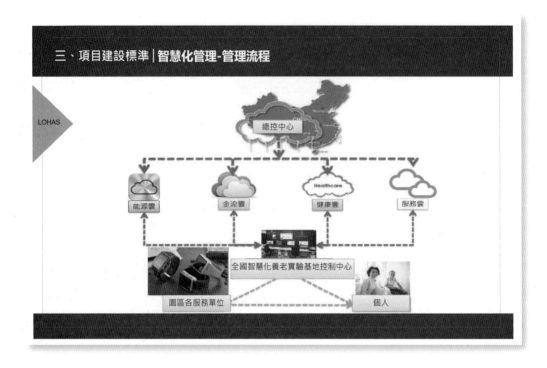

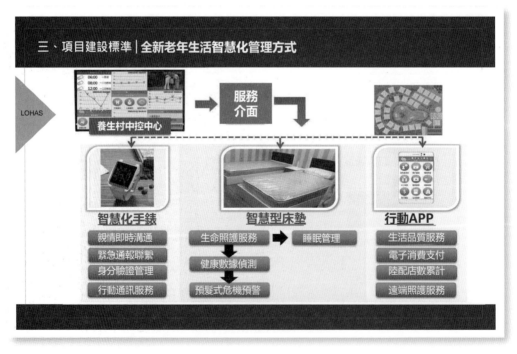

四、專案營運保障體系

運營保障

LOHAS

1、國際化運營團隊

智慧化樂活養生村將由臺灣知名養老事業機構「天賞集團」運營，天賞集團在全球範圍內不僅擁有數百萬華人客群，20年的養老服務運營經驗，同時先後在臺灣、日本等多個國家提供養老服務，目前已進入國內，以其「國際化」服務水準為專案提供養老服務保障。

2、銀行託管，保障客戶資金安全

智慧化樂活養生村通過天賞集團，與各大銀行等達成協議，簽訂協力廠商託管資金託管協定，客戶只需將養老資金存入銀行帳戶，入駐客戶通過智慧腕表進行消費下單，與銀行進行結算。我方不直接收取費用，存取靈活，保障資金安全。

四、專案營運保障體系

運營保障

LOHAS

3、陸配服務計畫---沒錢也可以養老

智慧化樂活養生村還將啟用義工服務計畫，年輕人可以到基地做義工，賺取養老時間點，做一小時義工即可換取一小時免費入駐，做一個月換取一個月時間點，可以用於父母、爺爺奶奶養老，也可以留給自己或餽贈他人。身體健康的老年人也可加入計畫，為自己賺取養老時間，以正能量傳遞老年關愛。本計畫將在全國範圍內推廣。

六、專案營運保障體系

LOHAS

客源保障

1、全國老齡委資訊系統（全國性客源）

項目作為「全國百家養老實驗基地試點單位」 得到全國老齡委的全力支持，全國老齡委將在全國老年資訊系統中對專案進行發布，宣傳、為項目客源提供全國性保障。

2、臺灣養老事業機構客源（全球客源）

天賞集團致力於全球華人養老產業20餘年，擁有數百萬全球老 年華人資訊名單，專案服務運營將由天賞集團全權負責，項目一旦建成，天賞集團將邀請全球華人到當地進行考察、入駐、為項目客源提供全球性保障

3、保險公司客源（區域客源）

我公司將整合當地保險行業資源，拓展當地區老年人客群，為專案提供區域性客源保障。

七、國內養老專案研究

LOHAS

從幾個國內較為成熟的養老項目來看，目前國內養老即將上路，已經上路的項目均遇到發展的瓶頸問題：模式研究不透澈、著眼點過高，不接地氣，投入回報不成正比、運營困難等等，造成了國內養老事業未能得到長足發展。主要體現在以下幾點：

一、高端配置+高端消費=高門檻

目前國內養老專案均圍繞高消費人群，進行高端項目打造。超高超豪華的投入使床位過少、入駐成本過高、眾多中間層老百姓難以承受、門檻過高

二、醫療與養老護理系統混淆

眾多專案將醫療系統與護理系統混為一談，老年人的醫療，老年人的護理概念不清。眾多項目投入大量人力、物力、財力進行醫療資源打造，醫院的醫生是不了解老年人需要什麼樣的照顧的，要給老年人提供服務的一定是專業護理照料人員、並非醫生。事實證明養老專案更多的是要以老年人的護理，救助，服務為主，而並非進 醫治。養老項目配備的，也僅需基本的救助和醫療對接服務。

七、國內養老專案研究

三、高投入慢回報，難以支撐項目長期運行

LOHAS

　　許多項目將資金重點投向了醫療配套、高端配置而忽略了企業並非慈善機構，導致營利困難，投資回報週期漫長，難以支撐運營。只有企業擁有正常的投資回報，正常的盈利模式也才能將專案長期運營，提供更長效的社會效益。

四、無統一標準、項目建設五花八門

　　目前國內無真真意義上的養老標準，導致養老產業形勢多樣，無標準化的規劃、建設、服務和運營體系，建設項目五花八門，地方差異等少量變數因素即導致難以複製建造，形成產業集群。

八、成功案例經驗分享

吸取國內國外案例的經驗，智慧化樂活養生村需從以下幾個方面入手：

LOHAS

① 客戶群體定位為中間層客戶

以全球華人作為項目的定位人群，不可滿目瞄準高端人群，要以中間消費能力的人群為重心，降低入駐門檻，讓老百姓住得起、養得起。

② 豐富、完善的服務配套

圍繞老年人的多層次需求，以此構建完整的功能體系，要建立多元化、豐富、完整的配套和服務，滿足老年人健康、休閒娛樂、學習交流、自我提升等多層次的需求。

③ 養生>照護>看護模式

退休的銀髮族75%為養生族群、透過此族群的下階段為照護型，接下來則為看護型。按部就班解決此三大需求，也同時克服客源穩定及適應之問題。

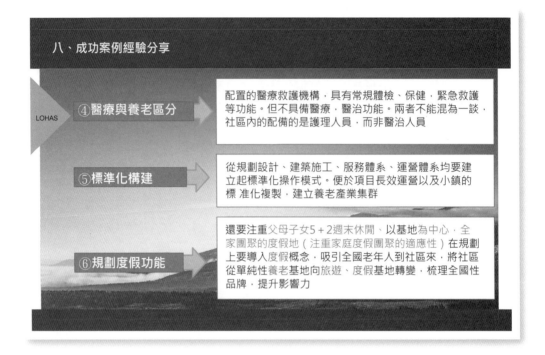

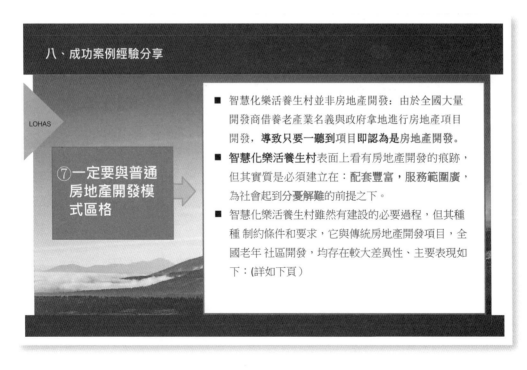

八、成功案例經驗借鏡(他山之石)

LOHAS

普通房地產項目與國內養老社區、智慧化樂活養生村對比表

對比專案	普通房地產項目	國內養老社區	智慧化樂活養生村
輻射範圍	區域內購房群體	區域內居住的老年人群	全球華人旅居式老年群體
針對人群	所有年齡層的購房群體	老年人群	老年群體為主、度假旅遊為輔
產品類型	低中高層物業	低中層物業	低中層物業
功能配套	社區服務	滿足老年人的基本住宿及服務	醫療、保健、康體、運動、餐飲、住宿、娛樂、度假、休閒、交際、活動
設施設備	常規水電暖通亮化工程	常規水電暖通亮化工程	水電暖通亮化工程+大量智慧化設施設備
環境要求	視開發價值而定	注重內部環境	內外環境要求都較高 (空氣品質、溫度、濕度季節氣候等)
交通要求	要求較高	要求一般	有所要求 (太遠不便於子女探望和救助, 太近則環境嘈雜)
運營模式	銷售、變現	銷售、房產置換	床位租賃、會員制管理、輔助保險理財收益
建設標準	無統一標準	無統一標準	《全國智慧化養老實驗基地》5A級標準
公建投入比	約占總投資的5%	約占總投資的10%	約占總投資的20%
盈利模式	短期投入,短期回收	長期投入、長期回收	長期投入,回收較快
就業貢獻率	短期內勞動密集型就業	短期內勞動密集型就業+中期服務崗位	長期內勞動密集型就業+長期服務崗位
主要稅收貢獻率	建設期內的營業稅及房地產相關稅收	建設期內的營業稅及相關開發稅收	建設期間的營業稅+每年投入、每年經營的長效稅收
綠能發電投入	占總投資的5%	約占總投資的10%	約占總投資的20%

九、智慧化養老核心點

LOHAS

全國智慧候鳥養老實驗基地區別於房地產開發,它的核心點在於:

1、從開發模式上看:**智慧化樂活養生村**靠的是長期運營及組團式公共配套投入,以及養老服務體系的建立,從而增加附加值收益、而並非房地產開發的建房子和賣房子

2、從配套上來看:**智慧化樂活養生村**配套齊全、輻射範圍廣,不僅服務自身也服務社會群體自主承擔起城市配套功能

3、從服務人群來看:**智慧化樂活養生村**針對的是全球化市場,不僅僅局限於區域市場「銀髮經濟」可快速帶動人氣、迅速拉動旅遊業。

4、從盈利模式上來講:**智慧化樂活養生村**相比房地產的快銷快走而言,盈利管道主要來源於床位租賃、會員費、保險等輔助性理財產品收益。消費者付出的是使用費用,而非購買費用。

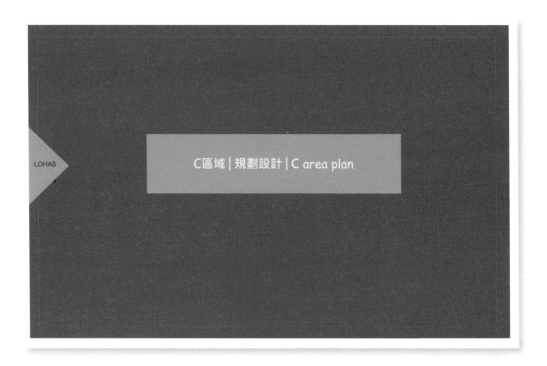

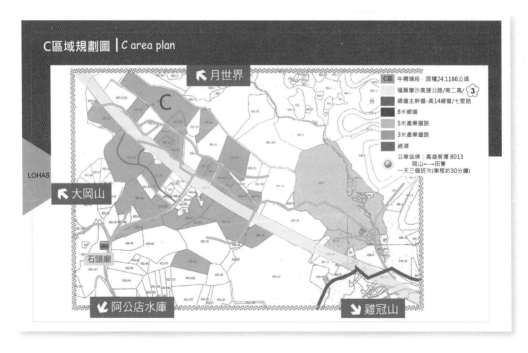

C區 | 田寮區
牛稠埔段土地清冊

LOHAS

承租人	地號	面積（公頃）	地目	備註
葉馬○娟	452-63	0.7784	林業用地	
葉馬○娟	452-234	2.3915	林業用地	
葉馬○娟	452-243	0.7724	林業用地	
葉馬○娟	452-241	0.3049	林業用地	
葉馬○娟	452-83	0.5767	林業用地	
葉馬○娟	452-84	1.4869	林業用地	
葉馬○娟	452-92	1.1690	林業用地	
葉馬○娟	452-249	0.2619	林業用地	
葉馬○娟	452-56	0.9395	林業用地	
葉馬○娟	452-58	0.8249	林業用地	
葉馬○娟	452-62	0.4719	林業用地	現有房屋
葉馬○娟	452-270	0.5089	林業用地	
葉馬○娟	452-255	0.2000	林業用地	
葉馬○娟	452-271	0.7667	林業用地	
葉馬○娟	452-273	0.2904	林業用地	現有房屋
葉馬○娟	452-60	0.5834	林業用地	
葉馬○娟	452-40	1.2580	林業用地	
葉馬○娟	452-43	0.1485	林業用地	
葉馬○娟	452-250	0.4625	林業用地	
葉馬○娟	452-252	0.2745	林業用地	
郭○林	452-268	0.2585	林業用地	
郭○林	452-53	0.1818	林業用地	
郭○林	452-54	1.5193	林業用地	
郭○林	452-42	0.6006	林業用地	
合　計		24.1186公頃		

C區 | 全區平面圖

LOHAS

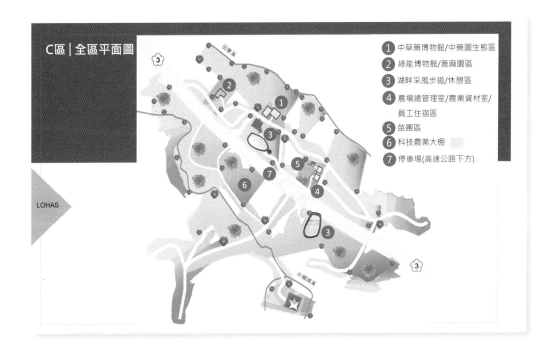

1 中草藥博物館/中藥園生態區
2 綠能博物館/蓖麻園區
3 湖畔采風步道/休憩區
4 農場總管理室/農業資材室/員工住宿區
5 苗圃區
6 科技農業大棚
7 停車場(高速公路下方)

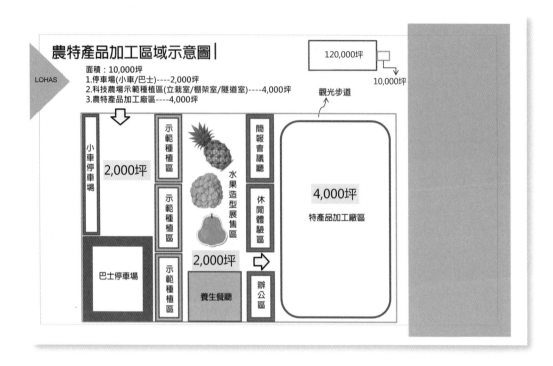

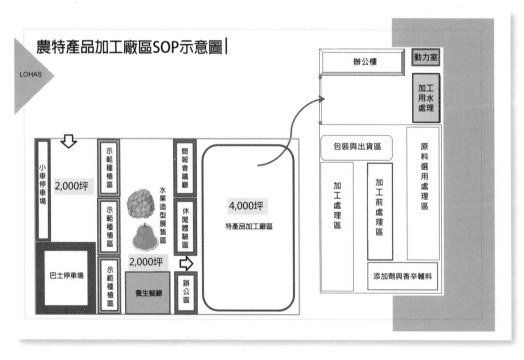

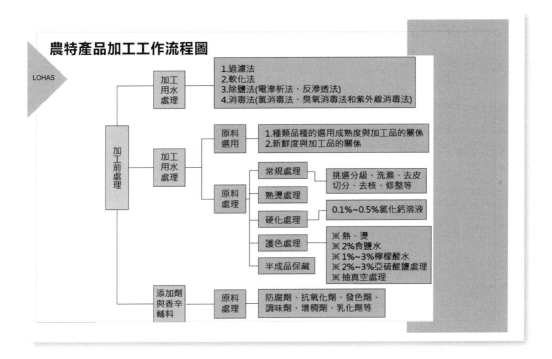

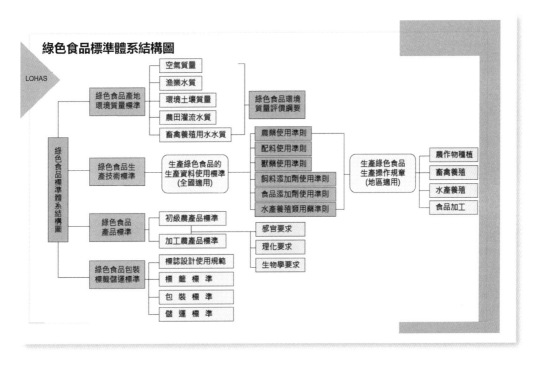

農特產品展售中心示意圖 | Interior Design

「民以食為天」
食安問題關係著國人的健康

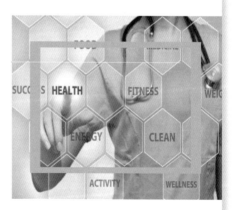

- 面對頻發的食安事件，2015年食安問題，令人看得膽戰心驚。
- 網上流傳著這樣的話：中國在食品製作上，中國人已經淪為食品安全檢測的「白老鼠」

LOHAS

  * 從大米中我們認識了「石蠟」
  * 從火腿腸中我們認識了「滴滴畏」
  * 從鹹鴨蛋、辣椒醬中我們認識了「蘇丹紅」
  * 從火鍋裡我們認識了「福爾馬林」
  * 從木耳中我們認識了「硫酸銅」
  * 最近我們又從奶粉中知道了「三聚氰胺」的化學作用。

- 這些⋯⋯能不讓我們戒慎恐懼嗎？「中國食品安全標準」
- 目前僅為「國際標準」的23%，而八大先進國是80%以上。

樂活生態科技農場

LOHAS

漫長的研發路程......
10年6個月又........天

2009~10　2011　2012~13　2014　2015　2016　2017　2018

農業汙染，已超過工業汙染
食安問題又那麼嚴重，美麗臺灣該怎麼建？

樂活生態科技農場

三個不同領域的專營項目

　　特色一：科技農場有機栽培

LOHAS

　　　　　　(1)立體式

　　　　　　(2)空中棚掛式

　　　　　　(3)隧道式

　　特色二：酵素培養液，食品/農業/小分子水

　　特色三：自動化設計，機械化/少人化/效率化

生態立體農業-六大堅持

LOHAS

1.堅持不使用農藥

2.堅持不使用生長激素

3.堅持無抗生素殘留

4.堅持不使用化肥

5.堅持不使用基因工程技術

6.堅持無重金屬汙染

尊重生命

品質生活

零碳足跡

生機飲食

優異的基質土改良配 (無毒有機-1)

LOHAS

1.基質土是由（砂粒、坋粒、黏粒、微量元素及保水劑）依比例調配而成。

2.理想的土壤配比，構成土壤質地粗細程度與PH值，決定了可供應植物所需的營養素。

3.基質土中保水劑提供基質土保水需要，可按需求比例添加於基質土中，起到保存與釋放水分的功能，保證農作物的順利成長。

4.無保水劑的培養土，當土壤淋溶，使沙土的水分流失，並將營養素一併帶走，植物便無法正常生長。

5.可改善土壤的酸鹼值，更間接改良了園區土質。

微生物酵素肥 自主配方的液體有機肥 (無毒有機-2)

1. 為一種新型態有機肥，綜合酵素、EM菌，及微量元素，針對
   農作物、成長環境週期，調配出最適合作物的有機肥。

2. 可以改良土質，增進植物抗病力，有效抑菌，驅蟲害。

LOHAS

3. 因持續耕作並長期使用化肥、噴灑農藥、致使土壤鹽化酸化，
   微生物不能生存，導致土壤變酸變硬，使植物難以存活。

4. 而「微生物酵素肥」含有效微生物群，不但使農作物病蟲害減
   少，品質變好，也使產量增加。

5. 長期使用「微生物酵素肥」對土壤、環境都會改善，連水汙染
   問題也可以逐漸減緩。

小分子團水 (無毒有機-3)

自行開發的水質處理機，用以日常澆灌蔬果用水。
調配「微生物酵素肥」用水。

1. 小分子團水具有滲透快，超強溶解力，新陳代謝能力強等特點。
2. 滲入細胞內能很快吸收，達到緩解代謝疾病和促進生長的作用。

LOHAS

A、有效去除有機氯農藥99.4%－賽滅寧。

B、有效去除劇毒有機磷農藥81%－巴拉松。

C、有效去除極劇毒胺基甲酸鹽農藥78.6% (除草劑) 納乃得。

D、有效去除化學殘留物二氧化硫 (SO_2) 98.2%。

E、殺菌測試：

金黃色葡萄球菌及綠膿桿菌放置於自來水中，攪拌20～
30分鐘，細菌一直增加中，而放置於小分子團水水中，
則細菌一直減少。

(1) 立體栽培法

(1) 立體栽培法 (滴灌式)

立體栽培法 (特色一)

LOHAS

1.本項目研發具有高新的生態農業科技。

2.綜合進行了農產品立體植栽、快速繁植技術。

3.解決食安問題，不使用農藥、化肥及基轉技術。

4.離地而種，讓土地有休養時間。

5.完全有機，安心安全食用。

立體栽培法 (特色二)

LOHAS

- 可隨市場實際需求量，客製化自主增產。
- 搭配專用基質土、天然酵素肥、套裝組合，使用方便。
- 原一柱8層，產量1.5公斤/期，現在最高產量已超過2.0公斤/期。
- 現一柱最高已可到種37層/2.7M，可讓蔬菜增產10~40倍。
- 家庭植栽附加「毛細管虹吸澆注水器」（一號盆為例）。
  1.每一柱有8層的一號種植盆，底座還有儲水桶，過多的水會往下流，儲存在儲水桶內。
  2.再經「毛細虹吸管澆注水器」的導水功能，讓底座的儲水，可回收重複使用，不浪費一滴水。
  3.用水量是傳統土耕法用水的十分之一。

立體種植對環境要求較高，需在設施環境中種植

1. 本項目採用工廠式鋼管大棚，內/外遮陽網系統、供水滴灌系統、氣霧溫控系統、PLC控制系統、通風換氣系統、電動系統、栽培苗床系統。
2. 設備來源：
   *本項目由公司規劃設計。
   *主要材料採用國內、成熟可靠的產品。
3. 採用立柱式栽培，在廠內自行試產，過程中嚴格按照企業標準化生產管理體系，進行管控
4. 利用環控設備和植物生長控制系統調控生長環境
5. 生產的葉類蔬菜根系發達，維生素含量比普通蔬菜高出3~5倍，口感良好，色澤新鮮。

LOHAS

生態科技農場，蔬菜(立體栽培法) 效益分析(1)：

1. 大棚的建設投入1畝，就等於常規5~6畝蔬菜大棚的產量。所以立栽法建設是大棚建設成本的1/5，產出效益卻是5倍。
2. 勞動力的投入成本只需傳統大棚的1/5。
3. 傳統大棚用水的1/10，用肥量的1/3。.
4. 生產管理成本只需傳統1/10，每畝/年管理成本約2萬元，
5. 平均售價，有機蔬菜是普通蔬菜的3倍，以城市平均價計，至少可達每公斤12元以上。
6. 目前蔬菜工廠以全新的科技農場概念，展現出獨特的農業風格，會吸引更多的觀光旅遊休閒消費者，不管是經濟效益或社會效益，都能達到比傳統農業更高的回報率。

LOHAS

投資估算及效益分析(2)_以300畝估計.

■ 本規劃建設，設計使用年限為10年

　　1.生態科技農場/立體栽培法，(造價)。

　　　預估每畝/造價40萬上下(含棚及種植設備)。

　　　300畝，投資約合人民幣12,000萬元。

　　2.項目建成後，年可創純收入3,000萬元，

　　　1~1.5年可收回成本。如在建設期間逐漸投

　　　放運營，收回成本年限可縮短。預期最佳

　　　高峰期，年收入可達到5,000萬元。

　　3.具有經濟、社會、生態三大效益，不失為

　　　一條促進分工、統籌城鄉、推動發展的有

　　　效增收途徑。

LOHAS

什麼是「蔬菜樹」？

■ 將一年生蔬菜通過特殊的栽培技術，採用多桿整枝的
方法及合理的環境調控和 營養調控手段，充分發掘
植物的生長潛能，形成的巨型蔬菜。

■ 這觀食兩用的蔬菜樹單株冠幅能達25平方米以上，最
大的可達120平方米左右

■ 單株累計結出果實可達2,000個以上。

LOHAS

「蔬菜樹」栽培技術，用一棵蔬菜造一片空中菜園

你吃過長在樹上的地瓜嗎？你見過番茄、茄子、辣椒、冬瓜長在空中嗎？

這些常見的蔬菜長在了樹上，吊在空中，不僅增加我們的食慾，也增加了趣味性，讓人們大飽眼福。

LOHAS

(2) 空中掛棚式

LOHAS

(2) 空中掛棚式

LOHAS

(2) 隧道式

LOHAS

優良種子

LOHAS

花　西瓜　聖女果
香麥　莧菜　黃瓜

優良種子

LOHAS

豆角　莧菜　草莓
空心菜　小白菜　辣椒

營銷管道五大主軸

八大系列產品--重視生態‧引領科技

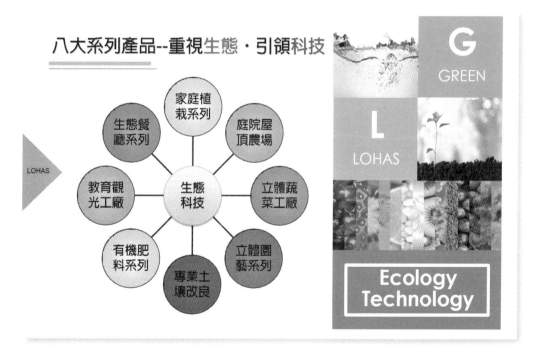

Note :

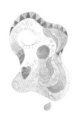

參考文獻

中文書籍：

1. 王尉晉 (民 89)，運動理念行銷策略之研究——以 adidas「街頭籃球運動」與 Nike「高中籃球聯賽」為例，政大廣告學系碩博士論文。

2. 徐為公 (民 91)，事件行銷之說服理論建構研究，中原大學企業管理研究所碩博士論文。

3. Clark & Paivio, 1991; Mayer & Anderson, 1991；莊雅茹，1996。

4. 網路多媒體新聞學習成效之研究，文化大學新聞系助理教授周慶祥。

5. 伯菲特 (2005)，熱迷行銷，華文網股份有限公司，創見文化 (2005)。

6. 吳玉茹 (2007)，記者判斷事件行銷新聞價值影響因素之研究，佛光大學管理研究系碩士論文。

7. 葉日武 (民 86)，行銷學理論與實務，前程企業管理有限公司。

8. 程紹同 (2000)，第五促銷元素，滾石文化。

9. 游仲賢 (2000)，醫院公共關係管理運作模式之初探性研究——以大臺北地區之醫療院所為例，長庚大學管理研究所碩士論文。

10. 呂冠瑩 (2002)，廣告學，新文京開發。

11. 柏泓捷運 (2007)，捷運優勢——量的優勢。

12. 許安琪 (2001)，整合行銷傳播引論——全球化與在地化行銷大趨勢，學富文化。

13. 洪賢智 (2001)，廣告原理與實務，五南出版社。

14. 許安琪、樊志育 (2002)，廣告學原理，揚智文化。

15. 劉美琪、許安琪、漆梅君、于心和 (2000)，當代廣告：概念與操作，學富文化。

16. 陳建豪 (2006)，10 倍效益戶外廣告成功圍堵消費者，遠見雜誌，240 期。

17. 魏益權 (2006 / 8 / 16)，數位看板占領新視界，工商時報，資訊科技周刊。

18. 劉一賜 (1999)，網路廣告第一課，時報出版社。

19. 邱瀅潓 (1997)，知己知彼談網路廣告的限制，廣告雜誌：79。

20. 陳健倫 (2004)，試析市場邏輯下之文化產製與媒體角色——以四個文化行銷個案為例，世新大學傳播管理系碩士論文。

21. WSBA 世界商務策劃師聯合會。

22. 戴國良 (2007)，整合行銷傳播，五南出版社。

23. 動腦雜誌 399、339 期。

24. 黃俊英 (2002)，行銷學的世界，天下文化。

25. 韓明文 (2008)，企畫家，碁峰資訊股份有限公司。

26. 經理人特刊，98 年 7 月。

27. 李育哲 (1997)，廣告企劃個案研究，五南出版社。

28. 林玉芳 (2004)，代言人類型、訊息訴求方式與閱聽人事前態度對理念溝通效果影響之研究，義守大學管理科學研究所碩士論文，頁 10～29。

29. 黃雍昇 (民 92)，文化活動事件行銷之個案研究——以「國寶騰雲號活動」與「望春風原味重現音樂會」為例，臺灣科技大學管理研究所碩士論文，頁 6～14。

30. 王耀瑞 (2001)，網路廣告直效行銷功能對廣告效果影響之研究，實踐大學碩士文，頁 6～13。

31. 朱家賢 (2000)，促銷性廣告、產品品牌聯想形象、消費者屬性對廣告效果影響之研究，東吳大學企業管理系碩士論文，頁 6～15。

32. 林隆儀&鄭博升，價格促銷、品牌熟悉度與消費者知覺促銷利益對品牌評價的影響——以臺北市連鎖便利商店促銷活動為例，真理大學管理科研究碩士論文，頁 3～6。

33. 陳富美 (2003)，品牌權益、促銷方式及促銷效果關聯之研究——以運動鞋與衛生紙為例，朝陽科技大學企業管理系碩士論文，頁 33～39。

34. 胡慶龍 (2004)，臺商進入大陸市場之公共關係運作模式及實務問題探討，義守大學管理科研究碩士論文，頁 14～32。

35. 呂冠瑩 (2006)，廣告學，新文京開發出版 (股) 有限公司。

36. 經理人 Winning Proposals @ Work 特刊。

37. 張在山 (1994)，公共關係學，五南出版社。

38. 沈泰全、朱士英 (2007)，圖解行銷，早安財經。

39. 葉鳳強 (民 95 年)，整合行銷溝通之探討——以屏東農業生物科技園區為例，正修科技大學經營管理研究所碩士論文。

英文書籍：

1. Barker, C. & Gronne, P.(1996). Advertising on the world wide web.

   Available：http://www.samkurser.dk / advertising.

2. Colley, D.(1961). Defining Advertising Goals for Measured Advertising Results. NY：Association of National Advertisers.

3. Krugman, D. M. & Arnold, M. B.(1978). Cable Television and Advertising: An Assessment. Journal of Advertising, 7, 4-8.

4. Postma, P.(1999). The New Marketing Era. McGraw-Hill Companies.

5. Kotler, P.(2003). Marketing Management：Analysis, Planning, Implementation, and Control. Englewood Cliffs, NJ：Prentice-Hall.

6. Wells, W., Burnett, J. & Moriarty, S.(1992). Advertising：Principles and practice. Englewood Cliffs, NJ：Prentice-Hall.

7. Hoffman, D. L. & Novak, T. P.(1996). Marketing in Hypermedia Computer-Mediated Environments：Conceptual Foundations. Journal of Marketing, 50-68.

8. Ducoffe, R. H.(1996). Advertising Value and Advertising on the Web. Journal of Advertising Research, 36(5), 21-35.

9. Harrison, J. V. & Andrusiewicz, A.(2003). An emerging marketplace for digital advertising based on amalgamated digital signage networks. E-Commerce, IEEE International Conference on.

10. Raymond, R. B.(2005). The Third Wave of Marketing Intelligence.

    Available: http://www.kelley.iu.edu / Retail / thirdwave.pdf.

11. Hawkins, D. T.(1994), Electronic Advertising: On Online Information Systems, Online, Mar.

12. Morgan Stanley & Co. Inc.(1996), "Buzzword Mania —— The Nuts and Bolts of Internet Advertising", The Internet Advertising Report, ch. 6, pp. 1-14.

13. Peppers, D. & M. Rogers(1993), The One to One Future, Raphael Sagalyn, Inc. (謝晶

瑩譯)

14. Pepper, D., M. Rogers & B. Dorf (1999), "Is your company ready for one to one marketing?", Harvard Business Review, Jan / Feb, pp.151-160.

15. Seybold, P. B.(2000), "Customer. Com：how to create a profitable business strategy for the internet and beyond", Patricia Seybold Group, Inc. (謝偉勛譯)

16. Surprenant, C. F. & M. R. Solomon (1987), "Predictability and Personalization in the Service Encounter", Journal of Marketing, 51： pp. 86-96.

17. Berry, L. L. & A. Parasuraman (1991), "Marketing Service-Competing Through Quality", New York： The Free Press.

18. Peppers, Don, Martha Rogers, "Don't Put Customer Relationships on Hold", Sales & Marketing Management, 1999, pp.26-28.

報紙來源：

1. 自由時報，102 年 1 月 24 日，記者方志賢報導 (AA2 版)。

2. 聯合報，102 年 1 月 24 日，記者徐如宜、王昭月報導。

3. 聯合報，102 年 3 月 21 日，記者王昭月報導。

4. 中國時報，102 年 3 月 22 日，記者林宏聰報導 (C1 版)。

5. 蘋果日報，102 年 5 月 26 日，記者楊逸民報導。

6. 中國時報，102 年 5 月 26 日，記者歐建智報導。

7. 聯合晚報，102 年 7 月 3 日，記者林超熙報導。

8. 中國時報，102 年 9 月 2 日，記者陳宥臻、黃琮淵報導。

網站

1. http://www.simsport.com.tw / marketing3.htm (力捷運動產業顧問公司)

2. http://www.bnext.com.tw / LocalityView_2626 (數位時代 Business NEXT)

3. http://www.ppaei20.fcu.edu.tw / p1 / chinese / chinese-3 / chinese-3.pdf

4. http://city.udn.com / 1686 / 146628?tpno=4&cate_no=0

   (經理人特區-宗教式行銷)

5. http://davidtin.blogspot.com / 2007 / 01 / blog-post.html

   (慢慢成熟的宗教行銷)

6. http://tw.myblog.yahoo.com / jw!6y2wDLmfBR1Xr5BRXD6o / article?mid=121

7. http://www.npf.org.tw / post / 1 / 5153

   國政基金會－打造屬於臺灣的紫牛國度

8. http://www.1001yeah.com.tw / article / 040295.html

   一千零一夜電子報

9. http://mypaper.pchome.com.tw / news / zen / 3 / 1271080130 / 20060704170726 / 紫
   牛理論：想成功，就別怕與眾不同

10. http://tw.myblog.yahoo.com / home-worker / article？mid=32&prev=33&next=31

    讓你的產品有粉絲，熱迷行銷大趨勢

11. http://blog.nownews.com / yaiwang / textview.php？file=0000167743

    王建民，代言就是力量

12. http://www.taiwanpage.com.tw / column_view.cfm？id=238

    中華卡通、中華電信、黑貓宅急便的成功行銷案例

    靠大甲媽做生意 千萬鈔票入袋

13. http://big5.cri.cn / gate / big5 / gb.cri.cn / 25364 / 2009 / 02 / 09 / 3865s2420182.htm

    憑啥吸引八方來客？三亞城市行銷三大高招

Note :

職場專門店

五南文化事業機構
WU-NAN CULTURE ENTERPRISE

書泉出版社
SHU-CHUAN PUBLISHING HOUSE

國家圖書館出版品預行編目資料

整合行銷傳播：理論與實務／葉鳳強著. －－
五版. －－臺北市：五南圖書出版股份有限
公司，2018.04
面；　公分
ISBN 978-957-11-9642-8（平裝）

1.行銷傳播　2.行銷案例

496　　　　　　　　　　107003559

1FQZ

整合行銷傳播：理論與實務

作　　　者 ― 葉鳳強

發 行 人 ― 楊榮川

總 經 理 ― 楊士清

總 編 輯 ― 楊秀麗

主　　　編 ― 侯家嵐

責任編輯 ― 黃梓雯

文字校對 ― 石曉蓉

封面完稿 ― 謝瑩君

出 版 者 ― 五南圖書出版股份有限公司

地　　　址：106台北市大安區和平東路二段339號4樓

電　　　話：(02)2705-5066　　傳　　真：(02)2706-6100

網　　　址：https://www.wunan.com.tw

電子郵件：wunan@wunan.com.tw

劃撥帳號：01068953

戶　　　名：五南圖書出版股份有限公司

法律顧問　林勝安律師事務所　林勝安律師

出版日期　2009年 9 月初版一刷
　　　　　2010年10月二版一刷
　　　　　2012年 2 月二版一刷
　　　　　2014年 1 月四版一刷
　　　　　2014年 3 月四版二刷
　　　　　2014年10月四版三刷
　　　　　2015年 9 月四版四刷
　　　　　2018年 4 月五版一刷
　　　　　2022年12月五版四刷

定　　　價　新臺幣690元

經典永恆·名著常在

五十週年的獻禮——經典名著文庫

五南，五十年了，半個世紀，人生旅程的一大半，走過來了。

思索著，邁向百年的未來歷程，能為知識界、文化學術界作些什麼？

在速食文化的生態下，有什麼值得讓人雋永品味的？

歷代經典·當今名著，經過時間的洗禮，千錘百鍊，流傳至今，光芒耀人；

不僅使我們能領悟前人的智慧，同時也增深加廣我們思考的深度與視野。

我們決心投入巨資，有計畫的系統梳選，成立「經典名著文庫」，

希望收入古今中外思想性的、充滿睿智與獨見的經典、名著。

這是一項理想性的、永續性的巨大出版工程。

不在意讀者的眾寡，只考慮它的學術價值，力求完整展現先哲思想的軌跡；

為知識界開啟一片智慧之窗，營造一座百花綻放的世界文明公園，

任君遨遊、取菁吸蜜、嘉惠學子！